全国建材行业创新规划教材

生料制备与水泥制成

主　编　韩长菊　杨晓杰
副主编　赵逸群　高建荣　刘雪娥
主　审　周惠群　张育才

中国建材工业出版社

图书在版编目（CIP）数据

生料制备与水泥制成/韩长菊，杨晓杰主编．--北京：中国建材工业出版社，2021.2
全国建材行业创新规划教材
ISBN 978-7-5160-2764-6

Ⅰ.①生… Ⅱ.①韩… ②杨… Ⅲ.①水泥—生产工艺 Ⅳ.①TQ172.6

中国版本图书馆 CIP 数据核字（2019）第 281180 号

内容提要

本书以实用、够用为编写宗旨，以培养学生的职业技能为目的，内容由课程导入和 5 个学习情境、15 个学习任务构成，以课程导入、原料破碎与预均化、生料制备、水泥制成、生料制备与水泥制成辅机设备、水泥装运系统来安排教材内容，满足岗位对所需人才能力的要求。各学习情境后面附有习题，书内嵌有二维码，展示设备结构或工作原理，为学习者掌握有关内容提供帮助，具有较强的实用性和操作性。

本书可作为高等职业院校、中等职业技术学校及技工学校的材料类专业及相关专业的教材，也可作为水泥企业职工岗位技术培训教材，供水泥企业相关岗位的技术及管理人员参考。

生料制备与水泥制成
Shengliao Zhibei yu Shuini Zhicheng
主　编　韩长菊　杨晓杰

出版发行：中国建材工业出版社
地　　址：北京市海淀区三里河路 1 号
邮　　编：100044
经　　销：全国各地新华书店
印　　刷：北京鑫正大印刷有限公司
开　　本：787mm×1092mm　1/16
印　　张：16.75
字　　数：400 千字
版　　次：2021 年 2 月第 1 版
印　　次：2021 年 2 月第 1 次
定　　价：59.80 元

本社网址：www.jccbs.com，微信公众号：zgjcgycbs
请选用正版图书，采购、销售盗版图书属违法行为

本书如有印装质量问题，由我社市场营销部负责调换，联系电话：（010）88386906

《全国建材行业创新规划教材》
丛书编委会

《生料制备与水泥制成》
编 委 会

主　编　韩长菊　昆明冶金高等专科学校

杨晓杰　昆明冶金高等专科学校

副主编　赵逸群　昆明冶金高等专科学校

高建荣　山西职业技术学院

刘雪娥　昆明冶金高等专科学校

主　审　周惠群　昆明冶金高等专科学校

张育才　昆明冶金高等专科学校

参　编　曹　俊　江西现代职业技术学院

姚忠培　海螺水泥云南保山公司

丁　丹　昆明冶金高等专科学校

周　红　山西职业技术学院

褚庭庭　华新水泥云南富民公司

许加达　博努力（北京）仿真技术有限公司

序　　言

2020 年 12 月，中央经济工作会议将“做好碳达峰、碳中和工作”列为 2021 年的重点任务之一。2021 年 1 月中国建筑材料联合会为全面提升建筑材料行业绿色低碳发展水平，加快推进建筑材料行业碳减排工作，促进建筑材料行业提前实现碳达峰，向全行业发出《推进建筑材料行业碳达峰、碳中和行动提议书》（以下简称《倡议》）。《倡议》明确提出“建筑材料行业相关科研院所、大专院校要充分发挥自身的优势，坚持绿色低碳的科技创新方向，加强行业碳减排基础研究工作，为建筑材料行业尽早实现碳达峰提供强大的基础理论和技术支撑”。

2019 年 2 月，国务院印发《国家职业教育改革实施方案》中指出“随着我国进入新的发展阶段，产业升级和经济结构调整不断加快，各行各业对技术技能人才的需求越来越紧迫，职业教育重要地位和作用越来越凸显。但是，与发达国家相比，与建设现代化经济体系、建设教育强国的要求相比，我国职业教育还存在着体系建设不够完善、职业技能实训基地建设有待加强、制度标准不够健全、企业参与办学的动力不足、有利于技术技能人才成长的配套政策尚待完善、办学和人才培养质量水平参差不齐等问题，到了必须下大力气抓好的时候。没有职业教育现代化就没有教育现代化。”其中，明确提出建立健全教学教材是健全国家职业教育制度框架内容之一。

为有效支撑职业院校教学改革和教材建设，深化人才培养模式和课程体系的改革与创新，进一步探索建筑材料类职业教育发展内涵及特色，加快培养具有理论和实践相结合的高水平专业人才，促进校企、校校、校社的交流与合作，中国建材工业出版社与全国建材职业教育教学指导委员会共同组织编写《全国建材行业创新规划教材》。系列教材内容突出建材类建筑材料工程技术、建筑材料检测技术、建筑装饰材料技术、建筑材料设备应用、新型建筑材料技术、建筑材料生产与管理、高分子材料工程技术、复合材料工程技术等专业特色与创新，反映新材料、新技术、新工艺、新标准。

本系列教材以精品化、规范化、系统化、规模化为原则，突显建材类职业教育的高水准，集聚建材行业权威专家、院校资深教师、优秀企业家开放合作、协同推进、联合共编。内容突显科学性、先进性、适用性、实用性，同时配备优质新媒体资源，立体化突出职业教育人才培养和教育改革，力图实现良好的职业教育教学效果。

本书编委会

2021 年 2 月

序　言

前　言

本书以新型干法水泥生产过程中的生料制备与水泥制成工艺为中心，以工作过程为主线，参照职业资格标准和安全操作规程，将水泥生料制备与水泥制成设备及操作的相关知识进行序化、整合，充分体现工学结合的特点。本书内容由课程导入和5个学习情境、15个学习任务构成，着力体现“能力为本，注重实用”的高职教育特点；重点介绍了生料制备与水泥制成过程的主机和辅机设备的结构和操作，详细论述了原料破碎与预均化、生料粉磨、水泥制成几个工作过程的操作，并将这些过程中所涉及的辅机设备集中安排在一个学习情境中，打破传统教材的章节框架结构，既体现主线过程，又不失教材的完整性。同时介绍了水泥装运系统，并单独呈现。在编写过程中，编者力求理论联系生产实际，深入浅出，立足我国水泥工业生产设备发展特点，反映国内外生料制备与水泥制成的新设备，体现生料制备与水泥制成的新工艺。各学习情境后附有习题，为学习者掌握有关内容提供帮助。

本书主要面向建筑材料工程技术、无机非金属材料工程、材料工程技术类专业，可作为材料相关专业的教材使用，也可供水泥企业的领导、管理人员、技术人员、岗位操作人员阅读，还可作为企业职工培训、继续教育的教材。

本书由昆明冶金高等专科学校韩长菊、杨晓杰担任主编并统稿，昆明冶金高等专科学校周惠群、张育才为主审，昆明冶金高等专科学校赵逸群、山西职业技术学院高建荣、昆明冶金高等专科学校刘雪娥担任副主编，参加编写的还有江西现代职业技术学院曹俊、海螺水泥云南保山公司姚忠培、昆明冶金高等专科学校丁丹、山西职业技术学院周红、华新水泥云南富民公司褚庭庭、博努力（北京）仿真技术有限公司许加达。

本书编写过程中参考了大量书籍、论文和网上资料，不能将所有出处一一列出，在此，向所有支持过本书编写的同行和被引用到本书的书籍、论文和资料的作者表示最真诚的感谢！

由于编者水平有限，书中难免存在不足之处，恳切希望广大读者提出批评和建议，以便及时改进。

编　者

2020年8月

目　　录

课 程 导 入 ………………………………………………………………… 1

0.1　新型干法水泥生产过程 …………………………………………… 1

0.2　水泥生产粉磨技术发展概况 ……………………………………… 2

学习情境 1　原料破碎与预均化 ………………………………………… 7

任务 1.1　原料破碎系统 ………………………………………………… 7

1.1.1　原料破碎系统运行准备 …………………………………………… 7

1.1.2　颚式破碎机 ……………………………………………………… 11

1.1.3　反击式破碎机 …………………………………………………… 17

1.1.4　单段锤式破碎机 ………………………………………………… 20

1.1.5　辊式破碎机 ……………………………………………………… 25

任务 1.2　原料预均化 …………………………………………………… 28

1.2.1　原料预均化的意义 ……………………………………………… 28

1.2.2　原料预均化工艺 ………………………………………………… 29

1.2.3　原料预均化设备 ………………………………………………… 33

情境小结 ……………………………………………………………………… 36

习题 …………………………………………………………………………… 37

学习情境 2　生料制备 …………………………………………………… 40

任务 2.1　生料制备典型工艺流程 ……………………………………… 40

2.1.1　生料中卸提升循环磨工艺流程 ………………………………… 40

2.1.2　生料立磨工艺流程 ……………………………………………… 41

2.1.3　生料辊压机终粉磨工艺流程 …………………………………… 42

任务 2.2　球磨机系统操作控制 ………………………………………… 43

2.2.1　分类、构造及主要部件 ………………………………………… 43

2.2.2　工作原理及主要参数 …………………………………………… 57

2.2.3　开、停机操作 …………………………………………………… 63

2.2.4　生料磨正常运行操作 …………………………………………… 66

2.2.5　系统常见故障诊断与处理 ……………………………………… 68

任务 2.3　立磨系统操作控制 …………………………………………… 71

2.3.1　立磨的应用及特点 ……………………………………………… 71

2.3.2 常见立磨的种类 …… 72
2.3.3 立磨的工作原理及粉磨特性 …… 81
2.3.4 立磨的结构 …… 83
2.3.5 立磨的开、停车操作 …… 86
2.3.6 立磨运行控制 …… 86
2.3.7 立磨的日常检查与维护 …… 90
2.3.8 立磨常见异常情况分析及处理 …… 90
任务 2.4 辊压机操作控制 …… 93
2.4.1 辊压机的应用及特点 …… 93
2.4.2 辊压机工作原理 …… 93
2.4.3 辊压机结构及主要部件 …… 94
2.4.4 辊压机运行控制 …… 97
2.4.5 辊压机常见故障诊断与处理 …… 98
2.4.6 打散机 …… 100
2.4.7 V形选粉机 …… 104
情境小结 …… 106
习题 …… 107

学习情境 3 水泥制成 …… 111

任务 3.1 水泥制成工艺流程 …… 111
3.1.1 制备水泥的材料 …… 111
3.1.2 球磨机系统 …… 112
3.1.3 辊压机系统 …… 126
3.1.4 立磨系统 …… 129
3.1.5 水泥分别粉磨工艺 …… 131
任务 3.2 水泥粉磨系统操作控制 …… 134
3.2.1 水泥粉磨系统开车、停机操作 …… 134
3.2.2 水泥粉磨工艺操作 …… 140
情境小结 …… 145
习题 …… 146

学习情境 4 生料制备与水泥制成辅机设备 …… 149

任务 4.1 分级设备操作控制 …… 149
4.1.1 粉体分级基本知识 …… 149
4.1.2 粗粉分离器 …… 151
4.1.3 离心式选粉机 …… 152
4.1.4 旋风式选粉机 …… 157
4.1.5 O-Sepa 选粉机 …… 159
4.1.6 其他高效选粉机 …… 164

任务 4.2　除尘设备操作控制 …… 167
4.2.1　除尘基本知识 …… 167
4.2.2　旋风除尘器 …… 169
4.2.3　袋式除尘器 …… 174
4.2.4　电除尘器 …… 180
4.2.5　除尘系统的选择 …… 185
任务 4.3　输送设备操作控制 …… 188
4.3.1　胶带式输送机 …… 188
4.3.2　斗式提升机 …… 196
4.3.3　螺旋输送机 …… 203
4.3.4　气力输送设备 …… 208
任务 4.4　喂料和计量设备操作控制 …… 213
4.4.1　喂料计量设备概述 …… 213
4.4.2　块状物料喂料设备 …… 214
4.4.3　小块和粒状物料喂料设备 …… 219
4.4.4　粉状物料喂料设备 …… 224
4.4.5　湿黏性物料的计量设备 …… 229
情境小结 …… 230
习题 …… 231

学习情境 5　水泥装运系统 …… 234

任务 5.1　水泥包装、散装系统主要设备与发展趋势 …… 234
5.1.1　水泥包装主要设备 …… 234
5.1.2　水泥散装系统主要设备 …… 239
5.1.3　水泥装运系统发展趋势 …… 243
任务 5.2　包装系统操作与维护 …… 245
5.2.1　固定式包装机操作与维护 …… 245
5.2.2　回转式包装机操作与维护 …… 247
5.2.3　散装机的操作与维护 …… 248
任务 5.3　包装机及散装设备常见故障诊断与处理 …… 250
5.3.1　固定式包装机常见故障及处理 …… 250
5.3.2　回转式包装机常见故障及处理 …… 250
5.3.3　散装机常见故障及处理 …… 252
情境小结 …… 252
习题 …… 253

参考文献 …… 255

课程导入

情境导读

通过课程导入的学习，了解新型干法水泥生产工艺，明白各种粉磨设备在水泥生产工艺中的作用，了解水泥生产粉磨技术的概况，了解主要粉磨设备（球磨机、立式磨和辊压机）的发展历程。

0.1 新型干法水泥生产过程

图 0-1 所示为我国某日产 4000t 熟料的新型干法水泥生产过程。

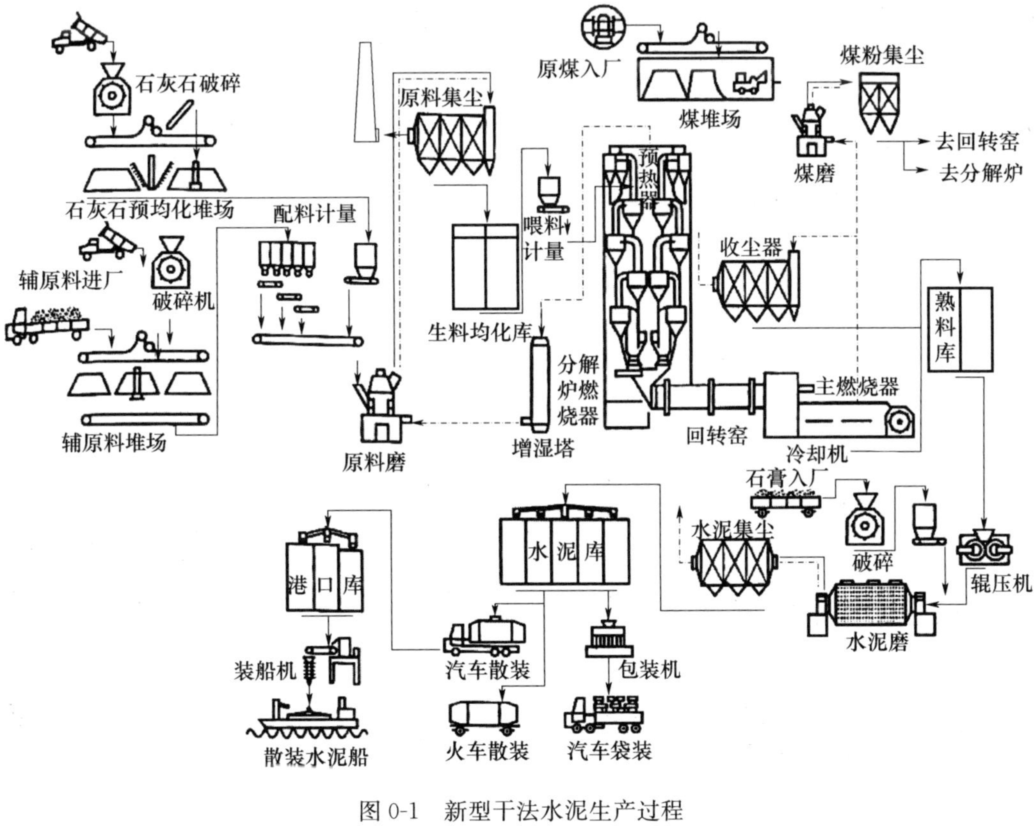

图 0-1　新型干法水泥生产过程

1. 生料制备

水泥生产过程中，大部分原料要进行破碎，如石灰石、黏土、铁矿石及煤等。石灰石是生产水泥用量最大的原料，开采后的粒度较大、硬度较高，因此石灰石的破碎在水泥厂的物料破碎中占有比较重要的地位。

来自矿山的石灰石由自卸卡车运入破碎喂料仓，经石灰石破碎系统的破碎后由皮带式输送机送往预均化堆场。黏土用自卸汽车运入或者从工厂的黏土堆棚中用铲斗车卸入黏土喂料仓，经喂料机喂入破碎机，在破碎机中破碎到一定粒度后，经计量设备送入预均化堆场。

破碎后的石灰石、黏土和其他辅助原料各自从堆场由皮带式输送机送往配料站，经配料计量后，定量喂入原料磨进行烘干并粉磨。烘干磨的热气体由悬浮预热器排出的废气供给。

粉磨后的生料粉由输送设备送入生料均化库，采用空气搅拌、重力作用，产生“漏斗效应”，使生料粉在向下泻落时，尽量切割出多层料面，充分混合。

2. 熟料煅烧

均化库中的生料经卸料、计量、提升、定量喂料后由输送设备送至窑尾悬浮预热器和分解炉，经预热和分解后的物料进入回转窑煅烧成熟料。回转窑和分解炉所用燃料煤由原煤经烘干兼粉磨后制成煤粉并储存在煤粉仓中供给。

熟料经冷却机后，由输送设备送入熟料库内储存。

3. 水泥制成

熟料、石膏和适量的混合材料经计量喂料机送入水泥磨中粉磨，根据熟料、石膏和混合材料的不同配比生产出不同种类或强度等级的水泥品种。粉磨后的水泥经输送设备送至水泥库储存，一部分水泥经包装机包装为袋装水泥，经火车或汽车运输出厂，另一部分由散装专用车散装出厂。

其他不同规模的预分解窑水泥生产线、同规模而不同生产厂家的预分解窑水泥生产线的工艺流程大体上与前述相似，不同之处主要是生产过程中的某些工序和设备。

0.2 水泥生产粉磨技术发展概况

粉磨在水泥生产过程中十分重要，每生产 1t 水泥，需要粉磨各种物料（生料、水泥和煤粉）2.3～2.7t，从粒径约为 50mm 一直减小到约为 10μm 的范围。所有大规模工业粉磨装备的研发应用，历来都是最先出现在水泥工业，而后才逐渐推广、移植到其他重化工业。用于水泥生产的粉磨设备主要有球磨机、立磨（辊式磨）、辊压机等。

0.2.1 粉磨设备的发展

1. 球磨机

球磨机是最早出现且应用最为普遍的粉磨设备。第一台球磨机是巴黎的 Konow 和 Davidson 于 1891 年发明的，并申请了连续生产的管式球磨机专利。球磨机自问世以来，一直是水泥、矿山及电力等行业粉体生产不可或缺的基础设施。随着生产企业规模的不断扩大，球磨机的生产能力越来越强，球磨机逐渐向大型化和高效节能方向发展。球磨机对粉磨物料的适应性较强、能连续生产、粉碎比较大（300～1000），既可以干法粉磨又可以湿法粉磨，还可以烘干兼粉磨同时进行。

2. 立磨

立磨又称辊式磨或立式辊磨，属于料床粉磨方式，用于将物料碾压破碎。

1925年，德国Loesche公司首先开发了立磨，又称辊式磨，并于1928年获得专利。1935年，立磨第一次被使用到水泥生产中。由于当时欧美各国燃料和电力成本较高，立磨凭借低耗、节能的优势逐渐在欧美普及开来，受到各国的重视。20世纪50年代，立磨已用于石灰石、熟石灰、煤和黏土的粉磨。20世纪60年代，立磨技术得到了改进和大型化。1973年年末，美国第一台立磨投入使用。后来，日本、埃及、墨西哥、新西兰、阿根廷、刚果等国也采用了立磨。20世纪80年代，立磨台时产量已达500t。20世纪90年代，大型立磨的工艺难点得到进一步解决，新型耐磨材料的应用，延长了立磨的使用寿命，促使立磨超大型化的实现，保证了大型干法水泥生产线对立磨能力的要求。在国外现代新型干法水泥生产线建设中，立磨占有率超过90%。早期由于立磨结构和研磨材质等问题，立磨主要用于水泥生料和煤的粉磨。随着新型耐磨材料的应用，研磨部件的耐磨性能大大提高，立磨越来越多地应用于水泥熟料和矿渣的粉磨。

20世纪40年代末，立磨在我国开始被投入白水泥厂的生料粉磨。到了20世纪50年代，部分小型水泥厂也开始使用立磨磨生料。从20世纪70年代末开始，我国在干法水泥厂开始发展窑外分解新型干法工艺时，开始重视起生料立磨的研究。20世纪80年代初，国内陆续成功研发出中小型生料立磨，同时开始引进国外大型立磨，并将其投入新型干法水泥生产线。

随着高细矿渣立磨和水泥终粉磨立磨的逐步推广，立磨在水泥厂应用的数量越来越多。我国的立磨技术与世界发展趋势相一致，水泥工业粉磨技术有了很大进步，设备逐步大型化。

3. 辊压机

与立磨一样，辊压机也属于料床粉磨方式。20世纪80年代中期在德国问世的辊压机原来主要用于水泥生料和水泥熟料的预粉碎，1987年在中国建材工业总局组织下，由合肥水泥研究设计院、天津水泥工业设计研究院、洛阳矿山机器厂、唐山水泥机械厂四家单位联合从德国KHD公司引进了辊压机设计制造技术。经过不断改进、提高和创新，目前辊压机在我国水泥工业粉磨领域已得到了广泛的应用；而且无论是产品规格、结构、处理能力，还是使用可靠性，都得到了很大的提高；此外，工艺流程和应用范围也实现了快速发展。

辊压机在我国的发展历程主要经历了三个阶段，即引进、吸收阶段，改进、发展阶段，辊压机粉磨工艺技术快速发展阶段。经过国内外公司的共同努力，辊压机辊径由当时最大的1150mm发展到目前的2600mm；处理能力由200t/h发展到近3000t/h；装机功率由2×500kW发展到2×2800kW；形成了系列化产品，满足了各类行业的使用需求。

0.2.2 现代粉磨技术的发展特点

1. 生料制备技术的发展特点

随着新型干法水泥技术的日趋完善，生料粉磨工艺取得了重大进展，其发展历程经历了两大阶段：第一阶段，20 世纪 50～70 年代，烘干兼粉碎钢球磨机发展阶段（包括风扫磨及尾卸、中卸提升循环磨）；第二阶段，20 世纪 70 年代至今，立磨及辊压机粉磨工艺发展阶段。其发展特点如下：

（1）原料的烘干和粉磨作业一体化，烘干兼粉碎磨机系统得到了广泛的应用，并且由于结构及材质方面的改进，立磨获得新的发展。20 世纪 90 年代中期以来，立磨及辊压机终粉磨已成为首选技术装备。

（2）磨机与新型高效的选粉、输送设备相匹配，组成各种新型干法闭路粉磨系统，以提高粉磨效率，增加粉磨的有效利用率。

（3）设备日趋大型化，以简化设备和工艺流程，同窑的大型化相匹配。钢球磨机直径已达 5.5m 以上，电动机功率达 6500kW 以上，台时产量 300t 以上；立式磨系列中磨盘直径已达 5m 以上，电动机功率达 5000kW 以上，台时产量 500t 以上。

（4）采用电子定量喂料秤、X 荧光分析仪或 γ 射线分析仪、电子计算机自动调节系统，控制原料配料，为入窑生料成分均齐稳定创造条件。

（5）磨机系统操作自动化，应用自动调节回路及电子计算机控制生产，代替人工操作，力求生产稳定。

2. 煤粉制备技术的发展特点

在国外，水泥厂煤粉制备主要选用立磨或风扫式球磨。从 2000 年至今，两者的选用率大致由 60∶40 发展为 80∶20。发达国家用立磨更多一些，约达 90%；而新兴国家，亚洲国家沿用风扫式球磨的较多，这显然与国家的经济和装备配套等水平有关。

我国水泥厂 2008 年以前习惯选用风扫式球磨粉磨煤粉，与生料粉磨的情况相仿。近年来，立磨在煤粉制备方面的优势已获较广泛的认同，前景看好。

3. 水泥粉磨

现今水泥粉磨装备主要是两种选型：一是立磨粉磨系统；二是辊压机与球磨机联合粉磨系统。几十年来，水泥粉磨技术取得了快速发展，水泥粉磨装备从单一的球磨机发展成为辊压机、立磨等先进设备及由各种磨组成的联合粉磨系统，粉磨方式从球磨机近似单颗粒、低能量、反复多次向物料颗粒群体、料层化、采用高压力、高能量、少次数的方式转变。面对水泥市场的严酷竞争，节能、环保、高产的水泥粉磨系统是现在乃至将来不可逆转的市场主体，以先进装备配置的水泥粉磨系统必然会得到用户的青睐。从水泥企业实际运用效果来看，应用辊压机与球磨机的联合水泥粉磨系统，能充分发挥辊压机高效率的挤压破碎与球磨机的研磨功能，并改善水泥的颗粒级配。国际上最近 5 年新建水泥生产线水泥粉磨系统对立磨的选用率约达 70%，而我国在 2008 年以前，辊压机联合粉磨系统的选用率几乎为 100%，只有个别企业引进了欧洲生产的水泥立磨。随着国产水泥立磨制造与应用的成功，近几年水泥立磨的选用率已有显著提升，相信随着时间的推移，这种趋势还会逐步扩大。

情境小结

粉磨在水泥生产过程中十分重要，用于水泥生产的粉磨设备主要有球磨机、立磨和辊压机。球磨机是最早出现且应用最为普遍的粉磨设备，随着立磨技术的发展，在生料制备工序的应用越来越广。辊压机在生料制备工序多采用终粉磨系统。水泥制备工序采用辊压机和球磨机联合粉磨方式，也有采用立磨粉磨方式的。随着新型干法水泥技术日臻完善，生料粉磨工艺取得了重大进展，烘干与粉磨一体，设备日趋大型化，自动化程度越来越高。在国外，水泥厂煤粉制备主要选用立磨或风扫式球磨，水泥粉磨装备从单一的球磨机发展成为辊压机、立磨等先进设备及由各种磨组成的联合粉磨系统。新型干法水泥生产过程主要分为生料制备、熟料煅烧、水泥制成几个阶段。

习　题

一、填空题

1. 用于水泥生产的粉磨设备主要有________、__________ 、________等。

2. 辊压机在我国的发展历程主要经历了三个阶段，即________、________和________。

3. 新型干法水泥生产过程主要包括 ________，________和________三个过程。

4. 根据________、________和 ________的不同配比可以生产出不同种类或强度等级的水泥品种。

5. 立磨又称为 ________或________，属于________粉磨方式。

二、单项选择题

1. （　　）是最早出现且应用最为普遍的粉磨设备。

A. 球磨机　　B. 立磨　　C. 辊压机　　D. 辊式磨

2. （　　）是生产水泥用量最大的原料。

A. 石灰石　　B. 黏土　　C. 铁矿石　　D. 煤粉

3. 20 世纪 40 年代末，立磨在我国开始被投入白水泥厂的（　　）。

A. 生料粉磨　　B. 熟料煅烧　　C. 水泥粉磨　　D. 煤粉制备

4. 我国水泥厂 2008 年以前习惯选用（　　）粉磨煤粉。

A. 尾卸烘干磨　　B. 风扫式球磨　　C. 立磨　　D. 辊压机

5. 物料在辊压机中主要靠（　　）方式粉碎。

A. 冲击　　B. 剪切　　C. 研磨　　D. 挤压

三、多项选择题

1. 用于水泥生产的粉磨设备主要有（　　）等。

A. 球磨机　　B. 立磨　　C. 辊压机　　D. 轮碾机

2. 属于料床粉磨原理的粉磨设备有（　　）。

A. 球磨机　　B. 立磨　　C. 辊压机　　D. 锤式破碎机

3. 随着新型干法水泥技术的发展，生料粉磨工艺发展历经（　　）两大阶段。

A. 烘干兼粉碎钢球磨机发展阶段

B. 辊式磨及辊压机粉磨工艺发展阶段

C. 普通球磨机发展阶段

D. 辊压机和球磨机发展阶段

4. 现今用于水泥制备的工艺通常是（　　）。

A. 辊压机终粉磨　　B. 辊压机与球磨机联合粉磨

C. 立磨　　D. 辊压机与立磨联合粉磨

四、判断题

1. 立磨属于料床粉磨原理。（　　）

2. 新型干法水泥生料粉磨设备优先选用球磨机。（　　）

3. 球磨机的粉磨效率比辊压机要好。（　　）

4. 立式磨被研发出来后首先用于粉磨水泥。（　　）

5. 辊压机既可以用于粉磨生料也可以用于粉磨水泥。（　　）

五、简答题

1. 现代生料制备技术有何特点?

2. 简述煤粉制备技术的发展特点。

3. 简述水泥制备技术的发展特点。

学习情境1　原料破碎与预均化

情境导读

水泥生产用的原料在粉磨之前要进行处理，处理主要包括物料的破碎、烘干、预均化等工序。本情境介绍了生产硅酸盐水泥熟料的主要原料、校正原料，阐述了原料破碎系统的原理及操作，以及原料的预均化。通过本情境的学习，掌握原料破碎系统的基本知识；掌握常用破碎设备的结构、工作原理和主要工作部件；掌握原料预均化工艺及预均化设备的构造。

任务1.1　原料破碎系统

1.1.1　原料破碎系统运行准备

1. 粉碎的定义与意义

在外力作用下，克服固体物料各质点的内聚力，使其粒度减小的过程称为粉碎。根据固体物料粉碎后的尺寸大小不同，粉碎可分为破碎和粉磨两个阶段。将大块物料破裂成小块物料的过程称作破碎；将小块物料磨成细粉的过程称作粉磨。粉碎过程通常按以下方法进行细分：

- 粉碎
  - 破碎
    - 粗碎——碎至100mm
    - 中碎——碎至100～30mm
    - 细碎——碎至30～3mm
  - 粉磨
    - 粗磨——碎至3～0.1mm
    - 细磨——碎至0.1～0.02mm
    - 超细磨——碎至0.02～0.005mm（20～5μm）或更小

在硅酸盐工业中，数量很大的固体原料和半成品等都需要经过各种不同程度的粉碎。原料破碎后，可减少在运输和储存过程中不同粒度物料的分离现象，有利于制得成分均匀的生料，提高配料的准确性。同时，固体物料经过粉碎之后，固体物料颗粒由大变小，物料单位质量表面积不断增加，可以提高物理作用及化学反应的速度。几种不同固体物料的混合，也必须在细粉状态下才能得到均匀的效果，且物体破碎得越细，混合均匀的程度越高。水泥熟料的烧成，基本上是一种固相反应，其反应速度与物料碎磨粒度有关，物料磨得越细，反应速度进行得越快，煅烧时节省的热量也越多。新型干法水泥生产，一般控制生料细度0.08mm筛筛余小于22%，0.2mm筛筛余小于2.0%。煤粉细度控制0.08mm筛筛余10%～15%。采用无烟煤的厂家，煤粉细度常控制在

0.08mm 筛筛余 2%～5%，水泥细度一般控制比表面积不小于 $300m^2/kg$，10～30μm 颗粒占有相当比例。

2. 粉碎比及粒度表示方法

1）粉碎比

粉碎比是指粉碎前后物料的平均粒径之比，又称平均粉碎比。它表示物料粒径在粉碎过程中的缩小程度，是评价粉碎过程的技术指标之一。对破碎而言，称为破碎比。

粉碎比的计算式有以下几种：

（1）平均粉碎比

$$i=\frac{D_m}{d_m} \tag{1-1-1}$$

式中 i——粉碎比；

D_m——粉碎前物料的平均粒径，mm；

d_m——粉碎后物料的平均粒径，mm。

在生产中常以粉碎前后物料中 80%通过筛孔的孔径尺寸来代替 D_m和 d_m，故式（1-1-1)可写为

$$i=\frac{D_{80}}{d_{80}} \tag{1-1-2}$$

式中 D_{80}——粉碎前物料中 80%通过筛孔的孔径尺寸，mm；

d_{80}——粉碎后物料中 80%通过筛孔的孔径尺寸，mm。

（2）公称粉碎比（用于破碎机）

对于某些破碎机械，用破碎机的最大进料口宽度与最大出料口宽度之比来作为粉碎比，称为公称粉碎比。破碎机的平均粉碎比一般都较公称粉碎比低，在破碎机选型时应特别注意。

$$i=\frac{B}{b} \tag{1-1-3}$$

式中 B——破碎机最大入料口尺寸，mm；

b——破碎机最大出料口尺寸，mm。

（3）多级粉碎

由于各种粉碎设备的粉碎比各有一定范围，若要求物料的粉碎比较大，一台粉碎机难以满足要求时，就要用几台粉碎机串联粉碎，这种粉碎过程称为多级粉碎。第一级的进料平均粒径与最末一级的出料平均粒径之比称为总粉碎比 i，等于各级粉碎比 i_n的乘积，即

$$i=i_1\cdot i_2\cdots i_n \tag{1-1-4}$$

已知破碎机的粉碎比和要求的总粉碎比，即可由式（1-1-4）求得所需要的破碎级数。

2）颗粒群粒度表示方法

破碎、粉磨和分级过程中所处理的物料都是大小不同的各种颗粒的混合物，这种混合物称为颗粒群，表示颗粒大小的尺寸一般称为粒径。粒径常用平均粒径、颗粒级配、筛余百分数等表示，颗粒群的平均粒径通常用质量平均法测算。步骤如下：

首先，取有代表性的试样，用套筛以筛分法把物料分成若干粒级，并用以下方法分别求出各粒级物料的平均粒径 d_m；设相邻两级筛子的孔径为 d_i（大孔筛）和 d_{i+1}（小孔筛），则该两级筛之间颗粒群（即小于 d_i 且大于 d_{i+1} 的颗粒群）可用算术平均粒径表示为 $d_m=(d_i+d_{i+1})/2$，得到 d_{m1}、d_{m2}、d_{m3}、…、d_{mn}。其次，分别称出各粒级物料的质量，得到 G_1、G_2、G_3、…、G_n。

$$D_m=\frac{d_{m1}G_1+d_{m2}G_2+\cdots+d_{mn}G_n}{G_1+G_2+\cdots+G_n} \qquad (1\text{-}1\text{-}5)$$

筛分所得的粒度级数越多，算得的颗粒群平均粒径越准确。

3. 物料的易碎性与易磨性

易碎性是表示物料被破碎难易程度的特性。易碎性通常用易碎性系数表示，又称相对易碎性系数。某物料的易碎性系数 k_m 是指用同一台粉碎机械在同一物料尺寸变化条件下，粉碎标准物料的单位产品电耗 E_b 与粉碎该物料的单位产品时电耗 E 之比，即

$$k_m=\frac{E_b}{E} \qquad (1\text{-}1\text{-}6)$$

水泥工业一般以中等易碎的回转窑熟料作为标准易碎性物料，并令其易碎性系数为1。易碎系数大的物料易于粉碎。

易磨性是表示物料被粉磨难易程度的特性。它与物料的种类和性能有关。矿渣比熟料难磨，熟料比石灰石难磨，是由于它们的种类不同；种类相同时，脆性大的物料比脆性小的易磨，因此，水淬快冷矿渣比自然慢冷矿渣易磨，地质年代短的石灰石比地质年代长的石灰石易磨。水泥熟料矿物组成中的硅酸三钙（C_3S）的含量增加，熟料的易磨性好，即易于粉磨；而当熟料中的硅酸二钙（C_2S）含量增加，熟料的易磨性就差，不易粉磨。液相量越多，熟料的易磨性越差。熟料的易磨性还与窑型、燃烧方法和冷却速度有关。如回转窑生产的黄心料，结构致密坚硬，易磨性差，含量多时就会使磨机产量下降；冷却快的熟料比冷却慢熟料的易磨性好；经过一段时间存放的熟料，其易磨性会变好。

4. 生产水泥熟料的原料

生产硅酸盐水泥熟料的主要原料是钙质原料（主要提供 CaO）和硅质原料（主要提供 SiO_2、Al_2O_3、Fe_2O_3），此外，还需补足某些成分不足的校正原料。当氧化铁含量不足时，可用硫酸渣等工业废渣作为铁质校正原料；当黏土中氧化硅含量不足时，可用高硅原料（如砂岩及河砂等）进行校正；当黏土中氧化铝含量不足时，可掺入一定量粉煤灰、煤矸石、炉渣、铝矾土等高铝原料。

硅酸盐水泥熟料生产一般采用三种或三种以上的天然原料，根据熟料组成的要求配制成生料经煅烧而成。通常，生产1t硅酸盐水泥熟料约消耗1.6t干原料，其中干钙质原料占80%左右，干硅质原料占10%～15%。

1）钙质原料

凡是以碳酸钙为主要成分的原料都属于钙质原料。它可分为天然钙质原料和人工钙质原料两类。水泥生产中常用的是含有碳酸钙的天然矿石。常用的天然钙质原料有石灰岩（石灰石）、泥灰岩、白垩、贝壳等。

钙质原料使用最广泛的是石灰石，其主要成分为 $CaCO_3$，纯石灰石中的 CaO 最高含量为56%，其品位由 CaO 含量来确定。在具体选择钙质原料时，如果钙质原料中的 CaO 含量低

于48%，可将其与CaO含量大于48%的钙质原料搭配使用，以利于资源的合理利用。

2）硅质原料

硅质原料的主要化学成分是SiO_2，其次是Al_2O_3、Fe_2O_3和CaO，在水泥生产中，它主要是提供水泥熟料所需要的酸性氧化物（SiO_2、Al_2O_3和Fe_2O_3）。我国水泥工业采用的天然硅质原料有黏土、黄土、页岩、泥岩、粉砂岩及河泥等，其中使用最多的是黏土和黄土。随着国民经济的发展以及水泥厂向大型化迈进，为保护耕地、不占农田，近年来多采用页岩、粉砂岩等作为硅质原料。

为了便于配料又不掺硅质校正原料，要求硅质原料的硅率最好为2.7～3.1，铝率为1.5～3.0，此时硅质原料中氧化硅含量应为55%～72%。含结晶SiO_2高的黏土对粉磨不利，未磨细的结晶SiO_2会严重恶化生料的易烧性。每增加1%的结晶SiO_2，在1400℃煅烧时，熟料中的游离CaO将提高近0.5%。

3）校正原料

当钙质原料和硅质原料配合所得生料成分不符合配料方案要求时，必须根据所缺少的组分掺加相应的原料，这种以补充某些成分不足为主的原料称为校正原料。硅酸盐水泥生产中的主要校正原料有硅质校正原料、铁质校正原料、铝质校正原料。

当氧化硅含量不足时，需掺入硅质校正原料。一般要求硅质校正原料中的氧化硅含量为70%～90%；大于90%时石英含量过高，给粉磨和煅烧带来很大困难，一般不采用。河砂的石英结晶更为完整粗大，只有在无砂岩矿源时才采用。最好采用风化砂岩或粉砂岩，其氧化硅含量不低，且易于粉磨、煅烧。

当氧化铁含量不足时，应掺加氧化铁含量大于40%的铁质校正原料。常用的铁质校正原料有硫酸渣（硫酸厂的工业废渣）、铜矿渣（工业废渣）、低品位的铁矿石。

当氧化铝含量不足时，需掺加铝质校正原料。一般有粉煤灰、煤渣、煤矸石、铝矾土等铝质校正原料。

5. 原料破碎工艺

矿山开采的石灰石、块状硅质原料都较大，其粒度一般都超过了粉磨设备允许的进料粒度，给运输、储存、烘干、配料和粉磨等作业带来一定的困难。物料经过破碎后，其粒度减小，表面积增加，便于物料的储存和运输，提高了烘干效率，给物料的正确配比和均匀喂料创造了有利条件，有利于提高磨机产量、降低电耗。

水泥生产中的原料尤其是石灰石，其块度大至1m以上，要经过几次破碎之后才能达到入磨的粒度要求。物料每经过一次破碎，则称为一个破碎段，破碎比的大小是确定破碎段数和破碎机选型的重要参数之一。如果用一台破碎机即可满足所需破碎比的要求，则可以选择一级破碎为宜。一级破碎较之二级破碎或多级破碎具有设备台数少、扬尘点少、生产流程简单、占地面积小、基建投资少和维护管理容易、经营费用低等优点。目前，石灰石破碎采用单段锤式破碎机可以实现一级破碎，黏土质原料常常也只需要一级破碎。

破碎过程的设备是破碎机。水泥工业中常用的破碎机有颚式破碎机、反击式破碎机、单段锤式破碎机、辊式破碎机等。各种破碎机具有各自的特性，生产中应视要求的生产能力、破碎比、物料的物理性质（如块度、硬度、杂质含量等）和破碎设备特性来选用破碎机类型。

1.1.2 颚式破碎机

颚式破碎机的结构简单、工作可靠、适用范围广、操作维护方便、设备费用低、破碎能力大，适宜石灰石、砂岩等块状硬质物料的粗碎、中碎。但工作时产生很大的惯性力，零部件承受很大的负荷，能量消耗比较高，产品粒度不够均匀，不适合于黏湿状和干片状物料的破碎。

颚式破碎机构及工作原理

颚式破碎机的规格是用进料口的宽度 B 乘长度 L 表示。例如PJ900mm×1200mm，表示其型号为简单摆动颚式破碎机，进料口宽度为900mm、长度为1200mm。

1. 工作原理、构造及类型

1）工作原理

颚式破碎机的工作原理是其活动颚板（简称动颚）对固定颚板（简称定颚）做周期性的往复运动，时而靠近，时而远离。当颚板靠近时，物料在两颚板间被挤压、劈裂和弯曲破碎；当颚板离开时，破碎腔内下部已破碎到小于排料口的物料，靠自重作用自动落下，位于破碎腔上部的物料，还未破碎到小于排料口尺寸，只是随着排料而下降一定距离，直到活动颚板再次靠近固定颚板时，破碎腔内已下降的物料再次受到挤压而破碎；如此进行下去，直到喂入破碎腔内的全部物料从排料口排出为止。

2）构造及类型

颚式破碎机可以分为简单摆动式、复杂摆动式、组合摆动式和液压破碎机四类（图1-1-1）。

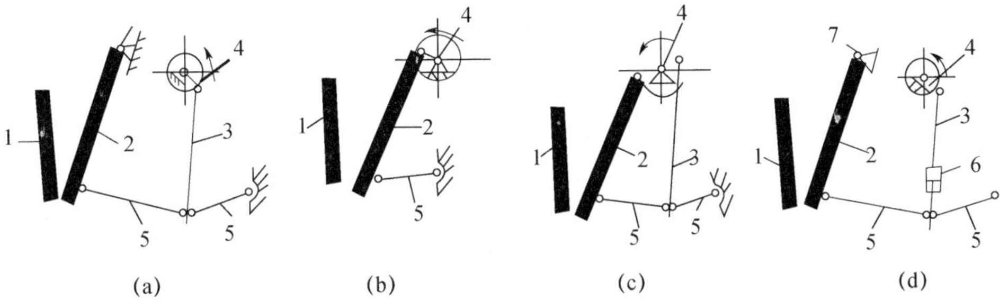

图1-1-1 颚式破碎机的结构、工作原理简图

（a）简单摆动式颚式破碎机；（b）复杂摆动式颚式破碎机；（c）组合摆动式颚式破碎机；（d）液压颚式破碎机
1—固定颚板；2—活动颚板；3—连杆；4—偏心轴；5—推力板；6—液压装置；7—悬挂轴

（1）简单摆动式颚式破碎机

简单摆动式颚式破碎机如图1-1-1（a）和图1-1-2所示。活动颚板以悬挂轴为支点，偏心轴通过连杆、推力板带动活动颚板做简单往复摆动，其运动行程以活动颚板的底部（即卸料口处）为最大，又称简摆式颚式破碎机。

简摆式颚式破碎机的优点是：结构简单，可制成大型设备。但简摆式颚式破碎机的动颚垂直行程小，有空载行程。上部水平行程小（破碎腔上部皆为较大的矿块，欲破碎它们，需要较大的水平行程），使颚板受负荷不均匀，生产效率低，破碎比较小，一般只有 4～6。

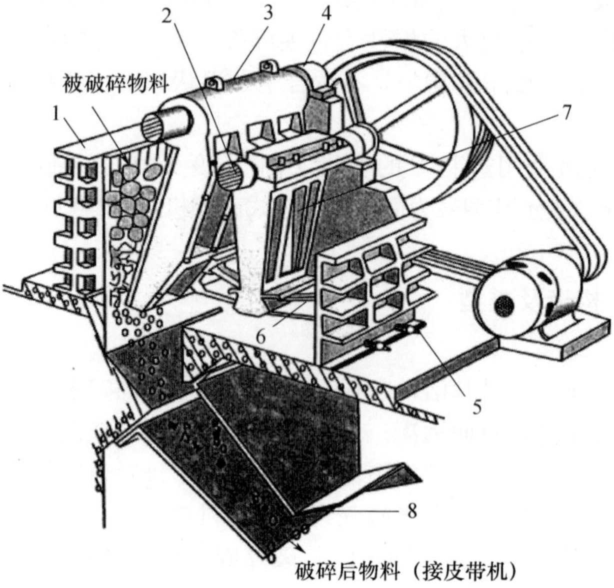

图 1-1-2　简单摆动式颚式破碎机

1—定颚（机架）；2—偏心轴；3—动颚；4—悬挂轴承；5—弹簧拉杆；
6—推力板；7—连杆；8—卸料溜槽（非标准件）

（2）复杂摆动式颚式破碎机

复杂摆动式颚式破碎机如图 1-1-1（b）和图 1-1-3 所示。复杂摆动式颚式破碎机的活动颚板悬挂在偏心轴上，而活动颚板的底部则支承在推力板上。当偏心轴转动时，活动颚板在其带动下做上下、左右复杂的运动，又称复摆式颚式破碎机。

复摆式颚式破碎机的定颚固定在机架前壁上，动颚按一定角度与定颚相对，并通过滚动轴承直接悬挂在偏心轴上；偏心轴由电动机驱动并经带轮带动旋转，动颚下端背部的支座内活动地插入推力板的一端，推力板另一端则活动地插于前楔形顶座，通过前、后楔形顶座使推力板顶靠在机架后壁上，形成铰式推压系统，使动颚下部支承在机架上。前、后楔形顶座除起支承作用外，相互垂直，还可利用调节螺杆加以调节，从而改变卸料口宽度。拉杆的一端固定在动颚下端的耳环上，另一端穿过机架后壁，用弹簧和螺母顶紧，依靠弹簧的伸张与压缩，使整个动颚系统保持均衡运动。

复摆式颚式破碎机的活动颚板的运动轨迹是一条复杂曲线，空载行程比简摆式小；物料不仅受挤压，还受到研磨作用。因此，生产能力比简摆式提高 20%～30%；破碎比可达 10 左右，但缺点是活动颚板挂在偏心轴上，使偏心轴及轴承容易损坏，不适宜制造大型设备。

（3）组合摆动式颚式破碎机

组合摆动式颚式破碎机如图 1-1-1（c）所示。活动颚板悬挂在偏心轴上，而其底部

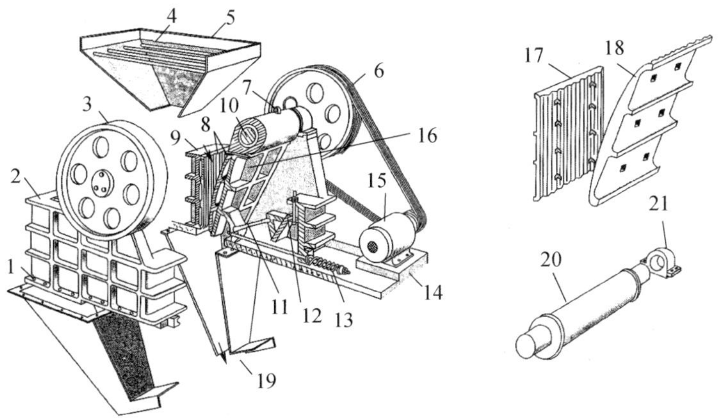

图 1-1-3　复杂摆动式颚式破碎机

1—安装孔；2—机架（与定颚一体）；3—飞轮；4—篦条；5—入料溜槽；6—皮带轮；7—吊孔；8—衬板；9—定颚；10—偏心轴；11—推力板；12—推力板座；13—弹簧拉杆；14—楼板（基础）；15—电动机；16—活动颚板；17—定颚衬板；18—动颚衬板；19—卸料溜槽；20—偏心轴；21—轴承

则支承在与连杆铰接的两块推力板上。这种破碎机的活动颚板的顶端和底部分别具有简摆式及复摆式破碎机的结构特性，是两者的组合。

（4）液压颚式破碎机

液压颚式破碎机如图 1-1-1（d）所示。液压颚式破碎机是在简单摆动式颚式破碎机的基础上，采用液压连杆结构，实现分段启动，降低了启动功率。连杆上装液压油缸和活塞，油缸和连杆上部连接，活塞杆与推力板连接。当破碎机主电动机启动时，液压油缸尚未充满油，油缸与活塞可做相对滑动，因此主电动机无克服动颚等运动部件的巨大惯性，而较容易启动。待主电动机正常运转时，液压油缸内已充满了油，使连杆油缸和活塞杆紧紧地连接在一起，这时油缸与连杆不再做相对运动，相当于一个整体连杆，动力通过连杆、推力板等使动颚摆动。当颚腔内掉入难碎物体（如铁块等）时，连杆受力增大，油缸内油压急剧增加，从而推开溢流阀，油缸内的油被挤出，活塞与油缸松开，连杆和油缸虽然随偏心轴的转动而上下运动，但连杆与活塞不动，于是推力板和动颚也不动，从而保护了破碎机的其他部件免受损坏，起到保险装置的作用。推力板上的液压装置则用来调整出料口间隙的大小。

2. 主要工作部件

1）机架与支承装置

机架是由两个纵向侧壁和两个横向侧壁组成的刚性框架。机架在工作中承受很大的冲击荷载，所以要具有足够的强度和刚度。中、小型破碎机一般整体铸造，大于 1200mm×1500mm 的颚式破碎机都采用上、下机架的组合形式。

支承装置主要用于支承偏心轴和悬挂轴，使它们固定在机架上。目前，支承装置一般都采用滚动轴承，以减小摩擦、方便维修和保证润滑。

2）破碎部件

破碎机的破碎部件是活动颚板和固定颚板。如图 1-1-4（a）所示，颚板用于直接破碎物料。为了避免磨损，提高颚板使用寿命，在颚板和颚腔两侧一般都镶上衬板。在衬板与颚板之间，常常垫以塑性衬垫，以保持衬板与颚板紧密结合以及使衬板受力均匀。衬板采用强度高且耐磨的锰钢铸造。为了有效地破碎物料，衬板的表面常铸成波浪形和三角齿形，如图 1-1-4（b）所示。安装时两衬板的齿缝和齿谷正好凹凸相对。这样的衬板对物料不仅施予挤压作用，还兼施弯曲和劈裂作用，使物料易于破碎。

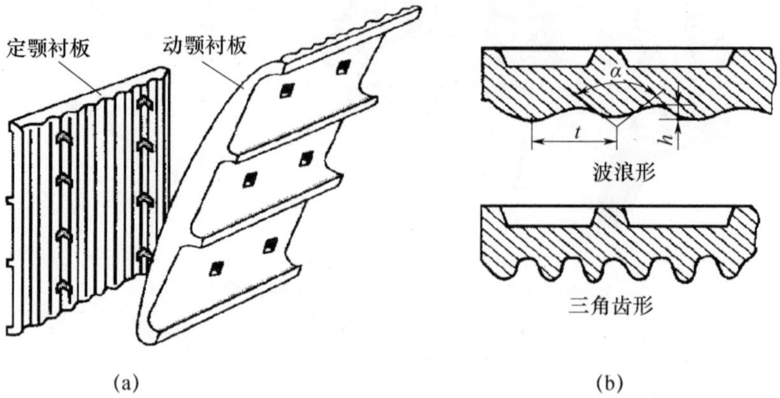

图 1-1-4　破碎部件

（a）活动颚板和固定颚板；（b）衬板工作表面的形状

衬板各部位的磨损是不均匀的，通常下部磨损较快，为了延长其使用寿命，常做成上下对称的，待下部磨损后调换使用。大型颚式破碎机的衬板是用几块拼成的，各块间均可互换，这不仅节省材料，而且给安装和运输带来方便。

3）传动机构

偏心轴如图 1-1-5 所示，是颚式破碎机的主轴，也是带动连杆或活动颚板做往复运动的主要部件，大、中型破碎机的偏心轴通常用合金钢制造，小型破碎机可采用优质碳素钢制造。悬挂轴采用合金钢或优质碳素钢制造。偏心轴的两侧分别装有飞轮和胶带轮，使动力负荷均匀、破碎机稳定运转。主轴的动力通过连杆、推力板传递给活动颚板，连杆、推力板要承受很大的力，故用铸钢制造。

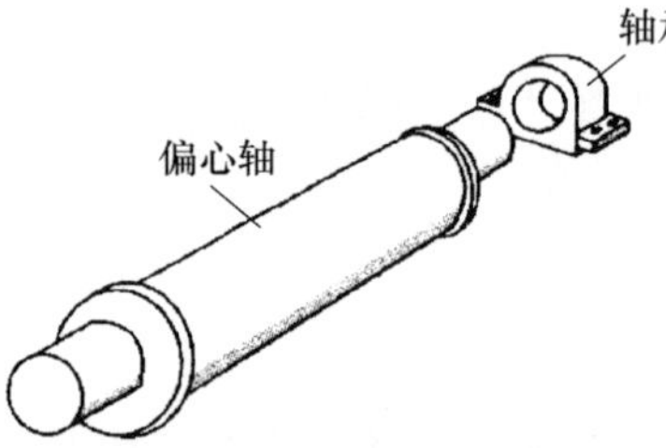

图 1-1-5　颚式破碎机的偏心轴

4）拉紧装置

拉紧装置由弹簧、拉杆及调节螺母等组成。拉杆的一端铰接在动颚底部，另一端穿过机架壁的凸耳，用弹簧及螺母张紧。当连杆驱动动颚向前摆动时，动颚和推力板将产生惯性力，而连杆回程时，由于上述惯性力的作用，使动颚不能及时进行回程摆动，有使推力板跌落的危险，因而要用拉紧机构使推力板与动颚、顶座之间保持紧密接触。在动颚工作行程中，弹簧受到压缩；在卸料行程中，弹簧伸张。拉杆借助弹簧拉力来平衡动颚和推力板向前摆动时的惯性力，使动颚及时向反方向摆动。

5）调节装置

颚式破碎机的出料口宽度，可以通过调节装置来调整。大、中型颚式破碎机的出料口宽度，是使用不同长度的推力板来调整的，通过在机后壁与顶座之间垫上不同厚度的垫片来调节出料口宽度。小型破碎机通常采用楔铁调整方法。楔铁调整是在推力板和机架后壁之间设有楔形的前后顶座，拧动调节螺母，使后顶座上下移动，前顶座在导槽内移动，这样可以调节出料口宽度。

6）保险装置

为保护活动颚板、机架、偏心轴等大型贵重部件免受损坏，一般都设有安全装置。通常颚式破碎机的保险装置是将推力板分成两段，中间用螺栓连接，设计时将螺栓的强度设计得小些；也有的是在推力板上打孔或用铸铁制造，当破碎机负荷过大时，推力板或其螺栓就会被断裂，活动颚板停止摆动，从而起到保险作用。液压颚式破碎机连杆处的液压装置也具有保险作用。

7）润滑装置

颚式破碎机的偏心轴轴承通常采用润滑油实行集中循环润滑。悬挂轴和推力板的支承面通常采用润滑脂，用手动润滑油枪供油。

3. 主要参数

1）钳角

颚式破碎机活动颚板与固定颚板之间的夹角 α 称为钳角。钳角小，可以使破碎机的生产能力增强，但破碎比小；钳角大，可以增大破碎比，但会降低生产能力，同时落入颚腔中的物料不易夹牢，可能被向上挤出达不到破碎的目的，并可能会危及设备和人身安全。因此破碎机的钳角应有一定的范围，一般 $\alpha=22^\circ\sim33^\circ$，考虑到入料粒度相差很大的实际情况，大块物料可能被夹在小块物料之间，这时物料有被挤出加料口的可能，所以，一般设计颚式破碎机时，α 取 $18^\circ\sim22^\circ$。

2）偏心轴的转速

偏心轴转一圈，动颚往复摆动一次，前半圈为破碎物料，后半圈为卸出物料。为了获得最大的生产能力，破碎机的转速 n 应该根据这样的条件确定：当动颚后退时，破碎后物料应在重力作用下全部卸出，而后动颚立即返回破碎物料。转速过高或过低都会使生产能力不能达到最大值。经理论推导，偏心轴的转速应为

$$n=470\sqrt{\frac{\tan\alpha}{s}} \tag{1-1-7}$$

式中　n——偏心轴的转速，r/min；

s——活动颚板下端水平行程，cm；

α——钳角，°。

式（1-1-7）未考虑物料性质和破碎机类型等因素的影响。因此，只能用来粗略地确定颚式破碎机的转速。一般对于破碎坚硬物料，转速应取小些；对于破碎脆性物料，转速可适当取大些；对于较大尺寸的破碎机，转速应适当降低，以减小惯性振动，节省动力消耗。

偏心轴的转速还可用下述经验公式确定。

进料口宽度 $B \leqslant 1200$mm 时，

$$n = 310 - 145B\ (\text{r/min}) \tag{1-1-8}$$

进料口宽度 $B > 1200$mm 时，

$$n = 160 - 42B\ (\text{r/min}) \tag{1-1-9}$$

3）生产能力

颚式破碎机的生产能力 Q（t/h）与被碎物料的性质（物料强度、硬度、粒度、堆积密度）有关，还与破碎机的性能和操作条件（供料情况、出料口大小）等因素有关。目前还没有把这些因素包括进去的理论计算公式，只能采用一些实际生产资料和经验公式进行估算。

$$Q = K_1 K_2 K_3 qe \tag{1-1-10}$$

式中　Q——颚式破碎机的产量，t/h；

q——标准条件下（指开路破碎，容积密度为 1.6t/m^{3}的中等硬度的物料），破碎机出料口单位宽度的生产能力（t/mm·h），见表 1-1-1；

e——破碎机出料口宽度（mm）；

K_1——物料易碎性系数，见表 1-1-2；

K_2——物料堆积密度修正系数，$K_2 = \rho_s / 1.6$；

ρ_s——堆积密度，t/m^3；

K_3——进料粒度修正系数，见表 1-1-3。

表 1-1-1　颚式破碎机出料口单位宽度的产量

破碎机规格（mm）	250×400	400×600	600×900	900×1200	1200×1500	1500×2100
q [t/（mm·h）]	0.4	0.65	0.95～1.0	1.25～1.3	1.9	2.7

表 1-1-2　物料易碎性系数 K_1

物料强度	抗压强度（MPa）	易碎性系数 K_1	物料强度	抗压强度（MPa）	易碎性系数 K_1
硬质物料 中等硬度物料	157～196 79～157	0.9～0.95 1.0	软质物料	<79	1.1～1.2

表 1-1-3　进料粒度修正系数 K_3

进料最大粒度 D_{max} 和进料口宽度 B 之比 $a = D_{max}/B$	0.85	0.60	0.4
进料粒度修正系数 K_3	1.0	1.1	1.2

4. 操作与维护要点

颚式破碎机的操作和维护十分重要，操作和维护的不正确或操作中的疏忽大意，往往是造成事故的重要原因，正确操作和维护有利于破碎机生产能力的提高。

1）开车前的准备工作

（1）检查各主要部件是否完好、紧固螺栓等连接件有无松动、安全装置是否完整。

（2）检查喂料设备、输送设备、电器设备等是否完好。

（3）检查润滑装置是否良好，检查冷却水管阀是否打开。

2）启动与正常操作

（1）按操作规程开车，开车顺序为逆生产流程。

（2）启动主电动机时要注意控制柜上的电流表指示，经过20～30s，电流会降到正常的工作电流值。

（3）调节和控制喂料，使加料均匀，物料粒度不超过进料口宽度的80%～90%。

（4）一般滑动轴承温度不应超过60℃，滚动轴承温度不应超过70℃。

（5）当电器设备自动跳闸后，若不明原因，严禁强行连续启动。

（6）发生机械故障和人身事故时，应立即停车。

3）停车时注意事项

（1）停车顺序与开车顺序相反，即顺着生产流程方向操作。

（2）必须在破碎机停稳后才能停止润滑和冷却系统的工作，在冬季应放掉轴承中的循环冷却水，避免轴承被冻裂。

（3）停机后要做好清理卫生和检查机器各部位的工作。

1.1.3　反击式破碎机

反击式破碎机的优点是破碎效率高，动力消耗低，产品粒度均匀；破碎比大（一般为20左右，高的可达50～60），可减少破碎级数，简化生产流程；结构简单，维护方便；适应性好，尤其对于中等硬度和脆性物料。其缺点是打击板和反击板的磨损较快，特别在破碎坚硬物料时；防堵性能差，不适宜破碎黏湿性和塑性物料；机器运转时产生的粉尘较多，噪声也较大。

反击式破碎机主要用于破碎石灰石、砂岩、煤及熟料等物料。

反击式破碎机的规格采用转子直径乘长度来表示。例如：PF500×400表示型号为反击式破碎机，转子的直径为500mm，转子长度为400mm；2PF500×400则表示转子的直径为500mm、长度为400mm的双转子反击式破碎机。

1. 工作原理、构造及类型

1）工作原理

反击式破碎机的主要工作部件为带有打击板的做高速旋转的转子。其工作原理图如图1-1-6所示。喂入破碎机内的物料，在转子回转范围内（即锤击区）受到板锤冲击，并被高速抛向反击板，再次受到冲击，然后又从反击板反弹到板锤，继续重复上述过程。在往返途中，物料间还有互相碰击作用。物料受到板锤的打击、反击板的冲击和物料之间的相互碰撞而破碎。当物料的粒度小于反击板和板锤之间的缝隙时即被卸出。

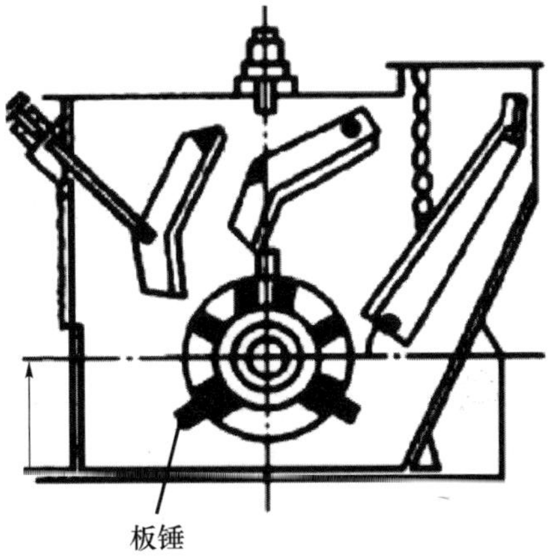

图1-1-6　反击式破碎机工作原理图

反击式破碎机是以冲击方式破碎物料，其结构和工作过程特点是：反击式破碎机的板锤是自下而上迎击投入的物料，并把它抛到上方的反击板上且下部一般没有篦条，产品粒度靠板锤的速度以及与反击板之间的间隙来保证。

2）构造及类型

反击式破碎机按其结构特征，可分为单转子和双转子两大类。单转子反击式破碎机按转子的旋转方式，可分为不可逆转动和可逆转动两类。双转子反击式破碎机按转子的回转方向，可分为反向回转、相向回转、同向回转三类。

反击式破碎机结构及工作原理

（1）单转子反击式破碎机

单转子反击式破碎机的构造如图 1-1-7 所示，主要由转子、板锤、反击板、机体等组成。机体分为上、下两部分，机体的前后左右均设有检修门。板锤与转子为刚性连接；反击板的一端铰接固定在机体，另一端用拉杆自由地悬吊在机体上，反击板有折线形和弧线形；可以通过拉杆螺母调节反击板与板锤之间的间隙，改变破碎物料的粒度和产量。当反击板受到较大的压力时，拉杆后移，并会靠自身重力返回原位，起到保险作用。入口处的链幕，一是防止石块飞出，二是均匀供料。

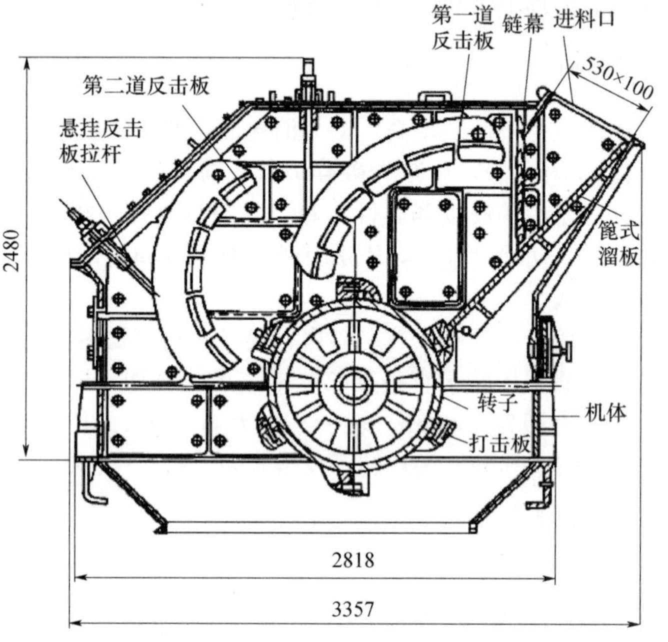

图 1-1-7　单转子反击

（2）双转子反击式破碎机

双转子反击式破碎机如图 1-1-8 所示，机体内装有两个平行排列的转子，第一道转子的中心线高于第二道转子的中心线，形成一定高度差。第一道转子为重型转子，转速较低，用于粗碎，转子上分四排用螺栓固定 8 块打击板；第二道转子转速较快，用于细碎，转子上分六排装有 12 块打击板。两个转子分别由两台电动机经液压联轴器、弹性联轴器和 V 带组成的传动装置驱动，做同方向旋转，既可降低启动负荷，减少电动机容量，又可起到保险作用。分腔反击板将机体分成两个破碎腔，调节分腔反击板的拉杆螺母可以控制进入第二破碎腔的物料粒度；调节第二道反击板的拉杆螺母可以控制破碎机最终产品粒度。

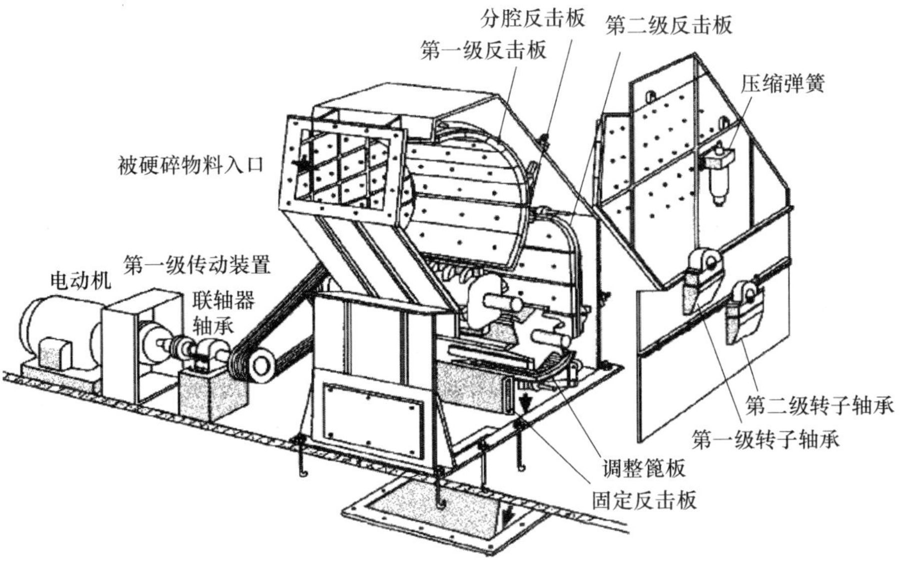

图 1-1-8　双转子反击式破碎机

2. 主要工作部件

1）转子

反击式破碎机的转子结构形式有整体式、组合式和焊接式三种。

反击式破碎机的转子必须具有足够的质量以适应破碎大块物料的需要。破碎机的转子大都采用整体式的铸钢结构，这种转子转动惯量大，坚固耐用，便于安放板锤，能满足破碎工作的要求。对小型反击式破碎机也可采用钢板焊接结构，这种转子制造方便，容易得到平衡，但强度和耐用性较差。

2）板锤

反击式破碎机的板锤固定在转子上，它是破碎机的重要零件，要求安装牢固，便于更换，并用抗冲击性能良好的材料制造。国内多用高锰钢、中碳合金钢、轴承钢锻造。

板锤的几何形状对破碎机的生产能力和使用期限都有影响，常用的结构形式如图 1-1-9 所示。

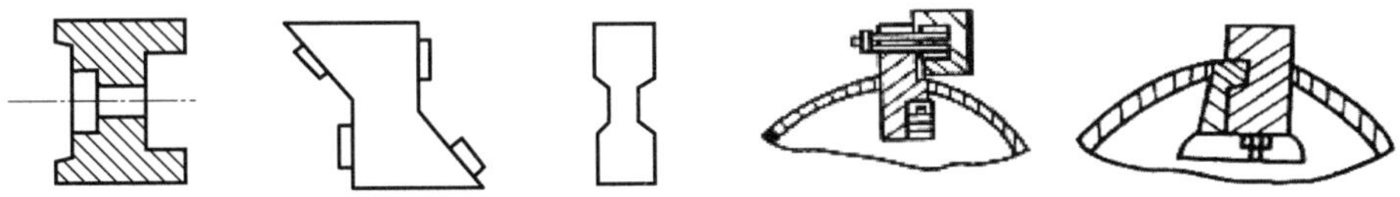

图 1-1-9　板锤的结构形式

（a）螺栓固定；（b）、（c）插入固定；（d）楔块固定；（e）楔块和顶丝固定

图 1-1-9（a）为长条形板锤，这种结构目前使用较多。但用螺栓固定，由于螺栓暴露在外面，易被打坏，使用寿命短。

图 1-1-9（b）、（c）为插入固定在转子上。板锤磨损后可以调头使用，节约钢材。但这种结构对制造尺寸要求严格，否则给拆装带来困难。

图 1-1-9（d）为由护板和打击板组成的板锤。其结构用楔块固定，打击板表面没有螺栓露出，磨损后只需更换护板即可。这种结构复杂，只适用于大型反击式破碎机。

图 1-1-9（e）为用楔块和顶丝固定的板锤。当上紧顶丝时，可将板锤向外推移，与楔块斜面揳合紧密。当转子回转工作时，在离心力作用下，板锤和楔块便会越转揳合越紧。这种结构构造简单，修换方便，工作可靠。

3）反击板

反击板的作用是承受被板锤击出物料在其上冲击破碎，并将破碎后的物料重新弹回破碎区，再次进行破碎。反击板的形状和结构对破碎效率影响很大。

反击板的形式很多，主要有折线和弧线两种。折线反击板结构简单，但不能保证物料得到最有效的冲击；弧线形反击板能使料块由反击板反弹出来之后，在圆心形成激烈的互相撞击而破碎，其破碎效果高。反击板目前多采用高锰钢等耐冲击磨损的材料制造。

3. 操作与维护要点

反击式破碎机是一种转速快、惯性大的设备，做好正常的操作与维护工作，对于设备的长期安全运转极为重要。通常要做到：

1）开车前对设备要进行认真检查，如紧固件有没有松动、易磨件是否要更换、润滑和冷却系统是否良好等。

2）开车时要按照破碎系统的启动顺序进行，先开动收尘设备，再开输送设备，然后是破碎机和喂料机。先空车运转，确认无异常时方可投料生产。

3）停车要按照生产流程顺序进行，与开车顺序相反。必须先停喂料机，待破碎机内物料卸空后，才能关停主电动机和出料输送系统。

4）喂料要均匀，防止超过规定块度的料块和金属杂物喂入。

5）设备运转中应注意检查润滑系统的工作情况，定期添加或更换润滑油、润滑脂。转子轴承温度应保持在 60℃以下，最高不能超过 70℃。

6）当产品粒度过大时，应停机检查打击板的磨损情况，或者调整打击板与反击板之间的间隙。

7）做好设备密闭和车间的收尘工作。

1.1.4 单段锤式破碎机

单段锤式破碎机是一种比较新型的破碎机，从老式的慢速锤式破碎机和快速锤式破碎机演变而来，它集两者所长于一机之中，从而实现了入料粒度大、出料粒度小、电耗低的特点。我国在一些水泥厂建设中先后引进了一些单段锤式破碎机，为适应新型干法水泥生产中立式磨的大量应用，多年来，也开发了多种类型的单段锤式破碎机，开发的产品已在水泥厂应用。

国外的机械制造公司早在 20 世纪 60 年代开始生产各具特色的破碎设备。典型的是德国 O&K 公司的 MAMMUT 单转子锤式破碎机和瑞士 BUHLER-MIAG 公司的 TITAN 双转子锤式破碎机。国产单段锤式破碎机用于破碎一般的脆性矿石，与传统的两段破碎系统相比，可节省一次性投资 45%，车间设备质量减轻 32.5%，破碎成本降低约 40%。

1. 工作原理、构造及类型

1）单段锤式破碎机的类型

单段锤式破碎机按其结构特征，可分为单转子和双转子两大类。单转子单段锤式破碎机分为两种：一种不带进料缓冲辊子；另一种带进料缓冲辊子。后者可带一个或两个进料缓冲辊子，用于大中型单段锤式破碎机。

2）单段锤式破碎机的工作原理

单转子锤式破碎机是一种仰击型锤式破碎机，主要靠锤头在上腔中对矿石进行强烈的打击、矿石对反击板的撞击和矿石之间的碰撞使矿石破碎。单转子锤式破碎机的工作原理是：主电动机通过V带带动装有大带轮的转子，矿石由板式给料机喂入破碎机的进料口，矿石落至带有减震装置的给料辊上，两个同向回转的给料辊将矿石送入高速旋转的转子上，锤头以较高的线速度打击矿石，同时击碎或抛起料块。被抛起的料块撞击到反击板上或自相碰撞而再次破碎，然后被锤头带入破碎板和篦子工作区继续受到打击和粉碎，直至小于篦缝尺寸时从机腔下部排出。

双转子单段锤式破碎机有两个相向转动的转子和一个位于两个转子之间的承击砧。它除了具有其他单段破碎机的主要特点以外，由于破碎主要发生在两个转子之间，使黏湿物料黏附在固定腔壁的机会减少，因而对黏湿物料的适应性较强。与相同生产能力的单转子锤式破碎机相比，设备质量较小。由于两个转子可以悬挂更多的锤头，可供使用的磨损金属量更大，锤头寿命更长。由于转子尺寸小、机身矮，使配套设备如吊车、板式给料机的选型规格降低，整个系统的设备投资和基建投资较低。

双转子单段锤式破碎机的工作原理：矿石由重型板式给料机喂入破碎机的进料口，落入由两个高速相向旋转的转子之间的破碎腔，受到锤头的打击而被初步破碎。破碎后的物料在向下运动过程中在转子和承击砧之间受到进一步破碎，然后被承击砧分流，分别进入两个相互对称的排料区，再由篦子和转子形成的下破碎腔进行最终破碎，直至颗粒尺寸小于篦缝尺寸时从机腔下部排出。

2. 主要工作部件

单转子锤式破碎机的主要结构由转子、破碎板、排料篦子、保险门、给料辊、壳体和驱动部分等部件组成（图1-1-10）。双转子单段锤式破碎机主要由转子、壳体、承击砧、排料篦子及其调节装置等组成。

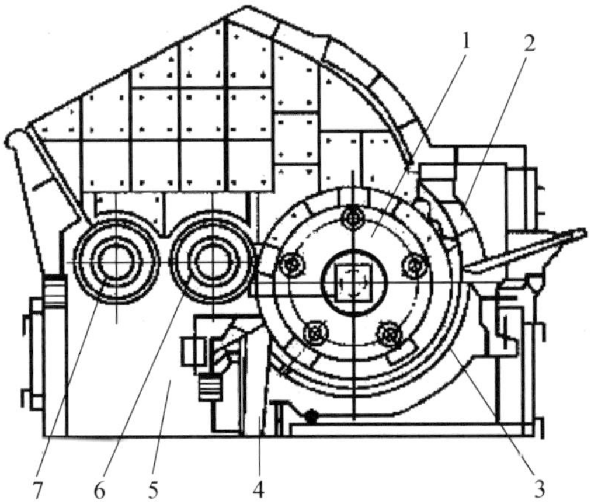

图1-1-10 单转子锤式破碎机的结构

1—转子；2—破碎机；3—排料篦子；4—保险门；5—壳体；6—主动给料辊；7—从动给料辊

1）转子和轴承部分

转子是破碎机的核心。它由锤盘、端盘、锤头、锤轴、主轴、大带轮、轴承和轴承座等组成（图 1-1-11）。锤盘和端盘通过平键固定在主轴上。主轴以优质合金钢为材料，并采用了圆形断面，以适应破碎大块矿石和传递大转矩的需要，所选用的中宽系列双列向心球面滚子轴承可以承受很大的冲击荷载。转子锤头采用了全回转型结构，即使大块矿石不能一击即碎，也能完全退避到锤盘中，以保持转子的正常运转。锤头由高锰钢制成，它具有较高的抗磨损和耐冲击性能。锤头一边磨损之后可以换边使用。

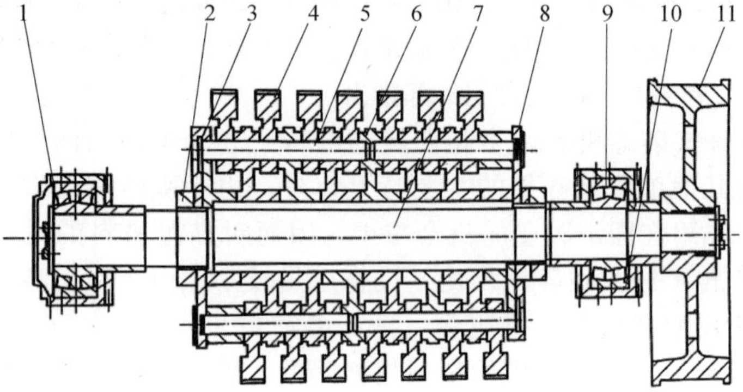

图 1-1-11　转子

1—游动端轴承；2—卡箍；3—端盘（Ⅰ）；4—锤头；5—锤轴；6—锤盘；7—主轴；8—端盘（Ⅱ）；9—固定端轴承；10—轴承座；11—大带轮

2）破碎板

破碎板位于转子的正前方水平中心线上，由破碎板体上装若干齿板而成；齿板与转子外延形成夹角，增加了对矿石的冲击剪切作用。它的上端铰接在壳体上部，下端用两个调整装置调节破碎板与转子工作圆之间的间隙，以保证进入排料带的物料粒度（图 1-1-12）。通常此间隙为 25～35mm，齿板磨损后要及时调整，齿板由耐磨合金材料制成。

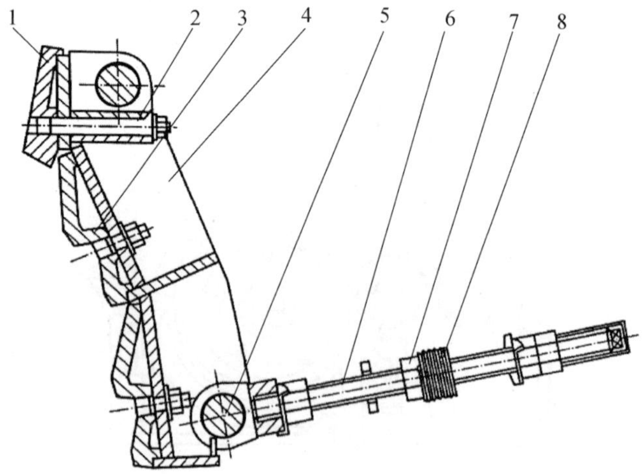

图 1-1-12　破碎板

1—承击板；2—螺栓；3—齿板；4—板体；5—吊环螺母；6—调节螺杆；7—螺母；8—橡胶弹簧

3）排料篦子

排料篦子由若干块篦子板组成（图 1-1-13）。篦子板由耐磨合金材料浇铸制成。它安装在破碎机转子的下部，其包角约为 130°，与转子的间距可以调节。随着锤头的磨损，转子工作圆径缩小，除及时调节破碎板外，应及时提起排料篦子。用液压千斤顶顶起托梁，同时向上调节吊挂螺栓以达到调整间隙的目的。若不及时调整排料篦子，间隙过大，其中的积料将加剧锤头的磨损。

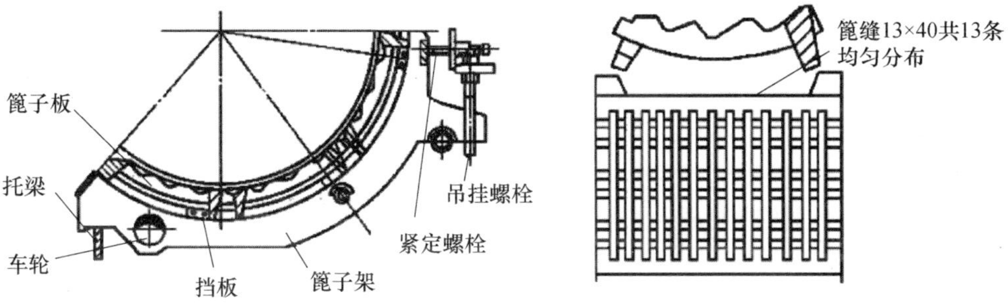

图 1-1-13 篦子结构

4）保险门

保险门如图 1-1-14 所示。保险门铰接在排料篦子后部的下壳体上，在平衡块的作用下，既能阻止未被破碎的矿石溢出，又能将误入机内的铁件和金属等在离心力作用下迅速推开保险门而顺利排出。随后自动闭合，不必为此专门停机。保险门为可调机构，当调节排料篦子时，保险门也需相应调整。当允许的排料粒度较大或用户对排料粒度没有严格要求时，可不装保险门。

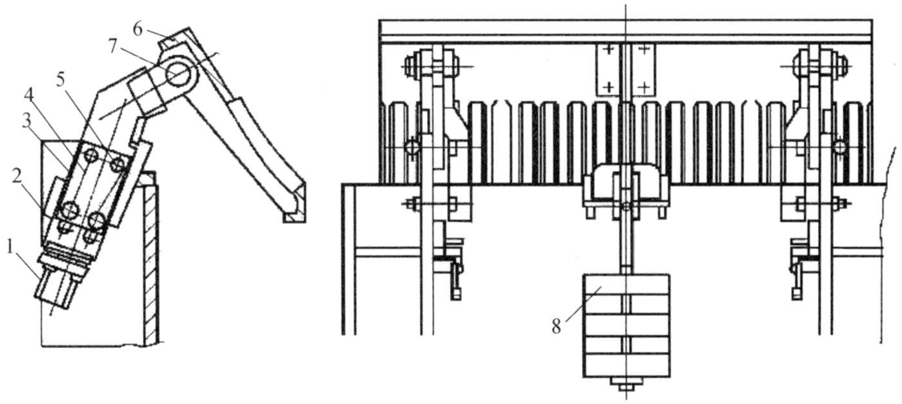

图 1-1-14 保险门

1—紧固螺钉；2—支座；3—铁丝；4—垫片；5—螺栓；6—栅门；7—销轴；8—重锤

5）给料辊

给料辊由主动辊和从动辊两部分组成，位于进料口与转子之间，其水平中心线高于转子中心线 200mm。靠近转子端为主动辊，两辊的间隙 15mm。当辊体磨损间隙增大时，应及时调整从动给料辊位置。

主、从动给料辊主要由辊体、辊轴及两者之间的缓冲橡胶块组成，两辊间缝隙有利于碎料及泥土的排出。缓冲胶块用以吸收矿石下落时的冲击能量。

6）给料辊驱动装置

硬齿面行星减速器悬挂在主动给料辊的轴头上，电动机经V带带动减速器使主动给料辊转动，减速器自带外循环润滑站。主动给料辊另一轴头装有链轮，链条带动从动给料辊。

7）壳体

壳体由上壳体（包括上端板、前侧板、中侧板、顶壳板）、下壳体和半圆侧壁组成，全部采用钢板焊接，与矿石接触的内表面均装有耐磨衬板。

上壳体与下壳体铰接，当更换衬板、锤头或其他易损件时，只需拆卸上、下壳体的连接螺栓。利用液压缸将上壳体绕铰轴旋转而开启，达到更换的目的，半圆形侧壁上开有锤轴抽取孔。下壳体的两端各开一道门，供抽取排料篦子和维修人员进入机内检修之用。

双转子单段锤式破碎机有两个相向转动的转子和一个位于两个转子之间的承击砧，承击砧采用优质合金钢铸造而成，它承担相当大的破碎作用，并阻止大块物料进入下破碎腔，保护篦条免受矿石的猛烈冲击，同时使物料分流，均匀地进入两个排料区。两套排料篦子对称安装在承击砧两侧，等边梯形断面的管条穿插在管子架上，两端由压条固定，一边磨损后可以换边使用。篦架的弧形纵梁上表面连续堆焊耐磨合金，以延长其使用寿命。

3. 操作与维护要点

1）试运转

破碎机在进行第一次试运转之前，必须严格按照以下程序检查：

（1）主轴承、传动轴承的润滑脂的注入情况；

（2）破碎腔内（包括篦子上面）是否有外来异物；

（3）破碎机转子盘车检查，消除不应有的金属碰撞声；

（4）各部件螺栓以及地脚螺栓是否拧紧；

（5）电动机转动方向是否正确；

（6）机体上所有的门是否正确。

2）无负荷试车

空载试车前，应首先根据电气专业有关规范对主电动机进行测试，然后对主电动机进行空载试验，若无异常，则进行8h的无负荷试车，并符合下列要求：

（1）主电动机启动时间不得超过35s；

（2）运转中无金属的撞击声音；

（3）转子运转平稳；

（4）主轴承温度一般不超过78℃；

（5）主电动机电流平稳；

（6）停机后，检查运转中各部分螺栓和销，并拧紧松动的螺栓；

（7）停车时间（从主电动机断电到转子完全停止）一般不少于20s。

3）负荷试车

无负荷试车合格后，方能进行负荷试车。负荷试车的班运转时间一般不少于6h，并应按下列要求进行：

（1）运转前复查所有连接螺栓和地脚螺栓的紧固情况。

（2）破碎机必须空负荷启动。启动顺序应是首先开动破碎机下面的胶带运输机，然后启动破碎机。破碎机达到正常转速后，方可启动板喂机加入矿石，停车程序与之相反。转子与喂料机停车间隙时间以机内各部残存矿石排尽为准。

（3）负荷试车分半负荷小块料、半负荷中等料、满负荷正常料三个步骤（表1-1-4）。

表1-1-4　负荷试车的步骤

试车形式	进料粒度要求（mm）	连续运行时间（h）	检查方式
半负荷小块料	＜600×600×800	＞3	机外检查
半负荷中等料	＜800×800×1000	＞6	进机检查 拧紧螺栓
满负荷正常料	＜1000×1000×1500	＞8	

4）注意事项

（1）本机的排料篦子为全封闭式，因此生产中应力求避免铁件等不易破碎的异物带入机内，以免对篦条等机件造成损害。

机器启动达正常状态2min，确认无异常情况后再鸣笛给矿。破碎机须在停止给矿，待破碎腔内确认无残存矿石时，方可停机。

（2）破碎机内不得喂入过大的矿石。

（3）注意监听机器的声音，如发现异常声音时，应立即停机检查，查明原因并处理完故障后，才能继续工作。

（4）主轴承（转子的轴承）和高速轴承（小带轮的轴承）采用脂润滑，使用优质的锂基脂，润滑脂应定期更换。

（5）主轴承和高速轴轴承座装有测量范围为－100～100℃的热电偶，作为轴承温度变送器，并配有报警装置。当温度超过85℃时（报警温度上限可在报警装置上调整），将发出报警信号。当温度到90℃时将自动停机。轴承能够承受100℃的温度不致损坏。

5）维护特殊说明

（1）锤头：锤头在使用过程中逐渐磨损，锤重减少到80％左右后必须更换，否则产量、粒度均难以保证。新锤头前部棱边磨到其宽度的3/5时，可将锤头翻边使用。

（2）锤轴：使用较长一段时间后的锤轴，通常在挂锤头处和锤盘支承锤轴处被磨成凹槽，产生棱边，在重新安装这样的锤轴之前，可通过打磨或碾平消除这些棱边，以改善锤轴受力条件。

（3）当在正常工况下，设备的产量减小、电耗增加或出料粒度变粗时，应检查锤头、篦子和其他部件的磨损情况，并进行调整和维修。

（4）设备正式投入使用后，主轴轴承跑合一段时间，应清洗轴承更换新脂一次，以确保轴承正常工作和使用寿命。

（5）破碎机在运转中采用了过负荷和短路保护，给矿机的喂料量随破碎机负荷变化而自动调节，整个破碎系统实行电器连锁。

1.1.5　辊式破碎机

1. 工作原理、构造及类型

辊式破碎机是一种非常古老的破碎设备，它的构造简单，主要用于矿石的中、细碎作业。辊式破碎机按照辊筒的数目分为单辊式和双辊式两种基本类型。

单辊式破碎机是由一个回转的辊筒和一块弧形颚板组成，故又称颚辊式破碎机

(图 1-1-15)。物料在辊筒和颚板之间受挤压、冲击、劈裂而被破碎。这种破碎机一般用于物料的粗碎。

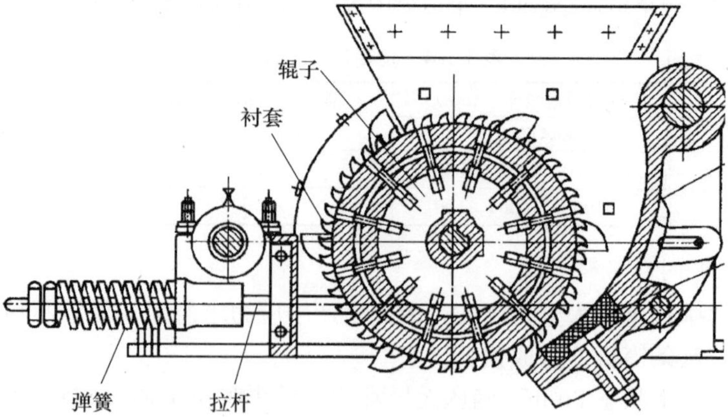

图 1-1-15　单辊式破碎机

单辊式破碎机具有颚式破碎机的部分特点，有较大的进料口，辊子表面装有不同的破碎齿条，所以可用于粗碎物料，宜用于中硬或松软物料。

双辊式破碎机由两个圆柱形辊筒作为主要工作部件。工作时，两个辊筒相对回转；进入两个辊筒上面的物料，在与辊筒的摩擦作用下被拽入两辊筒的间隙，受挤压破碎。双辊破碎机的两辊表面有三种情况：①两个辊面都是光滑的；②两辊表面都是带锯齿的；③其中一个辊子表面是光滑的，而另一个辊子表面是带锯齿的。双辊式破碎机如图 1-1-16所示，一般适用于物料的中、细碎。

两辊表面都是光滑的辊式破碎机对物料主要起到挤压研磨破碎的作用，常用作黏土、煤、熟料及石灰石等物料的中、细碎工作。两辊表面都是带锯齿的辊式破碎机对物料主要起到劈碎和撕裂的作用，该设备主要是完成物料的大块破碎工作。一个辊面光滑，另一个辊面带凸齿的辊式破碎机主要对物料起挤压、弯曲和研磨作用，该设备主要用来破碎黏土和煤（图 1-1-16）。

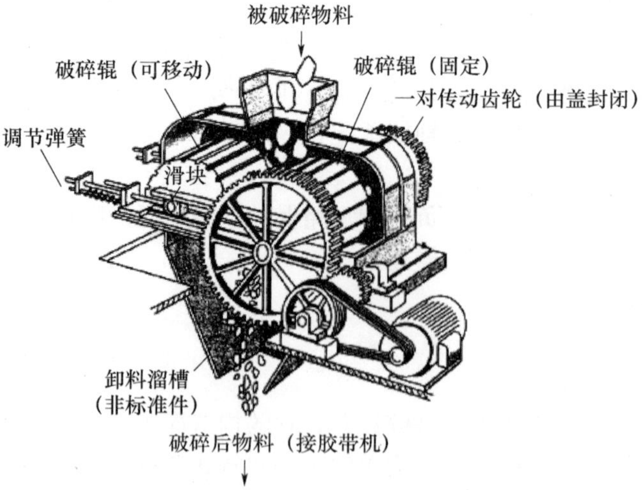

图 1-1-16　双辊式破碎机

2. 主要工作部件

辊式破碎机主要由辊轮、辊轮支承轴承、压紧和调节装置以及驱动装置等部分组成。

破碎辊是破碎机的主要工作机构，由轴、轮毂和辊皮构成。辊子采用键与锥形表面的轮毂配合在一起。辊皮固定在轮毂上，利用螺栓、螺母将它们固定在一起。由于辊皮和物料直接接触，因此需要经常更换，而且一般都应用耐磨性好的高锰钢或特殊碳素钢制作。辊皮的磨损程度对辊式破碎机的工作效率影响很大，只有辊皮处于良好的状态，破碎机才能获得较高的生产能力。

调整装置用来调整排料口的大小，它是通过增减可动辊子的两个轴承拉杆与机架之间的垫片数量，来控制破碎产品的粒度。

弹簧保险装置是辊式破碎机很重要的一个部件。弹簧松紧程度对破碎机正常工作和过载保护有着重要的作用。机器正常运转时，弹簧的压力应能平衡辊子所产生的作用力，以保持排料口的间隙，使产品粒度均匀。当破碎机进入非破碎物体时，弹簧应被压缩，迫使可动破碎辊横向移动，排料口宽度增大，保证设备不致损坏。非破碎物体排除后，弹簧恢复原状，机器照常工作。在破碎机工作过程中，保险弹簧总是处于振动状态，所以弹簧容易疲劳损坏，必须经常检查，定期更换。

传动装置中的电动机通过V带（或齿轮减速机装置）和一对长齿齿轮带动破碎辊旋转。该齿轮是一种特殊的标准长齿，当破碎机进入非破碎物体时，长齿齿轮仍保持正常的啮合。但是，这种长齿齿轮很难制造，工作中常易被卡住或折断，齿轮修复也很困难，而且工作时噪声较大，因此长齿齿轮传动装置主要用于低转速的双辊式破碎机，辊子表面的圆周速度小于3m/s。

3. 主要参数

国产的2PG系列辊式破碎机的主要参数见表1-1-5。

表1-1-5　2PG系列辊式破碎机的主要参数

规格型号	给料粒度（mm）	出料粒度（mm）	产量（t/h）	电动机功率（kW）	机重（kg）
2PG-400×250	≤25	1～8	5～10	11	1500
2PG-400×500	≤30	1～15	10～20	22	2600
2PG-610×400	≤40	1～20	13～35	30	4500
2PG-750×500	≤40	2～20	15～40	37	12250
2PG-900×500	≤40	3～40	20～50	44	14000

4. 特点

辊式破碎机的结构简单、易于制造，适用于中、低硬度的脆性和黏性物料的破碎。常用来破碎黏土、煤和混合材，但也存在着生产能力低、辊面磨损严重、破碎比小（4～12）、需要经常修理等缺点。

任务 1.2　原料预均化

1.2.1　原料预均化的意义

1. 原料预均化堆场的意义

为保证水泥厂连续生产、产品质量稳定可靠，水泥厂使用的所有原燃料的化学成分必须稳定。而水泥厂的进厂原燃料均为粒状固体物料，不同于一般化工行业所用的液体原料，所以很难在输送、储存过程中自行均匀化，因此其化学成分的稳定性要比后者差很多，给稳定生产带来的问题比一般化工行业严重得多。进厂原料的均匀性是相对的，原料的化学成分常常在一定的范围内波动，有时波动还比较大。如果不采取必要的均化措施，尤其是当原料的成分波动较大时，势必影响原料的准确配合。当原料成分波动较大时，一方面，不利于制备成分高度均匀的生料，无法保证熟料的质量及维持正常生产和设备的长期安全运转；另一方面，某些品质略差的原料将受到限制而无法采用，不利于资源的综合利用。因此，应考虑采取预均化措施。

原料在储存、取用过程中，通过采用特殊的堆、取料方式及设施，使原料的化学成分波动范围缩小，为入窑前生料成分趋于均匀一致而做的必要准备过程，通常称为原料的预均化。简言之，所谓原料预均化，就是原料在粉磨之前所进行的均化。

预均化堆场是 20 世纪 80 年代随着新型干法水泥生产工艺的大规模应用而被水泥工业采用的均化技术。其实早在 1905 年该技术已为选矿业、煤炭和其他工业所熟知和应用。

预均化堆场基本上用于水泥原料中的主要组分石灰石。硅质原料大多是均质的，但有些工厂对这种原料也进行预均化。石英砂和铁矿原料差不多也是均质的，因此不需要预均化，但如果使用粒状高炉矿渣，对这种原料进行预均化也有好处。

在水泥生产过程中，对原料进行预均化具有如下作用：

（1）均化原料成分，减小进厂原料成分的质量波动。原料成分均匀，有利于稳定水泥回转窑入窑生料成分稳定，保证均衡稳定生产，对于提高产品质量及回转窑生产效率、降低能耗、长期安全运转起着重要作用。

（2）有利于扩大资源利用范围，提高开采效率。采用原料预均化后，可以充分利用那些低品位的原料、燃料，包括有害成分在规定限度边缘的原料、非均质原料。因为低品位原料与高品位原料搭配并预均化后可以达到规定的要求，有助于充分利用矿山的覆盖物和夹层，在矿石开采中不出或少出废石，延长现有矿山的使用年限，保护环境。

（3）满足矿山储存及均化双重要求，节约建设投资。自从预均化技术在水泥工业应用 40 多年来，预均化技术已日益发展和完善。其主要标志是：预均化效果不断提高；堆场占地面积逐渐减少；堆、取料各个环节实现了自动控制；减小了原料的短期和长期波动；节约了大量天然资源和能源等。

（4）为工厂提供长期稳定的原料，也可以在堆场内将不同组分的原料进行配料，使其成为预配料堆场，为稳定生产和提高设备运转率创造了条件。

2. 原料预均化的原理

原料预均化的基本原理可简单地概括为“平铺直取”。即破碎后的原料在堆放时，由堆料机把进来的原料连续地按照一定的方式堆成尽可能多的相互平行、上下重叠的同厚度的料层。而在取料时，按垂直于料层的界面对所有料层切取一定厚度的物料，循序渐进，直到整个料堆的物料被取尽为止。这样取出的物料中包含了所有各料层的物料，即同一时间内取出了不同时间所堆放的不均匀物料，也就是说，在取料的同时完成了物料的混合均化。堆放的料层越多，其混合均匀性就越好，出料成分就越均匀。

从矿山来的已破碎至一定粒度的原料由堆料皮带（或自卸卡车）送到预均化堆场堆成料堆。根据堆场的形式不同，堆料方法也不同，最常用的堆场为“纵向堆料，横向取料”，这时堆料机以一定的速度沿料堆的轴线移动，将物料一层一层铺在料堆上。当堆料完成后取料机在料堆的端面上取料，取料机上不断左右移动的耙子将料堆整个断面上的物料耙下，由取料机的桥式刮板刮走，这样取下的物料含有相隔时间很长的各层物料，达到预均化物料的目的。

1.2.2　原料预均化工艺

1. 预均化堆场的布置形式

预均化堆场可分为矩形预均化堆场和圆形预均化堆场。

预均化堆场是一种机械化、自动化程度较高的预均化设施。送入预均化堆场中成分波动较大的原燃料，采用堆料机连续以薄层叠堆，形成多层（200～500层）堆铺料层并且具有一定长度比的料堆；而取料机则按垂直于料堆的纵向实行对成分各异的料层同时切取，完成“平铺直取”，实现各层物料混合，标准偏差缩小，从而达到均化的目的。

1）矩形预均化堆场

矩形预均化堆场（图1-2-1）中一般设两个料堆，一个在堆料，另一个在取料，相互交替，每个料堆的储量通常可供工厂使用5～7天。

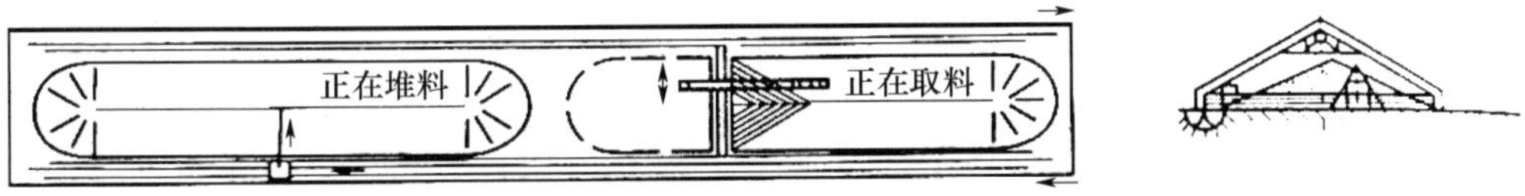

(a)

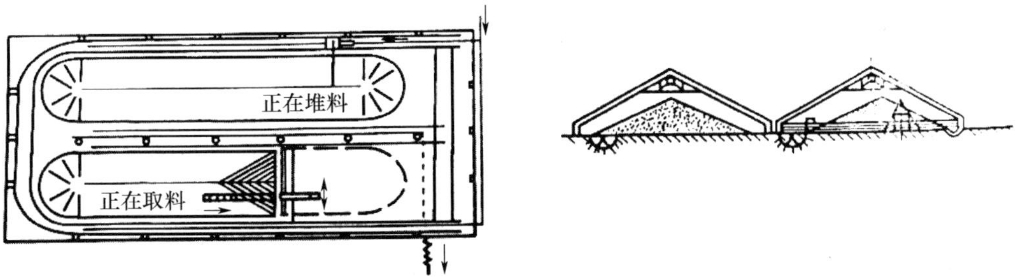

(b)

图1-2-1　矩形预均化堆场工艺图

（a）两个纵向排列料堆；（b）两个平行排列料堆

2）圆形预均化堆场

圆形预均化堆场的料堆为圆环状（图 1-2-2）。原料由胶带输送机送到堆场的中心上方，用可以围绕中心 360°回转的悬臂胶带堆料机堆料，料堆为圆环，其截面是人字形。取料一般用桥式刮板取料机，桥架一端接在堆场中心的立柱上，另一端则架在堆料外围的圆形轨道上，可以回转 360°，取出的原料经刮板送到堆场中心卸料口，由地沟内的出料机运走。这种料堆是人字形料堆和纵向倾斜层料堆的结合料堆，在料堆的开口处，一端在连续堆料，另一端在连续取料。整个料堆一般可供工厂使用 4～7 天。与矩形预均化堆场相比，圆形预均化堆场不存在换堆的问题，但不能扩建，且进料皮带要架空，中心出料口要在地坑中。

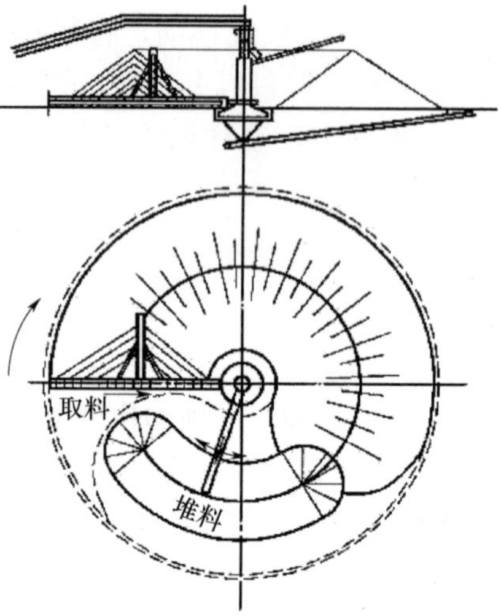

图 1-2-2　圆形预均化堆场工艺图

3）圆形预均化堆场和矩形预均化堆场的比较

与矩形预均化堆场相比，在相同容量的条件下，圆形预均化堆场占地面积少30％～40％，投资低 20％～30％。且圆形预均化堆场的取料只有一个方向运动（顺时针方向或逆时针方向），矩形预均化堆场取料机是往复运动，所以圆形预均化堆场不存在矩形预均化堆场中处理料堆端部堆积料困难的问题，操作方便，有利于自动控制。但圆形预均化堆场中的圆环形料堆的物料分布不如矩形预均化堆场中长条形料堆对称而均匀，如果作预配料场并预均化时，圆形预均化堆场总是在堆端堆料，难以及时调整；此外，圆形堆场因受厂房直径的限制，故堆存容量不及矩形堆场多，且扩建困难。

2. 预均化堆场的堆料方式

水泥厂预均化堆场的堆料方式通常有人字形堆料法、波浪形堆料法、水平层堆料法、横向倾斜层堆料法、纵向倾斜层堆料法等。

1）人字形堆料法

这种堆料方法及所需的设备较简单。在矩形堆场形式中，人字形堆料法最为普遍，如图 1-2-3 所示。堆料点在矩形料堆纵向中心线上，堆料机只要沿着纵长方向在两端之间定速往返卸料就可完成两层物料的堆料。这种料层的第一层料堆横截面为等腰三角形的条状料堆，以后各层则在这个料堆上覆盖一层层的物料，因此除第一层之外，每层物料的横截面都呈人字形。所以被称为人字形料堆。

这种料堆的优点是堆料的方法和设备简单，均化效果较好，使用普遍。人字形堆料的主要缺点是物料颗粒离析比较显著，料道两侧及底部集中了大块物料而料堆中上部分多为细粒，且有端锥。

2）波浪形堆料法

波浪形堆料法如图 1-2-4 所示。物料在堆场底部整个宽度内堆成许多平行而紧靠的条状料带，每条料带的横截面为等腰三角形，然后第二层平行紧靠的条形料带又铺在第一层上。但堆料点落在原来平行的各料带之间，使新料带不仅填满原来料带之间的低谷，而且使之成为新的波峰。这样第三层又铺在第二层之上，从第二层起，每条物料带的横截面都呈菱形，这种料堆把料层变为细小的条状料带，每一小层堆成人字形，各层相互嵌入，使物料的离析作用减至最小。

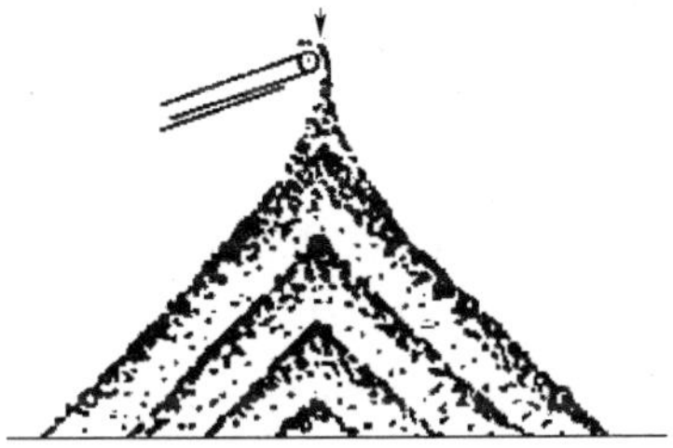

图 1-2-3　人字形堆料法

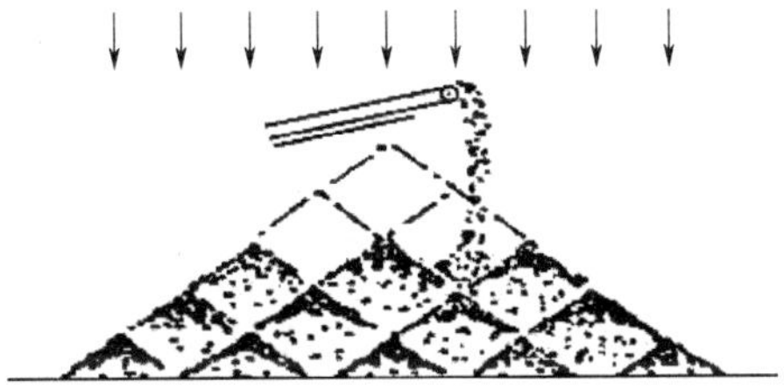

图 1-2-4　波浪形堆料法

这种堆料方法的优点是均化效果好，特别是当物料颗粒相差较大（如 0～200mm），或者物料的成分在粒度大小不同的颗粒中差别很大的情况下，效果比较显著。缺点是堆料点要在整个堆场宽度范围内移动，堆料机必须能够横向伸缩或回转，设备价格贵，操作比较复杂。所以此法一般仅限于少数物料。

3）水平层堆料法

水平层堆料法如图 1-2-5 所示。堆料机先在堆场底部均匀地平铺一层物料，然后一层层铺水平料层，从料堆横截面来看，由于物料有自然休止角，故每层物料铺上的宽度要适当缩短。

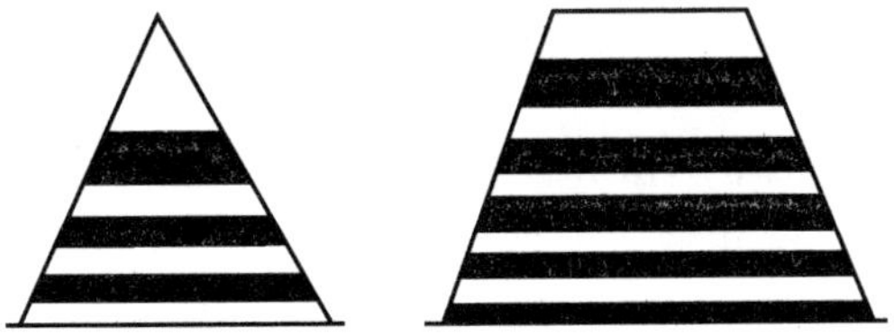

图 1-2-5　水平层堆料法

这种堆料方法的优点是可以完全消除颗粒离析作用，每层内部也比较稳定。缺点是堆料机结构复杂，操作也不简单。故一般用于多种原料混合配料的堆场。

4）横向倾斜层堆料法

横向倾斜层堆料法如图 1-2-6 所示。先在堆场靠近堆料机的一侧堆成一条料带，其横截面是等腰三角形；然后将堆料机的落料点向中心稍稍一移，使物料按自然休止角覆盖于第一层的内侧；之后各层依次堆放，形成许多倾斜而平行的料层，直到堆料点达到料堆的中心为止。要求堆料机在料堆宽度的一半范围内能伸缩或回转。

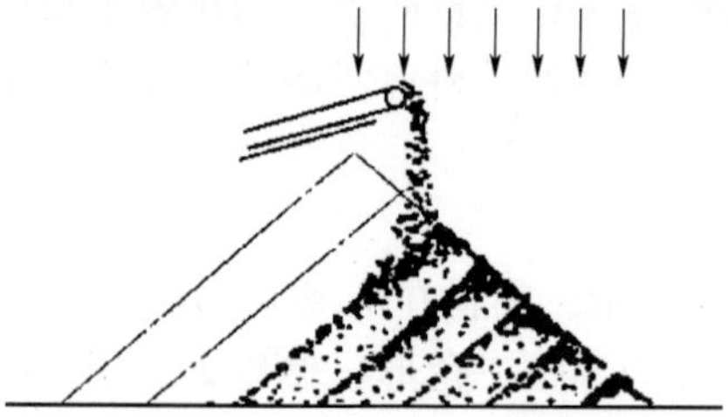

图 1-2-6　横向倾斜层堆料法

堆料机可以采用耙式堆取料合一的设备，优点是设备价格低。但颗粒离析现象比人字形堆料法更严重。大颗粒几乎全落到料堆底部，均化效果不理想，只能应用于对均化要求不高的原材料。

5）纵向倾斜层堆料法

纵向倾斜层堆料法如图 1-2-7 所示。它是从料堆的一端开始向另一端堆料，堆料机的卸料点都在料堆纵向中心线上，但并不是边移动边卸料而是定点卸料，开始在一端卸料使料堆达到最终高度形成一个圆锥形料堆。然后卸料点再向前行走一定距离，停下来堆第二层，第二层物料的形状是覆盖第一层圆锥一侧的曲面，行走距离就是料层的厚度。所以这种堆料法也称为圆锥形堆料法。

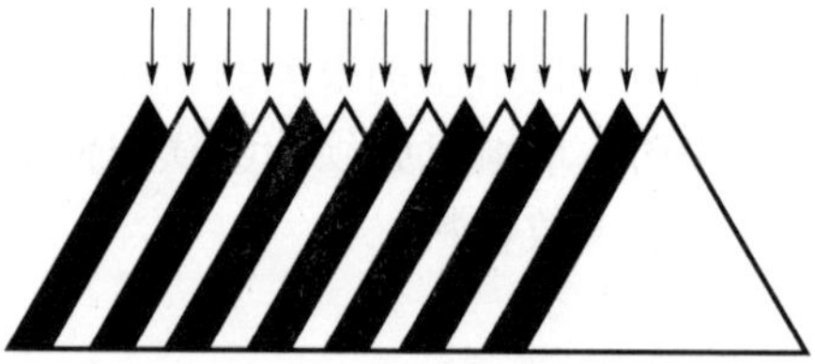

图 1-2-7　纵向倾斜层堆料法

这种堆料法对堆料设备要求不高。但料层较厚，物料颗粒离析现象较严重。因此它的应用范围相似于横向倾斜层堆料法。

6）Chevcon 堆料法

Chevcon 堆料法是人字形堆料法和纵向倾斜层堆料法的混合堆料法，适用于圆形堆场。堆料过程和人字形堆料法相似，但堆料机下料点的位置不是固定在料堆中心线上，而是随每次循环移动一定的距离。这种堆料法不仅可以克服“端锥效应”，而且由于料堆中、前、后原料的重叠，长期偏差和原料突然变化产生的影响也可被消除，均化效果较好。

除此之外，还有交替倾斜、双圆锥形、人字形和圆锥形结合法等堆料方法。

3. 预均化堆场的取料方式

1）端面取料

取料机从料堆的一端，包括圆形堆料的截面端开始，向另一端或整个环形料堆推进。取料是在料堆整个横截面上进行的，最理想的取料就是同时切取料堆端面各部位的物料，循环前进。这种取料方法，最适用于人字形、波浪形和水平层的堆料。

2）侧面取料

取料机在料堆的一侧从一端至另一端沿料堆纵向往返取料。这种取料方式不能同时切取截面上各部位的物料，只能在侧面沿纵长方向一层层刮取物料，因此最适用于横向倾斜层堆料。而且取料的一侧应该是卸料机可以在纵向中心线移动的一侧，纵向倾斜层料堆用侧面取料的方法也可以获得一定的均化效果。但侧面取料的均化效果不及端面取料的效果好。这种取料的方式一般采用耙式取料机。

3）底部取料

在料堆底部设有缝形仓的矩形均化堆场，可以在底部取料。这种取料方式要求堆料方式是纵向倾料层或圆锥形料堆。只有这种堆料，沿底部纵向取料才能切取所有料层。这种取料方式的均化效果也显然不如端面取料。底部取料采用叶轮式取料机。

1.2.3　原料预均化设备

1. 堆料机

堆料机（也称布料机）是原料预均化堆场中使用的主要设备之一，其种类及性能好坏将直接影响物料的预均化效果。堆料机大致有顶部天桥胶带堆料机、悬臂式胶带堆料机、刮板式堆料机和门式堆料机四类。

1）顶部天桥胶带堆料机

如图1-2-8所示，这是目前使用最多的一种堆料机。它可以利用堆场现有的厂房房架，将天桥胶带机沿料堆纵向中心安设，再装上一台卸料小车或移动式胶带机往返移动即可通过天桥胶带机堆料。该堆料机能进行人字形或纵向倾斜层堆料。

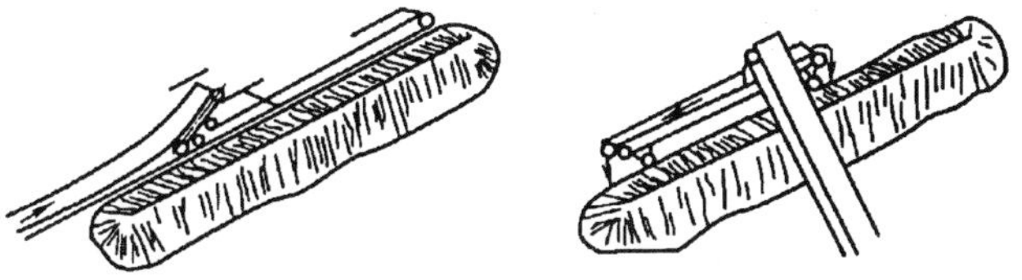

(a)　　(b)

图1-2-8　顶部天桥胶带堆料机

（a）带活动卸料车的胶带堆料机；（b）活动胶带堆料机

2）悬臂式胶带堆料机

如图1-2-9所示，这种堆料机安装在料堆一侧的轨道上，沿堆场长度方向往返移动，可露天或在室内使用。物料由胶带输送机送来后，由悬臂胶带堆料机向堆场堆料。悬臂胶带倾角和胶带长度可以调节，可堆成人字形或波浪形的料堆，并能在堆料时降低物料落差以减少扬尘。

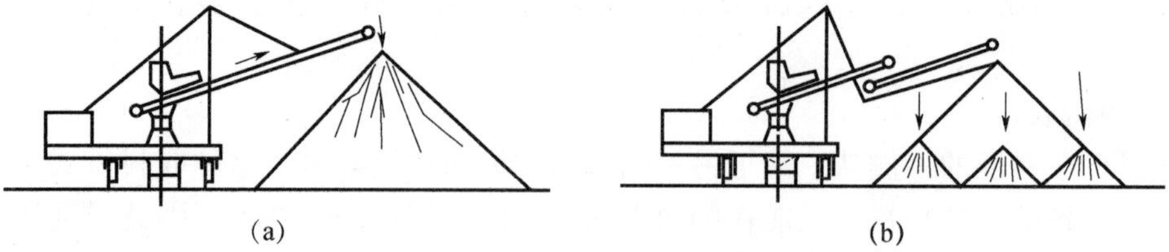

图 1-2-9　悬臂式胶带堆料机

(a) 只调节胶带悬臂倾角；(b) 可调节胶带悬臂倾角和长度

3）刮板式堆料机

刮板式堆料机又称链式耙或耙式堆料机，如图 1-2-10 所示。物料经由胶带式输送机运来后，通过刮板堆成倾斜的层状料堆。这类耙机一般都能进行堆料和取料作业，设备的价格也比较低，主要用于侧面堆料。进行堆料作业时，该堆料机的刮板所处的位置应与物料的休止角相适应。

4）门式堆料机

如图 1-2-11 所示，其胶带机的悬臂可伸缩和升降，能控制物料的落差，可与取料机共用工作轨道，故其占地面积小，并能在室内使用。

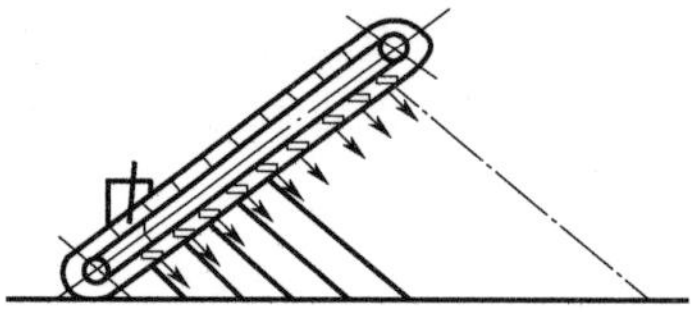

图 1-2-10　刮板式堆料机

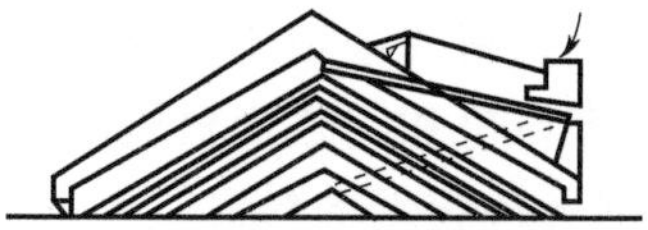

图 1-2-11　门式堆料机

2. 取料机

取料机按照取料的位置不同，可分为端面取料机、侧面取料机和底部取料机三类，端面取料方式应用最广；按照取料设施不同，取料机又可分为刮板、斗轮、圆盘和耙式等，其中以刮板机最为普遍。

1）桥式刮板取料机

刮板式取料机有悬臂式和桥式两种。悬臂式刮板取料机适用于圆锥形堆料法取料。桥式刮板取料机如图 1-2-12 所示。该取料机在桥架上安设一台水平链耙，链耙由链板和若干横向刮板组成。在桥架的一侧或两侧装有松料装置，可通过它按物料断面的休止角调整耙齿，使其紧贴料堆的端面，平行往复地耙松物料，被耙松的物料从料堆端面斜坡滚落，被连续运转的桥底刮板运送到出料胶带机上。这种取料机适用于端面取料，能基本取完端面上的物料，有较好的均化效果，又适用于室内外和圆形、矩形等堆场，因此被广泛应用于国内外水泥行业。但其动力消耗较大，链板及刮板的磨损也较重。

2）悬臂式斗轮取料机

斗轮式取料机有悬臂式取料机和桥式取料机两种，常用的悬臂式斗轮取料机如图 1-2-13所示。该取料机是利用旋转的斗轮在料堆的端面上切取物料，并将取到的物料转送到机身上的胶带输送机上运走。悬臂式取料机的悬臂头部装有斗轮，在斗轮的前端设有斜置的松料耙，用它将料堆上部的物料耙松并滚落到料堆底部以斗轮取料。斗轮式取料机比刮板式取料机的动力消耗小，但需要较大的净工作空间。

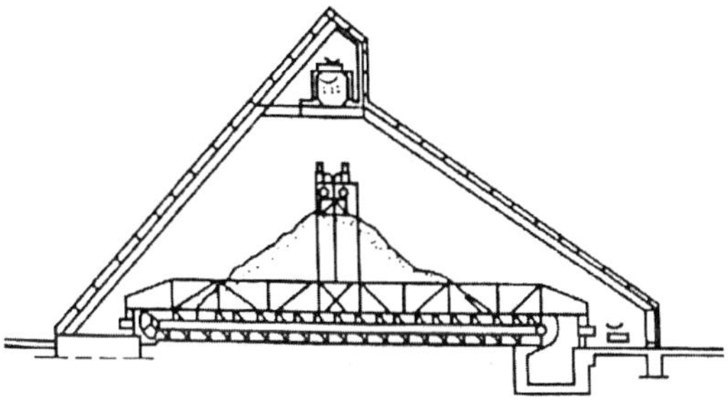

图 1-2-12　桥式刮板取料机

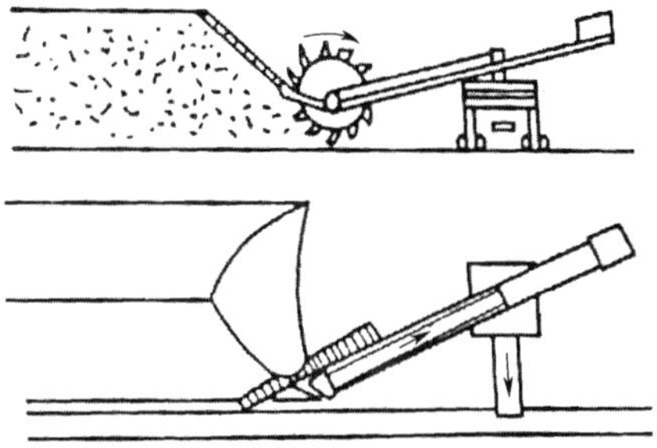

图 1-2-13　悬臂式斗轮取料机

3）耙式取料机

耙式取料机又称链式耙。我国水泥企业用得还不多，但国外水泥企业中应用普遍。这种设备既可用来取料也可用于堆料，而且动力消耗较低，磨损也相对较小，设备价格和堆场建设费用较少，尽管均化效果不太好，但仍被广泛采用。耙式取料机大致可分为悬臂式和门架式两种。

（1）悬臂式耙式取料机

悬臂式耙式取料机的结构简单，取料能力较小，由刮板、链板和链轮所构成的耙链装在一台能沿轨道行走的台车上，耙链底端铰接在台车上，顶端或中部用钢绳拴接在台车的桅杆上。由卷扬机调节链耙的斜度，使链耙紧贴料堆侧面，链耙转动，将物料耙落到料堆下部的出料带上。当台车沿料堆纵向走到端部后，卷扬机要松动一下，将链耙放下一定距离，以便台车返回时继续耙料。如此反复，基本上可以将堆场上的物料取尽。图 1-2-14 所示为悬臂式耙式取料机。

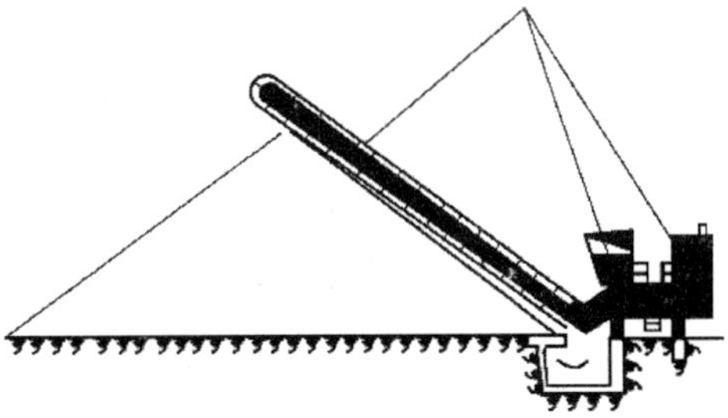

图 1-2-14　悬臂式耙式取料机

（2）门架式耙式取料机

门架式耙式取料机也是侧面取料设备，其构造同悬臂式耙式取料机类似，不同的地方在于其仅由能够沿料堆纵向移动的门架吊接链耙，其余构造类似悬臂式。门架式耙式取料机又可分为半门式和全门式两种。半门式的门架，其一边支承在高于料堆顶部的构件梁上（图 1-2-15），而全门式则是由门架横跨料堆，支点全在地面轨道上（图 1-2-16）。半门式一般只有一个链式耙，长度不超过 30m，而全门式一般都有一个主耙、一个副耙，堆场宽度往往超过 30m。当主耙完成大部分工作量时，副耙开始运转，将物料推向主耙。大型堆场由于主、副耙的配合相宜，链式耙取料可节约电力约 25%，可以实现全自动操作。

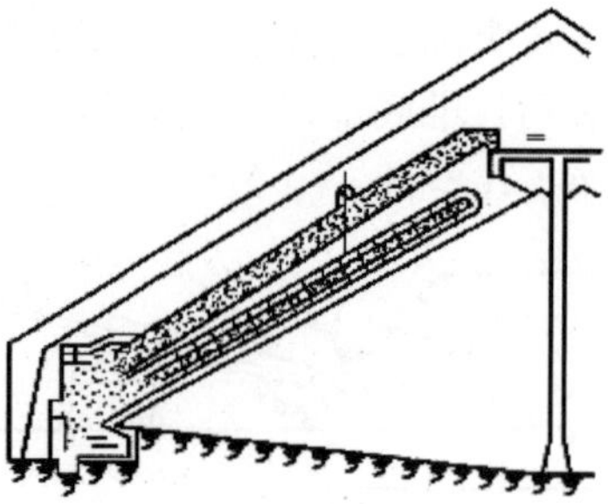

图 1-2-15　半门式耙式取料机

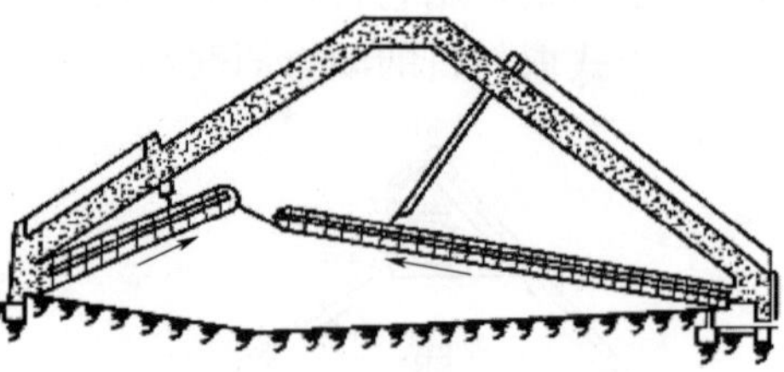

图 1-2-16　全门式耙式取料机

耙式取料机有一定的均化作用，其堆料方式最好是采用横向倾斜层料堆或纵向倾斜层料堆，虽然均化效果不很理想，但是能满足一般的要求。只要管理严格，均化效果可以达到 3～4，建设费用和维护费用都较低。

4）桥式圆盘取料机

桥式圆盘取料机由一个可回转的圆盘安装在桥架上构成。圆盘外径同料堆宽相近，料堆底部地面构成凹形。圆盘可以同水平面倾斜±50°，因此圆盘能够毫无困难地同料堆端面保持平行，不论在矩形堆场纵向两个不同方向的料堆还是在圆形堆场的料堆，都是如此。圆盘由钢管构成，一般有齿辐 24 根，上面安有耙齿，圆周边缘安有刮板。桥架在取料时沿料堆纵向定时移运，圆盘则以定速回转，回转方向不限，但在由上而下的一侧出料。图 1-2-17 所示为桥式圆盘取料机和悬臂式堆料机配合示意。

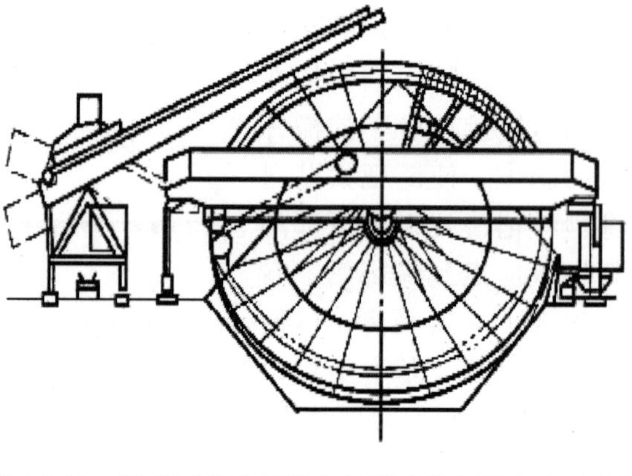

图 1-2-17　桥式圆盘取料机和悬臂式堆料机配合示意图

情境小结

水泥生产的主要原料有钙质原料、硅质原料和校正原料等，一般原料需要经过破碎和预均化才能进入原料计量和生料粉磨工序。

原料破碎系统，主要任务是了解原料破碎设备，掌握破碎机的工作原理，熟知破碎机的结构、性能及特点，掌握原料破碎机的开停车操作、设备调整与维护。

颚式破碎机经过 100 多年的实践和不断地改进，其结构已日臻完善。它具有构造简单、工作可靠、制造容易、维修方便等特点，所以至今仍然是粗碎和中碎作业中最重要和使用最广泛的一种破碎机械。其适用于石灰石、砂岩等块状硬质物料的粗碎、中碎。

反击式破碎机是一种转速快、惯性大的设备。反击式破碎机主要用于破碎石灰石、砂岩、煤及熟料等物料。

单段锤式破碎机用于破碎一般的脆性矿石，如石灰石、泥质粉砂岩、页岩、石膏和煤等，入料粒度大，出料粒度小，对物料的适应性强，破碎效率高。

辊式破碎机适用于水泥、化工、电力、冶金、建材、耐火材料等工业部门破碎中等硬度的物料，如石灰石、炉渣、焦炭、煤等物料的中碎、细碎作业。

原料预均化的基本原理可简单地概括为“平铺直取”。预均化堆场可分为矩形和圆形。一般来说，圆形堆场占地面积小，投资低，便于自动控制；但堆料均匀性比矩形堆场差，且场地扩建困难。

水泥厂预均化堆场的堆料方式通常有人字形、波浪形、水平层、横向倾斜层、纵向倾斜层堆料等。预均化堆场的取料方式有端面、侧面和底部取料。堆料机（也称布料机）是原料预均化堆场中使用的主要设备之一，大致有顶部天桥胶带堆料机、悬臂式胶带堆料机、刮板式堆料机和门式堆料机四类。取料机按照取料的位置不同可分为端面、侧面和底部取料机三类，端面取料机方式应用最广。按照取料设施不同，取料机又可分为刮板、斗轮、圆盘和耙式等，其中以刮板机最为普遍。

习　　题

一、填空题

1. 一般控制生料细度 0.08mm 筛筛余小于________，0.2mm 筛筛余小于________。煤粉细度控制 0.08mm 筛筛余________左右。

2. 水泥细度一般控制比表面积不小于________，________ μm 颗粒占有相当比例。

3. 颚式破碎机按照活动颚板的运动特性可以分为________、________、________和________破碎机四类。

4. 预均化堆场可分为________和________预均化堆场。

5. 生产硅酸盐水泥熟料的主要原料是钙质原料和硅质原料，此外还需补足某些成分不足的校正原料，当氧化铁含量不足时，可用硫酸渣等工业废渣作为________原料。

6. 单段锤式破碎机的优点是________、________、________。

7. 反击式破碎机是利用冲击作用对物料进行破碎。当物料粒度小于________与________之间的缝隙，即被卸出。

8. PF500×400 表示型号为________破碎机，转子的直径为________，转子长度为________。

9. 单段锤式破碎机按其结构特征，可分为________和________两大类。

二、单项选择题

1. 下列用作硅质校正原料最好的是（　　）。

A. 风化砂岩　　B. 河砂　　C. 石英　　D. 煤矸石

2. 水泥工业一般以中等易碎的回转窑熟料作为标准易碎性物料，并令其易碎性系数为（　　）。

A. 1　　B. 2　　C. 0.5　　D. 0

3. 水泥熟料中（　　）增加时，水泥易磨性增强。

A. C_2S　B. C_3S　C. C_3A　D. C_4AF

4. 钙质原料使用最广泛的是石灰石，其主要成分为（　　）。

A. Fe_2O_3　B. Al_2O_3　C. $CaCO_3$　D. SiO_2

5. 硅质原料使用最广泛的是砂岩，其主要成分为（　　）。

A. Fe_2O_3　B. Al_2O_3　C. $CaCO_3$　D. SiO_2

6. 原料预均化的基本原理可简单地概括为（　　）。

A. “先铺先取”　B. “平铺直取”　C. “先铺后取”　D. “平铺平取”

7. 某二级破碎系统，一级破碎机破碎比为 5，二级破碎机破碎比为 15，则该破碎系统的总破碎比为（　　）。

A. 20　B. 40　C. 75　D. 50

三、多项选择题

1. 硅酸盐水泥生产中的主要校正原料有（　　）。

A. 硅质校正原料　B. 铁质校正原料　C. 铝质校正原料　D. 钙质校正原料

2. 关于易磨性，下列说法正确的是（　　）。

A. 矿渣比熟料难磨，熟料比石灰石难磨

B. 水泥熟料矿物组成中的硅酸三钙（C_3S）的含量增加，熟料的易磨性好，熟料中的硅酸二钙（C_2S）含量增加，熟料的易磨性差

C. 液相量越多，熟料的易磨性越差

D. 回转窑生产的黄心料，结构致密坚硬，易磨性差，含量多时就会使磨机产量下降

E. 冷却快的熟料比冷却慢熟料的易磨性好

F. 经过一段时间存放的熟料，其易磨性会变好

3. 常用的天然钙质原料有（　　）。

A. 石灰岩（石灰石）　B. 山砂　C. 白垩　D. 大理石

E. 贝壳　F. 泥灰岩

4. 常用的天然硅质原料有（　　）。

A. 黏土　B. 河砂　C. 页岩　D. 泥岩

E. 粉砂岩　F. 河泥　G. 水晶　H. 黄土

5. 反击式破碎机的主要工作部件有（　　）。

A. 活动颚板　B. 板锤　C. 转子　D. 反击板

6. 单转子单段锤式破碎机可带（　　）个进料缓冲辊子。

A. 0　B. 1　C. 2　D. 3

四、判断题

1. 易碎性系数大的物料易于粉碎。（　　）

2. 易磨性是表示物料被破碎难易程度的特性。（　　）

3. 反击式和单段锤式破碎机均是靠冲击作用破碎物料的。（　　）

4. 反击式破碎机的板锤是自上向下迎击投入的物料。（　　）

5. 熟料的易磨性与窑型、燃烧方法和冷却速度有关。（　　）

6. 单段锤式破碎机的核心部件为破碎板。（　　）

五、简答题

1. 分析颚式破碎机、反击式破碎机、单段锤式破碎机、辊式破碎机的优缺点及其适用范围。

2. 颚式破碎机、反击式破碎机、单段锤式破碎机、辊式破碎机如何调整出料粒度?

3. 原料为何要进行破碎?

4. 简述影响熟料易磨性的因素。

5. 何谓原料的预均化?简述原料预均化的作用。

学习情境2　生料制备

情境导读

生料制备过程中的生料粉磨是水泥生产“两磨一烧”中的重要环节，本情境主要介绍常见生料制备工艺和生料制备主机设备的结构、操作与维护。通过生料制备的学习，掌握中卸提升循环磨、立磨、辊压机终粉磨工艺流程，掌握球磨机、立磨、辊压机的结构、工作原理、主要部件、工艺参数，开、停车操作和常见故障处理。

任务2.1　生料制备典型工艺流程

2.1.1　生料中卸提升循环磨工艺流程

中卸提升循环磨是目前在水泥厂使用较广泛的一种流程，如图2-1-1所示。

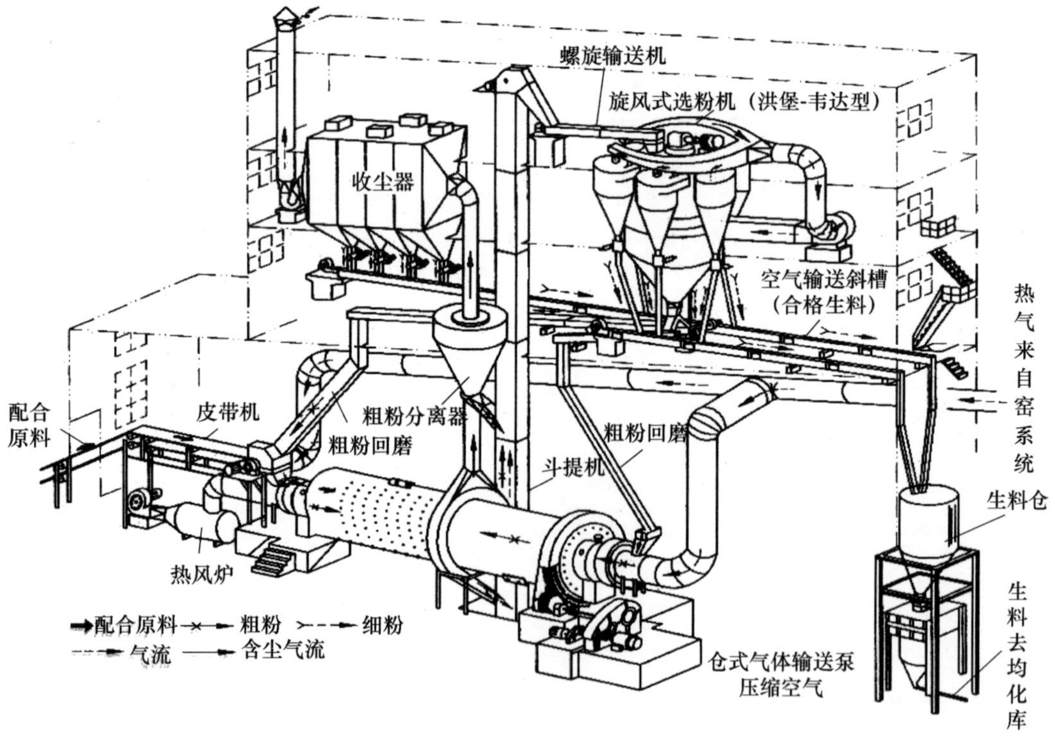

图2-1-1　中卸提升循环烘干磨

物料从磨头喂入，磨中卸料，经出磨提升机提至选粉机分选，大部分粗粉回料（一般占 2/3）入细磨仓，其余部分入粗磨仓，粗、细磨分开有利于最佳配球，过粉磨少，粉磨效率高，同时可以改善冷料的流动性，有利于磨内的物料平衡。烘干物料用的热气体大部分（80%～90%）从磨头进入，少部分（10%～20%）从磨尾进入，通风量较大，不仅有利于除去物料中的残余水分，而且可以提高细磨仓内和出磨的风、料温度，防止冷凝。同时，由于中间抽风，故粗磨仓风速大，细磨仓风速小，不致产生磨内料面过低的现象，物料烘干效果较好。物料入磨含水率允许小于 8%，这种系统实际上相当于两级闭路，适用于粉磨系统大型化。

2.1.2 生料立磨工艺流程

立磨属于烘干兼粉磨系统一类，集破碎、粉磨、烘干、选料和输送多种功能于一体，是一种高效节能的粉磨设备。立磨生料粉磨流程有多种，但粉磨过程基本相似，即含水物料入磨，通过引入的热风烘干，经磨辊研磨后被风环处高速气流带起，合格细粉由收尘器收集为成品，收尘器排出的部分气体随热风再次入磨使用。

图 2-1-2、图 2-1-3 所示为典型的立磨粉磨工艺流程：含有一定水分的配合原料从立磨的腰部（或顶部）喂入，在磨辊和磨盘之间碾压粉磨。来自窑尾预热器或窑头冷却机的废热气体从磨盘风环处自下而上进入磨机，对物料进行悬浮烘干，并把粉磨后的粉状物料带至磨机顶部的选粉机（分离器）进行分选，粗粉重新回落到磨盘与喂入的物料一起粉磨，细粉随气流出磨进入除尘器，实现料、气分离，料即细度合格的生料，气体经除尘净化后由磨尾排风机排出。

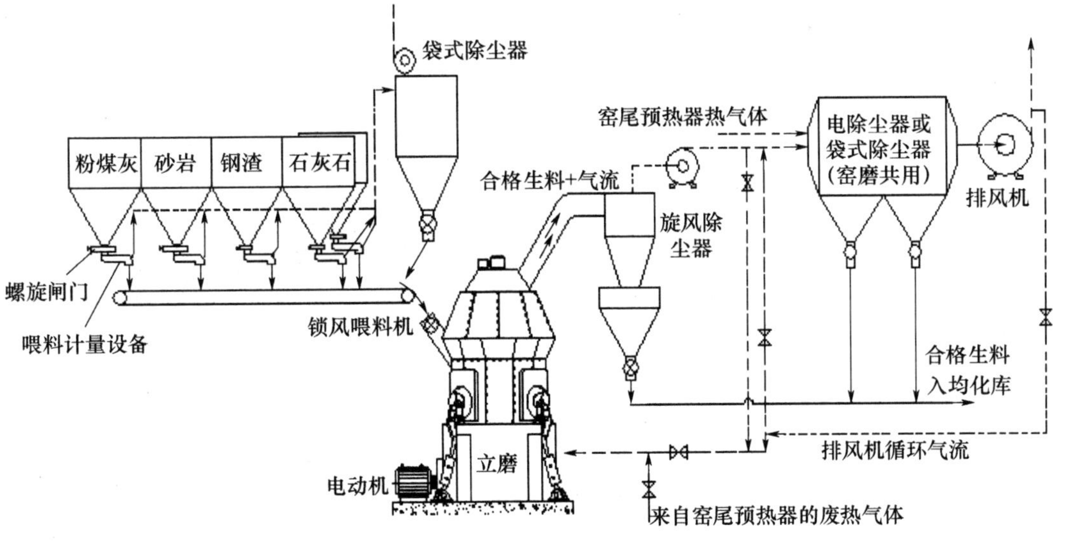

图 2-1-2 立磨生料粉磨流程一Ⅰ

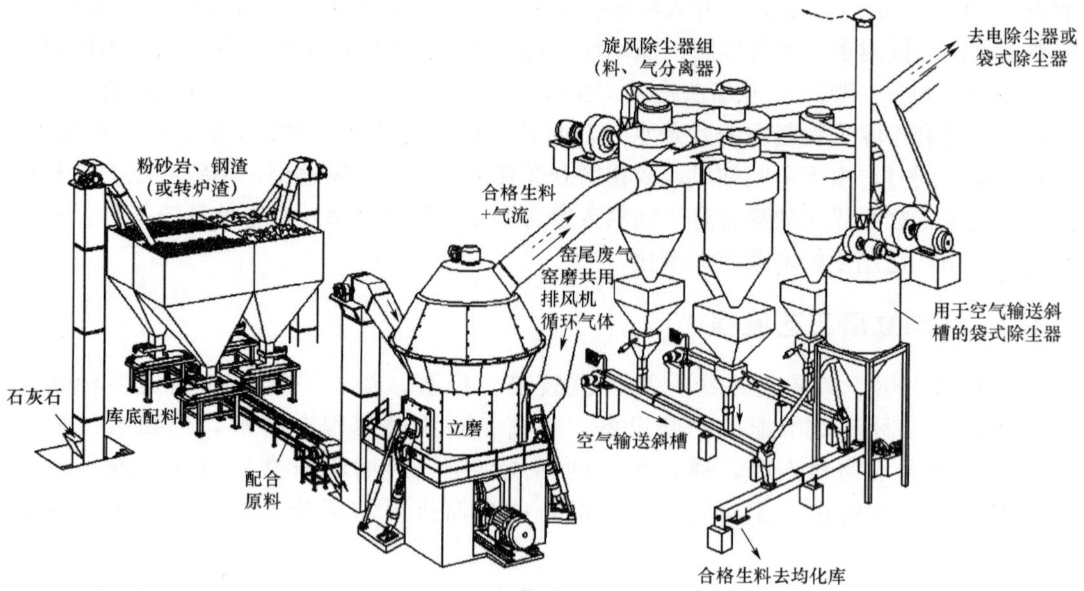

图 2-1-3　立磨生料粉磨工艺流程—Ⅱ

2. 1. 3　生料辊压机终粉磨工艺流程

用辊压机作为最终粉磨的主要设备，与具有打散、分级、烘干功能的设备一起，组成生料终粉磨系统。辊压机终粉磨用于粉磨生料可进一步降低电耗。

某水泥厂辊压机生料终粉磨系统工艺流程如图 2-1-4 所示。

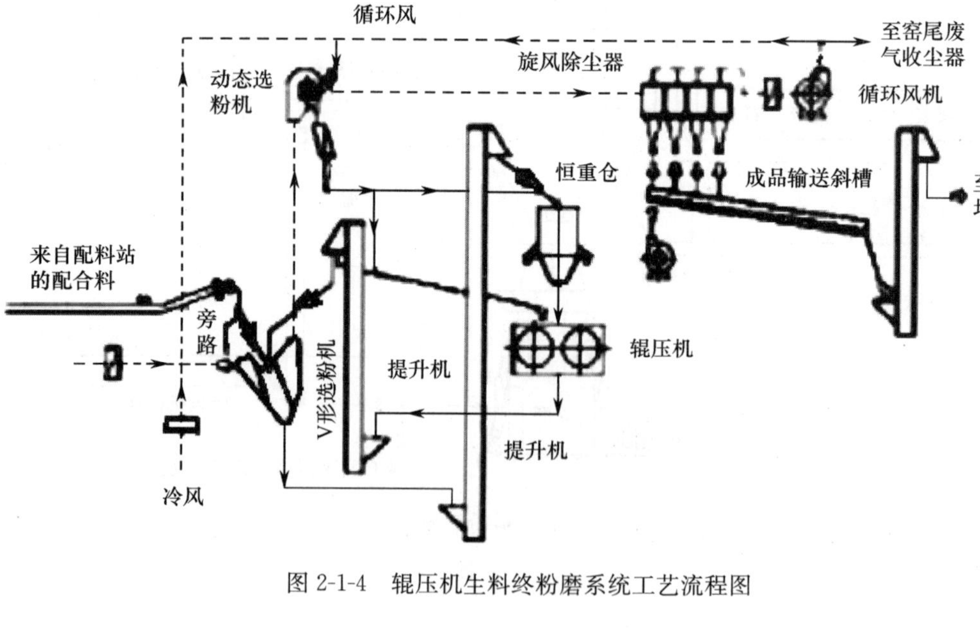

图 2-1-4　辊压机生料终粉磨系统工艺流程图

从配料站来的混合物料由皮带输送至粉磨系统，皮带上挂有除铁器，除去物料中的铁件。同时皮带上装有金属探测仪，发现有金属后气动三通换向，把混有金属的物料由旁路排出，以保证辊压机的安全正常运行，不含金属的物料由气动三通经重锤锁风阀喂入 V 形选粉机，粗颗粒通过提升机提升进入恒重仓，该恒重仓设有荷重传感器以检测仓内料位，物料从恒重仓进入辊压机中进行挤压，挤压后的料饼通过提升机提升后入 V 形选粉机进行烘干、打散、分级，细小颗粒被热风选出来，粗颗粒与新喂入的混合料一同进入循环挤压过程。

V 形选粉机分选出来的细颗粒被热风带至动态选粉机，通过分选，粗粉通过锁风至恒重仓后继续挤压，选出的生料成品通过旋风除尘器料气分离后，通过锁风阀卸入生料成品输送斜槽，进生料库。生料烘干热源来自窑尾废气，通过热风阀和冷风阀的开度控制进 V 形选粉机的热风温度，生料系统含尘废气由旋风筒经循环风机排出后，一部分经调节阀循环回 V 形选粉机进风管，大部分进入窑尾袋收尘器，净化后由尾排风机排入大气，循环风机设有进口调节阀以调节烘干用风量。

任务 2.2　球磨机系统操作控制

2.2.1　分类、构造及主要部件

1. 分类

用于水泥生产企业的球磨机一般按以下方式分类：

球磨机分类
- 按长径比（L/D）分
  - 短磨（L/D=1～2）
  - 中长磨（L/D=2～3）
  - 长磨（L/D=3.5～6）
- 按卸料方式分
  - 中卸磨（中间卸料）
  - 尾卸磨（端部卸料）
- 按粉磨方式分
  - 烘干磨（烘干、粉磨一体，只用于生料和煤粉磨）
  - 干法磨（用于干法生产）
  - 湿法磨（只用于湿法生产的生料粉磨）
- 按传动方式分
  - 中心传动磨（以电动机通过减速机带动磨机尾端的空心轴使磨体转动）
  - 边缘传动磨（电动机通过减速机带动固定于筒体卸料端的大齿轮驱动筒体回转）

球磨机的规格用筒体的内径和长度来表示，如 ϕ2.4m×10m，其中 2.4m 是筒体内径，10m 是筒体的长度。球磨机短磨一般为单仓或两仓，中长磨两个仓，长磨 3～4 个仓。水泥厂多使用中长磨和长磨。

2. 构造

球磨机主体是一个回转的筒体，两端用环形端盖半封闭，端盖圆心开孔，并用螺栓连接中空轴（图 2-2-1），两端的中空轴既是进料、出料的通道也是磨机及物料质量的支承点；中心传动的球磨机，一端中空轴还要传递动力承受扭矩。为了减小中空轴支承的弯矩，减小筒体应力，现在的大型球磨机支承点选在筒体上，由滑履轴承支承。为了保护磨机内壁免受研磨体及物料的直接磨损和撞击，筒体内壁、端盖装有衬板，磨内衬板还起到调节钢球运动状态的作用。中空轴内壁进料、出料螺旋套筒也能使中空轴免受磨损，有的螺旋上还使用对应形式的衬板。磨机筒体内使用隔仓板分割成若干个仓，不同的仓里装入适量的不同规格和种类的钢球、钢锻等作为研磨体（烘干仓和卸料仓不装研磨体），借助传动装置整个磨机以一定的转速运转，大磨转速低、小磨转速高。通过磨机的旋转，研磨体被提升积蓄势能，抛落释放动能，研磨体和物料相互冲击、摩擦，把物料磨成细粉。球磨机的卸料点设在磨尾或磨的中间。

球磨机中卸磨构造

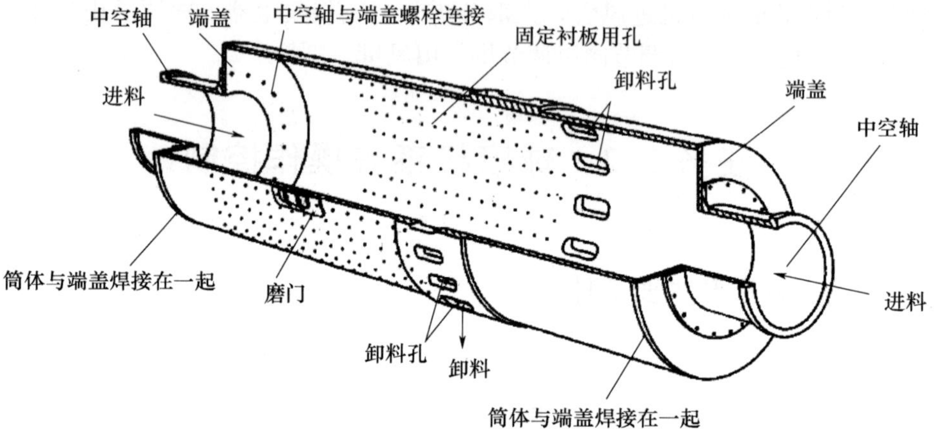

图 2-2-1　中卸磨的磨机筒体、端盖、中空轴、磨门

1）ϕ2.4m×10m 边缘传动中卸烘干磨

图 2-2-2 所示为 ϕ2.4m×10m 边缘传动中卸烘干磨。中卸烘干磨是两端喂料、中间卸料，热风来自回转窑窑尾或窑头的冷却机，从磨机的两端喂入。磨机的中部有一卸料仓，长约 1m，在这一段的筒体上开设了一圈椭圆形或圆角方形的卸料孔。这些孔的开设降低了筒体的强度，运转起来会使筒体变形，因此要将这一段的筒体加厚。

2）ϕ3.5m×10m 中心传动中卸烘干磨

图 2-2-3 所示为 ϕ3.5m×10m 中心传动中卸烘干磨，它在传动方式上与上述磨机不一样，减速机的输出轴与细磨仓中空轴相连，省略了传动大齿轮，但中空轴却承受了巨大的转矩。

3）ϕ4.8m×（10＋4）m 主轴承单滑履中卸烘干磨

上述生料粉磨典型球磨机是靠筒体两端的主轴承支承的，而图 2-2-4 所示的磨机是一端靠主轴承支承，另一端由滑环、托瓦支承，称为主轴承单滑履磨机。这种结构对长径比大的磨机来讲，可以降低筒体的弯曲应力，从而可以降低筒体钢板的厚度。另外，图 2-2-3 所示的磨机烘干仓设置在支承点的内侧，称为内置式；图 2-2-4 所示的磨机烘干仓筒体设置在进料端支承装置的外侧，称为外伸式。为了通入热风，烘干磨两端的进、出料口的直径也较大。

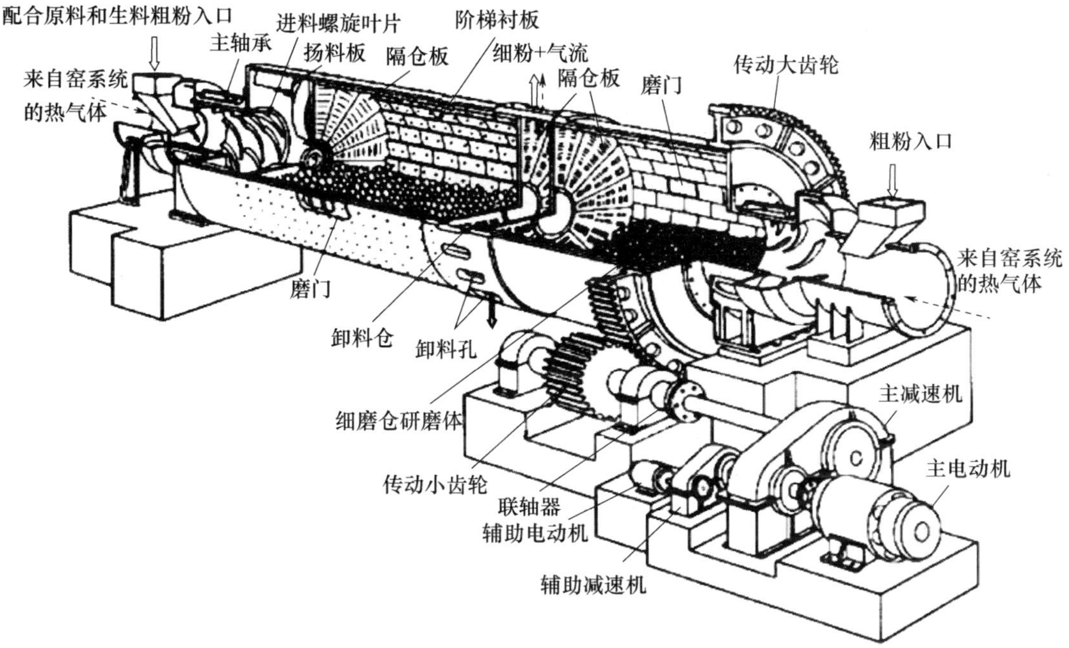

图 2-2-2　ϕ2.4m×10m 边缘传动中卸烘干磨

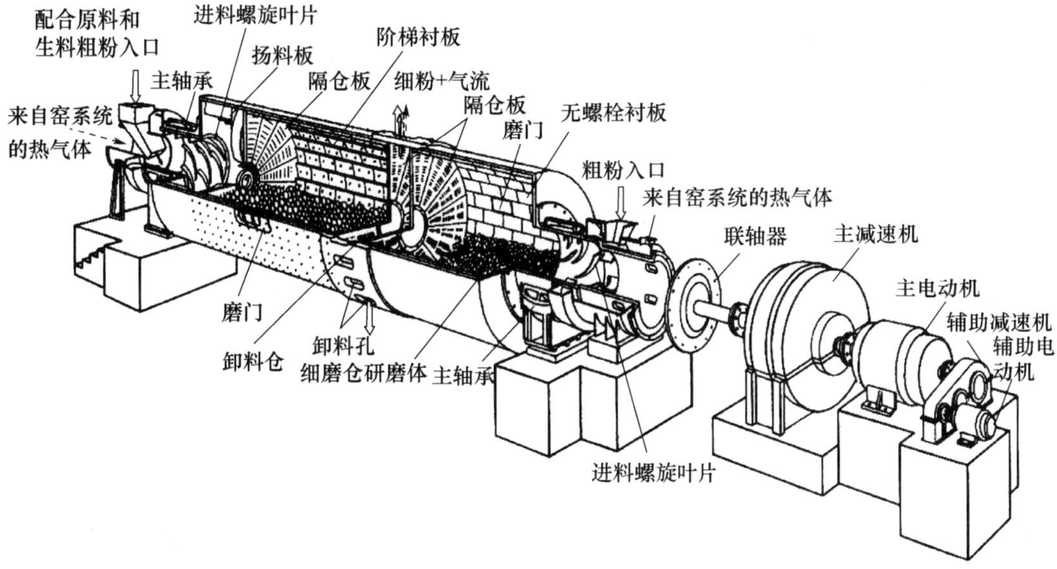

图 2-2-3　ϕ3.5m×10m 中心传动中卸烘干磨

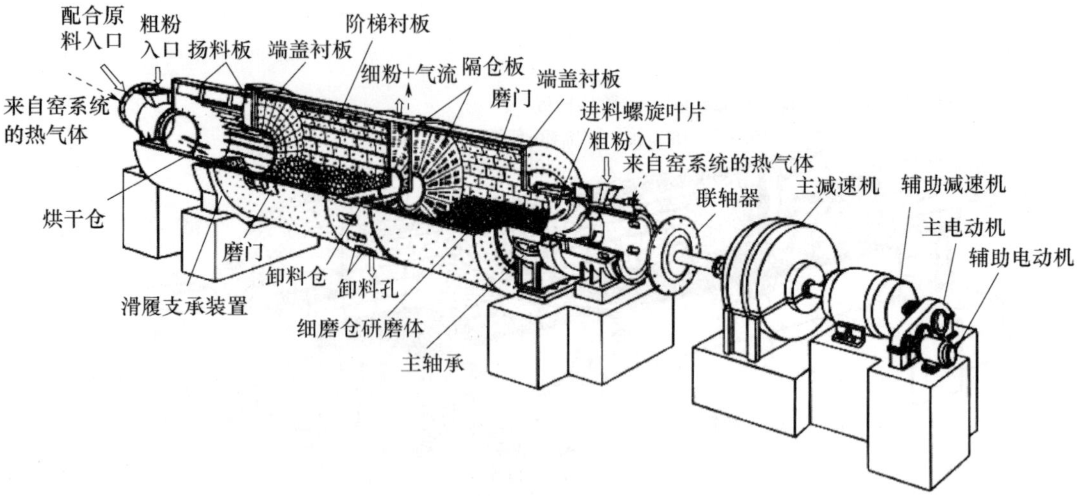

图 2-2-4　ϕ4.8m×（10+4）m 主轴承单滑履中卸烘干磨（中心传动）

3. 主要部件

球磨机的构造虽然由于其规格、生产方法、用途、卸料方式、支承方式和传动方式的不同而分为多种类型，而且单就某一部分的结构而言也是各种各样，但是球磨机的主要部件基本一致。下面以生料中卸烘干磨为例介绍球磨机的主要部件。

1）筒体

筒体由若干块钢板卷制焊接而成，是一个空心圆筒，筒体的内径和长度即表示磨机的规格，两端用端盖与中空轴对中连接。筒体要承受衬板、研磨体、隔仓板和物料的质量，运转起来会产生巨大的转矩，故需要有很大的抗弯强度和刚度，因此筒体要有足够的厚度，一般为筒体直径的 0.01～0.015，体积大的磨机需要更厚一些，其材质目前使用的是 Q235 系列钢板。根据磨机的仓数，筒体要开设 1～4 个磨门，用于更换衬板、隔仓板、倒装研磨体和人员进入磨内检修。开设磨门会降低磨机筒体的强度，所以磨门不能开得过大，且磨门周围要焊接加强钢板。只要能满足零部件（衬板、隔仓板或卸料篦板散件、研磨体）和操作人员进出即可（图 2-2-1）。

2）端盖和中空轴

筒体两端设端盖，端盖与筒体有焊接和螺栓连接两种结构。焊接结构的特点是用料少、机件轻、制造简单，质量容易保证。另一种结构是把端盖铸造、加工后再把端盖与筒体用螺栓连接组装在一起，这种结构消耗材料多，加工量大。

中空轴采用铸件，与磨机筒体用高强度螺栓连接在一起，支承于主轴承上。作为球磨机的一个极其重要的零件，中空轴承受着整个磨体及磨内研磨体的运转荷载，既承受弯矩，又承受扭矩，在交变应力的作用下连续运行，是磨机本体的薄弱环节。

3）进料装置

无论是边缘传动还是中心传动，也无论是尾卸磨还是中卸磨，进料都要经过中空轴，进料装置的作用主要是将物料顺利地送入磨机内。

进料装置通常为固定式钢板焊接结构，要求进料装置不堵料、不漏料、不漏风，具有良好的密封，一般由进料管、支架和调整进料装置高度的调整垫片等几个部分组成；

对于烘干磨机的进料装置在向磨机喂料的同时，还要向磨机通入热风以烘干物料，因此还有进风管。进料管内部设有耐磨损衬板以防止进料管的磨损。进料装置主要有以下两种形式：

（1）螺旋进料（图 2-2-2、图 2-2-3）：物料由进料口进入装料接管，并由隔板带起溜入套筒中，被螺旋叶片推入磨内。

（2）溜管进料（图 2-2-4）：物料经溜管进入磨机中空轴颈内的锥形套筒内，再沿旋转着的套筒内壁滑入磨中。

中卸磨细磨仓的回料装置装于烘干磨的传动装置一侧，在喂料的同时通入热风烘干物料。回料装置主要由壳体、扬料勺以及接管等组成。

4）卸料装置

中卸烘干磨机（无论是边缘传动还是中心传动）的卸料装置在磨体的粗磨仓与细磨仓之间专门设有一个卸料仓，与粗磨仓和细磨仓用隔仓板隔开（图 2-2-5），在卸料仓出口处的筒体上有椭圆形卸料孔，筒体外设密封罩，罩底部为卸料斗，顶部与收尘系统相通。

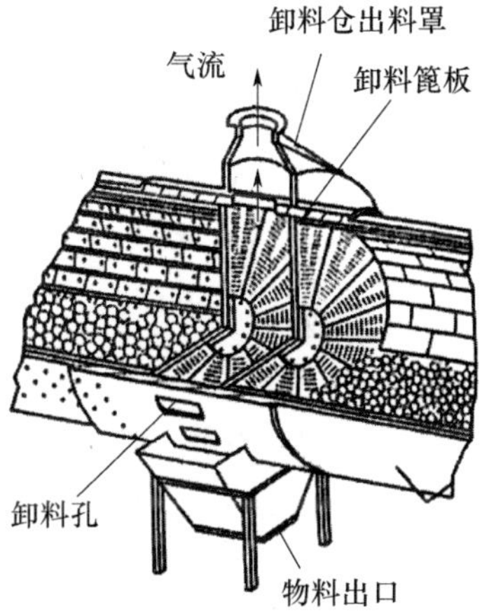

图 2-2-5　中卸磨卸料装置

5）衬板

用来保护磨体内壁和磨头免受研磨体直接冲击及物料研磨的内衬，就是衬板。将衬板的表面做成不同的形状，衬板就多了一项功能，调整研磨体的运动状态，进而改善粉磨效果，提高粉磨效率。

（1）衬板的种类

①平衬板［图 2-2-6（a）］：表面平整或铸有花纹。研磨体随筒体运转时靠离心力产生的摩擦力提升，但下滑较明显，对物料的冲击粉碎不是很强，而对物料的研磨作用强，适合安装于细磨仓。

②压条衬板［图 2-2-6（b）］：由平衬板和压条衬板组成，衬板本身无孔，压条上有孔，螺钉穿过螺孔把压条和衬板固定在筒体内壁上。压条高出衬板，对研磨体产生一定的推力，增加了研磨体的提升高度，抛落下去对块状物料有较强的冲击力，因而适于装在粗磨仓。

压条衬板的不足之处是：没有压条的地方下滑动现象明显，有压条的地方球带得较高，使得带球不均匀。而且磨机转速较快时，还会把球带得过高，抛到对面的衬板上，这样不但冲击粉碎作用减弱了，还增加了钢球与衬板的磨耗，所以转速较高的小规格磨机不适于装压条衬板。

③阶梯衬板［图 2-2-6（c）］：衬板表面楔形呈一斜面，安装时薄端处于磨机转向的前方，安装后形成许多阶梯，减缓了研磨体的提升倾角，并增加了提升高度，而且同一层研磨体被提升的高度均匀一致，防止研磨体之间的滑动和磨损。使用效果证明，阶梯衬板优于压条衬板，适合安装在粗磨仓，多仓中的第二仓也适合安装阶梯衬板。

④小波纹衬板［图 2-2-6（d）］：波峰和节距都小，适于细磨仓和煤磨。

⑤端盖衬板［图 2-2-6（e）］：装在磨头端盖或筒体端盖上，以保护端盖不受磨损。

⑥环沟衬板［图 2-2-6（f）］：在单块衬板的工作面上铸出圆弧形沟槽，安装后形成环形沟槽，使球与球间的有效碰撞机会增多，钢球与衬板的接触由原来的点接触变为弧线接触，增大了研磨面积。固定方式可以是螺栓固定，也可以无螺栓镶嵌。

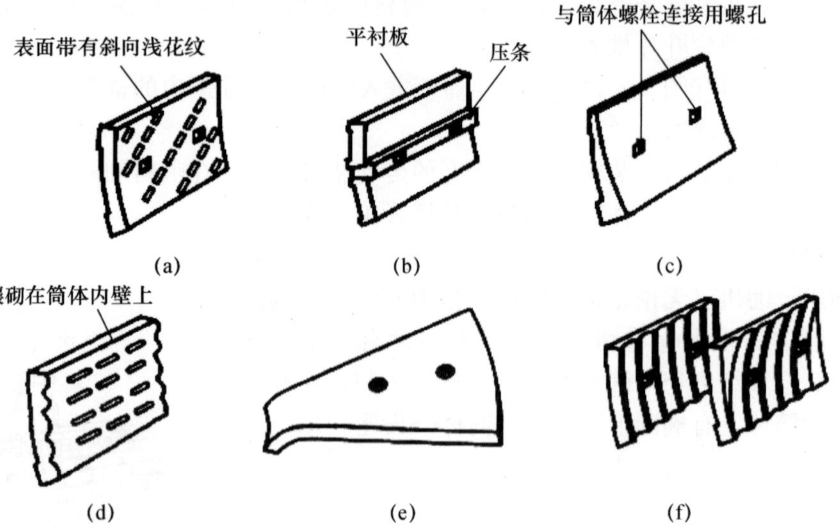

图 2-2-6　衬板的类型

（a）平衬板；（b）压条衬板；（c）阶梯衬板；（d）小波纹衬板；（e）端盖衬板；（f）环沟衬板

⑦分级衬板（图 2-2-7）：磨机粉磨作业的理想状态应该是大颗粒的物料用大直径的研磨体去粉碎和冲击，即在磨机的进料方向配以大直径的研磨体，随着物料往出料方向运动，粒径逐渐减小，研磨体也应顺次减小。分级衬板能自动地将研磨体由大到小分布，与物料的平均粒径由大到小的分布规律相适应，分级衬板沿纵向具有一定斜度形成锥面，除锥面分级衬板外，还有双曲面分级衬板、组合分级衬板、螺旋沟槽（或凸棱）分级衬板、双螺旋形段分级衬板等。目前对分级衬板能使研磨体合理分级的机理的解释不尽相同。

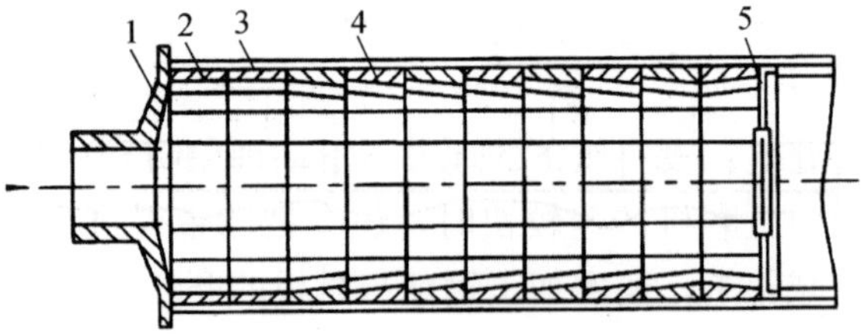

图 2-2-7　分级衬板的铺设

1—磨机端盖；2—平衬板；3—筒体；4—分级衬板；5—隔仓板

使用分级衬板可去掉隔仓板，将两仓或三仓合并为一仓，增大了磨内的粉碎容积，减少了通风阻力，可以提高粉磨效率。

⑧角螺旋衬板（图 2-2-8）：由平衬板、圆角衬板和金属衬板架组合而成。在磨内安装后，使磨机的有效断面呈圆角正方形，相邻两圈衬板的方圆角互相错开一个角度，四个圆角分别构成断续的螺旋线，使全仓沿轴向为一个圆角方形的四头断续内螺旋。与安

装其他衬板的研磨体在磨内的运动状态不同，角螺旋衬板使研磨体在磨内的循环次数增加，脱离角和降落区域改变，成片下落冲击物料，加强了研磨体和物料之间的冲击效能，提高了粉磨效率。

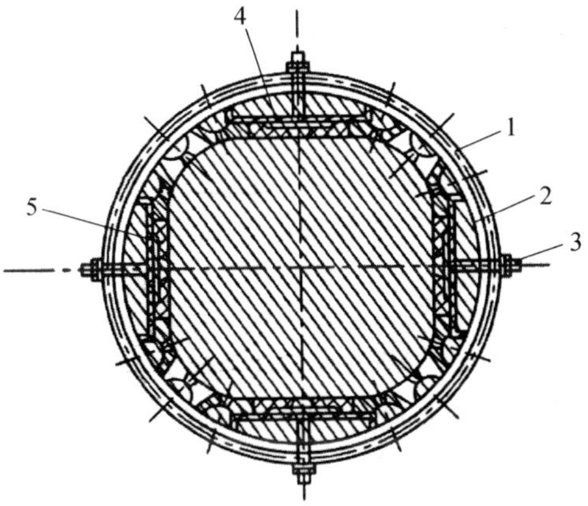

图 2-2-8 角螺旋衬板示意图

1—筒体；2—密封填料；3—螺栓；4—衬板架；5—衬板

除以上衬板外，还有波形衬板、凸棱衬板、半球形衬板和橡胶衬板，以及其他材质用于陶瓷厂、特种水泥厂的橡胶、铸石衬板等类型。

（2）衬板的安装

①衬板的排列。衬板的规格是整块的衬板长 500mm，半块衬板长 250mm，宽度为 314mm，平均厚度 50mm 左右。衬板安装排列时应互相错开，环向缝隙不能贯通，以防止物料或球渣对筒体内壁的冲刷，如图 2-2-9 所示。为了找平，衬板与筒体内壁之间填充水泥等材料。考虑到衬板的整形误差，衬板之间应留有 5mm 左右的间隙。

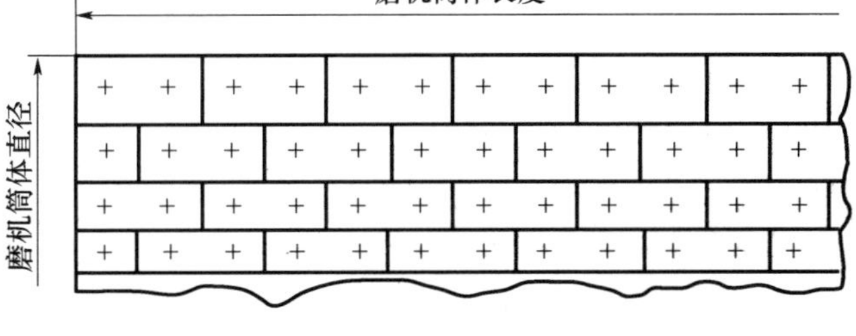

图 2-2-9 衬板的排列方式

②衬板的固定

a. 螺栓固定法（图 2-2-10）：在固定衬板时，螺栓应加双螺母或防松垫圈，以防磨机在运转时因研磨体冲击造成螺栓松动。

b. 镶砌法［图 2-2-11（a）］：磨机的细磨仓固定平衬板或小波纹衬板时可以采用无螺栓固定（即镶砌法）。镶砌时衬板与筒体之间加一层 1∶2 的水泥砂浆或石棉水泥，将衬板相互交错地镶砌在筒体内，在衬板的环向缝隙中用铁板揳紧，再灌以 1∶2 的水泥砂浆。

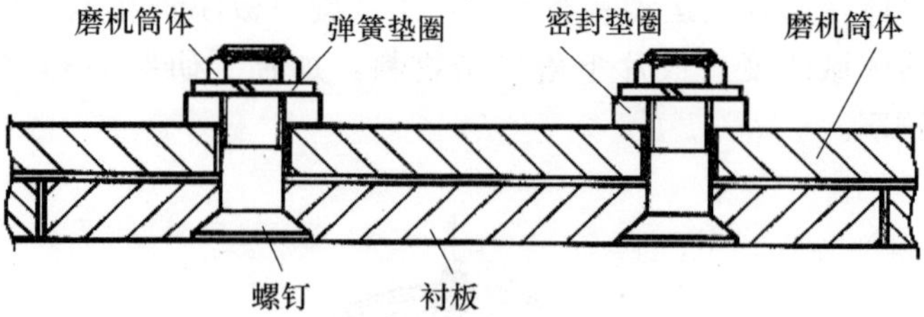

图 2-2-10　衬板的螺栓固定法

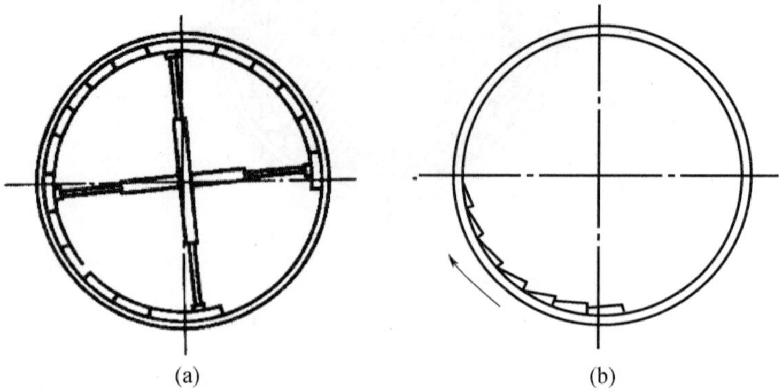

图 2-2-11　衬板的镶砌

（a）无螺栓衬板的安装；（b）阶梯衬板的安装

③阶梯衬板、分级衬板、角螺旋衬板的安装［图 2-2-11（b）、图 2-2-8］。阶梯衬板、分级衬板的安装要注意物料的前进方向和磨机的旋转方向，角螺旋衬板和衬板架用螺栓固定在筒体上，与安装其他衬板不同。

衬板的材质有高锰钢、中碳合金铸钢（粗磨仓）、高铬铸铁（细磨仓）等。

6）隔仓板和出料篦板

球磨机大粒物料适于用大球冲击，细小的物料适于用钢锻研磨。为了使研磨体大小和物料粒度相适应，用隔仓板把球磨机分隔成几个仓，可以提高粉碎效率，稳定产品质量。

（1）隔仓板的作用

①分隔研磨体。第一仓粗粒级物料使用大球，逐仓递减研磨体尺寸，到细磨仓使用小钢球或钢锻，使各仓研磨体的平均尺寸与物料平均尺寸保持匹配，以适应粉磨过程的需要。

②筛析物料。隔仓板的篦缝可把较大颗粒的物料阻留于粗磨仓，使其继续受到冲击粉碎。有的新型隔仓板还具有选粉的功能。

③控制物料和气流在磨内的流速。隔仓板的篦缝宽度、长度、面积、开缝最低位置及篦缝排列方式，对磨内物料填充程度、物料和气流在磨内的流速及球料比有较大影响。隔仓板应尽量消除对通风的不利影响。改变隔仓板通孔面积是控制磨内物料流速从而控制产品质量的一种手段。

磨机出料端设出料篦板，出料篦板起到分隔的作用，让物料通过，阻隔研磨体。

（2）隔仓板的类型

①单层隔仓板。一般由若干块扇形篦板组成，如图 2-2-12 所示，大端用螺栓固定在磨机筒体上，小端用中心圆板与其他篦板连接在一起。已磨至小于篦孔的物料，在新喂入物料的推动下，穿过篦缝进入下一仓。单层隔仓板的另一种形式是弓形隔板，如图 2-2-13所示。单层隔仓板的通风阻力小，占磨机容积小。

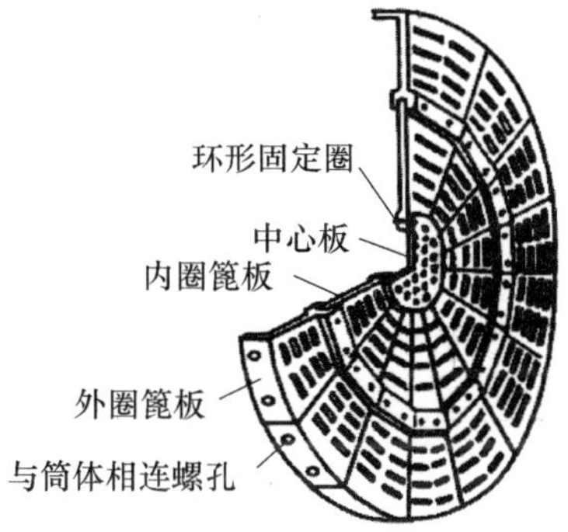

图 2-2-12　单层隔仓板
（扇形篦板组成）

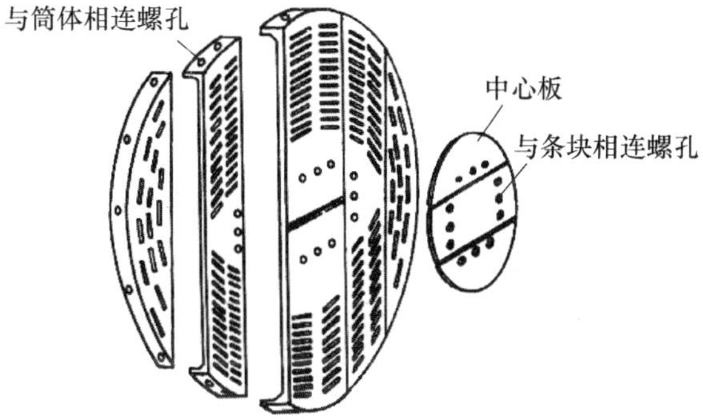

图 2-2-13　弓形单层隔仓板

②双层隔仓板。一般由前篦板和后盲板组成，中间设有提升扬料装置，如图 2-2-14 所示。物料通过篦板进入两板中间，由提升扬料装置将物料提到中心圆锥体上，进入下一仓，是强制排料，流速较快，不受隔仓板前后填充率的影响，便于调整填充率和配球。双层隔仓板比单层隔仓板更牢固，抗冲击，适于一、二仓之间，但通风阻力大，占磨机容积大。双层隔仓板的篦板也有扇形和弓形，图 2-2-14 所示为扇形。

此外，还有倾斜式、半倾斜式、料流可调式等隔仓板。

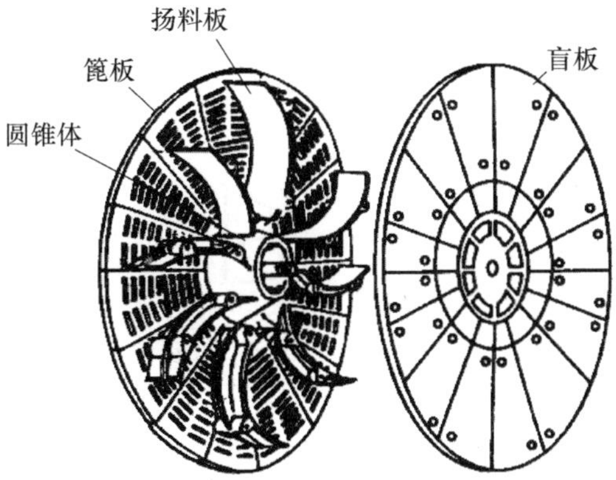

图 2-2-14　扇形双层隔仓板

（3）篦孔

隔仓板的篦孔能让物料通过，但不会使研磨体窜仓。篦孔的排列和形状是有一定要求的。

①排列。主要可分为同心圆状和放射状，也有介于两者之间的（图 2-2-15）。同心圆状排列的篦孔平行于研磨体物料的运动路线，物料容易通过，但也易返回，不易堵

塞；放射状与其相反，物料不容易通过，但也不易返回。

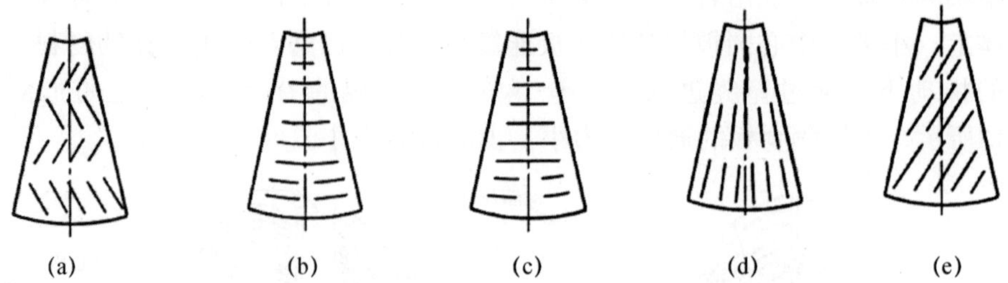

图 2-2-15　隔仓板篦孔排列形式图

(a) 八字形；(b) 同心圆形；(c) 多边形；(d) 放射形；(e) 斜线形

②形状。干法生料磨和水泥磨的篦孔形状和几何尺寸如图 2-2-16 所示。间距为 40mm 和 50mm（篦板厚度有 40mm、50mm 两种）。隔仓板上所有篦孔总面积与隔仓板总面积之比的百分数称为通孔率，干法磨机的通孔率不小于 7%。若要调小通孔率，可以先堵外圈篦孔。安装隔仓板时，篦孔小端对着进料端，篦孔的大端朝向出料端，不可装反。

出料篦板为单层，大多选用同心圆状。

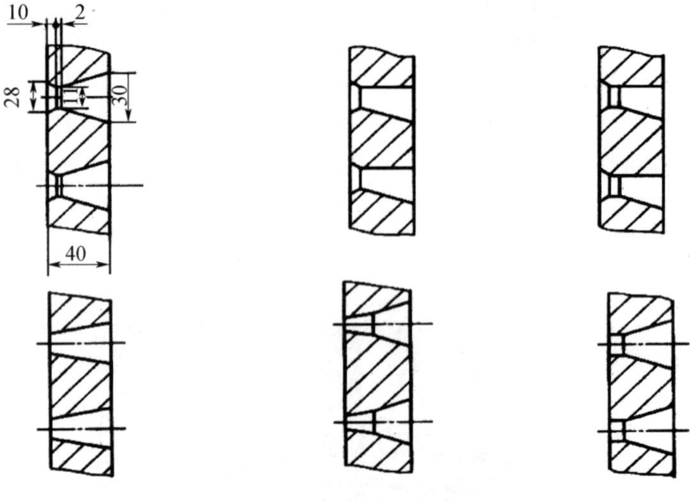

图 2-2-16　隔仓板的篦孔形状

7）烘干仓

烘干仓由筒体、衬板、扬料板等零部件组成。烘干仓连接在磨机筒体上通常有内置式和外伸式两种方式。内置式结构简单，但加大了磨机筒体支承中心距，筒体受力更大，钢板厚度需要增加，烘干仓筒体厚度与粉磨仓筒体厚度一样，支承装置也要相应地提高强度，这就使得磨机质量加大，成本增高，多用于煤磨；外伸式烘干仓结构比较复杂，烘干仓筒体设置在进料端支承装置的外侧，通过焊接或螺栓连接与粉磨仓筒体固定在一起，克服内置式烘干仓存在的问题。进料端支承处的弯矩与粉磨仓的弯矩方向相反，可以抵消一部分弯矩，从而有利于粉磨仓筒体的强度和刚度。外伸式烘干仓适用于大型烘干生料磨，目前得到了广泛应用。

烘干仓内部只有被烘干的物料，衬板可以不必采用耐磨合金铸钢，只用普通碳素钢板即可。扬料板不仅要具有很好的耐磨性能，同时为了抵抗生产中大块物料的冲击，必须具有良好的强度和韧性，大中型磨机尤其必要，采用耐磨合金铸钢是一个非常好的选择，完全能够满足生产要求。用钢板焊接的扬料板，由于其耐磨性很差，而且衬板很快就会被大块的物料砸坏，失去作用，给生产运行造成了很大的影响，正在逐渐被耐磨合金铸钢的扬料板所取代。

8）传动装置

传动装置是将电动机的驱动动力通过传动轴、减速机传递到球磨机上使之运转的装置。球磨机常采用中心传动和边缘传动。边缘传动又有单边单传动（图 2-2-17）、双边单传动（图 2-2-18）、单边双传动和双边双传动四种主要形式，其中单边双传动将逐渐取代双边单传动。中心传动也有单传动和双传动之分（图 2-2-19～图 2-2-21）。

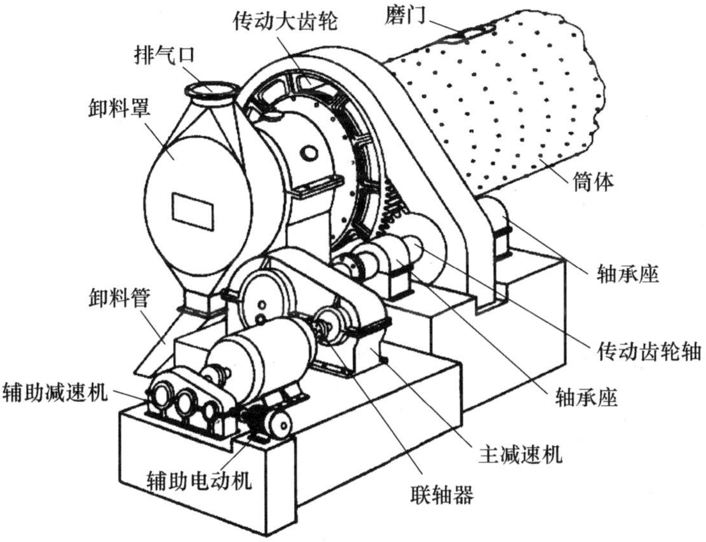

图 2-2-17　磨机边缘单边单传动

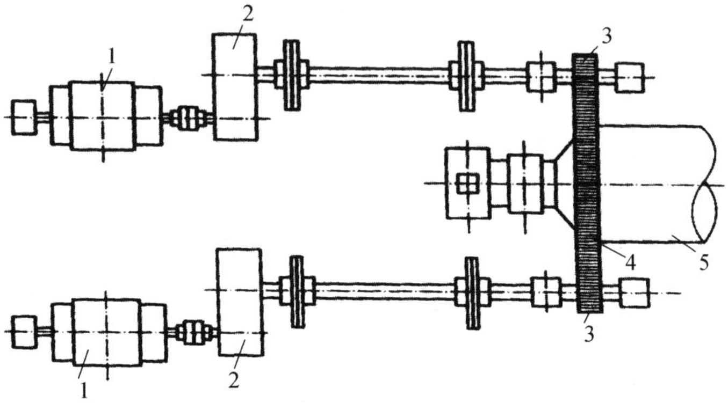

图 2-2-18　磨机边缘双边单传动

1—电动机；2—减速机；3—小齿轮；4—大齿轮；5—磨机筒体

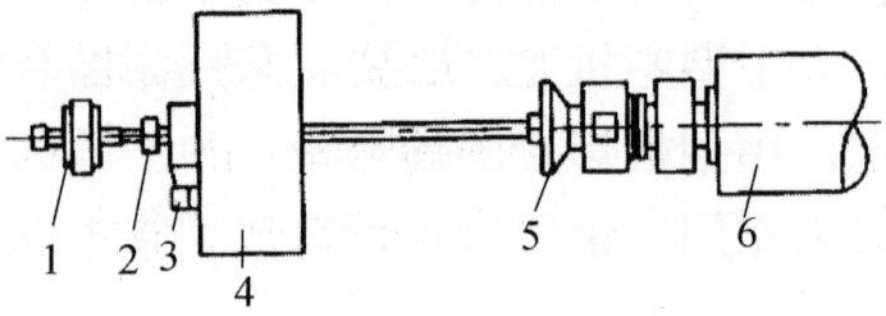

图 2-2-19 磨机中心单传动

1—主电动机；2—联轴器；3—辅助电动机；4—主减速机；5—联轴器；6—磨机筒体

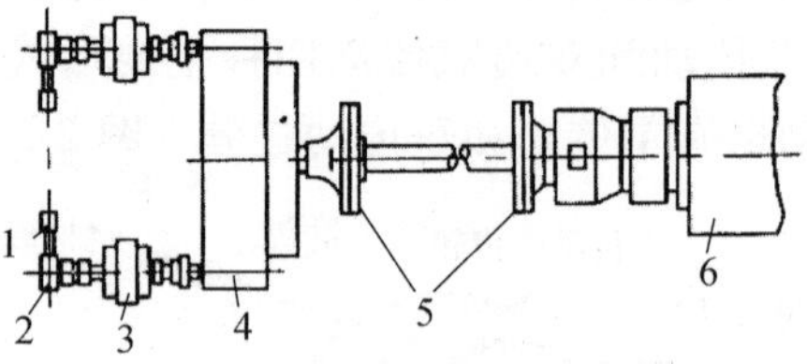

图 2-2-20 磨机中心双传动

1—辅助电动机；2—辅助减速机；3—主电动机；4—主减速机；5—联轴器；6—磨机筒体

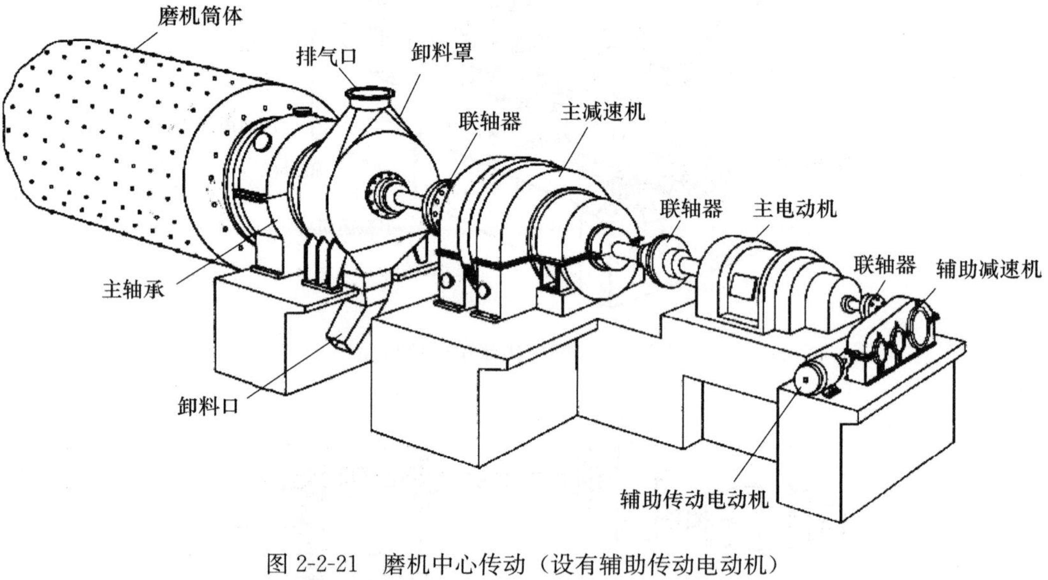

图 2-2-21 磨机中心传动（设有辅助传动电动机）

（1）边缘传动

边缘传动由传动齿轮轴上的小齿轮与固定在筒体尾部的大齿轮啮合，带动磨机转动。辅助传动装置一般用于装机功率≥500kW 的球磨机上，如 ϕ3.5m×10m 生料磨等，辅助传动转速一般不超过 0.2r/min，主要是为了满足磨机启动、检修和加、倒球操作的需要。边缘传动又可分为低速电动机传动、高速电动机（带减速机）传动。

边缘传动具有布置紧凑、占地面积小、加工精度要求低、加工制造容易、价格低的优点，但是传动效率较低，大齿轮体积和质量大，维护工作量较大，运转故障率比中心传动高，广泛应用于中小型球磨机上，如 ϕ2.2m×6.5m 尾卸烘干磨等。

（2）中心传动

中心传动以电动机通过减速机直接驱动磨机转动，减速机输出轴和磨机中心线在同一条直线上，如图 2-2-19 所示。它可分为低速电动机传动、高速电动机（带减速机）传动。

中心传动具有传动效率高、维护工作量小、安全可靠的优点，但是由于传动比大，减速机的尺寸很大，制造精度要求高。中心传动多用于大型磨机，如 ϕ3.8m×13m 水泥磨、ϕ3.5m×10m 中卸烘干磨等。电动机功率 2500kW 以上时尽可能采用中心传动。

9）支承装置

大型磨机的质量有 200 多吨，支承装置除了承重还要承受运转时的冲击和振动。磨机支承主要是滑动轴承支承，滑动轴承分为滑履轴承和主轴承两种，组成了双滑履支承式、主轴承支承式和混合式支承三种形式。混合式支承就是在球磨机的两个支承装置中：一端采用滑履轴承；另一端采用主轴承。

（1）滑履轴承支承

滑履支承在磨机筒体长度相同的情况下，缩短了支承中心距，极大地改善了筒体的受力状况，减低了筒体的最大应力，筒体钢板厚度可以减少，减轻了筒体质量；筒体结构更加简单，提高了制造质量，降低了磨机的制造成本。

球磨机滑履支承装置

由于滑履轴承支承结构的很多优点，因此得到了很快的发展，尽管中小型球磨机还是采用主轴承支承方式，但在大中型球磨机上，滑履轴承支承已取代主轴承成为新的支承方式，如图 2-2-22、图 2-2-23 所示。

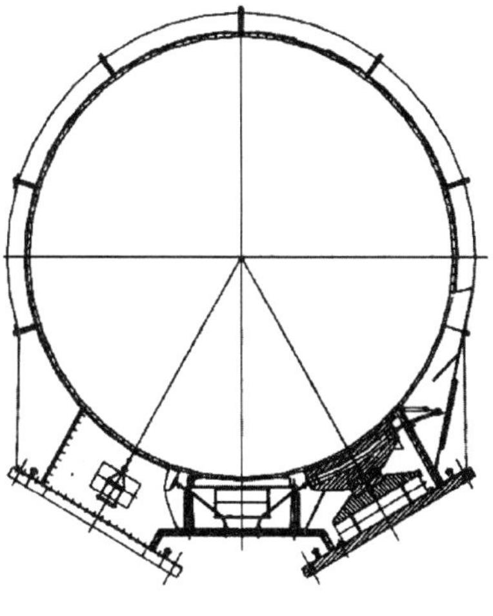

图 2-2-22　磨机滑履轴承支承

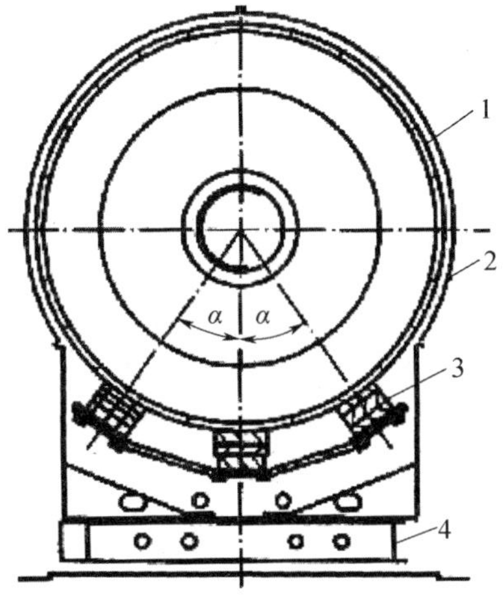

图 2-2-23　三履瓦的滑履支承装置

1—滚圈；2—滚圈罩；3—履瓦；4—滚圈罩支座

滑履轴承主要由底座、凸凹球体、托瓦、滑履罩、密封装置、润滑管路和测温装置等几个部分组成，其结构相对于主轴承而言略显复杂。

底座作为整个滑履轴承最下面的支承，承受着极重的荷载。最初采用厚钢板加工而成的底座，存在安装调整不便、滑履罩密封困难等问题，造成漏油。近几年，开发设计了平板整体底座。平板整体底座的新型结构，如图 2-2-24 所示，它克服了厚钢板加工底座的不足，安装调整简便，滑履轴承罩及其环境消除了润滑油的污染。平板整体底座采用铸钢焊接一段钢板壳体的结构形式，底面为平面，另焊接一个钢板回油槽，使由高压稀油站供入滑履轴承的润滑油汇集起来，由回油槽回到高压稀油站。

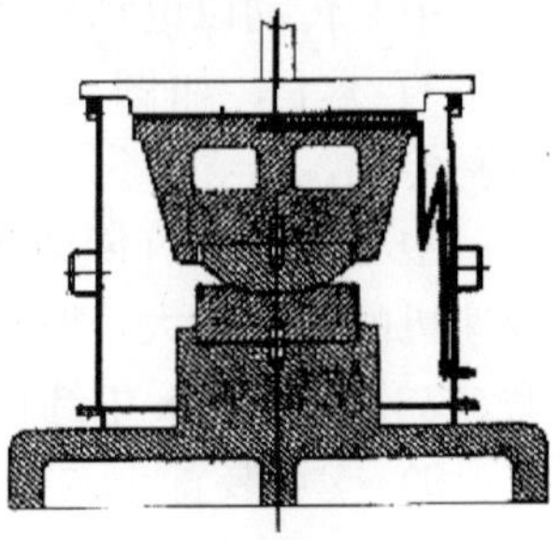

图 2-2-24　平板整体底座滑履轴承

凸凹球体主要是为了保证滑履轴承托瓦的自位调心作用，它们可以使托瓦在任意方向上灵活转动，弥补滑环和托瓦在加工和安装过程中产生的偏差，使之与滑环始终保持在最适合的接触状态。

托瓦采用铸钢结构，内部留有通冷却水的空腔，与滑环接触一面浇铸一层轴承合金，保护滑环外圆表面不受损伤。轴承合金采用锡锑轴承合金，即所谓的巴氏合金，轴承合金的厚度通常为 10～15mm，过厚则会减少轴承合金的刚度，过薄则有损伤滑环的危险。在瓦体上加工燕尾槽固定轴承合金。

滑履轴承罩由钢板焊接并组成一个密闭的空间，罩子上部设有排气孔，释放滑履轴承罩内部的高温空气。密封多采用毛毡密封或唇形密封的形式。

润滑管路可以为滑环与托瓦之间的滑动摩擦部位提供高压油和低压润滑油。滑履轴承润滑采用的是高压稀油站润滑的方式，高压油浮升磨体，低压油强制循环润滑，这种方式工作可靠、润滑效果良好，同时又可以对滑履轴承进行良好的冷却。

（2）主轴承支承

中小型磨机分别在磨体两端的中空轴处设有主轴承以支承磨机。图 2-2-25 所示为磨机的主轴承结构图。由图可知，轴承合金球面瓦支承在凹球面的轴承座上，轴承座经螺栓固定在轴承底座上，有的磨机主轴承座置于轴承底座的几根钢辊上，如图 2-2-26 所示，可使轴瓦和轴承座一起随磨机筒体热胀冷缩而相应往复移动，避免中空轴颈擦伤轴瓦。为了使轴瓦不被旋转的中空轴从轴承座内脱出，在排气管附近的出水口处用两根螺栓和一块压板顶住。轴承上盖用螺栓固定在轴承座上。在轴承端面有用螺栓固定的密封圈、毛毡圈与中空轴紧贴，防止漏油和进灰。固定在中空轴颈、下部浸于油中的油圈在随中空轴一起回转时将油带起，然后由刮油板将油刮下，使之经油槽流到轴颈上起润滑作用。通过轴承盖上的检查孔可察看轴承的工作情况。为防止长期停止运转的磨机在启动时中空轴颈和轴承合金之间因油膜过薄引起边界摩擦甚至干摩擦，导致转矩猛增和擦伤轴瓦，有的磨机主轴承带有静压润滑，在开磨之前启动高压润滑油站的高压油泵，将一定量的高压油打入轴瓦的油囊。该高压润滑油从油囊向四周间隙扩散开，形成一层稳定的静压油膜，托起中空轴使之与轴瓦表面脱离。此时启动磨机，摩擦产生的启动转矩比一般动压润滑时低 40%左右。冷却水由进水管进入轴承空腔内冷却润滑油，并将腔内残留的空气由排气管排出，经橡胶管进入球面瓦内冷却轴承合金，再经排气管一侧的出水口排出。

球磨机主轴承支承装置

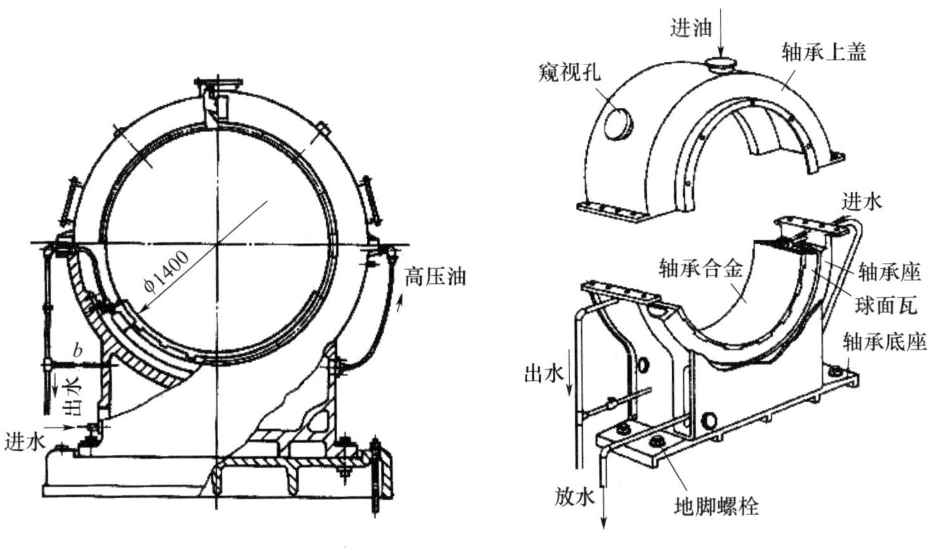

图 2-2-25 磨机的主轴承

(a) 出料端底座固定的主轴承；(b) 主轴承内部结构

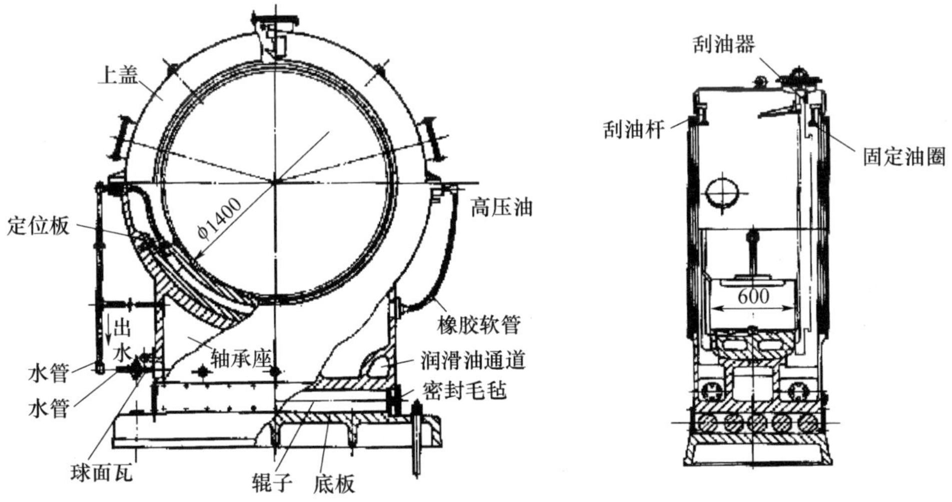

图 2-2-26 带辊子的进料端主轴承

2.2.2 工作原理及主要参数

1. 工作原理

球磨机粉磨物料的主要工作部分在水平放置低速回转的筒体上。当筒体回转时，研磨体由于惯性离心力的作用，贴附在磨机筒体内壁的衬板面上与之一起回转，被带到一定高度后，因重力作用自由落下，此时研磨体将筒体内物料击碎，同时在回转的磨机内研磨体除有上升、下落的循环运动外，还会产生滑动和滚动，

球磨机结构原理展示

致使研磨体、衬板和被磨物料之间发生研磨作用使物料磨细。物料在受到冲击破碎和研磨磨碎的同时，由于磨头不断地强制喂料，而物料又随着筒体一起回转运动，形成物料向前挤压；再借进料端和出料端之间物料本身的料面高度差，加上磨尾不断抽风，即使球磨机水平放置，物料也能不断地向出料端移动，直至排出磨外。很显然，磨机在正常运转时，研磨体的运动状态对物料的粉碎作用有很大的影响。被磨机带到较高处的研磨体，靠冲击作用对物料进行破碎；不能被磨机带到高处的研磨体，就和物料一起滑下，滚动和滑动对物料进行研磨，而研磨体的运动状态又和磨机转速、磨内存料量有很大关系。筒体的转速决定着研磨体能产生的惯性离心力大小，当筒体具有不同的转速时，研磨体的运动状态便会出现如图 2-2-27 所示的研磨体的三种运动状态。

中卸磨工作原理

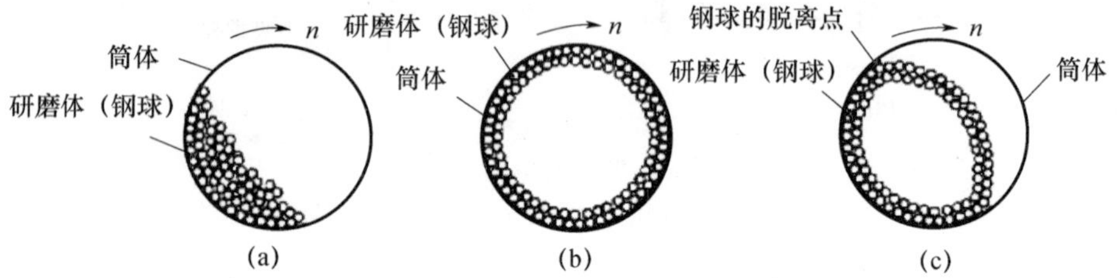

图 2-2-27　磨机转速不同时的研磨体（钢球）的三种运动状态

（a）磨机转速过低，钢球呈倾泻运动状态；（b）磨机转速过高，钢球呈圆周运动状态；（c）磨机转速适中，钢球呈抛落运动状态

当筒体转速过低时，不能将研磨体带到较高高度，研磨体和物料随即因重力作用产生下滑，呈倾泻运动状态，对物料的冲击作用很小，几乎只起到研磨作用，因而粉磨效果不佳，生产能力降低。

当筒体转速过高时，由于惯性离心力大于研磨体自身重力，研磨体和物料贴附在筒体内壁上，随筒体一起旋转不降落，呈圆周运动状态，研磨体对物料起不到任何冲击和研磨作用。

当筒体转速适中时，研磨体被提升到一定高度后抛落下来，呈抛落运动状态，此时研磨体对物料有较大的冲击和研磨作用，粉磨效果较好。

在球磨机筒体中，研磨体装填数量越少，筒体转速越高，则研磨体的滚动和滑动也越小，由此引起对物料的研磨作用也就越小；当研磨体装填的数量很多时，分布在靠近筒体横断面中心部分的研磨体，不足以形成抛落运动，而产生较多的滚动和滑动，致使物料受到研磨作用而磨细。所以，在粉磨粒度较大或较硬的物料时，研磨体的平均尺寸要大些，装填数量可少些，从而保证研磨体具有足够的抛射降落高度，加强冲击破碎作用；反之，在粉磨较小或较易磨的物料时，研磨体平均尺寸可以小些，但装填数量应多些，这样可加强研磨作用。在实际生产中，为了有效地利用研磨体能量，通常将磨机分为 2～4 个仓，通过安装不同形式的衬板调整研磨体运动状态，进料端突出冲击作用，卸料端突出研磨作用。

2. 研磨体运动基本方程式

钢球是球磨机装置中最普遍的一种研磨体，磨机的粉磨作用主要靠钢球对物料的冲击和研磨，对钢球在磨内的运动规律进行分析，导出其运动方程式，找出其粉碎作用规律，对设定球磨机的一些主要参数，如转速、研磨体最适宜的装载量及填充率、分析影响磨机粉磨效率因素等，具有极重要的作用。

为了便于分析，对研磨体在磨内的运动状态可以做如下的假设：

(1) 研磨体在筒体内的运动轨迹只有两种（图 2-2-28）：一种是以筒体横断面几何中心为圆心，按同心圆弧的轨迹贴附在筒壁上做上升运动；另一种是贴附筒壁上升至一定高度后以抛物线轨迹降落下来，如此往复循环，一层一层地运动。

(2) 研磨体与筒壁间及研磨体层与层间的滑动略去不计；筒体内物料对于研磨体运动的影响略去不计。

研磨体开始离开圆弧轨迹而沿抛物线轨迹下落，此瞬时的研磨体中心（A 点）称为脱离点，而通过 A 点的回转半径 R 与磨机中心的垂线之间的夹角 α 称为脱离角。各层研磨体脱离点的连线 AB 称为脱离点轨迹，如图 2-2-29 所示。

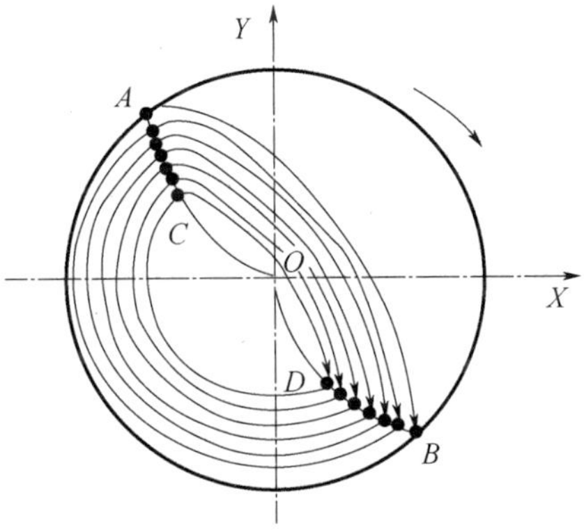

图 2-2-28　研磨体运动轨迹

A—B 最外层轨迹；C—D 最内层轨迹；

A—C 脱离点轨迹；B—D 降落点轨迹

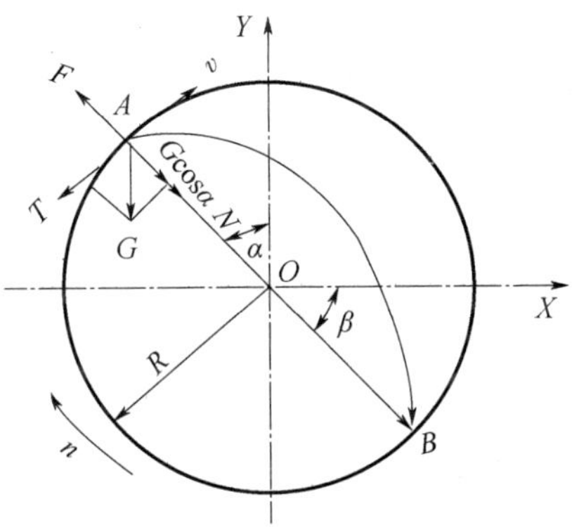

图 2-2-29　研磨体运动情况

A—研磨体脱离点；B—研磨体降落点；

α—研磨体脱离角；β—研磨体降落角

根据图 2-2-29 所示的研磨体运动情况，取紧贴筒体衬板内壁的最外层研磨体（质点 A）作为研究对象，研磨体所受的力为惯性离心力 F 以及重力 G 在直径方向的分力为 $G\cos\alpha$，当研磨体随筒体提升到 A 点时，若在此瞬间研磨体的惯性离心力 F 小于 $G\cos\alpha$，研磨体就离开圆弧轨迹，开始抛射出去，按抛物线轨迹运动。由此可见，研磨体在脱离点开始脱离的条件为

$$F \leqslant G\cos\alpha \tag{2-2-1}$$

由圆周运动公式 $F=m\dfrac{v^2}{R}$ 及 $m=\dfrac{G}{g}$，代入式（2-2-1）得

$$\frac{v^2}{gR} \leqslant \cos\alpha \tag{2-2-2}$$

又 $v=\dfrac{\pi Rn}{30}$，由于 $\dfrac{\pi^2}{g}\approx 1$，所以

$$\cos\alpha \geqslant \frac{Rn^2}{900} \tag{2-2-3}$$

式中　F——惯性离心力，N；

G——研磨体的重力，N；

v——研磨体运动的线速度，m/s；

R——研磨体层距磨机筒体中心的距离，m；

α——研磨体脱离角；

g——重力加速度，m/s^2；

n——筒体转速，r/min。

式（2-2-3）为研磨体运动基本方程式，由此方程式可以看出，研磨体脱离角 α（或降落高度）与筒体转速 n 及研磨体所在层半径 R（或筒体有效半径）有关，而与研磨体质量无关。

3. 研磨体降落高度与脱离角的关系

研磨体从脱离点上抛到最高点后，从最高点到降落点之间的垂直距离 H 称为降落高度，它影响着研磨体的冲击能量。在回转半径 R 一定时，H 值取决于脱离角 α 的大小。$H=h+y$，如图 2-2-30 所示。

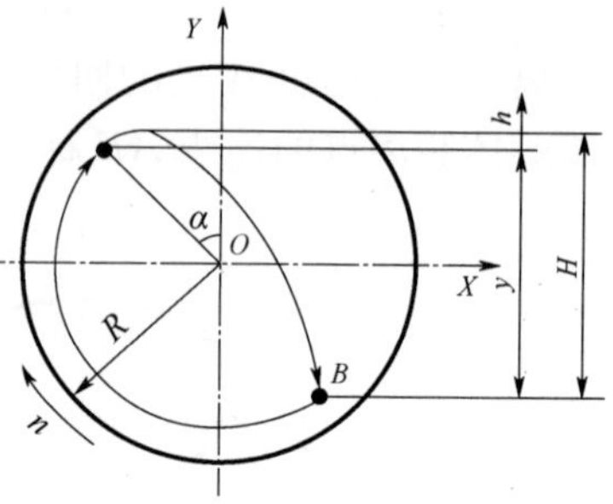

图 2-2-30　钢球的降落高度

物体上抛公式为 $v_y^2=2gh$，所以 $h=\frac{v_y^2}{2g}$；而 $v_y=v\sin\alpha$。又因为 $v^2=gR\cos\alpha$［由式（2-2-2）得］，故

$$h=\frac{gR\sin^2\alpha}{2g}=0.5R\sin^2\alpha\cos\alpha \qquad (2\text{-}2\text{-}4)$$

而 $y=4R\sin^2\alpha\cos\alpha$（推导过程略）。

则降落高度 $H=h+y=0.5R\sin^2\alpha\cos\alpha+4R\sin^2\alpha\cos\alpha$，即

$$H=4.5R\sin^2\alpha\cos\alpha \qquad (2\text{-}2\text{-}5)$$

这就是降落高度与脱离角的关系式，取不同的 α 值，可以得到不同的 H 值。

为了求得最大的降落高度 H 值，取导数$\frac{dH}{d\alpha}=0$，即$\frac{d(4.5R\sin^2\alpha\cdot\cos\alpha)}{d\alpha}=0$，解得 $\alpha=54°44'$。

所以，当靠近筒壁的研磨体的脱离角为 $54°44'$时，研磨体具有最大的降落高度，能获得最大的冲击能量。

4. 磨机转速

1）临界转速 n_0

临界转速指磨内最外层研磨体刚好贴随磨机筒体内壁做圆周运动时的这一瞬间的磨机转速。此时研磨体处于磨机筒体圆断面的顶点，即脱离角 $\alpha=0°$，将此值代入研磨体运动基本方程式（2-2-3）中，把 R 换为 D_0，可得临界转速为

$$n_0=\frac{30}{\sqrt{R}}=\frac{42.4}{\sqrt{D_0}}\ (\text{r/min}) \qquad (2\text{-}2\text{-}6)$$

式中　D_0——磨机筒体的有效内径，m。

以上公式是在几个假定的基础上推导出来的，事实上，研磨体与研磨体、研磨体与筒体之间是存在相对滑动的。因此，实际的临界转速比计算的理论临界转速要高，且与磨机结构、衬板形状、研磨体填充率等因素有关。

2）磨机的理论适宜转速 n_g

使研磨体产生最大冲击粉碎功的磨机转速称为理论适宜转速。当靠近筒壁研磨体层的脱离角 $\alpha=54°44'$时，研磨体具有最大的降落高度，对物料产生的冲击粉碎功最大。将 $\alpha=54°44'$代入式（2-2-3），可得理论适宜转速为

$$n_g=42.4\sqrt{\frac{\cos 54°44'}{D_0}}=\frac{32.2}{\sqrt{D_0}}\ (\text{r/min}) \tag{2-2-7}$$

3）转速比 φ

转速比是磨机的适宜转速与临界转速之比，即

$$\varphi=\frac{n_g}{n_0}=0.76 \tag{2-2-8}$$

式（2-2-8）说明理论适宜转速为临界转速的 76%。一般磨机的实际转速为临界转速的 70%～80%。

4）磨机的实际工作转速 n

上述适宜转速是在一定假设前提下推导出来的，而粉磨作业的实际情况很复杂，应该考虑的因素很多。一般认为，对于大直径的磨机，由于其直径大，研磨体的冲击能力强，转速可以低些；对于小直径的磨机，研磨体的冲击能力较差，加之一般工厂的入磨物料粒度相差不大，所以转速可以高些。目前国内球磨机的直径 D 大多大于 2.0m，其工作转速与有效内径的关系为

$$n=\frac{32.2}{\sqrt{D_0}}-0.2D_0\ (\text{r/min}) \tag{2-2-9}$$

5. 磨机功率

影响磨机需用功率的因素很多，如磨机的直径、长度、转速、装载量、填充率、内部装置、粉磨方式以及传动形式等。计算功率的方法也很多，常用的磨机需用功率计算式为

$$N_0=0.2VD_0n\left(\frac{G}{V}\right)^{0.8} \tag{2-2-10}$$

式中　N_0——磨机需用功率，kW；

V——磨机有效容积，m^3；

D_0——磨机有效内径，m；

n——磨机工作转速，r/min；

G——磨内研磨体装载量，t。

磨机配套电动机功率为

$$N=K_1K_2N_0\ (\text{kW}) \tag{2-2-11}$$

式中　K_1——与磨机结构、传动效率有关的系数，中心传动和边缘传动干法磨的 K_1分别为 1.25 和 1.3；中心传动和边缘传动中卸磨的 K_1分别为 1.35 和 1.4；

K_2——电动机储备系数，取值为 1.0～1.1。

6. 磨机的生产能力

1）磨机小时生产能力

影响磨机生产能力的因素很多，主要有粉磨物料的种类、物理性质、产品细度；生

产方法和流程；磨机及主要部件的性能；研磨体的填充率和级配；喂料形式、磨机的操作方法、物料在磨内的运动情况等。这些因素及其相互关系是比较复杂的，究竟哪种因素起主导作用，还必须依据具体情况而定。常用磨机生产能力经验计算式为

$$Q=\frac{N_0 q\eta}{1000} \tag{2-2-12}$$

式中　Q——磨机生产能力，t/h；

N_0——磨机所需功率，kW；

q——单位功率生产能力，t/（kW·h）；

η——流程系数。

当生料细度为10%（0.08mm方孔筛筛余）时，闭路中卸、尾卸烘干磨的 η 值分别为90%～95%和80%～85%。

磨机的产量是随入磨物料的易磨性、入磨物料粒度和产品要求细度等变化而变化的，在计算时要考虑这些因素的影响，对产量进行修正。

（1）当入磨物料粒度发生改变时，应按粒度校正系数 K_d 进行修正，即

$$K_d=\frac{Q_1}{Q_2}=\left(\frac{d_2}{d_1}\right)^x \tag{2-2-13}$$

式中　d_2——当生产能力为 Q_2 时的喂料粒度，以80%通过的筛孔孔径表示；

d_1——当生产能力为 Q_1 时的喂料粒度，以80%通过的筛孔孔径表示；

x——与物料特性、成品细度、粉磨条件等有关的指数，一般为0.1～0.25；当粉磨硬度大的物料如石灰石、砂岩时，取高值。

（2）入磨物料易磨性发生变化时，可根据表2-2-1查出易磨性系数，再用式（2-2-14）计算，即

$$\frac{K_{m1}}{K_{m2}}=\frac{Q_1}{Q_2} \tag{2-2-14}$$

式中　K_{m1}、K_{m2}——磨机生产能力为 Q_1、Q_2 时的入磨易磨性系数。

表 2-2-1　易磨性系数 K_m

物料名称	相对易磨性系数	物料名称	相对易磨性系数
硬质石灰石	1.27	软质石灰石	1.7
中硬质石灰石	1.5		

（3）当产品细度发生变化时，查表2-2-2得出不同细度时的细度系数 K_{c1}、K_{c2} 的数值，再用式（2-2-15）计算，即

$$\frac{K_{c1}}{K_{c2}}=\frac{Q_1}{Q_2} \tag{2-2-15}$$

表 2-2-2　不同细度的细度系数 K_c

细度 C（0.08mm方孔筛筛余，%）	2	3	4	5	6	7	8	9	10	11
细度系数 K_c	0.59	0.66	0.72	0.77	0.82	0.87	0.91	0.96	1.0	1.04
细度 C（0.08mm方孔筛筛余，%）	12	13	14	15	16	17	18	19	20	
细度系数 K_c	1.09	1.13	1.17	1.21	1.26	1.3	1.34	1.39	1.43	

2）磨机的年生产能力

$$Q_n = 8760\eta_n Q \qquad (2\text{-}2\text{-}16)$$

式中　Q_n——磨机的年生产能力，t/y；

Q——磨机台时生产能力，t/h；

η_n——磨机的年利用率，生料闭路磨 $\eta_n<78\%$，所有系统的年利用率 η_n 不得低于 70%。

2.2.3　开、停机操作

1. 调试

球磨机安装完成或大修以后，初次运行进入调试阶段，分为空负荷试车和负荷试车两个步骤。球磨机的调试要与整个粉磨系统联系在一起，根据经验总结出一套完整的程序和要点，归纳为“单机试车要早，联动试车要全，负荷试车要稳”的十八字方针。试车一是检验设备安装的完整性，所有部件不能有缺失；二是设备安装的精度，即安装位置是否正确、精度是否满足要求、连接部件是否紧固、活动部件是否顺畅；三是设备性能能否实现满负荷和连续运转的条件；四是检验设备系统是否便于操作和实现监控；五是检验生产流程是否顺畅；六是检验设备系统能否完成生产任务。在经过空负荷试车和负荷试车，并检查确认符合要求以后，就可以交工投入正式的生产运行了。

1）空负荷试车

空负荷试车包括单机试车和联动试车两道程序。单机试车是考核磨机的设备安装质量是否满足磨机的运行要求；联动试车就是在单机试车的基础上，考核系统的电气连锁和程序是否满足磨机的生产要求。

联动试车需要实现全系统的按联动要求运行，在全部系统设备均按照程序运行后停止，前后需要至少三次，启动必须按照流程要求顺序启动，第一次采用顺流程停机，第二次和第三次均采用设立故障点，故障停机。故障点按照系统运行规律及经验设立，以考核系统连锁装置的灵敏性和可靠性，确认无误后就可以准备下一步的负荷试车。

2）负荷试车

在试车阶段，为了使磨机主轴瓦及其他设备的轴承、齿轮等运转部件进行跑合，要求系统在试车阶段的负荷遵循由低到高的原则。表 2-2-3 为中卸提升循环生料磨系统负荷递增、要求运转时间，相同或不同规格的磨机可以有不同的安排。

负荷试车过程中，应对球磨机进行定时检查。检查内容及要求包括：磨机运转平稳，磨声正常，各部位轴承无异常振动；各部位轴承温度无异常升高，主轴承和滑履轴承温度控制 60℃时报警、65℃时停磨；各密封部位不能有偏心和金属摩擦声，并且不能有漏油漏灰现象；各部位地脚螺栓和法兰连接螺栓如有松动，应随时拧紧；磨机筒体衬板螺栓和磨机内部螺栓，应定时拧紧，以防衬板脱落，磨机内部螺栓紧固 3～4 次以后，就可以将螺母与螺栓点焊牢固；磨机主电动机的电流波动不应过大；磨机传动系统各设备的检查项目及要求按相关设备的规定进行；磨门及衬板螺栓等部位出现漏灰冒料现象，应及时消除。

表 2-2-3　原料磨负荷、装球量及运转时间安排

试车阶段	时间（h）	装球量（t）	产量（t/h）	备注
无负荷	24	0		不加球
30%负荷	48	45	50	
60%负荷	96	90	100	
90%负荷	240	135	150	
100%负荷	长期	150	175	

注：1. 表中的时间为磨机和其他设备运转良好状态下的净时间。在试车阶段，如果有设备出现故障，则必须把用于检修和调整的时间扣除。

2. 表中的时间为一般情况下的安排，当设备有特殊要求时，以设备要求为准。

3. 该表以 ϕ4.6m×8.5m＋3.5m 烘干中卸原料磨为例。

经过负荷试车的考核合格以后，磨机即可正式投入生产运行。

2. 开机和停机

球磨机系统内的全部设备，在启动前，都应做认真的检查调整工作，做好充分准备，包括润滑设备和润滑油、设备内外部件、人孔门、检查门、原料喂料机进口闸门、锁风阀门、冷却水系统、设备的紧固、现场仪表、原料的定量给料计量秤、安全和照明装置等，各系统检查无误后，备足各种原料，并进一步与各岗位联系，确定无误后，发出启动信号，然后按程序开车。

中卸磨粗粉回磨头和磨尾的比例靠粗粉回磨分料阀控制，30%负荷时，可将粗磨仓、细磨仓的分料比例定为 50∶50；60%负荷时，可定为 40∶60；90%～100%负荷时，可定为 30∶70。

1）中卸烘干磨的开机

系统中各组的设备，已按工艺操作及设备本身的要求编好程序，组与组之间一般要求按顺序启动。不同系统设备分组不尽相同，某生产线设备分组情况如下：原料磨润滑组、库顶收尘器组、生料入库输送组、生料输送组、磨排风机组、选粉机组、入选粉机输送组、磨主机组、喂料及输送组。开机按物料和气流走向的反方向，即从生料进入均化库的最后一道输送设备起向前开，最后启动的是喂料机。启动顺序如下：

确认烧成系统正常运转，确认原料供料系统能正常供料，准备工作已完成→确认风机进出口阀门全关、热风阀门全关，冷风阀门全开→磨机润滑系统启动（如油温低，稀油站油箱要加热）→磨排风机组启动→库顶收尘器组→生料入库输送组→生料输送组→暖机（磨头热风温度不超过 250℃，磨尾热风温度不超过 150℃）→磨机慢转（磨头热风温度达到 100℃时）→暖机结束（粗磨仓筒体温度 40℃以上时）→选粉机组启动→入选粉机输送组启动→磨机慢转结束，调整系统的风温和风压→磨主电动机启动→喂料组启动→调整定量给料机的供料比例及喂料量→投入自动调节回路。

生料制备系统与窑系统联合操作，在窑系统升温的后期，可以产生温度较高的废气，一般废气量达到一定程度，温度达到 200℃以上时，原料磨系统才可利用作为烘干热源。废气温度 300℃以上才可以满足正常产量烘干要求。所以窑系统升温过程中操作生料磨，应使用手动操作，自动化回路不应投入。因为窑尾温度和风量经常调整，要注意各相关系统的操作配合，加大窑尾袋收尘器排风机进口阀门开度，以防止出现正压，

要保证窑尾排风机出口负压达到－200～－300Pa。

磨机的开车顺序是逆生产流程逐一开机，但只掌握开车要领还不够，有些注意事项绝不能疏漏。

（1）中空轴带高压顶升装置（即动静压轴承）和用油泵润滑的磨机，应预先开启磨机及主轴承高压顶升装置和电动装置的润滑系统、冷却系统。

（2）采用绕线型异步电动机和减速机传动装置的磨机，在启动时注意不要太快，一般启动时间要在50s以上，启动时的负荷一般不超过额定负荷的150%。带有辅助启动装置的磨机，可先转动辅助电动机，并先合上爪形离合器，当推动把合闸后，便可启动磨机的主电动机。

（3）在启动下一台设备时，必须等前一段设备运转正常后，方可启动，以防物料堵在某一个环节上。

（4）喂料机启动后，喂料量要根据磨声，由少到多逐渐增加，直到正常。

（5）一切正常后，停止高压顶升装置。同时，采用自动控制喂料的磨机，要及时转入微机控制原料配比和喂料总量。

2）中卸烘干磨的正常停机

停机顺序与开机顺序相反，顺序如下：

确认停车范围→将自动调节回路改为手动操作→将喂料量设定值降到零→降低入磨气体温度及风量→入磨输送组停车→磨主机停车→用辅助传动间隔慢转磨机→降低磨机排风机进口阀门的开度→冷风阀门全开，热风总阀门全关→入选粉机输送组停车→选粉机组停车→磨排风机组停车→生料输送组部分设备停车→生料入库输送组和库顶袋收尘器组继续运行一段时间→磨机筒体温度接近环境温度时，磨机慢转停止→当磨机筒体温度达到环境温度时高压油泵停车。

停车时还要做到以下几点：

（1）先停喂料，停磨机主传动，出磨输送设备还应继续运转，把物料卸空后再停。磨机的润滑及水冷却装置应等到主轴承完全冷却后再停，收尘系统也要继续工作一段时间。

（2）若因检修需要而停磨，应启动辅助传动装置，慢速转动磨体，一次把磨机的磨门停于要求的位置上。

（3）更换衬板或隔仓板时，要先停喂料机，而磨机需继续运行10min左右，待物料磨内尽量卸空后再停磨。

（4）磨机主减速机停机时应注意的问题

①减速机正常停机应在取得有关单位及岗位的回答信号后按逆开车顺序停转减速机和磨机。

②减速机停稳后，停下油泵及所有的水冷却系统。

③意外停机时，要着重检查联轴器螺栓、胶块、胶圈、胶带和减速机的油量。

④冬季停车，要停冷却水；并将润滑系统储油箱下部的电热器合闸，使润滑油温提高而不冷凝。

⑤长时期停磨，要把钢球倒出，否则会把筒体压弯。冬季时还要把主轴承内的冷却水放尽，免得冻裂水管。

3）设备的故障停车和紧急停车

在设备运行过程中，由于设备突然发生故障、电动机过载跳闸、机电保护跳闸、现场停车按钮误操作等原因，系统中的全部或部分设备会连锁停车。另外，在紧急情况下，为了保证人身和设备的安全，使用紧急停车，也会使整个系统连锁停车。为了保证设备能顺利地再次启动，必须采取必要的措施。设备突然停机时的基本程序如下：

（1）马上停掉与之有关的部分设备。

（2）为防止系统因气体温度迅速上升而发生故障，必须及时地对各阀门进行调整，降低风量和风温。设备紧急停车后，应配合有关系统调整风量和风温，使其不影响窑系统的操作。

（3）尽快查清原因，判断能否在短时间内处理完毕，以决定再次启动的时间，并进行相应的操作。

（4）如果润滑设备没有故障，立即启动辅传，慢转磨机，防止磨机筒体变形。磨机翻转间隔时间见表 2-2-4。

表 2-2-4　磨机翻转间隔时间表

序号	间隔时间（min）	磨机操作	序号	间隔时间（min）	磨机操作
1		停车	6	30	磨机翻转 180°
2	10	磨机翻转 180°	7	60	磨机翻转 180°
3	10	磨机翻转 180°	8	60	磨机翻转 180°
4	20	磨机翻转 180°	9	60	磨机翻转 180°
5	20	磨机翻转 180°			

2.2.4　生料磨正常运行操作

磨机正常运行操作中喂料要均匀，关注磨声曲线，关注磨主机、提升机功率和电流曲线，关注出磨物料和成品及回料的细度，关注磨头、磨中压差曲线，关注出磨物料温度及磨机通风管道的气体温度和压力，做到粗磨仓和细磨仓的粉碎能力、选粉能力与粉磨能力、烘干能力与粉磨能力的平衡，以充分发挥粉磨系统的生产能力。

1. 粉磨操作控制的依据和参数

生料磨系统正常生产时，操作控制的参数很多，主要有以下几项：

（1）入磨物料的种类及其配合比例；入磨物料的粒度、硬度、水分、温度、化学成分；

（2）磨机的计划产量；产品的细度、水分、化学成分要求；

（3）磨机的喂料量、磨声、回料量及循环负荷率；磨机进出口负压值、压差；

（4）磨机电流，出磨提升机电流，选粉机电流、转速；

（5）磨机进出口温度、磨机轴承的温度；电动机的温度、减速机的温度、选粉机主轴温度；磨尾卸出物料的温度；

（6）工艺管理规程和操作规程的控制指标。

2. 喂料量的控制

（1）磨机电耳测得的磨声强弱反映了磨内存料量的多少和磨内粉磨能力的大小。正常运转时，磨声的强度为 50%～60%。磨声强度小，反映磨内料多；反之，则料少。最大值 100%时报警，说明磨内无料。可根据入磨物料粒度、产品细度，及时调整喂料量。

(2) 提升机功率可以反映磨物料量的大小。功率大，说明通过磨内物料量大；功率小，说明通过磨内物料量小。

因通过磨内物料量由喂料量和粗粉回料量两部分组成，所以，提升机功率的大小可以作为调节磨机喂料量的第二位调节变量。

3. 热风和成品水分的调整和控制

调整热风的目的是提高烘干速度，在保证设备安全运转的前提下，使烘干能力与粉磨能力相平衡。热风调整的控制要点如下：

当入磨物料的水分含量过大时，磨内的细粉会黏附在研磨体和衬板上，形成缓冲垫层，堵塞隔仓板，造成饱磨，使粉磨效率下降。因此需根据喂入物料的水分，用导入磨机的热风量来控制出磨生料的水分。一般出磨生料水分应控制在 1%以下，热风温度控制范围见表 2-2-5。

表 2-2-5　热风温度控制范围

序号	部位	正常温度（℃）	温度范围（℃）
1	磨头热风	300	250～350
2	磨尾热风	180～200	≤250
3	出磨气体	100	≤110

在正常情况下，出磨废气温度的高低，反映了磨内物料的烘干情况、入磨热风调节是否合适。出磨废气温度低，说明磨内物料烘干不够，热风量偏少；反之，又造成热量浪费，加快磨内部件的损耗。操作越稳定，出磨废气温度的变化就越小；如果废气温度波动太大，物料被烘干的程度相差就大，对生料的产量、质量的影响就越大，故操作中应特别注意稳定。

另外，入磨物料水分太大、黏性大，在磨内有可能成团结块，影响热风与物料的热交换，热量不能被物料充分吸收，这时废气温度即使在控制范围，烘干情况也不好。所以在操作控制中，一般应控制入磨物料水分 15%左右（有的控制在 15%以下，有的控制在 6%以下），同时结合听磨声和观察入磨物料的水分变化来判断烘干情况，及时采取措施，合理、正确地调整风量和风温。

4. 中卸烘干磨两仓负荷的均衡

中卸烘干磨粗粉回磨分料阀，在 90%～100%负荷时，可将粗磨仓、细磨仓的分料比例定为 30∶70。不同规格的磨机也要根据粉磨能力进行尝试和调整，从而找到最佳比例。磨机两仓负荷大小的判断方法如下：

(1) 根据两仓磨声判断两仓粉磨能力的大小。

(2) 看提升机电流大小来判断回料量的大小。若粗磨仓能力大于细磨仓，则应调整固体流量计的分料闸板，使喂入粗磨仓的回料量大些；反之，可适当减少回料量，直至两仓负荷达到平衡。

两仓回料量一经分配适当后，平时不宜随意改动，以免影响操作的稳定，一般只在重新配料或入料粒度变化较大时，才进行调整。

2.2.5 系统常见故障诊断与处理

1. 喂料量过多过少时磨机参数的变化

1）喂料量过多时参数的变化

(1) 磨声低沉，电耳记录值下降。

(2) 提升机功率（电流）上升，粗粉回料量增加。

(3) 磨机磨头负压下降，出口负压增加，粗磨仓压差增加。

(4) 出磨气体温度降低。

(5) 满磨时磨机主电动机电流下降。

通过对上述现象进行综合分析比较，确认喂料量是否过多，及时平衡地减少喂料量，尽量避免停喂，只有严重堵磨时才停止喂料。

2）喂料不足时参数的变化

(1) 磨声清脆响亮，有电耳监控的磨机则电耳音响上升。

(2) 提升机电流下降，选粉机回料量减少。

(3) 磨机磨头负压上升，出口负压下降，粗磨仓压差下降。

(4) 出磨气体温度上升。

此时，应及时增加喂料。同时还应注意磨机排风机进口阀门开启度的调节。一般磨机出口气体温度应保持在 (100±10)℃范围内。

2. 生料磨“跑粗”

球磨机出磨物料明显偏粗而又难以控制，这就是“跑粗”。产生“跑粗”的原因有多种，分析如下：

研磨体级配不合理，致使粗磨仓能力过强、细磨仓能力不足；或是粗磨仓能力不足，物料到细磨仓就磨不细了。增强细磨仓研磨能力的方法：一是适当加大细磨仓的填充率；二是移动仓位，增加细磨仓的长度，减小粗磨仓的长度；三是在细磨仓采用波纹衬板；四是更换磨损较严重的衬板等。也有厂在细磨仓进料端前一、二圈的衬板上，每一块加焊一根可形成 15～20mm 凸棱的方钢（或钢筋）以增强对物料的提升能力和研磨能力。针对粗磨仓能力不足，可以调整研磨体级配或装载量，使粗磨、细磨能力均衡。

若是磨内物料流速过快，可能是磨内通风过大，需减小风量；如隔仓板磨损，通孔率过大，需更换隔仓板或堵塞部分篦孔。

若是喂料量过大，则需减小喂料量。

成品细度调整的方法如下：

(1) 主要调节选粉机回转部分的转速来控制成品细度；

(2) 特殊情况调节循环风量来调整产品的细度；

(3) 在允许的转速范围内仍达不到细度要求时，则调整导板开度来满足细度要求；

(4) 调整磨内钢球级配；

(5) 降低喂料量，细度增加。

3. 磨机饱磨

饱磨，就是“满磨”或“闷磨”，是磨机运行中常见的一种不正常现象，是由于磨机进出物料失去平衡，在短时间内磨内存料过多所致。

饱磨不太严重时，表现的“症状”是磨声由清晰转为低沉，出磨物料量减少，磨机进出口压差增大；一般是先减少喂料量，如果效果不明显，则需停止喂料，待磨声正常后，再逐渐加料至正常操作。但饱磨严重时听不见磨声，主电动机的电流降低为正常的70%，出磨物料量显著减少。更严重的会出现磨头返料，磨尾不卸料，排风管道无气流。此时应停磨检查，会发现是隔仓板篦缝被物料堵塞，研磨体、衬板和隔仓板上黏附着厚厚的物料。仓内特别是第一仓约90%的有效空间被研磨体和物料所占据，其产生原因及应采取的处理措施如下：

(1) 喂料过多或入磨物料粒度过大、硬度大而未及时调整喂料量，应减小物料入磨粒度。

(2) 入磨物料水分过大，通风不良，造成隔仓板堵塞、物料流速降低，使磨内存料过多，对钢球产生严重的缓冲作用，降低研磨体的效能。水分过大产生包球，发展到糊磨、粘球、篦孔堵塞，需降低物料水分，加强通风，停磨处理粘球，清除篦孔堵塞物。

(3) 碎球卡在隔仓板篦缝隙中，使物料流通不畅，应清除篦孔堵塞物。

(4) 钢球级配不恰当，当第一仓小球过多时，冲击力不足，或钢球消耗后未能及时补充；隔仓板磨坏，研磨体窜仓而造成级配失调；各仓长度不合理，因而使粉磨能力降低。需补充装载量，调整研磨体级配及各仓长度，停机修理安装隔仓板。

(5) 闭路磨机的选粉效率低，回料过多，增加了磨机的负荷，需降低循环负荷率。

磨机出现饱磨时应查清原因，分别处理，一般是先减少喂料量，如果效果不明显，则需停止喂料，待磨声正常后，再逐渐加料至正常操作。

如果饱磨严重，则清仓处理，把磨内的料、球倒干净，清除隔仓板上的堵塞物，重新配球、装球。

4. 磨机堵塞

1) 烘干仓堵塞时磨机参数的变化

(1) 电耳信号升高，现场听磨声脆响；

(2) 斗式提升机功率下降；

(3) 磨头负压下降；

(4) 出磨负压上升；

(5) 选粉机出口负压上升。

2) 粗磨仓堵塞时磨机参数的变化

(1) 电耳信号降低，现场听磨声低沉；

(2) 斗式提升机功率下降；

(3) 磨头负压下降；

(4) 出磨负压上升。

克服上述两种故障，都应降低或停止喂料进行观察，增大磨机通风量，检查入磨头风温是否过低，适当提高磨头风温，若上述措施无效，停磨检查。

3) 细磨仓堵塞时磨机参数的变化

(1) 电耳信号没有明显变化，现场听细磨仓磨声低沉；

(2) 斗式提升机功率下降；

（3）磨尾负压下降。

此时应检查粗粉分料阀位置是否全部打到磨尾，并调整到合适位置，检查入磨尾风温是否过低或者风量过少，适当提高磨尾风温和风量；若上述措施无效，停磨检查。

5. 运转中的检查判断与处理

中卸烘干生料磨运行中，会碰到一些由于设备故障必须对磨机进行处理的情况，还会碰到一些控制参数比如温度较高的情况（表 2-2-5），归纳列于表 2-2-6。

表 2-2-6 中卸磨操作判断及处理

序号	故障原因	检查与判断	调整处理方法
1	隔仓板破损或倒塌	1. 出磨斜槽中有较大的物料和钢球 2. 斗式提升机功率增大 3. 在现场可听到钢球砸机壳的声音	立即停磨进行更换
2	磨机衬板螺栓或磨门螺栓松动	1. 现场观察衬板或磨门螺栓有松动 2. 有漏料现象	立即停磨进行紧固
3	磨机掉衬板	1. 现场可听到明显的周期性冲击声 2. 筒体衬板螺栓处冒灰	立即停磨进行处理，检查是否有砸坏的地方
4	斗式提升机掉斗子或斗子损坏	斗式提升机功率呈周期性变化	1. 立即停止磨机和喂料输送组 2. 提升机采用慢转运行 3. 打开提升机下部检查门，观察料斗运行情况
5	斗式提升机断轴或断链	1. 提升机功率接近于零 2. 磨机出料口堵塞 3. 选粉机电流下降	全系统停车检修
6	选粉机掉衬板	胶带机上有衬板	等停机后进行检查和补砌，同时对磨机检查是否跑钢球
7	入选粉机斜槽堵塞	1. 提升机功率急剧上升 2. 选粉机电流下降	立即停磨检查处理
8	空气输送斜槽的一般检查	1. 检查下槽体是否有灰 2. 检查充气风机的阀门开度和转向 3. 通过窥视窗观察上槽体内物料的流动情况	1. 若透气层破损，进行更换或修补 2. 若阀门开度不够，加大阀门开度并固定
9	选粉机速度失控	1. 转速有明显的波动 2. 电流与速度指示不对应	1. 检查速度控制器是否有失控现象 2. 停止选粉机上游设备，进行检修处理
10	组合式选粉机堵塞	1. 磨头、磨尾、磨中出口负压下降（一或多个旋风除尘器堵或选粉机主筒体堵） 2. 空气斜槽无料或少料 3. 选粉机出口负压上升	现场检查处理

续表

序号	故障原因	检查与判断	调整处理方法
11	磨机主轴瓦温度高	温度指示偏高	1. 检查供油系统，看供油压力、温度是否正常，若不正常，进行调整 2. 检查润滑油中是否有水或其他杂质 3. 检查入磨风温是否过高，若偏高，调低风温
12	磨机减速机轴承温度高	温度指示上升	1. 检查供油系统，看供油压力、温度是否正常，若不正常，进行调整 2. 检查润滑油中是否有水或其他杂质 3. 检查冷却水系统是否运转正常
13	锁风阀	锁风阀无动作物料堵塞	现场检查处理

任务2.3 立磨系统操作控制

2.3.1 立磨的应用及特点

立磨用途很广，可广泛用于粉磨水泥原料、水泥熟料或矿渣及其他建筑、化工、陶瓷等工业原料。立磨在工作原理、机械结构、系统工艺性能方面以其独特的优点越来越得到国内外水泥行业的重视。随着窑外分解技术的诞生，各国水泥行业越来越多地采用立式磨粉磨水泥原料、熟料与矿渣。与其他粉磨设备相比，立磨具有以下特点：

（1）粉磨效率高。采用料床挤压粉碎原理，物料在磨内受碾压、剪切、冲击作用，磨内气流可将磨细物料及时带出，避免过粉磨；物料在磨内停留时间一般为2～4min，粉磨效率为球磨机的165%，电耗可降低30%左右。

（2）烘干效率高。热风从环形缝喷入，风速高，磨内通风截面大、阻力小，利用窑尾预热器废气可烘干含水8%的物料，若有热风炉，可烘干含水15%～20%的物料。

（3）入磨物料粒度大，一般可达磨辊直径的5%，大型磨入料粒度可达200mm。设备工艺性能优越，单机产量大，设备运转率高，金属磨损比球磨机低。

（4）对粉磨物料适应性强，可用于粉磨各种原燃料，如石灰石、砂岩（$SiO_2>90\%$）、煤、水泥熟料、高炉矿渣等。无论其易磨性、磨蚀性有多大差异，通过对立磨内部结构调整和合理操作，均能生产出不同细度、不同比表面积的合格产品。

（5）工艺流程简单、布置紧凑，可露天设置，基建投资约为球磨机的70%。

（6）整体密闭性能好，扬尘小、噪声低，环境优越。

（7）成品质量控制快捷，调整产品灵活，便于实现操作智能化、自动化。

（8）立磨的缺点在于不适于粉磨硬质和磨蚀性大的物料，衬板使用寿命较短，维修较频繁。磨损件比球磨机的贵，但与其所取代的球磨机、提升机、选粉机等设备的总维修量相比，仍显得维修简单、容易和工作量小。

2.3.2 常见立磨的种类

目前，国外的主要立磨类型已有10余种，代表公司也有20余家。近年来，各立式磨设备制造商在主要部件的设计思想和工艺参数的选取上相互借鉴、逐步融合，从而使立磨的设计越来越趋于一致，接近于Pfeiffer和Polysius两家公司的总体思路，变化主要在于考虑使用、维护是否方便的细节方面。国内生产的立磨主要有三个系列：由沈阳重型矿山机械工程有限公司于1985年从德国Pfeiffer公司引进的MPS立磨、天津水泥设计院设计的TRM系列立磨和合肥水泥设计院设计的HRM系列立磨。各种立磨的粉磨原理和结构组成基本相同，主要差异是在磨盘的结构和磨辊的形状及数目上有所不同，在选粉装置上也做了较大改进，提高了选粉效率，更能方便地调节成品细度，还有对磨辊的加压方式也各有不同等，在功能效果上各有千秋。图2-3-1和表2-3-1列出了常用的立磨的磨辊和磨盘形状及选粉机形式。

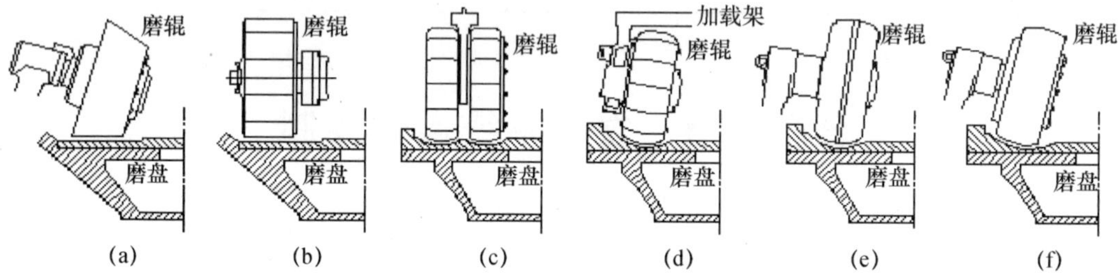

图2-3-1　立磨的磨辊和磨盘形状

(a) LM磨、TRM磨；(b) ATOX磨；(c) RM磨；(d) MPS磨；(e) OK磨/CK磨；(f) HRM磨

表2-3-1　立磨的主要形式

序号	立磨型号	立磨装置性状	选粉机形式	磨辊能否抬起翻出	磨辊个数
1	LM（莱歇公司）	圆锥形磨辊、水平磨盘	回转笼式	启动时磨辊能自动从磨盘上抬起，减小启动力矩	2～6
2	ATOX（丹麦史密斯）	圆锥磨辊、平盘形盘	静态选粉机回转笼式	否	3
3	RM（伯力鸠斯）	轮胎分半辊、碗形平盘	回转笼式	否	2组4辊
4	MPS（非凡公司）	轮胎斜辊、环沟形盘	回转笼式	否	3
5	CK/OK（日本川崎）	轮胎斜辊、环沟形盘	回转笼式	能	2～4
6	HRM（合肥院）	轮胎辊、沟槽盘	回转笼式	能	3～4
7	TRM（天津院）	圆锥磨辊、平盘形盘	回转笼式	能	2～4

1. LM型系列磨

德国莱歇（Loesche）公司技术并制造，如图2-3-1（a）所示。该磨采用圆锥形磨辊和水平磨盘，有2～6个磨辊，磨辊轴线与水平夹角呈15°，无辊架，磨辊与磨盘间的压力由相应辊数的液压拉伸装置提供，如图2-3-2、图2-3-3所示。

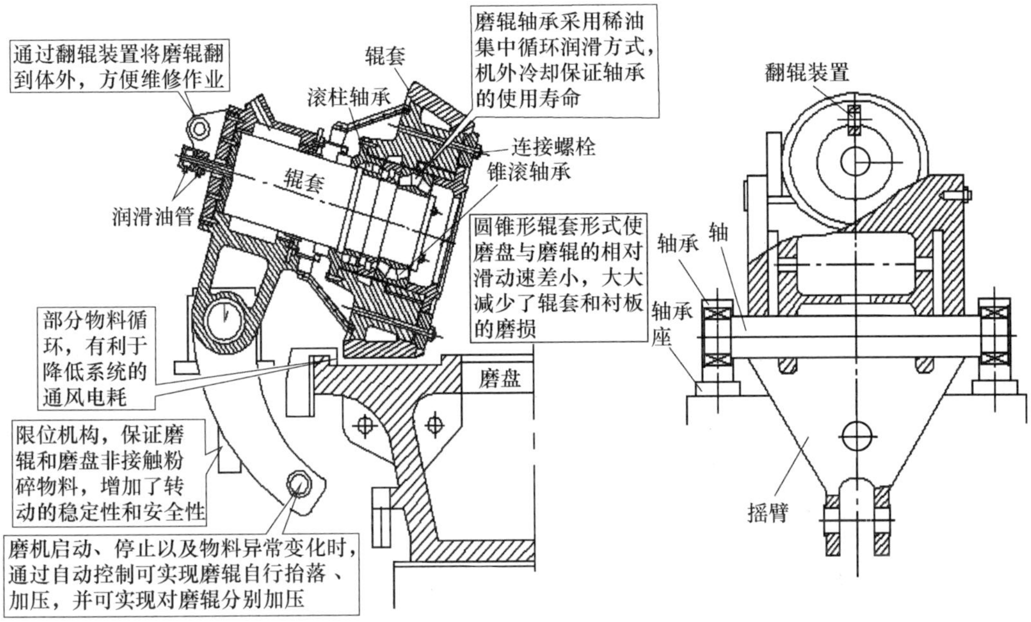

图 2-3-2　LM 磨（莱歇磨）的磨辊和摇臂

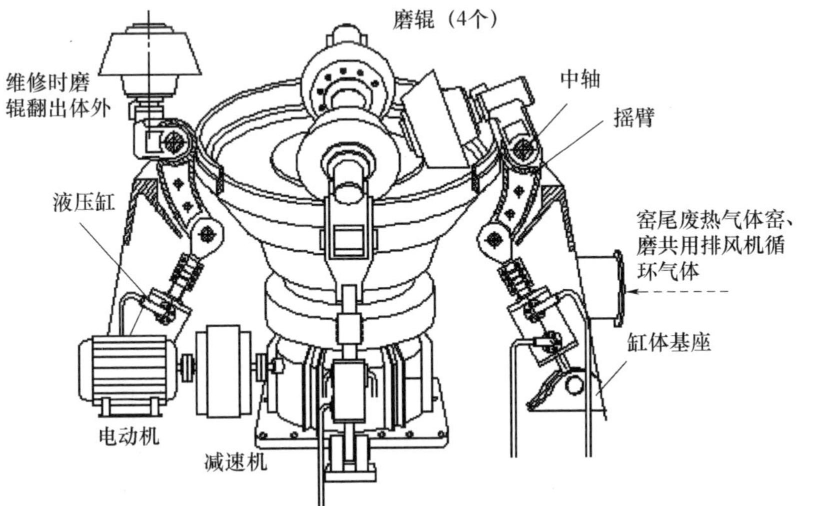

图 2-3-3　LM 磨（莱歇磨）磨辊、磨盘及加压装置

粉磨物料时，摇臂作为一个杠杆，把油缸对拉伸杆产生的拉力传递给磨辊，进行碾磨。其特点是液压拉伸杆可通过控制抬起磨辊，使电动机所需的启动转矩减至最小值。因而可使用具有 70％或 80％启动转矩的普通电动机，无辅传；还设有液压式磨辊翻出装置以简化维修工作。检修时，只要与液压装置相连，即可使磨辊翻出机壳外，磨辊皮更换可在一天内完成。液压控制杆在磨机外部，不需要空气密封，但是当磨辊在粉磨位置时，辊子的气封必须保持抵住磨内一定的负压，以防止过量含尘气体渗入轴承。

LM 型立磨规格的表示方法：以 LM60.4 为例（设计生产能力 480t/h），LM 表示莱歇磨，磨盘直径 ϕ6000mm，磨辊 4 个。

2. ATOX 型立磨

该磨为丹麦史密斯（F. L. Smith）公司设计并制造，如图 2-3-4 所示。它采用圆柱形磨辊和平面轨道磨盘，磨辊辊套为拼装组合式，便于更换。磨辊一般为 3 个，相互呈 120°分布，相对磨盘垂直安装。3 个磨辊由中心架上 3 个法兰与辊轴法兰相连为一体，如图 2-3-5 所示。再由 3 根液压拉伸杆分别与 3 个辊轴另一端部相连，将液压力向磨盘与料层传递。该液压拉伸杆可将磨辊和中心架整体抬起，如图 2-3-6 所示。该立磨不设辅传，启动时直接开动主传动系统。磨体内顶部的选粉装置由原来的静态惯性分离器发展到现在的高效选粉机（SEPAX），其结构分为一圈静态导向叶片和中间一个由窄叶片组成的动态笼形转子，在笼形转子上加了水平分隔环构件，该构件有利于旋转气流呈分层水平旋转，气流运动清晰，气流层与层间干扰小，使选粉分级功能更加高效。静态叶片可预先设定倾角，有辅助调整产品细度的作用。运转中还可以用机顶外部调整螺栓来调整叶片角度。喂料口锁风装置采用机械传动的回转叶轮结构，既锁风又可控制喂料量。进料溜管底部为通热风的夹层结构，有防堵作用。吐碴口采用密闭的电磁振动给料机出料，具有料封功能。

ATOX 型立磨规格的表示方法：以 ATOX-50 为例（设计生产能力 480t/h，磨辊 3 个），磨盘直径 ϕ5000mm。

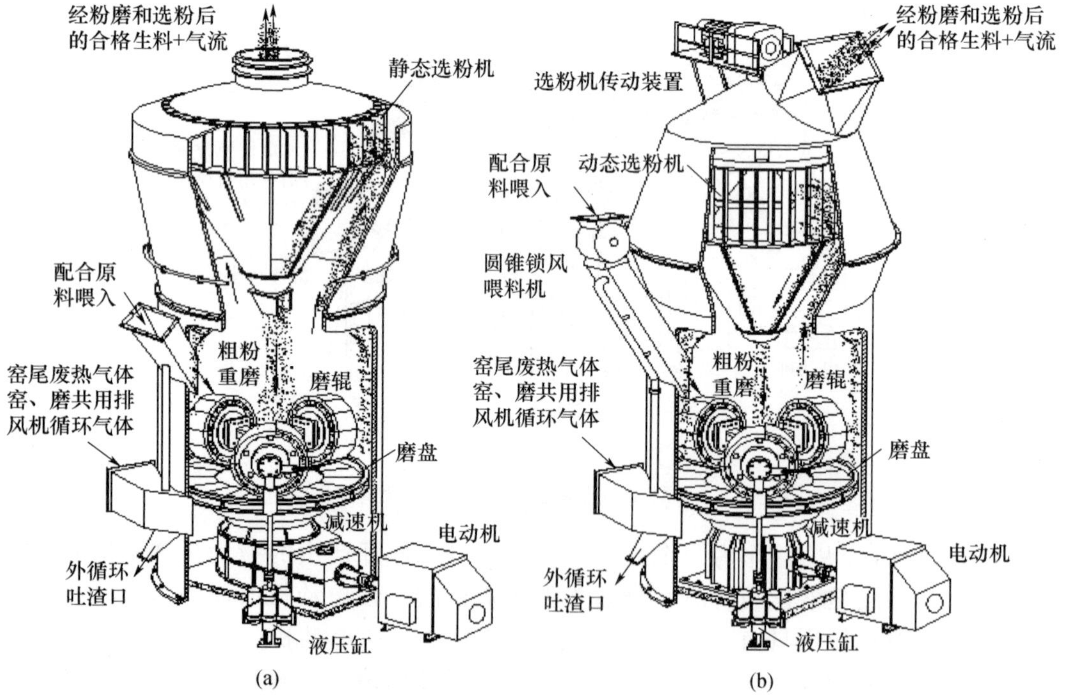

图 2-3-4　ATOX 型立磨

(a) ATOX 立磨（静态选粉）；(b) ATOX 立磨（静态叶片与内筒组合）

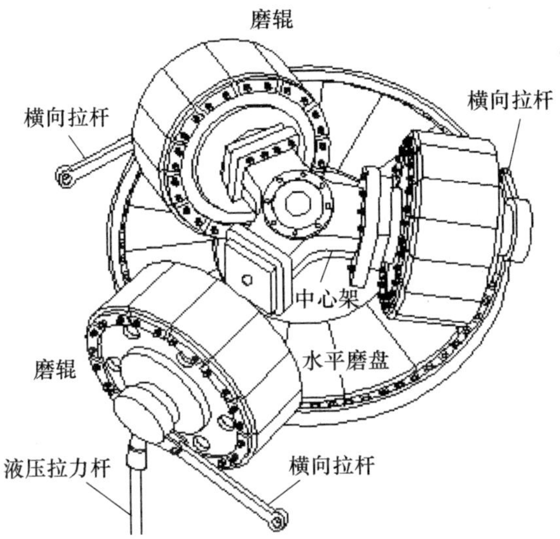

图 2-3-5　ATOX 型立磨的磨盘、磨辊及中心架

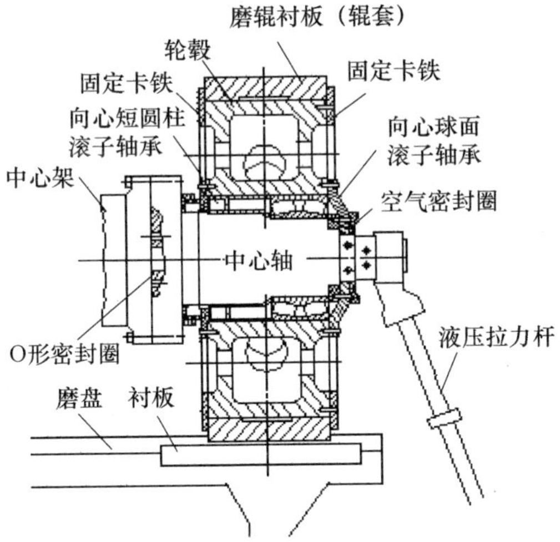

图 2-3-6　ATOX 型立磨磨辊及液压拉力杆

3. RM 型立磨

该磨为德国伯力鸠斯（Polysius）公司技术并制造，如图 2-3-7 所示。该磨自 1965 年开始生产以来，主要在欧洲销售。RM 磨经历了三代技术改造，目前的结构和功能与其他类型立磨有较大区别，主要体现在以两组拼装磨辊为特点，每组辊子由两个窄辊拼装在一起，两组共四个磨辊，减少磨盘内外轨道对辊子构成的速度差，减轻摩擦带来的磨损，可延长辊皮（辊套或衬板）的使用寿命，并削减了辊和盘间物料的滑移。每个磨辊为轮胎形，磨盘上相对应的是两圈凹槽形轨道，磨盘断面为碗形结构，磨盘上两个凹槽轨道增加了物料被碾磨的次数和时间，有利于提高粉磨效率。每组磨辊有一个辊架，每个磨辊架两端各挂一吊钩，各吊钩由一个液压拉杆相连，共四根。拉杆通过吊钩和辊架传递压力到磨辊与料床上，对物料碾压粉碎。碾压力连续可调，以适应操作要求。

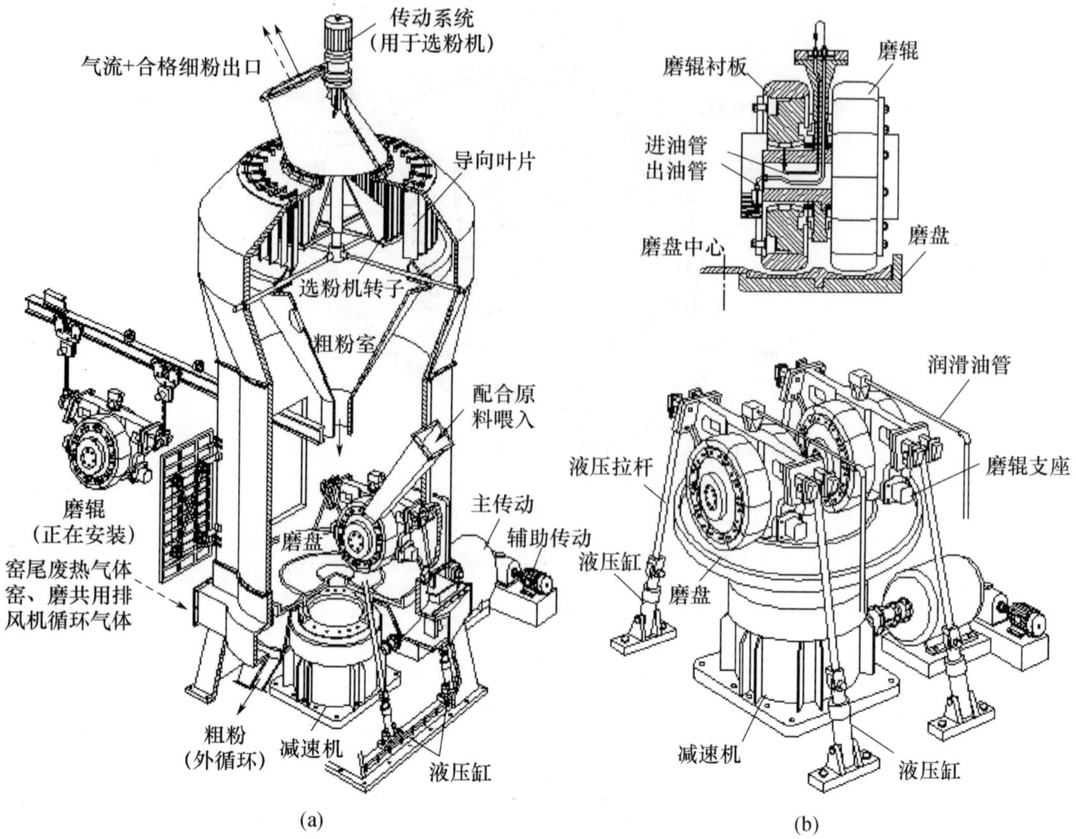

图 2-3-7　RM 型立磨

(a) RM 立磨整体结构；(b) 磨辊、磨盘、加压装置

液压拉紧系统使每组双辊在三个平面上自由移动，如垂直面上升下降和相对辊轴轴面偏摆以及少量沿辊子径向的水平移动。如果靠磨盘中间的内辊被粗料抬高，外辊对物料的压力就会加大；反之亦然。每组磨辊中窄辊的交互作用功能可实现高效研磨。

研磨轨道的形状和辊面经磨损变形后能影响吊钩的偏移量，可通过测量其磨损量并相应调整吊钩吊挂方位来弥补。这样有利于使提供给双辊的压力均衡，维持粉磨效果。

双辊组的辊面在不均衡磨损后，可整体调转 180°安装使用。

喷口环出风口设计成可从机壳外部调整，调整装置为 8 个定位销挡板，通过推进和拉出一定许可量并用插销定位即可改变喷口环面积，从而改变气流在磨内的上升速度以适应不同产量的需要。喷口环导向叶片垂直装设，有利于减少通风阻力。

选粉装置采用了 SEPOL 型高效选粉机，与史密斯 ATOX 型采用的 SEPAX 型不同的地方有笼形转子上无水平隔环，但外围的静态叶片倾角可调，调整机构设在机壳顶部。磨机运转时也可通过人工转动调整机构改变叶片倾角，有利于根据需要辅助动态叶片调整产品细度。粗粉漏斗出口设分流板，使粗粉朝两个粉尘浓度较低区域下落。用于磨煤的 RM 立磨的选粉装置，其粗粉锥斗设计成剖分组合式，在维修选粉装置时，将两半锥斗绕销轴向两边分开，方便维修操作。

每台立磨由两台外部提升机共同负责提升由吐碴口排出的外部循环物料，然后分别送入机壳顶部两个回料进口，进入选粉装置的撒料盘或直接进入立磨，进行外部再循环粉磨。

进料口锁风喂料装置由叶轮式机械传动喂料阀均匀喂入物料。该喂料阀既可调节喂料量又可实现泄漏风量的最小化，并设计成用热风对粗料喂料阀中心加热和热风通入溜管夹层加热的结构，有利于防止水分大的物料在喂料阀中和溜管中粘结堵塞。吐碴口装有重力式锁风阀门。磨辊不能由液力拉杆抬起，传动装置中设辅助传动。

RM 型立磨规格的表示方法：以 RM46/23 为例（设计生产能力 340t/h，磨辊 2 对 4 个），磨盘直径 ϕ4600 mm，磨辊直径 ϕ2300 mm。

4. MPS 型立磨

MPS 型立磨为德国非凡（Pfeiffer）公司技术，也称非凡磨，如图 2-3-8 所示。该磨采用鼓形磨辊和带圆弧凹槽形的碗形磨盘，3 个磨辊，相对于磨盘倾斜安装，相互呈 120°排列。辊套为拼装组合式，如图 2-3-9 所示。

由于 MPS 磨机的辊子为轮胎形，与磨盘上的轮沟相匹配，故辊套磨损较均匀，比较耐磨，与磨盘尺寸相同的其他立式磨相比，其磨辊直径较大，喂料粒度大（可达 300mm），可省去磨前的预破碎工序。在同样粉磨能力下，它的磨盘直径比其他立磨大，使得磨机压强较莱歇磨或雷蒙磨低 20%。风机动力较节省。这种磨机的磨辊不能翻出磨盘，磨辊或磨盘磨损后通常在磨内更换，可用慢转装置将磨盘转到便于维修的位置。如果需要取出整个磨辊，必须拆除整个磨顶，或从边门取出每个磨辊。

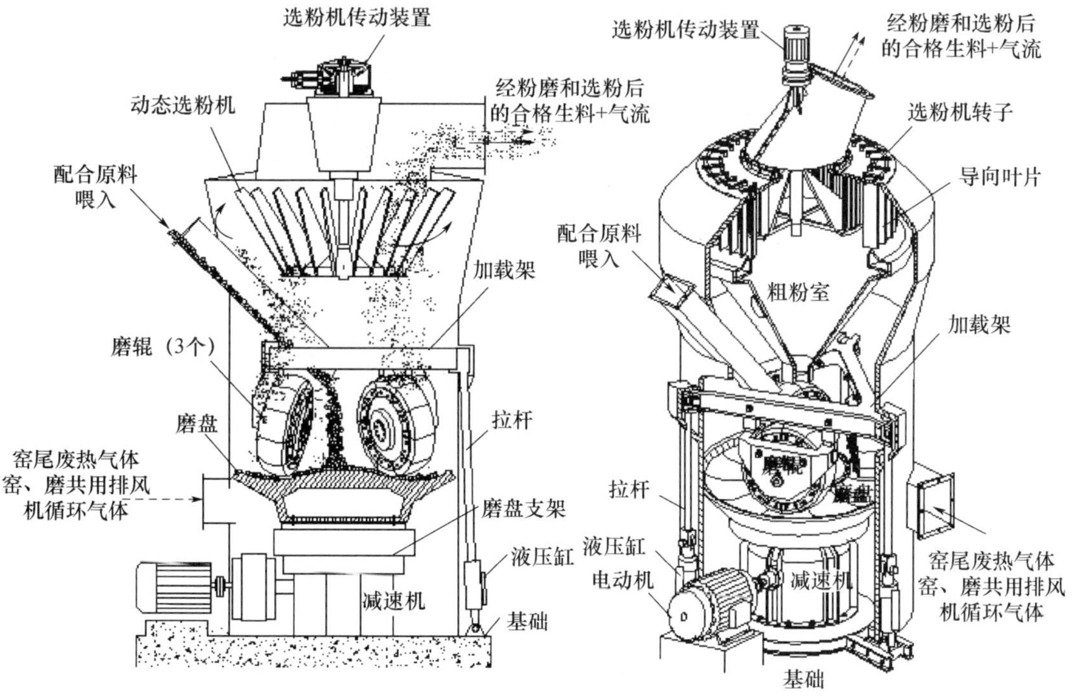

图 2-3-8　MPS 型立磨

（a）MPS 立磨（动态选粉机）；（b）MPS 立磨（高效笼形转子选粉机）

从图 2-3-9 中可知：3 根液压张紧杆传递的拉紧力通过压力框架传到 3 个磨辊上，再传到磨辊与磨盘之间的料层中。该液压张紧杆不能将磨辊和压力框架在启动磨机时同时抬起，故设有辅助传动装置。启动时先开辅传，间隔一定时间再开启主传动装置。选粉装置由静态叶片按设定倾角布置，起引导气流产生旋转以强化分离物料的作用。由机顶传动装置带动设在选粉装置中部的动态笼形转子转动，并且可方便地实现无级调速。有强化选粉装置中部旋转风速的作用，增强选粉效率和方便地通过调整转速来调整成品细度。喷口环导向叶片为固定斜度安装，有利于引导进风形成螺旋上升趋势，可使粗粉在进入选粉装置前，促进部分粗粒分离出上升气流回到磨盘。可在运转前进入磨内用遮挡喷口环的截面方法来改变风环通风面积，从而改变风速，以适应不同密度物料的风速需要。检修时液力张紧杆只可将连在辊上的压力框架抬起，但应先拆除压力框架与磨辊支架间的连接板，并用装卸专用工具将磨辊固定。喂料口锁风装置采用液压控制的三道闸门，既有锁风功能，又有控制喂料量的作用。吐碴口锁风采用两道重力翻板阀控制。

MPS 型立磨规格的表示方法：例如 MPS3150（设计生产能力 150t/h，磨辊 3 个），磨盘直径 3150mm。

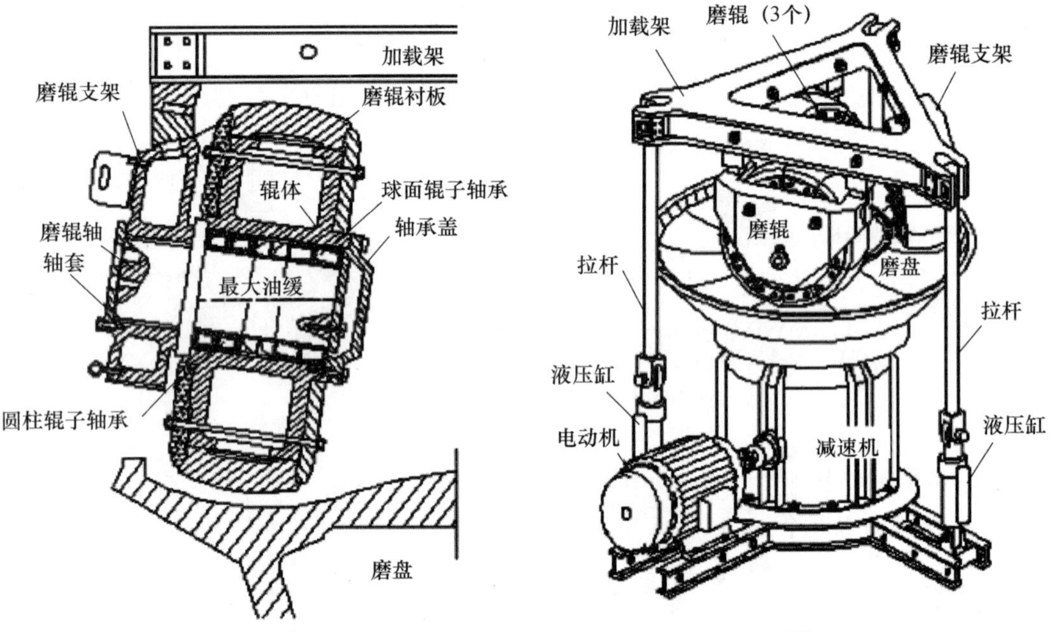

图 2-3-9 MPS 型立磨的磨辊、磨盘、加压装置
(a) 磨的磨辊（轮台型）；(b) 磨的磨辊（3 个）、磨盘及加压装置

5. OK/CK 型立磨

日本应用了欧洲不同辊磨发展的原理，组合成自己的辊磨，如 Onoda 公司的 OK 磨，如图 2-3-10 所示。其磨辊具有球面形状，中央有一个槽，磨盘呈曲线状，在磨辊和磨盘之间形成一个楔形挤压和粉磨区（实际上 OK 磨的磨盘及磨辊搭配形式是沟槽形盘

和轮胎斜辊搭配形式与双凹槽磨盘和两套对辊搭配形式的融合与发展）。物料通过低压区进行料床预先布置，磨辊中间的槽形结构起排除物料中气体的作用，不致使物料过分地流化，最终由高压区进行挤压粉磨。通过选粉后粗物料循环以上过程，细物料排出磨外。

日本 Kawasaki 的 CK 磨与 OK 磨有很多相同的地方（图 2-3-11）。两种立磨开始是为粉磨混合水泥或矿渣而研制的，易于控制颗粒大小分布，目前也适用于原料粉磨。

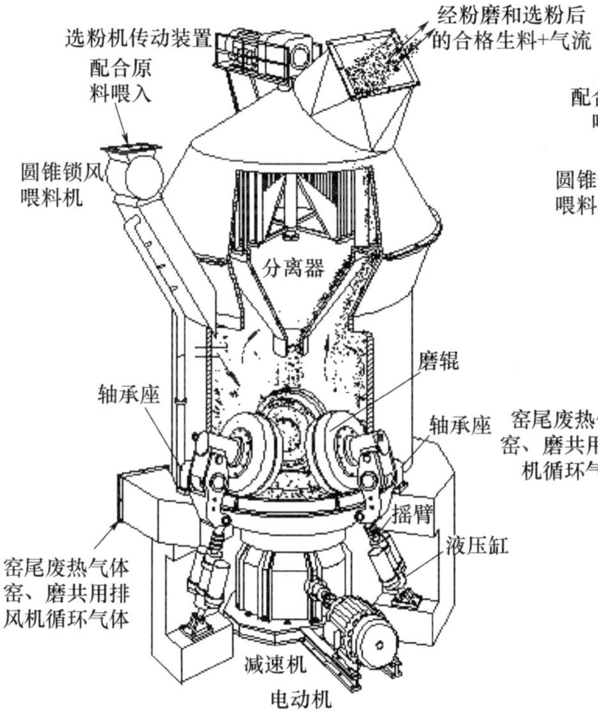

图 2-3-10　OK 磨

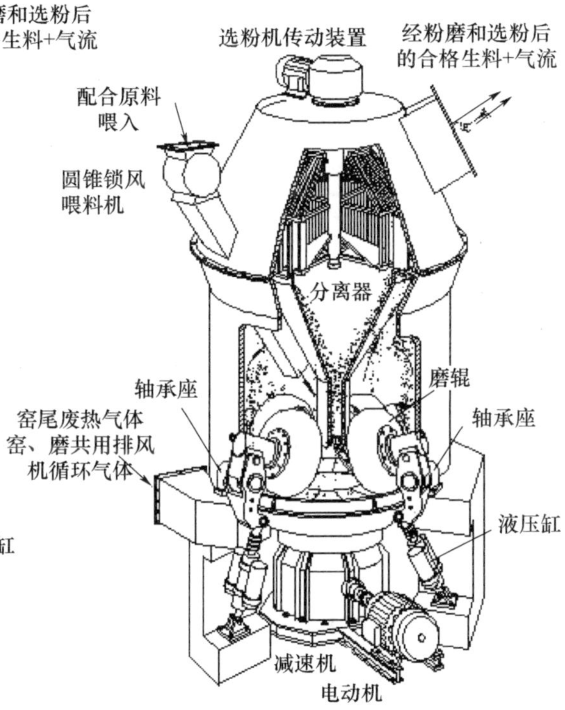

图 2-3-11　CK 磨

OK /CK 型立磨规格的表示方法：以 OK19-3 为例，磨盘直径 ϕ1900mm，设计生产能力 450t/h，磨辊 3 个。以 CK450 为例，磨盘直径 ϕ4500mm，设计生产能力 450t/h，磨辊 4 个。

6. HRM 型立磨

合肥水泥研究设计院自 1984 年就开始进行立磨的研究，在广泛吸取国外各家公司立磨结构优点的基础上，结合不断积累的经验，研究设计出结构形式与国内外各家的立磨均有所不同的 HRM 型立磨，具有自主知识产权。首台 HRM1250 原料立磨于 1989 年投入运行，随后开发了 HRM 系列立式磨。1993 年“HRM 型原料立磨”项目通过国家级技术鉴定。经过 30 多年不间断的研究与开发，目前 HRM 型立磨已经形成 4 大系列、30 多个规格的产品，不仅能够用于粉磨水泥原料，而且适合煤粉磨以及难磨的高炉矿渣、水泥熟料等，如图 2-3-12 所示。

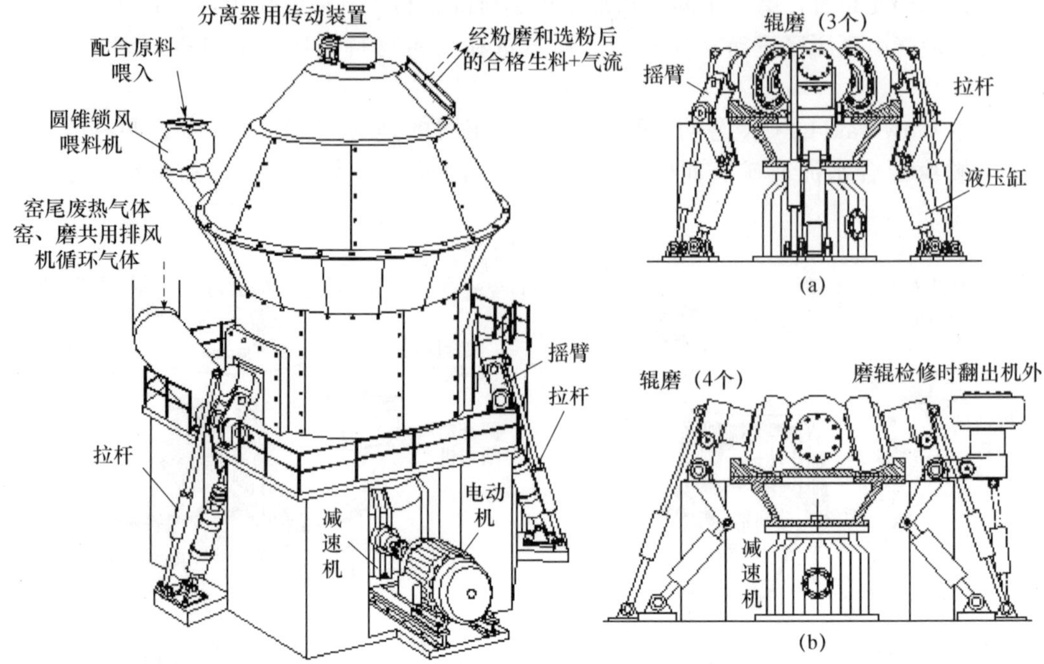

图 2-3-12　HRM 磨

（a）三辊磨（对称安装）；（b）四辊磨（两两对称安装）

目前 HRM4800 立磨是国产生产能力最大的原料立磨，其研磨区域中径为 4.8m，研磨区域外径为 5.6m，磨盘最大外径为 6.1m，台时产量达 500t，可与 5000～7000t/d 水泥熟料生产线配套。

立磨规格的表示方法：以 HRM4800 为例，H 表示合肥水泥设计院，RM 表示立磨，4800 表示磨盘直径为 ϕ4800mm。

7. TRM 型立磨

天津水泥工业设计研究院早在 20 世纪 70 年代末开始进行 TRM 系列立磨的开发研究，首台 TRM2500 立磨于 1991 年成功用于 1000t/d 熟料水泥生产线，其后相继完成 TRM32.40、TRM45、41 等多种规格立磨的设计开发，按照生产要求可配置 2 个、3 个或者 4 个磨辊，可粉磨水泥原料、熟料、矿渣和煤。图 2-3-13 是用于粉磨水泥原料的 TRM53.41 立磨，配置 4 个磨辊（每一个磨辊相互间互为 90°等距布置，低位置时磨辊轴与磨盘水平面夹角为 15°），每个磨辊由固定的摇臂、安装摇臂的支架、翻辊装置以及液压系统组成粉磨单元。被粉磨的配合原料通过三道锁风阀进入分离器侧面的下料管，在重力作用下落到磨盘中央。通过磨盘旋转将物料均匀地分布在磨盘衬板上，在液压系统作用下，磨辊咬住物料并将其碾碎、粉磨。粉磨后的物料在离心力作用下被甩至磨盘边缘，在风环高速气体的作用下大部分被吹回磨盘继续粉磨，粉状物料随高速气体经磨机中部壳体上升到分离器。在此过程中物料与热气体进行了充分的热交换，水分迅速被蒸发。未被粉磨到规定要求的物料由分离器选出，被送回磨盘，再进行粉磨。分离器选出的细粉随气流进入收尘器收集，送往生料均化库。

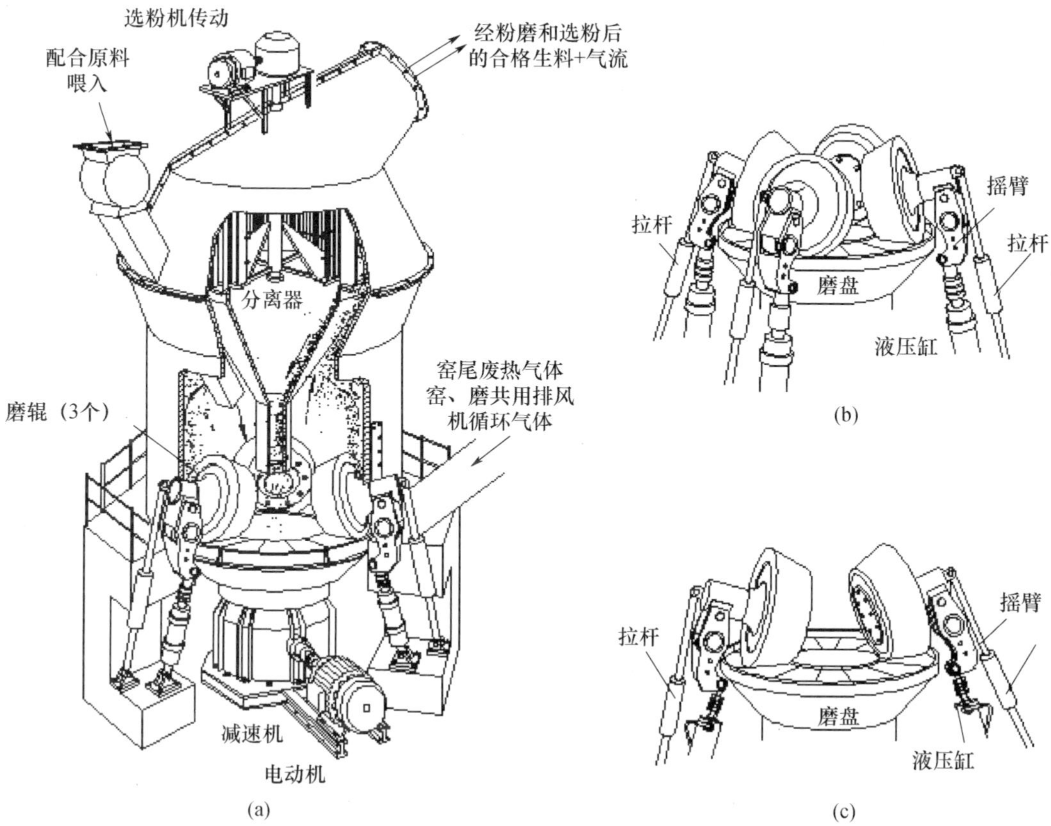

图 2-3-13　TRM 型立磨

（a）三辊磨；（b）四辊磨（两两对称安装）；（c）两辊磨（对称安装）

TRM 立磨规格的表示方法：以 TRM53.41 为例，TRM 表示天津水泥工业设计研究院设计的立磨，磨盘标定直径为 5300mm，4 个磨辊。

2.3.3　立磨的工作原理及粉磨特性

1. 立磨的工作原理

立磨的粉碎原理，基本上属料层粉碎。物料在磨内主要受到磨辊的碾压作用而粉碎，同时由于磨辊和磨盘转动之间存在着速度差，所以还具有剪切研磨作用。

磨盘由传动装置带动旋转，磨辊在磨盘的摩擦作用下围绕磨辊轴自转，被磨物料从立磨腰部喂入，通过锁风喂料装置和进料口落入磨盘中央，受到离心力的作用向磨盘边缘移动，经过碾磨轨道时，被啮入磨辊与磨盘间的辊道内被碾压粉碎，如图 2-3-13 所示。粉碎压力由液压拉伸装置提供，物料在粉碎过程中，同时受到磨辊的压力和磨盘与磨辊间相对运动产生的剪切力作用。物料被挤压后，在磨盘轨道上形成料床，料床物料颗粒之间的相互挤压和摩擦引起棱角和边缘的剥落，起到进一步粉碎的作用。磨盘周边设有喷口环，热气流由喷口环自下而上高速带起溢出的物料上升，大颗粒降落到磨盘上，小颗粒被上升气流带入选粉装置进行粗细分级，粗粉重新返回到磨盘再粉磨，符合细度要求的细粉作为成品，随气流带向机壳上部出口被收尘器收集下来。

在对物料进行碾压粉磨过程中，颗粒较大的物料从机壳下部的吐碴口排出，利用外部提升机械重新喂入磨内粉磨，减轻磨内气力提升物料时风机的负荷，有利于降低系统阻力和电耗。因为机械提升电耗低于气力提升电耗，这种方法称为物料的外循环。

2. 立磨的粉磨特性

根据立磨的工作原理及不同类型的立磨结构特点，分析其粉磨特性如下：

立磨必须保持磨辊与磨盘对物料层产生足够大的粉磨压力，使物料受到碾压而粉碎。易磨性好和水分小的物料，以及产量要求低时，辊压力就可以小些。辊压力依赖液压系统对加压装置（拉杆）施加的压力和磨辊自重而产生，并可在操作中加以调整。

此外，磨盘上的物料层必须具有足够的稳定性和保持一定的料层高度，大块物料首先受到磨辊的碾压，辊压力集中作用在大颗粒物料上，当辊压力增加到或超过物料的抗压强度时，物料即被压碎。其他较大颗粒的物料被连续不断地碾压使粒度减小，直到细颗粒被挤出磨盘溢出。对于形成稳定料层较困难的物料，必须采取措施加以控制。如对于喂入干燥物料或细粉较多的物料，在磨盘上极易流动，料层不稳定，所以有时要采取喷水增湿的方法来稳定料层，也可通过自动调整辊压力来适应不稳定的料层变化。

立磨是一种烘干兼粉磨的风扫型磨机，机体内腔较大，允许通过较大的气流，使磨内细颗粒物料处于悬浮状态，因此立磨用于粉磨生料或煤时，其烘干效率较高。一般立磨可以烘干水分高达15%的原料。

3. 液压系统工作原理

立磨的形式不同，所采用的液压系统也有所不同，但就其特性和原理来讲是基本相同的。Loesche立磨液压系统在各种形式的液气式弹簧装置中具有一定的代表性，以下简要介绍Loesche LM32.40立磨液压系统的组成和工作原理。

Loesche磨的液压系统主要由油缸、蓄能器、液压管路和液压站等组成。

液压系统是辗压粉磨至关重要的部件之一，磨辊由液压装置通过摇臂控制上升、下降和加压。用于辗压物料的几百千牛的粉磨压力即由此产生。因此，必须保证能将预定的粉磨力稳定地加到磨辊上。

如图2-3-14所示，在磨机工作中，磨辊随着磨盘上料层的加厚而抬高。摇臂向磨外摆出，液压油缸的活塞向上运动，迫使油缸油杆腔中的油通过软管和管道输入蓄能器，流入的油在压力作用下将其中的氮气囊压缩。压缩的氮气囊与弹簧的性质一样，既能储存能量，又可以通过活塞和摇臂反作用于磨辊，压缩得越多，反弹力越大。因此，大颗粒物料也能获得较大的碾压力。由于磨盘物料粒度的不均匀性，磨辊在与磨盘做相对运动的同时，还会产生上下运动。当碾过较大块物料时，磨辊会被抬起，磨辊处于高点，液压油排入氮气蓄能器，将氮气囊压缩。当磨辊从高点运动到低点时，为保证工作压力的平衡，蓄能器中的氮气囊会将储存的压力油补充到油缸中。油缸和蓄能器之间的油量，在瞬间以极快的速度发生连续变化（故应注意蓄能器与油缸的位置应尽量靠近）。在工作期间，只有当系统中压力油产生泄漏导致工作压力下降时，才需启动液压系统的油泵，补充液压用油。

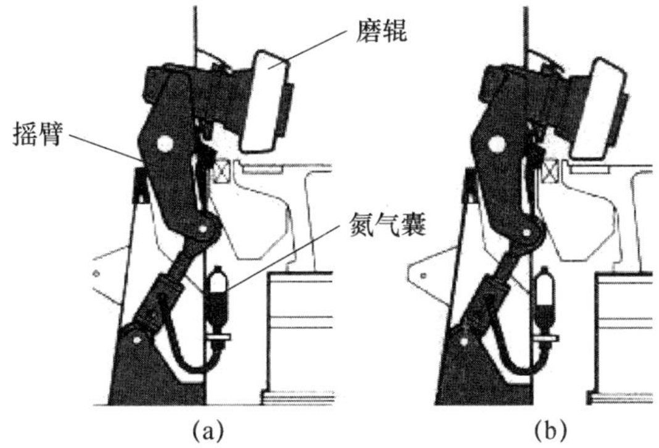

图 2-3-14　蓄能器工作原理示意图

（a）磨辊处于高点；（b）磨辊处于低点

为了控制磨辊升降限度，磨辊安装有上限、下限接近开关，防止磨辊和磨盘衬板接触。当磨辊上升时，如果上限接近开关动作，液压装置里的电磁阀自动切断液压油的上升回路，限制磨辊继续上升。当磨辊下降时，如果磨辊的下限接近开关动作，磨机就自动抬起磨辊 5s，防止磨辊和磨盘接触。如果下限接近开关动作超过 1min 内几次的规定时，磨辊上升，皮带机停止喂料。这样就避免了磨辊和磨盘过多过大的冲击及意外事故的发生，保证设备的安全运行。

2.3.4　立磨的结构

立磨主要由磨辊、磨盘、加压装置及选粉机（分离器）、底座、机壳、传动装置及润滑装置组成，如图 2-3-15 所示。

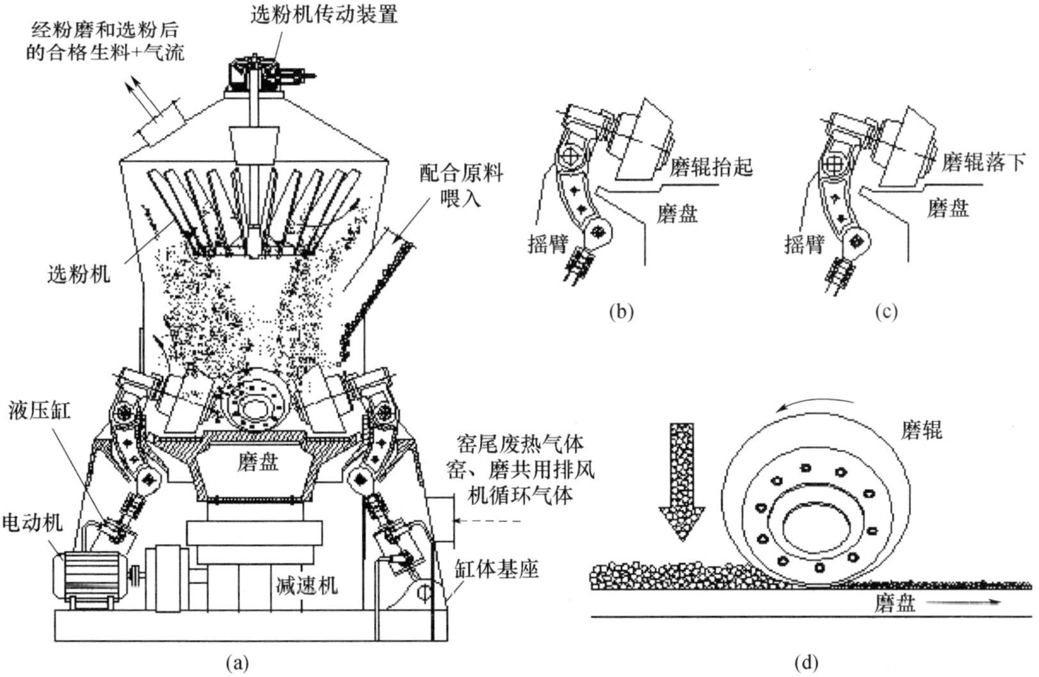

图 2-3-15　立磨（莱歇磨）的构造及工作原理

（a）立磨（莱歇磨）的粉磨过程；（b）启动前磨辊抬起；（c）粉磨时磨辊落下；（d）物料在辊下被压碎

1. 磨盘和磨辊

磨盘和磨辊是立磨的核心部件，物料在磨辊与磨盘间受碾压而破碎。立磨将原料碾碎并磨制成细粉，靠的是磨辊和磨盘所构成的粉磨机构。对磨盘和磨辊的基本要求是能够使喂入的物料形成稳定的、厚度均匀的料床；磨盘和磨辊接触面上压力均衡，保证物料均匀研磨和部件均匀磨损。磨辊根据磨机规格有 2～4 个，磨辊和磨盘表面镶有辊套或衬板，磨辊衬套和磨盘衬板采用高强耐磨金属材料。磨辊必须采取措施防止灰尘侵入磨辊轴承，通常用密封风机或压缩空气进行密封。

水泥生料立磨结构

2. 密封进料装置

立磨必须设有密封的进料装置，以防止冷空气漏入干扰磨内气流，影响磨机的烘干能力和粉磨效率。立式磨的进料装置应保证下料流畅均匀，防止外部冷风漏入。常用的密封喂料装置主要有三道闸门喂料机、分格轮喂料器、螺旋喂料器、转盘喂料机等。

3. 加压装置

立磨工作过程中对物料施加足够的挤压力使物料粉碎。早期的立磨及小规格立磨通常用金属弹簧作加压机构。随着立磨的大型化，液压技术的应用已在立磨上得到普及，目前，大多立磨上的金属弹簧加压装置均由液压气动式弹簧系统所代替。由液压装置或液压气动装置通过拉杆对磨辊施加压力，如 Loesche LM 磨；或将磨辊安装在压力架下面，拉杆的一端铰接在压力架上，另一端与液压缸的活塞杆相连，液压缸带动拉杆通过压力架对磨辊施加压力，如 Pfeiffer MPS 磨。

液压气动式弹簧装置与金属弹簧装置相比有如下优点：

（1）弹簧的刚度可以通过改变蓄能器中的充气压力在一个较宽的范围内选择，而金属弹簧由于其自身的特点，具有恒定的线性弹簧刚度。

（2）在操作中，弹力和磨辊压力通过增减液压在一定范围内变化，磨辊压力可以自动控制，而且在运行中可以任意调节。这一点金属弹簧装置是做不到的。

（3）液气式弹簧装置可将油压从油缸的有杆腔转换到无杆腔，从而将磨辊从磨盘上提升起来，因此可在减轻负荷的情况下启动磨机，即使是在磨盘上充满物料的情况下，也可用低启动转矩的电动机来驱动，不需要增加辅助传动装置。这种操作可以由手动和自动来实现。

（4）工作压力也可由电子控制装置在中央控制室进行监视和调节。

加压机构可分为两类：一类是将磨辊固定在压力架下，定位压力架等机构全部密封在磨体内，只有连接液压缸活塞的拉杆从底部穿过机壳通过压力架对磨辊施加压力，如 MPS 磨和 RM 磨，这类磨机一般漏风较小。早期采用这种装置的 MPS 磨在启动时不能将磨辊抬起，近年改进设计的 MPS 磨已能实现启动时抬起磨辊；另一类是磨辊的轴伸出机壳外，辊压力通过液压缸、杠杆和摇臂传给磨辊，如 LM 磨。其优点是可以在磨机启动时将磨辊抬起，检修时可利用液压装置把磨辊翻到机外，但磨辊的摇臂与机壳之间的密封不易严密，漏风较大。

4. 选粉装置

大型立磨通常在磨机内部集成了选粉机构，可方便地调整粉磨产品细度。随着新型高效选粉机的发展，新的选粉技术和设备也不断移植到立磨。根据选粉机结构的不同，可分为静态选粉机、基于 O-Sepa 选粉机原理开发的动态选粉机和新型高效选粉机三大类别。

1）静态选粉机

静态选粉机结构如图 2-3-16 所示，含尘气流由内外锥壳之间的通道向上，经导向叶片进入内锥体，由于气流突然转向和导向叶片的导向作用使气流产生旋转，大颗粒物料因惯性离心力作用甩向边壁而落入磨盘重新粉磨；合格细粉随气流排出磨机由收尘器收集。静态选粉机结构简单，造价低，无运动部件，故障及维修量小；但分离效率不高，细度调整不灵活，不适应细度要求较高的场合。新型立磨已不再采用静态选粉机。

2）动态选粉机

动态选粉机结构如图 2-3-17 所示，含尘气流在笼形转子的作用下产生旋转，形成强烈的水平旋流分离场，粗颗粒物料由于离心力大于向心力而抛向边壁落入磨盘重新粉磨，细颗粒物料向心力大于离心力而随气流排出磨机，由收尘器收集为成品。通过改变笼形转子的转速可改变气体的旋流强度从而调整成品细度，转子转速越高，成品越细。产品细度调节灵活方便，分离效率和分级精度较高。

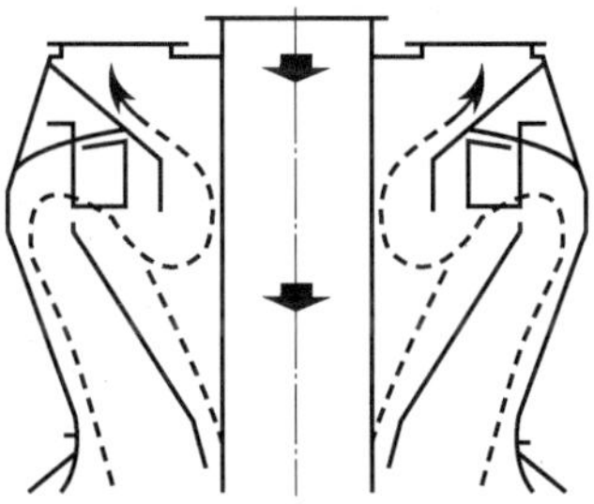

图 2-3-16　静态选粉机

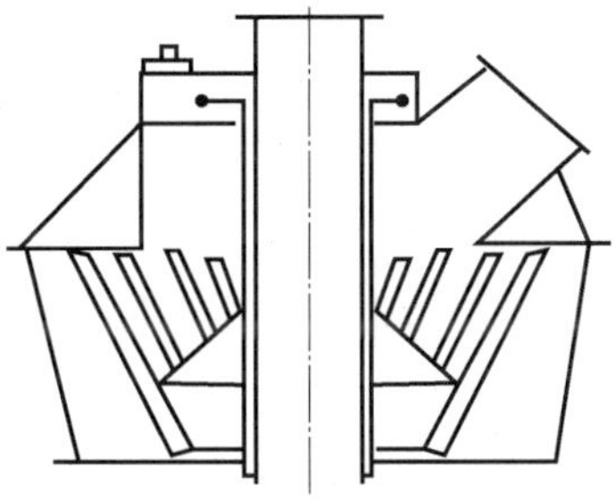

图 2-3-17　动态选粉机

3）新型高效选粉机

如图 2-3-18 所示，这类选粉机将静态选粉机（导向叶片）和动态选粉机（笼形转子）结合在一起，即圆柱形的笼子作为转子，在它的四周均布了导向叶片，使气流上下均匀地进入选粉区，含尘气流通过导向叶片并在笼形转子的作用下产生高速旋转，形成强烈的水平旋流分离场，完成粗细颗粒的分级。这类选粉机产品细度调节灵活方便，分离效率和分级精度高，但阻力稍大，导向叶片易磨损。它是目前应用较多的选粉机形式。

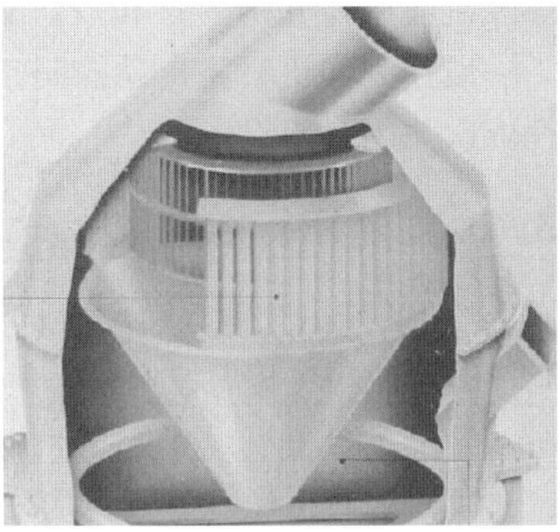

图 2-3-18　新型高效选粉机

5. 传动装置

传动装置结构如图 2-3-19 所示。

立磨的减速箱安装在磨机壳体下部。减速机上面的轴向推力轴承要承受磨辊、磨盘的自重以及液压装置所施加的辊压力和动态惯性力。扇形推力轴承的滑环与齿轮的驱动法兰紧固，磨盘固定在法兰上。

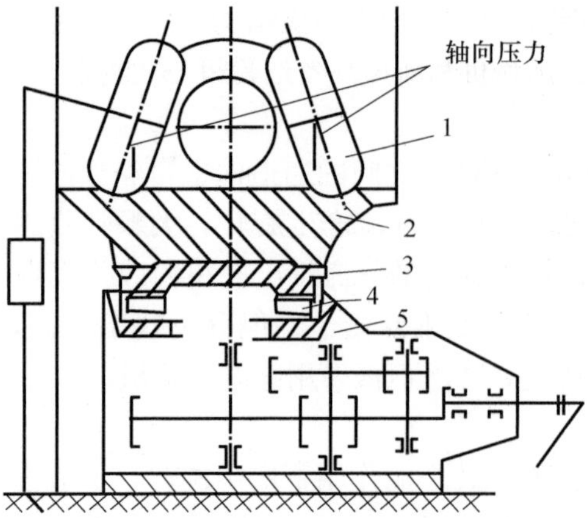

图 2-3-19　立磨传动装置示意图

1—磨辊；2—磨盘；3—推力盘；4—推力轴承；5—圆锥-圆柱齿轮减速机

轴向推力轴承是全液体静压润滑，各轴承由高压油通过中心孔进入圆形油腔，使其充满高压油，当油腔中的油压力足以克服轴向轴承负载将其举起离开滑动面时，油通过截面间隙向外流出，形成油膜润滑。

减速机一般采用圆锥-圆柱齿轮减速机。近年来，由于齿轮设计和加工技术的进步，大型立磨多采用圆锥行星齿轮减速机。

2.3.5　立磨的开、停车操作

磨机启动前首先要预充料，预充料的多少关系到磨机是否能顺利启动。预充料多时易引起磨机振动大而跳停，甚至充料太多时压死磨盘；预充料太少时会使磨机辊位偏低，造成限位报警而停磨。预充料的多少要视磨辊的间隙、物料的粒度和易磨性等情况而定。以 Loesche LM32.40 生料磨为例，预充料的时间一般以 170t/h 的喂料量启动预充料 100～120s，预充料量在（2.6±0.2）t 范围内。当物料较粗、易磨性较好、磨辊压力较高、磨辊间隙较大时，充料时间取上限值；反之，易使磨辊太低，磨机启动即跳；当磨辊间隙较小、物料易磨性较差、磨辊压力较低时，充料时间和充料量取下限值。否则，易引起磨机振动，启动即跳。物料要尽可能一次充好，预充料后，要打开磨门检查确认预充料合理方可启动磨机。

确认系统符合启动条件，按操作规程规定的启动顺序启动系统，系统启动顺序大致为：

稀油站组→库顶收尘器组→输送组→循环风机组→选粉机组→磨机组→喂料组→物料外循环组→磨机喷水组。

停机顺序与开机顺序相反，磨机正常停车时，通常由入磨皮带上的料流开关来控制。一般计划停机时将自动控制转为手动控制，先通过调节降低入磨热风温度，按工艺流程依次关闭各组设备。

2.3.6　立磨运行控制

表 2-3-2 列出几种立磨的主要技术参数，在生产操作中，由于立磨的型号和生产工艺不同，操作控制参数需根据出磨生料的目标值来进行调整、确定，使系统温度、压力合理分布，保持立磨压差、料层厚度、主电动机电流及磨体振动等参数在正常范围内波动，风量、料量、压力始终处于平衡状态，稳定操作制度，使之达到优质、高产、低耗、环保。下面以 ATOX-50 为例，分析其主要经济技术指标及影响因素，了解立磨的操作过程。

表 2-3-2　5000t/d 生产线立式生料磨系统主要配置实例

工艺设备	TRM 立磨系统	HRM 立磨系统	ATOX-50 立磨系统
生产能力（t/h）	400～450	420～460	400～410
入料粒度（mm）	＜80	＜100	2%＞100mm
产品细度：0.08mm 筛筛余（%）	≤12	≤16	≤12

续表

工艺设备	TRM 立磨系统	HRM 立磨系统	ATOX-50 立磨系统
处理风量（m^3/h）	640000～714441	820000～900000	850000～950000
入磨水分（%）	≤7	≤6	≤8
出磨水分（%）	≤1	≤1	≤0.5
入磨风温（℃）	253	250	250
出磨风温（℃）	90	90	80～95
立磨规格	TRM53.4 磨辊直径：2450（mm） 磨辊数：4 个 磨盘直径：ϕ5300（mm） 磨盘转速：25.57（r/min）	HRM4800 磨辊直径：2600（mm） 磨辊数：4 个 磨盘直径：ϕ4800（mm） 磨盘转速：25.6（r/min）	ATOX-50 磨辊规格：ϕ3000（mm） 磨辊数：3 个 磨盘直径：ϕ5000（mm） 磨盘转速：25（r/min）
电动机	型号：YRKK900-6 电压：6kV 功率：4200kW	型号：YRKK900-6 电压：6kV 功率：3800kW	型号：YKK900-6 电压：10kV 功率：3800kW
减速机	型号：JLP400-WX3 速比＝39.368∶1	型号：MLX400 速比＝38.9∶1	型号规格：KMP710 速比＝39.42∶1

1. 稳定料床

合适的料层厚度、稳定的料层是立磨稳定运行的基础。料层太厚，粉磨效率降低；料层太薄则使磨机振动增大。料层厚度受各操作参数的影响：如磨辊压力增大，产生细粉多，料层将变薄；磨辊压力减少，磨盘物料变粗，相应的返回料多，料层变厚。此外，还应结合磨内通风量等来控制料床厚度。一般立磨经磨辊压实后的料床厚度不宜小于 40mm。

生产中通过调节喂料量、磨辊压力、选粉机转速和喷水量等稳定料床。如料层薄时可采取下列措施：降低磨辊压力；适当增加喂料量；适当提高选粉机转速，提高内部循环量；适当增加磨内喷水，以增加物料的内摩擦系数，从而增大料层厚度。

2. 立磨喂料量的控制

立磨喂料量控制的主要依据是粉磨料层的上下气流压力差值。磨机进出口压差的变化是反映磨内负荷量变化的最有代表性的参数。在一定的风速、风量条件下，压差增加，说明料床增厚，磨内负荷增大；压差减小，则表示料床减薄，磨内负荷下降。在实际生产中，通过稳定压差来调节喂料量以稳定磨内负荷，实现磨机平稳运行。此外，应注意控制大颗粒物料和防止金属异物的喂入，否则将引起磨机剧烈振动。一般而言，立磨的最大喂料粒径尽量控制在磨辊直径的 4%以下。

3. 磨辊压力控制

磨辊压力是影响磨机产量、粉磨效率和磨机功率的主要因素。立磨是借助于对料床施以高压而粉碎物料的，压力增加产量增加，但达到一定的临界值后不再变化，压力的增加导致功率的增加和单位能耗的增加，因此适宜的辊压要产量和能耗两者兼顾。该值取决于物料性质、粒度以及喂料量。在试生产时要找出合适的磨辊压力以及合理的风速可以形成良好的内部循环，使磨盘上的物料层适当、稳定，粉磨效率高。

磨辊压力应根据磨机喂料量的多少和喂料粒度进行调节。此外，为了保持磨盘上一定厚度的料层，减少振动，保证立磨运转稳定，也必须控制好磨辊压力。一般实际操作压力在正常负荷情况下，可以为最大限压的70%～90%。

当提高液压装置的工作压力时，磨辊压力相应变大，磨机的粉磨能力提高，但达到某一临界值后不再变化。如果液压缸的设定压力过高，只会增加驱动力，加快部件磨损，并不能按比例提高粉磨能力。当液压装置的工作压力降低时，磨辊压力变小，粉磨能力相应降低，会增加磨盘的料层厚度和排渣量。因此要根据具体情况和经验来调整磨辊压力及相适应的蓄能器压力。蓄能器的压力一般为油泵压力的60%。调整范围为50%～70%。

4. 出磨气体温度控制

出磨气体温度一般控制为80～100℃，粉磨生料时的最高温度不超过120℃。温度太低会引起物料在磨内的粘结和堵料，而当入磨物料水分变小时，烘干需热小，出磨气温将上升。此时可以通过调整循环风量来调节，如果出口温度高，可增大循环风量，减少进磨热风。或调节冷风阀门开度，增加冷风。一般情况下，出口风门保持不变，也可调节磨内喷水量来控制出磨气体温度。

5. 通风量的控制

通过立磨的风量，直接影响磨内压差、产量及出磨产品细度。气流量增大，阻力增加，必然会引起磨机压差的增大，料床变薄，磨机振动增大；风量不足，磨细的物料不能及时带出，导致料床增厚，排渣量增多，产量降低。因此，在生产中，应尽量稳定磨内温度和气流量，且气流量一定要与产量相匹配，不宜时大时小。磨内温度的骤然升降，势必引起衬板螺栓及其他构件的冷热不均，在冷热应力的作用下，又受到冲击作用，极易产生应力裂纹，降低部件使用寿命。

系统通风量根据磨机喂料量确定，当喂料量一定时，磨内通风量应保持稳定。调节风量的方法，一般可通过调节磨机循环风机功率或调节主排风机风门的开度来调节，从而获得适宜的气流量。风量应和喂料量相联系，如喂料量大，风量应增大；喂料量少，风量也要相应减小。

6. 磨内喷水控制

磨内喷水可以降低出磨气体温度，同时也可以稳定料层的厚度。喷水量太多，易产生料饼，导致磨内工况恶化；喷水量太小，则温度降不下来。为保持磨机出口温度的稳定，一定要控制好磨内喷水量。在实际生产中，立磨粉磨生料时，其喷水量为喂料量的1%～2%就可以起到稳定料层、减小振动的作用。当磨机停磨时，磨内喷水要自动关闭。

7. 控制成品细度

影响产品细度的主要因素是分离器的转速和该处的风速。在分离器转速不变时，风速越大，产品细度越粗，而风速不变时，分离器转速越快，产品颗粒在该处获得的离心力越大，能通过的颗粒直径越小，产品细度越细。通常状况下，出磨风量是稳定的，该处的风速变化也不大。因此控制分离器转速是控制产品细度的主要手段。

分离效果是影响循环负荷的主要因素之一。分离效果取决于由分离器转速和磨内风速所构成的流体流场。通常情况下，分离器转速提高，出磨产品变细，在风量和负荷不变的情况下，细度可以通过手动改变转速来调节，调节时每次最多增或减 2r/min，过大会导致磨机振动加大甚至跳闸。

8. 立磨吐渣的控制

正常情况下，ATOX-50 立磨喷口环的风速为 50m/s 左右，这个风速既可将物料吹起，又允许夹杂在物料中的金属和大密度的杂石从喷口环处跌落经刮板清出磨外，所以有少量的杂物排出是正常的，这个过程称为吐渣。但如果吐渣量明显增大需要及时调整，稳定工况。

引起吐渣的原因很多，除了入磨物料粒度和喂料量、挡料圈高度和磨辊压力外，最主要的因素就是磨盘、磨辊长期与物料及热气流接触后的磨损。磨损后，会使吐渣量增多，引起磨机循环负荷增大、磨机压差增大，导致磨机功率增加。当系统漏风、喷口环通风面积过大、磨盘与喷口环处的间隙增大时，导致喷口环处风速过低，也会造成立磨大量吐渣。

9. 立磨压差的控制

压差是指运行过程中分离器下部磨腔与热烟气入口静压之差，这个压差主要由两部分组成，一部分是热风入磨的喷口环造成的局部通风阻力，在正常工况下，阻力为 2000～3000Pa，另一部分是从喷口环上方到取压点之间充满悬浮物料的流体阻力，这两个阻力之和构成了磨床压差。在正常运行的工况下，出磨风量保持在一个合理的范围内，喷口环的出口风速一般在 50m/s 左右，因此喷口环的局部阻力变化不大，磨床压差的变化取决于磨腔内流体阻力的变化。这个变化的由来，主要是流体内悬浮物料量的变化，而悬浮物料量的大小一是取决于喂料量的大小，二是取决于磨腔内循环物料量的大小。喂料量是受控参数，正常状况下是较稳定的，因此压差的变化就直接反映了磨腔内循环物料量的大小。

正常工况磨床压差应是稳定的，这标志着入磨物料量和出磨物料量达到动态平衡，循环负荷稳定。一旦这个平衡被破坏，循环负荷发生变化，压差将随之变化。如果压差的变化不能及时有效地控制，必然会给运行过程带来不良后果，主要有以下几种情况：

（1）压差降低表明入磨物料量少于出磨物料量，循环负荷降低，料床厚度逐渐变薄，薄到极限时会发生振动而停磨。

（2）压差不断增高表明入磨物料量大于出磨物料量，循环负荷不断增加，最终会导致料床不稳定或吐渣严重，造成饱磨而振动停车。压差增高的原因是入磨物料量大于出磨物料量。发生这种情况一般不是因为无节制的加料而造成的，而是因为各个工艺环节不合理，造成出磨物料量减少。出磨物料应是细度合格的产品。如果料床粉碎效果差，必然会造成出磨物料量减少，循环量增多；如果粉碎效果很好，但选粉效率低，也同样会造成出磨物料减少。

10. 磨机振动的控制

立磨属料床式粉磨，磨辊压力很大，控制不当会使磨机剧烈振动。这就要求磨机的喂料量和物料粒度波动要小，要连续、稳定喂料，且不能有金属等异物：否则，磨机就不能安全高效地运转。如果喂料量和物料粒度有较大变化，会引起磨机剧烈振动，加剧磨机和选粉机等部件的损坏，影响设备使用寿命。磨机产生振动的主要原因有喂料量不稳定、粒度波动大、加压装置的压力调整不当或与蓄能器压力不相适应；入磨物料水分偏高或喷水量过大。为了解决振动问题，首先应合理调整运行参数，稳定喂料量，严格控制入磨物料粒度、水分及磨内喷水量，尽量提高入磨物料的均匀性，稳定料层厚度，调整好磨辊压力。

2.3.7 立磨的日常检查与维护

（1）密切监控磨机进出口压差变化和原料稳定供给，尽可能避免原料配料仓内结拱堵料或塌料而造成原料磨供料不足或喂料过量。经常了解入磨物料的粒度、成分、配比和综合水分等参数，根据物料情况适时调整油缸工作压力和入磨风量及风温。

（2）密切监控磨机进出风的温度变化，防止烧成系统生产异常时出预热器废气温度骤变而使进磨热风温度与风量发生过大变化，进而可能引起磨机工况波动剧烈和综合连锁反应，导致事故紧急停车。经常观察磨辊的位置是否恰当，压力表、温度计、流量计和电流表、功率表的指示是否正常；液压系统是否正常。

（3）对正常运行中可能出现的磨机主减速机轴承温度过高、磨振过大等重大故障之一时，都必须停磨；平时必须密切监控磨机主轴承、主减速机轴承、主电动机轴承和三大风机（预热器风机、磨机排风机、电收尘排风机）的轴承温度。

（4）无论发生哪一种故障，首先要对故障原因、对工艺生产与设备安全保护的影响程度以及排除故障预计所需时间能够及时做出准确的判断，然后根据轻重主次，以先单机停车、次分组停车、最终迫不得已才系统停车的原则来实施故障处理，尽可能快地恢复正常生产。

（5）建立车间日常的维护保养制度，每班必须对磨机等进行检查，通过勤监视、勤检查、勤联系，以便及时发现问题，尽快采取正确的应变措施，使系统工作状态能时时稳定在最佳的操作控制范围内。

（6）磨机负荷控制回路只允许在系统工作基本稳定的情况下才能投入使用。

2.3.8 立磨常见异常情况分析及处理

立磨常见异常情况分析及处理见表 2-3-3。

表 2-3-3 立磨常见异常情况分析及处理

故障现象	原因分析	消除方法
料层厚度增大 磨盘压差增大 主电动机电流增大 磨机振动速度增大	（1）喂料量过大，喂料量超过磨机的研磨能力； （2）物料易磨系数发生变化，物料难磨； （3）磨辊、磨盘衬板磨损过大，接触形式发生变化	（1）适当减少喂料量，对磨机喂料系统进行检查，是否发生机械、电气、仪表故障； （2）适当提高研磨压力，尽量使物料粒度均匀； （3）及时维修，更换衬板

续表

故障现象	原因分析	消除方法
料层厚度下降 磨盘压差下降 主电动机电流下降 磨机振动速度增大	喂料量不足	适当增加喂料量，对磨机喂料系统进行检查，是否发生机械、电气、仪表故障
料层厚度下降 磨盘压差增大 主电动机电流增大 磨机振动速度增大	料层显示低，说明磨机负荷增加不是由喂料量增大引起，而是由于入磨物料中粉料含量过多引起的	适当降低研磨压力
料层厚度正常 磨盘压差增大 主电动机电流增大 磨机振动速度增大	料层显示正常，说明喂料环节正常，磨机负荷增大是由于合格细粉不能及时排出磨外，原因可能是： （1）笼形转子转速过高； （2）系统风量过低	（1）适当降低转子转速； （2）适当提高系统风量
磨盘压差下降 主电动机电流下降 料层显示处于下限 磨机振动速度增大 成品筛余增大	系统风量过大	及时降低系统工作风量，使磨盘压差恢复正常
料层厚度增大 磨盘压差增大 磨机振动速度增大 主电动机电流下降	研磨压力过低，磨机研磨能力下降	适当增大研磨压力，检查磨辊拉紧装置及电器控制、显示回路
磨机启动即跳停	（1）当物料较粗、易磨性较好、磨辊压力较高、磨辊间隙较大时充料过少，因辊位低而跳停； （2）当磨辊间隙较小，磨辊压力较低而物料易磨性较差时充料过多，因振动大而跳停； （3）充料太多、物料易磨性差时，系统风量过小，磨机因过负荷而振动跳停； （4）充料太少，物料太细时系统风量过大，使料层很快变薄，辊位偏低而跳停	（1）适当增大充料量，延长预充料时间； （2）适当减少充料量，缩短预充料时间； （3）适当增大系统风量； （4）适当降低系统风量
磨机产生突发振动	（1）喂料系统堵塞，供料中断或配比突然变化； （2）金属等硬质异物进入； （3）磨辊内部轴承损坏造成磨辊不转； （4）喂料中含过大块物料； （5）选粉机转子不转，气流通过阻力突然减小，使料层厚度出现严重分布不均； （6）窑系统的突发故障使立磨通风或负压突发变化	（1）检查维修喂料系统； （2）严格执行除铁； （3）加强对轴承的润滑并对润滑、密封装置定期检查；防止粉尘进入轴承内部； （4）控制合适的喂料粒度，防止过大颗粒喂入； （5）加强对设备的润滑和定期检查； （6）调整入磨热风和冷风，控制磨内通风和负压，确定料层厚度

续表

故障现象	原因分析	消除方法
磨机产生持续振动	(1) 入磨物料粒度大，粒度变化频繁； (2) 物料易磨性差，粉磨功指数升高； (3) 入磨物料配比变化。如采用砂岩和铝矾土代替黏土配料时，会因磨盘不易形成相对稳定的料层，而产生持续或突发性振动； (4) 料层过厚，致使磨辊抬高； (5) 料层过薄，造成磨辊和磨盘接触而引起振动； (6) 液压系统刚性太强； (7) 蓄能器胶囊发生破裂，油缸中压力油失去了缓冲； (8) 衬板磨损，表面不平整； (9) 衬板调面使用之后衬板跷起； (10) 入磨物料量不稳定，料层厚度波动大； (11) 系统风量不足或过大； (12) 磨辊压力过高或过低； (13) 喂料点不当，偏于一侧，引起周期性振动； (14) 选粉机转速过低，料床上粉料过多而使料床不稳定	(1) 减小入磨物料粒度，尽量避免过大颗粒入磨，均匀喂料； (2) 适当提高研磨压力，尽量使入磨物料粒度均匀。定期检测物料的易磨性； (3) 适当降低磨机产量，采取磨内喷水等措施稳定料层； (4) 稳定料层； (5) 稳定料层； (6) 适当降低蓄能器充气压力； (7) 及时检查或更换蓄能器胶囊； (8) 更换衬板或调面使用； (9) 重新安装衬板并先用砂浆把磨损部位填满或在衬板之间用钢板挤紧并焊牢； (10) 稳定喂料量； (11) 调整系统风量； (12) 稳定磨辊压力； (13) 改进喂料点； (14) 适当提高选粉机转速
停磨时发生振动	停料开关动作时磨辊不能在相应的时间内抬起，磨辊压力降低后，在抬起过程中受磨盘料层变化而引起振动	停止供料的同时，用正常生产的油缸压力迅速反向抬起磨辊
磨机大量排渣	(1) 喂料量过大，大量未磨细的大颗粒溢出； (2) 入磨物料易磨性变差而未及时调整操作参数，磨盘上大颗粒物料堆积而溢出； (3) 物料过干、过细、物料流速快，难以形成正常的料床； (4) 系统风量不足，使环形风叶喷嘴气流不能充分将物料吹起； (5) 磨辊压力低，研磨能力下降，不能充分研碎物料，致使大颗料物料从磨盘上溢出； (6) 挡料圈破损，起不到应有的作用，使未碾碎的大颗粒物料沿磨盘边缘溢出	(1) 适当减小喂料； (2) 适当增大磨辊压力； (3) 采取加大磨内喷水量等措施稳定料床； (4) 适当增大系统风量； (5) 适当增大磨辊压力； (6) 及时维修，调整挡料圈高度
磨辊抬起或加压所需时间明显延长	漏油或氮气囊破裂	及时维修、更换氮气囊
液压系统没有压力或压力无法加至设定值	(1) 高压泵磨损或损坏； (2) 安全阀被卡住无法闭合； (3) 液压缸密封件磨损； (4) 液压缸严重拉伤	(1) 维修或更换高压泵； (2) 清洗或更换安全阀； (3) 更换密封件； (4) 更换液压缸

续表

故障现象	原因分析	消除方法
研磨压力泄漏快、波动大、油泵频繁或持续工作	(1) 液压缸及油管内有空气； (2) 安全阀被卡住无法闭合； (3) 液压缸密封件磨损； (4) 液压缸拉伤； (5) 蓄能器压力不足或破损； (6) 油箱中油位太低	(1) 打开排气塞排气； (2) 清洗或更换安全阀； (3) 更换密封件； (4) 更换液压缸； (5) 补充氮气或更换氮气囊； (6) 补充液压油

任务 2.4　辊压机操作控制

2.4.1　辊压机的应用及特点

辊压机又名辊压磨、挤压磨，是 20 世纪 80 年代中期发展起来的新型节能增产粉磨设备。其主体为两个相向转动的磨辊，对脆性物料施以高压粉碎，可替代（或者协同）能耗高、效率低的球磨机配置成粉磨系统。辊压机具有粉碎比大（辊压机的破碎比能达到 30～400）、系统产量高且稳定等优点，且金属消耗低、噪声低，适用于粉磨水泥熟料、粒状高炉矿渣、水泥原料（石灰石、砂岩、页岩等）、石膏、煤、石英砂、铁矿石等。目前辊压机被新型干法水泥企业广泛用于生料粉磨和水泥粉磨系统。

2.4.2　辊压机工作原理

辊压机是基于料层粉碎（或称粒间粉碎）机理进行粉碎作业，它的理论基础是压碎学说。压碎学说认为固体物料受压产生压缩变形，内部形成集中应力，当应力达到颗粒的某一最弱轴向上的破坏应力时，该颗粒就会沿该轴向发生碎裂和粉碎行为。

如图 2-4-1 所示，辊压机在运行过程中待粉碎的物料由上方的进料漏斗、喂料装置加入，受两辊的相对运动被强制带入两辊间隙，经历满料密实、层压粉碎、结团排料三个阶段被粉碎。

辊压机工作原理

(1) 满料密实阶段：物料在重力和拉入力作用下，颗粒受压力而靠紧、破碎、密实，颗粒之间由点接触变为面接触，形成密实的颗粒料层。

(2) 层压粉碎阶段：密实的颗粒料层继续向两辊最小间隙处前进，密实度增高，压力急剧增高，颗粒之间进行压力传递，使众多颗粒产生微细裂纹而被粉碎。

(3) 结团排料阶段：已碎的众多细颗粒，因间隙继续减小，重新排列各自的位置，个别“难碎”的大颗粒被众多细颗粒包围，产生“结团”，形成“料饼”。

辊压机与立磨的粉磨原理类似，都具有料床挤压粉碎特征。但两者又有明显差

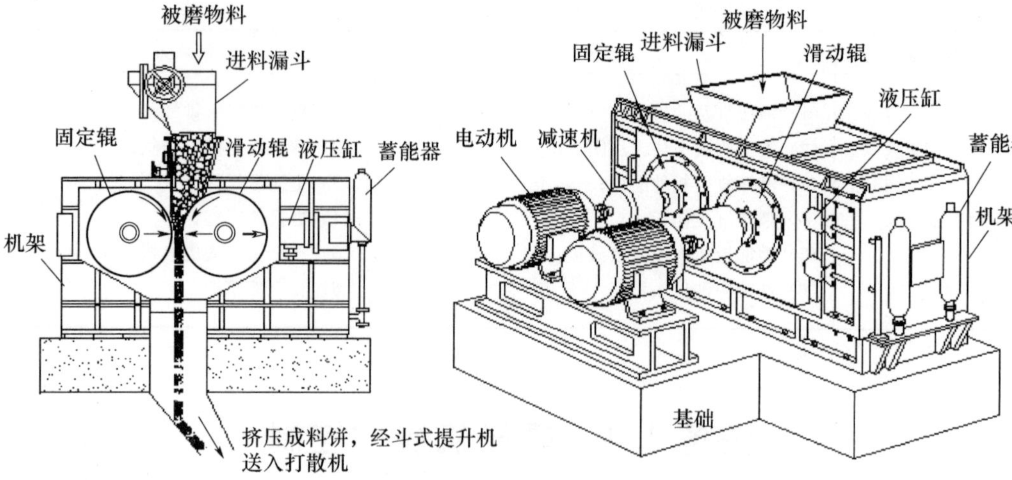

图 2-4-1　辊压机的结构及挤压破碎过程

别，立磨是借助于磨辊和磨盘的相对运动碾碎物料，属非完全限制性料床挤压物料；辊压机是利用两磨辊对物料实施纯压力，被粉碎的物料受挤压形成密实的料床，颗粒内部产生强大的应力，使之产生裂纹而粉碎。出辊压机后的物料形成了强度很低的料饼（图 2-4-1），经打散机打碎或经 V 形选粉机选粉后，产品中的粒度 2mm 以下的颗粒占 80％～90％。辊压机在与球磨机共同组成联合粉磨系统中，起到的是预粉碎作用。另外，辊压机可以独立组成终粉磨系统，完成生料（或水泥）的最终粉磨任务。

2.4.3　辊压机结构及主要部件

辊压机的结构主要包括挤压辊、传动装置、液压系统、进料装置、主机架等，如图 2-4-1所示。

1. 挤压辊及其支承

1）挤压辊

挤压辊是辊压机的关键部件。挤压辊分为活动辊和固定辊，固定辊用螺栓固定在机架上；活动辊两端通过四个液压缸对辊子施加液压力，使辊子的轴承座在机体上滑动并使辊子产生 100kN/cm 左右的线压力。

挤压辊有两种结构形式：镶套式压辊和整体式压辊。水泥企业常用后者。整体式压辊的轴与辊芯为整体，表面堆焊耐磨层，焊后硬度可达 55HRC 左右，寿命为8000～10000h；磨损后不需拆卸辊子，直接采用专门的堆焊装置堆焊，一般只需 1～2 天即可完成。辊面有光滑和沟槽两种，光滑辊面在制造或维修方面的成本都比较低，辊面一旦腐蚀也容易修复。它的主要问题是：当喂料不稳定时，出料流量也随之波动，容易引起压辊负荷波动超限，产生振动和冲击，进而影响辊压机的安全稳定运转；光滑辊面咬合角小，挤压后的料饼较薄，与相同规格的沟槽辊压机相比，其产量较低。

辊压机结构动画

为克服上述缺点，辊面采用了多种形式的带有一定沟槽的沟槽辊面，如图 2-4-2 所示，既提高了对物料的挤压效率，同时也延长了辊子的使用寿命。

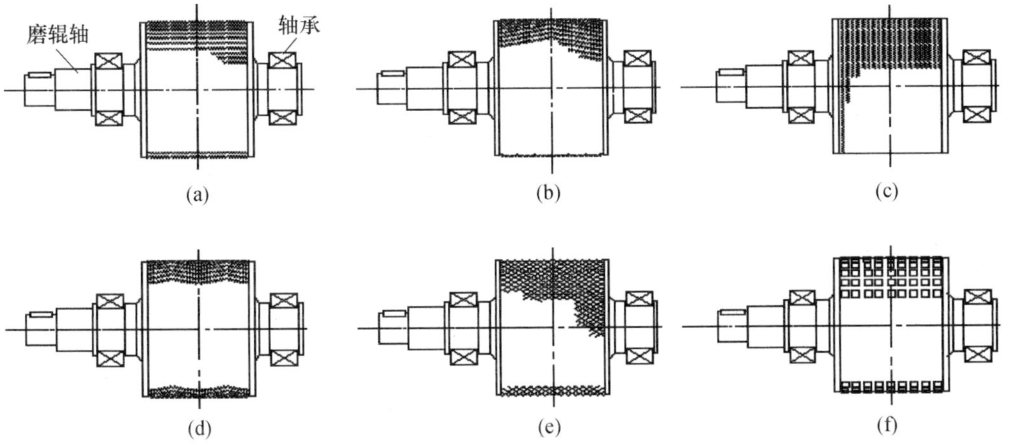

图 2-4-2　辊压机的磨辊护层形状

（a）一字形纹棱护层；（b）人字形纹棱护层；（c）环形纹棱护层；
（d）双锯齿型纹棱护层；（e）方格网状护层；（f）方钢型护层

2）挤压辊的支承

挤压辊轴支承在重型双列自动调心滚子轴承上（也有的辊压机其挤压辊轴采用多列圆柱滚子轴承与推力轴承相结合的支承结构），一个挤压辊的两个轴承分别装入用优质合金钢铸成的轴承箱内，作为固定轴承（即轴承在其轴承箱内不可轴向移动）。由于温度变化引起的挤压辊轴长度变化，通过轴承箱在框架内的移动得以补偿。为了减小滑动摩擦，在机架导轨面上固结有聚四氟乙烯面层。在轴承设计时，辊子轴向力按总压力的4%考虑，并允许一侧的轴承箱留有轴向移动量。

2. 传动装置

为了满足活动辊的水平移动，又要保持两辊平行，常用的辊压机传动系统有两种：一种是双传动系统；另一种是单传动系统。

水泥企业常用双传动系统：两挤压辊分别由电动机经多级行星齿轮减速机带动，两端采用端面键（扁销键）连接起来。有的电动机与减速机间的转矩是经万向轴来传递的，在这种情况下，为了防止传动系统过载，特装有安全联轴器。在驱动功率较小的装置中，也成功地采用三角带传动。只要没有特殊要求，辊压机就可采用鼠笼式电动机，作恒转速驱动。

单传动系统是把两个挤压辊由一台电动机经一台双路圆柱齿轮减速机及中间轴和圆弧齿轮联轴器驱动，目前用得很少。

3. 液压系统

辊压机所需压力由液压系统提供，并保持两辊之间有一定的间隙，保证物料在高压下通过。液压系统由油泵装置、电磁球阀、安全球阀、单向阀、油缸、蓄能器、压力传感器、耐振压力表及回油单向节流阀等液压元件组成。液压系统采用四个液压缸（小型辊压机采用两个液压缸），操作压力为 17～25MPa，试验压力为 32MPa。活动辊的两端各设两个液压缸，上下毗邻。虽然由一个液压站供油，但分两个系统驱动，这样，当喂料的物理性能不均而使活动辊发生偏移时，它能使其尽快恢复到与固定辊保持平行的状态。液压系统的显著特点是采用两个大的及两个小的充氮蓄能器。小蓄能器承受活动辊因物料硬度不同而产生的压力变化；若在磨辊间有异物，工作压力骤增至很大值时，则大的蓄能器工作，避免了频繁开启，也克服了单一蓄能器突然关闭时产生巨大峰值压力。

工作时蓄能器预先充压至小于正常操作压力，当系统压力达到一定值时开始喂料，辊子后退，继续供压至操作设定值时，油泵停止运转。正常工作条件下油泵不工作，系统中如压力过大，液压油排至蓄能器，使系统压力降低，达到保护设备的目的；若压力继续超过上限值时，则自动卸压；操作中系统压力低于下限值时，油泵自动启泵增压；如果喂料中混有金属铁块等硬物，活动辊瞬间退回原来的位置，这时两辊的间隙加大，可放走金属铁件，保护辊面不受损伤。

4. 进料装置

进料装置内衬采用耐磨材料。它是弹性浮动的料斗结构，料斗围板（辊子两端面挡板）用碟形弹簧机构使其随辊子滑动面浮动。用一丝杆机构随料斗围板上下滑动，可使辊压机产品料饼厚度发生变化，适应不同物料的挤压。

5. 主机架

主机架采用焊接结构，由上下横梁及立柱组成，相互之间用螺栓连接。固定辊的轴承座与底架端部之间有橡皮起缓冲作用，活动辊的轴承底部衬以聚四氟乙烯，支承活动辊轴承座处铆有光滑镍板。

6. 润滑系统

润滑系统是保障主轴承润滑和密封的装置，各润滑点由集中润滑泵通过分油器按比例定时加润滑脂。为了保证每个润滑点均能达到预先设定的油脂量，KHD 公司和合肥水泥设计研究院产品中选用的分油器均可做到只要有一路油路受阻，整个系统则停止供油，并发出报警信号，避免了以往分油器只要有一路畅通，润滑泵仍处于正常工作状态的缺点。

7. 冷却系统

冷却系统一般是为控制主轴承、主减速器以及磨辊的工作温度设计的。当采用大辊径、窄辊面型的压辊，其磨辊主轴因具有较大的散热面积，可不设冷却装置。

8. 检测系统

检测系统作为检测与控制各运行参数及设备状态而分布在其他的系统和部件中，由检测元件测出实际运行数据，通过计算机实现各系统间的连锁与安全保护。主要检测参数有磨辊间的工作间隙、主轴承和主减速器的工作温度、液压系统工作压力等。

9. 辊压机的规格

辊压机的规格一般以磨辊直径和长度表示。例如，HFC1000/300 代号含义："HFC"代表合肥水泥研究设计院，辊压机的磨辊直径为 1000mm，磨辊宽度为 300mm；RPV 辊压机中 RP 是英文辊压机 Roller Press 的缩写。表 2-4-1 是我国引进德国 KHD 公司制造技术研制的第三代 HFC 系列辊压机及引进 RPV 辊压机为日产熟料 500t、700t、1000t、2000t、4000t 配套的部分辊压机的技术性能。

表 2-4-1　辊压机的技术性能

项目	型号（国内开发）			型号（国外引进）		
	HFCK800/200	HFC1000/300	HFCK1000/300	RPV100-40	RPV100-63	RPV115-100
配套熟料规模（t/d）	500	700	900	1000	2000	4000
辊压机规格（mm）	ϕ800×200	ϕ1000×300		ϕ1000×400	ϕ1000×630	ϕ1150×1000
压辊直径（mm）	800	1000		1000	1000	1150
压辊宽度（mm）	200	300		400	630	1000
压辊长径比（L/D）	0.25	0.30		0.40	0.63	0.87
压辊圆周速率（m/s）	1.25	1.24	1.40	1.20	1.30	1.30
最小辊隙（mm）	16～21	16～23		18～23	18～23	20～26
粉磨力（kN）	1600	3000		4000	6300	10000
单位辊宽粉磨力（kN/cm）	80	100		100	100	100
压辊压力（MPa）	140	150		150	150	150
辊压系统压力（MPa）	9.0	16.0		18.5	16.5	16.0
喂料粒度（mm）	≤40	≤60		≤60	≤60	≤60
通过量保证值	25～32	40～60	45～70	60	120	240
电动机功率（kW）	2×90=180	2×132=264	2×160=320	2×200=400	2×300=600	2×500=1000
单产装机功率（kW·h/t）	5.00～6.00	5.00～6.00		6.67	5.00	4.17
外形尺寸（长×宽×高）（m）	3.94×3.46×1.46	4.6×3.84×1.8		4.1×4.6×2.4	4.6×5.2×3.1	5.6×6.7×3.6

2.4.4　辊压机运行控制

粉磨系统的产能能否得到有效发挥、能耗能否得到有效控制，辊压机系统的调整控制起到决定性的作用。辊压机的作用是要求物料在辊压机两辊间实现层压粉碎后形成高粉碎和内部布满微裂纹的料饼，能否形成料饼、料饼比例及质量是辊压机控制的关键，辊压机运行时可通过以下几方面的调整以达到稳定控制的目的。

1. 稳定小仓料位

稳定小仓料位能确保在辊压机两辊间形成稳定的料层，为辊压机工作过程的物料密实、层压粉碎提供连续料流，充分发挥物料间应力的传递作用以保证物料的高粉碎率。

2. 辊间隙控制

辊间隙是影响料饼外形、数目以及辊压机功率能否得到发挥的主要参数。辊间隙过小，物料成粉状，无法形成料饼，辊压机功率低，物料间未产生微裂纹，只是简单的预破碎，没有真正发挥辊压机的节能功效；辊间隙过大，料饼密实性差，内部微裂纹少，而且容易造成“冲料”，辊压机的运行效果得不到保证；各厂可根据实际情况反复摸索调整，使其功效得到充分发挥。

3. 料饼厚度的调节控制

料饼厚度反映的是物料的处理量（调节时必须使用辊压机进料装置的调节插板，其他方式的调节都将破坏辊压机的料层粉碎机理）。辊压机具有选择性粉碎的特征，即在同一横截面积上的料饼中，强度低的物料将首先被破碎，强度高的物料则不易被破碎，这种现象随着料饼厚度的增加会表现得更加明显，因而在追求料饼中成品含量时，料饼厚度又不宜过厚。但是由于物料在被挤压成料饼的过程中，是处于两辊压之间的缓冲物体，增大料饼厚度，就增厚了缓冲层，可以减小辊压机传动系统的冲击负荷，使其运行平稳。考虑到这些相互关系，对于料饼厚度的调节原则是：在满足工艺要求的前提下，适当加大料饼厚度，特别是喂入的物料粒度较大时，不但要加大进料插板的开度，而且要增加料饼回料或选粉粗料的回料量，以提高入辊压机物料的密实度，这样可以降低设备的负荷波动，有利于设备的安全运转。

4. 磨辊压力控制

辊压机液压系统向磨辊提供的高压用于挤压物料。正确的力传递过程应该是；液压缸→活动辊→料饼→固定辊→固定辊轴承座，最后液压缸的作用力在机架上得到平衡。而某些现场使用的辊压机其液压缸的压力仅仅是由活动辊承座传递到固定辊轴承座，并未完全通过物料，此时虽然两磨辊在转动，液压系统压力也不低，但物料未受到充分挤压，整个粉磨系统未产生增产节能的效果。因此辊压机的运行状态不仅取决于液压系统的压力，更重要的是作用于物料上的压力大小。操作时可从以下两方面观察确认：

（1）辊压机活动辊脱离中间架挡块做规则的水平往复移动，这标志液压压力完全通过物料传递。

（2）两台主电动机电流大于空载电流，在额定电流范围内做小幅度的摆动，这标志辊压机对物料输入了粉碎所需的能量。

2.4.5 辊压机常见故障诊断与处理

为使挤压粉磨系统安全、稳定地运行，必须经常观察各测量、指示、记录值的变化情况，及时判断辊压机的运行情况，对故障进行准确的判断，采取适当的措施进行操作调整。

1. 辊压机辊缝异常

1）辊压机辊缝过大

仪表显示辊压机辊缝过大，在新喂料量不变情况下，恒重仓荷重逐渐下降，循环提升机电流增大。此时，应适当减小辊压机进料装置开度，从而使辊缝减小至设定值，通过量减小。

2）辊压机辊缝过小

仪表显示辊缝过小，辊压机频繁纠偏，循环风机风门在维持不变的情况下，仓压逐渐上涨，循环提升机电流减小。此时，应适当加大辊压机进料装置开度，若辊缝无变化，停机时进行以下两项检查：

（1）检查侧挡板是否磨损，若已磨损，则更换侧挡板；

（2）检查辊面磨损情况。

3）辊压机辊缝变化频繁

位移传感器显示频繁变化，此时应做的调整如下：

（1）检查辊面是否局部出现损伤，若已损伤应修复。同时检查除铁器及金属探测器是否工作正常；

（2）观察辊压机进料是否出现时断时续，若进料不顺畅，检查进料溜子及稳流仓是否下料不畅。

4）辊压机辊缝偏斜

位移传感器显示偏斜，辊压机频繁纠偏，此时应做的调整如下：

（1）观察辊压机进料是否偏斜，进料沿辊面是否粗细不均，及时对进料溜子进行整改；

（2）检查侧挡板是否磨损，若已磨损则更换侧挡板；

（3）观察左右侧压力是否补压频繁，检查液压阀件。

2. 辊压机轴承温度高

当辊压机轴承温度显示过高或报警时应做以下操作与调整：

（1）倾听轴承运转是否正常，若声响较大，检查轴承是否加入足够润滑油保证轴承润滑；

（2）检查冷却水系统，看管路阀是否打开；

（3）若不是 4 个轴承温度都高，应检查润滑管路是否堵塞。

3. 辊压机电流异常

当辊压机电流指示偏高时，检查辊压机工作压力是否较高，若压力偏高，应降低工作压力；检查辊面是否出现损伤，若已局部损伤，则应检查金属探测器是否工作不正常导致金属铁件进入辊间造成辊面损坏；若辊面无损伤，检查辊压机喂料粒度是否过大，适当降低喂料量。

当辊压机电流指示偏低时，检查辊压机工作压力是否较小，若压力偏低，可适当提高工作压力；检查侧挡板是否磨损，若已磨损，则更换侧挡板。

4. 辊压机运行时振动大

辊压机运行时机体振动，有时伴有强烈的撞击声，这主要与入料粒度过粗或过细、料压不稳或连续性差、挤压力偏高等有关。

若进料粒度过细，应减少回料量以增大入料平均粒径；反之，增大回料量以填充大颗粒间的空隙。同时保持配料的连续性和料仓料层的稳定及合适的挤压力。

5. 辊压机油缸漏油

油缸漏油分为内泄漏和外泄漏。内泄漏是油缸内密封圈破损或油路中的脏物在油缸下部沉积，并随缸内活塞来回移动产生摩擦，导致油缸内壁产生沟槽所致。若是这样，应立即对缸壁进行补镀，再加工处理。外泄漏是指活塞杆与端盖结合处的泄漏，由于活塞杆的来回移动不能与端盖内孔保持很好的同心度所致，使活塞杆和端盖磨损造成漏油。解决的方法是在活塞杆外壁补镀一层后，再进行外圆磨加工。

油缸的上表面及活塞杆的下表面部位都是易磨损处，对它们的处理均采用镀层后再加工。需要说明的是：在辊压机的安装调试时，就要考虑足够的空间来适应轴承中心的下沉，使各运动部件达到同心状态。

6. 辊压机轴承损坏

辊压机进口轴承只要平常加强设备润滑保养，都不会有问题。因生产厂家不同，辊压机挤压方式和传动结构有所不同，如中信重工生产的辊压机是恒辊缝的，它的辊缝恒定不变，压力随着物料而改变；而合肥院辊压机是恒压力的，它的压力恒定不变，辊缝随着物料而改变。在生产时，料仓要保持一定的仓重，运行时喂料要形成料柱，不得空仓（空仓时车间扬尘很大），尽量让辊压机多做功，两辊压机的电流要达到额定电流的70%以上，以提高整个系统的粉磨效率。

7. 辊压机跳停的主要原因及处理

1）物料粒度超标

按照辊压机规格不同，对入辊压机物料平均粒度有不同的要求。当物料粒度超过要求时，会造成辊压机振动增大，系统跳停。解决的措施首先是缩小进入辊压机物料的平均粒度，对出窑冷却机熟料把好破碎关；其次是改变氮气囊预充压力，以增强辊压机适应大块物料的能力。

2）安全销故障

为保证电动机安全运转和防止辊面损坏，一般在电动机和减速机之间安装一种机械式安全销。电动机和减速机之间的联轴节由安全销的凸形块和凹形块连接，当辊压机内进入铁器或大块坚硬物料时，从辊子传递给减速机、电动机的扭矩将急剧上升，安全销内凹形块和凸形块间的作用力和反作用力也随之增大。当凸形块受到的反作用力大于碟形弹簧设定的弹力时，安全销就会向后运动，直至脱离凹形块，使主电动机空转。监测定辊转动的速度监测器马上报警，使整个辊压机系统跳停。安全销损坏或碟形弹簧失效，会造成安全销频繁脱出，系统跳停。

3）液压系统故障

液压系统中的部件如氮气囊、安全阀、卸压阀等出现故障或损坏都会造成辊压机振动、跳停。处理办法是调节改变氮气囊预充压力，以增强辊压机适应大块物料的能力；修理或更换安全阀、卸压阀，使辊压机恢复正常运行。

4）辊面磨损

辊压机辊面磨损后，辊面产生裂纹，辊面凹坑或辊面硬质耐磨层剥落，对物料形不成有效的挤压，出料中颗粒料多，料饼少，磨机产量下降，辊压机系统内的循环量大大增加，粉料越来越多，造成称重仓频繁“冲料”，回料皮带及入称重仓斗提机被压死，系统跳停。因此在粉碎物料时，千万不要把硬质铁器掉进辊压机，在打散机回料粗粉处加装除铁器，防止铁器在辊压机中循环挤压，辊面损坏后，应及时由专业人员现场堆焊修复。

2.4.6 打散机

打散机（又称打散分级机）是与辊压机配套使用的新型料饼打散分选设备，如

图 2-4-3所示。从辊压机卸出的物料已经挤压成料饼，打散机集料饼打散与颗粒分级于一体，与辊压机构成独立的挤压打散回路。由于辊压机在挤压物料时具有选择性粉碎的倾向，经挤压后产生的料饼中仍有少量未被压碎的物料，加之辊压机固有的磨辊边缘漏料的弊端和因开停机产生的未被充分挤压的大颗粒物料将对承担下一阶段粉磨工艺的球磨系统产生不利影响，制约系统产量的进一步提高。打散分级机介入挤压粉磨工艺系统后，与辊压机构成的挤压打散配置，将未经有效挤压的物料返回辊压机重新挤压，使入球磨机的物料粒度和易磨性均获得显著改善。

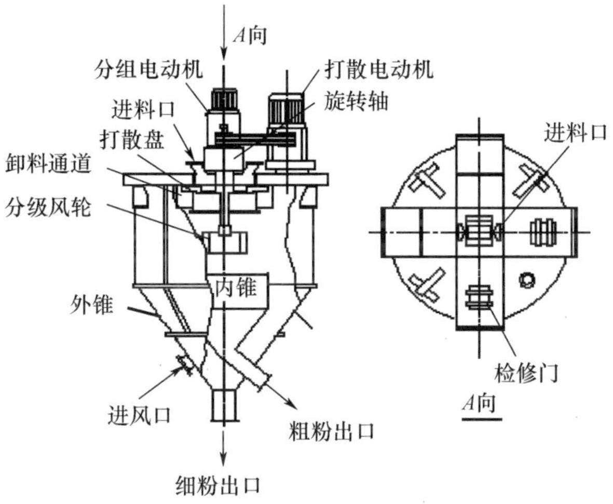

图 2-4-3　打散机

1. 打散机构造及工作原理

打散机主要由回转部件、顶部盖板及机架、内外筒体、传动系统、润滑系统、冷却及检测系统等组成。主轴通过轴套固定在外筒体的顶部盖板上，并有外加驱动力驱动旋转。主轴吊挂起分级风轮，中空轴吊挂打散盘，在打散盘和风轮之间通过外筒体固定有挡料板，打散盘四周有反击板固定在筒体上，粗粉通过内筒体从粗粉卸料口排出，细粉通过外筒体从细粉卸料口排出，来自辊压机的料饼从进料口喂入。

打散方式采用离心冲击粉碎的原理，经辊压机挤压后的物料呈较密实的饼状，连续均匀地喂入打散机，落在带有锤形凸棱衬板的打散盘上，主轴带动打散盘高速旋转，使落在打散盘上的料饼在锤形凸棱衬板的作用下加速并脱离打散盘，料饼沿打散盘切线方向高速甩出后撞击到反击衬板上被粉碎。经过打散粉碎后的物料在挡料锥的导向作用下通过挡料锥外围的环形通道进入风轮周向分布的风力分选区。

物料分级采用惯性原理和空气动力学原理。物料在惯性离心力的作用下，粗颗粒物料由于其运动惯性大，在旋转过程中碰撞到内壳壁面滑落下来，落入内锥筒体被收集，由粗粉卸料口卸出返回，同配料系统的新鲜物料一起进入辊压机上方的称重仓。细粉被上升的气流带入内外锥筒体之间的环形区间，由于气流方向改变和气流通道截面面积的扩大，气流速度减慢，气流中的细小颗粒在气流中沉降，落入内锥筒体与外锥筒体之间被收集，由细粉卸料口卸出送入球磨机继续粉磨或入选粉机直接分选出成品。

2. 打散机主要部件

1）回转部分

回转部分主要由主轴、中空轴、打散盘、风轮、轴承、轴承座、密封圈等组成，由中空轴带动打散盘回转，产生动力来打散挤压过的物料，主轴带动风轮旋转产生强大有力的风力场用来分选打散过的物料。打散盘上安装带有锤形凸轮的耐磨衬板，在衬板严重磨损后需要换新的衬板。风轮在易磨损部位堆焊有耐磨材料以提高风轮的使用寿命。随着使用期的加长，密封圈的磨损可能造成润滑油的溢漏，所以在该系统中还设有加油口，通过润滑系统自动加油或手动加油，以使各轴承在良好的润滑状态下运转。系统中还设有轴承温度检测口，用于安装端面热电阻，保证连续检测温度并报警。

2）传动部分

传动部分由主电动机、调速电动机、大小皮带轮、联轴器、传动皮带等组成，采用双传动方式。主电动机通过一级皮带减速带动中空轴旋转，调速电动机通过联轴器直接驱动主轴旋转，具有结构简单，体积小，安装制作方便的优点。双传动系统满足了打散物料和分级物料须消耗不同能量和不同转速的要求，调速电动机可简捷灵活地调节风轮的转速，从而实现了分级不同粒径物料的要求，同时可以有效地调节进球磨机和回挤压机的物料量，对生产系统的平衡控制具有重要意义。

3）打散机的规格

打散机规格一般以外锥体圆柱筒体的直径/打散盘直径（cm）表示。“S”和“F”是打散的“散”字和分级的“分”字汉语拼音的开头字母。例如：SF500/100 表示打散机外筒体直径为 5000mm，打散盘的直径为 1000mm。该打散机的处理能力为 110t/h，打散电动机功率为 45kW，分级电动机功率为 30kW，规格性能见表 2-4-2。

表 2-4-2 SF 打散机的规格性能

设备规格	处理量（t/d）	装机功率（kW）	调速电动机功率（kW）	设备质量（t）
SF400/100	40～70	30	22	约 18
SF450/100	50～90	37	22	约 22
SF500/100	60～110	45	30	约 25
SF550/120	90～150	45	30	30
SF600/120	120～200	55	37	37
SF650/140	180～280	75	45	45

3. 打散机操作要点

打散机运行中通过调节调速电动机的转速，可以改变打散机细粉产量：增加转速，细粉产量增加，细度相对变粗；减小转速，细粉产量减少，细度相对变细。通过调节内筒挡板高度也可调节细粉产量，降低内筒挡板高度，细粉产量增加，升高内筒挡板高度，细粉产量减少。

采用打散分级机的粉磨工艺流程简单，打散分级机对物料的打散、分级在一台设备内完成，既简化工艺，又节省投资。图 2-4-4 所示为辊压机与打散机的构成系统。

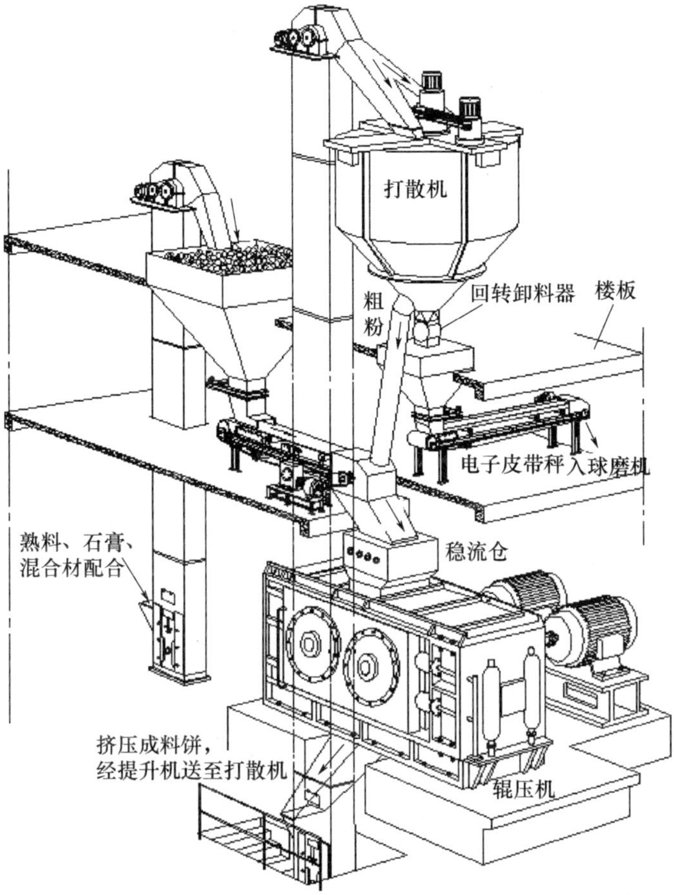

图 2-4-4　辊压机与打散机的构成系统

4. 打散机故障处理及维护

打散机使用了一段时间以后，在其他操作参数未变的情况下，发现系统细粉产量降低，回料增多，原生产系统平衡被破坏，或打散机成品粒度状况明显异常，有较多粒度较粗的物料以成品物料的形式进入球磨系统，使球磨机小规格的研磨体难以适应这样的物料粒度，造成磨机产量明显下滑。

1）打散盘衬板磨损

打散盘衬板的锤形凸棱部分磨损后会影响对物料的加速效果，物料在盘面打滑，离心力不足，物料脱离打散盘后撞击反击板力度偏弱，粉碎效果差，部分未被打散的料饼以粗料形式返回称重仓，应停机维修，更换打散盘衬板。

2）电动机传动皮带打滑

因传动皮带松动打滑会造成打散盘转速降低，影响对物料的加速效果，此时需停机维修，张紧传动皮带。

3）入辊压机物料水分偏高

水分偏高的物料被挤压后形成的料饼较密实坚硬，不易打散，大量未经打散的料饼在通过风力分级区后以粗料的形式被内锥筒体收集返回称重仓，回料明显偏多，湿物料入机之前应先晾晒，蒸发掉更多的水分。

4）风轮驱动电动机与转子连接失效

传递动力的联轴器尼龙销断裂，风轮失去动力，打散机失去分级功能，未经打散的物料在风力分级区内自由沉降，大量合格物料无法在分级区进入成品区而落入收集粗料的内锥筒体，造成回料偏多。此时要停机修复，更换联轴器尼龙销。

5）环形通道堵塞

各类不易通过的杂物在打散机打散盘下方的环形通道内堵塞，影响了打散机的物料通过能力，同时会造成系统回料偏多。应停机清理造成堵塞的杂物，疏通环形通道，并严格杜绝上述杂物进入打散机。

6）内锥筒体破损

内筒体的锥体部分过度磨损后，经分级后收集在内锥筒体的不合格物料在通过卸料管返回辊压机之前，从内锥筒体破损处泻出，混入收集细料的外锥筒体，进入球磨机，造成入磨物料粒度偏粗，粉磨效率降低，产量下降。这时要停机补焊内锥板或更换内锥板。

7）内锥筒体物料淤积

打散机内锥筒体物料因排料不畅造成的物料淤积，导致不合格粗料从内锥筒体的导风叶片处溢出，混入收集细料的外锥筒体与成品物料一起进入球磨机，造成入磨物料粒度偏粗，此时物料中 0.08mm 以下细粉含量明显不足，导致球磨系统粉磨效率降低，产量下降。应疏通粗料卸料管，并保持粗料排料管的通畅。

8）风轮磨损

打散机的风轮在使用一段时间后，由于含尘气流的冲刷而磨损，在使用过程中应定期检查，一般半个月检查一次，在磨损部位，特别是叶片与顶板的焊缝如有磨损应及时补焊，以延长风轮的使用期，经长期使用后风轮无法修复，则应及时更换，以防风轮脱落损坏设备。

2.4.7 V 形选粉机

V 形选粉机是一种静态两相流折流装置，兼具打散、分离、选粉、烘干等多种功能，结构简单，无回转运动部件，分级效率高、磨损小、检修方便、实用可靠、分级粒度容易调节，广泛应用于带辊压机的粉磨系统。

物料靠重力作用下落，在选粉机内被阶梯式导流板冲散，带料气流进入磨机的选粉机被分选。该机完全靠风力提升、输送，分级精度高，但电耗也高，V 形选粉机半成品的细度通过风量来调节，风速降低，半成品变细。因此，对风机风量、风速控制至关重要。V 形选粉机与辊压机组成粗料循环闭路系统，可提高辊压后的料饼质量，但要求辊压机的磨辊长径比大，并采用低压循环的操作方式。

V 形选粉机分级后的物料颗粒切割粒径一般在 0.5mm 左右，比打散分级机的分级精度更高，物料粒径分布更细、更均匀，入磨物料比表面积可达 $180m^2/kg$ 及以上，粒径小于 1.0mm 的物料比率占 95%以上，粒径小于 $80\mu m$ 的细粉颗粒可达 6.5%～8.5%，系统产量提高 80%～100%，节电 20%～30%。

山东某企业在打散机粗粉管下部安装V形选粉机的工艺改造，没有新增动力设备而是充分利用了磨头排风机风量对打散机粗粉进行了进一步筛分，提高了系统的选粉效果，台时产量提高约8t，降低粉磨电耗1.2kW·h，增产、降耗效果明显。

1. V形选粉机的构造及工作原理

V形选粉机的结构如图2-4-5所示，其内部结构可以分为4个区域：布风区、分散区、分级区和出风区。

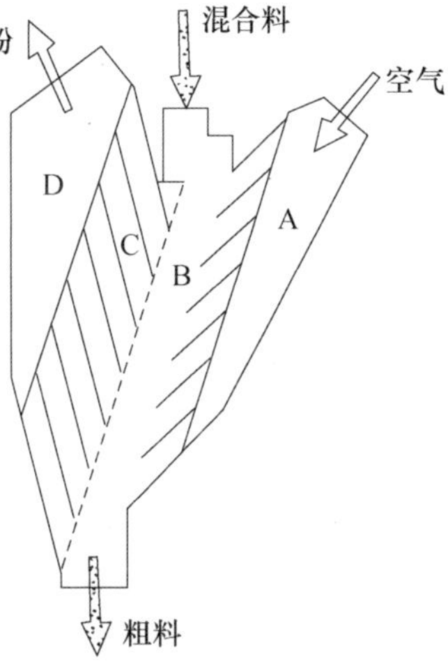

图2-4-5 V形选粉机

(1) 布风区（A区）：通过设计合理的气流通道和安装布风板，使进入分散区的气流分布均匀。如果流速分布不均匀，可能出现粗颗粒被高速气流带出，整机设备的分级性能降低。

(2) 分散区（B区）：由一组分布打散板组成，进入分散区的混合物料在下落过程中撞击到分布打散板上从而散落开来，细颗粒随气流被带入分级区。大颗粒和没有被分散出来的物料继续下落，被多次分散和分离，最后不能被气流带走的物料由粗料口排出。

(3) 分级区（C区）：由一组大倾角的分级板组成，随气流进入分级区的颗粒在重力作用下自由沉降，颗粒的自由沉降速率与颗粒的大小有关。在通过分级区前，沉降到分级板上的颗粒沿分级板下滑至分散区；随气流带出的颗粒即细粉。

(4) 出风区（D区）：通过分级区的气流必须保持一定的风速，才能使气流中的颗粒被带走。出风区为渐缩结构，风速逐渐增大，达到输送物料的目的。

分级区内的气流速度是控制分级力度的关键，稳定的气流分布是获得高效分级的前提。当气流分布不均匀时，设备的分级效率降低。

2. V形选粉机的操作要点

V形选粉机的控制要点

(1) 调节V形选粉机的进风量可调节半成品细度。进风量越小则半成品细度越细；进风量越大半成品细度越粗。需要注意的是，改变风量的同时会影响选粉效率及半成品产量。

(2) 改变V形选粉机出风管一侧的导流板数量可调节半成品细度。每层导流板数量越多半成品细度越细；越少半成品细度越粗。但调节时应保证每层导流板的数量相同。

(3) V形选粉机喂料要注意在选粉区的宽度方向形成均匀料幕，避免料流集中在选粉区的中间区域内，从而导致选粉区两侧气流短路，影响选粉效率及半成品产量。

(4) 定期检查导流板的磨损情况，磨损会导致打散及分选效果下降。

(5) V形选粉机内部应定期清理，防止粉尘堆积而影响通风。

(6) V形选粉机各接口必须保证有效锁风，严格防止漏风及串风。

(7) 采用V形选粉机的挤压粉磨工艺，工艺流程较复杂，对操作人员的技术素质要求较高。图2-4-6所示为辊压机与V形选粉机构成的粉磨系统。

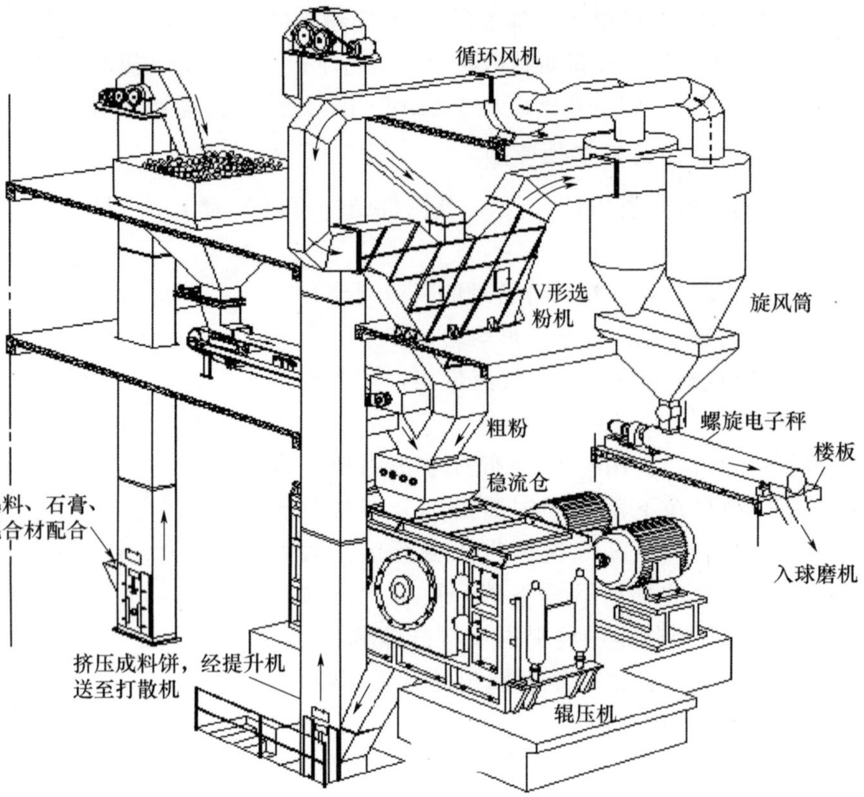

图 2-4-6　辊压机与 V 形选粉机的构成系统

情境小结

立磨系统也称辊式磨，属于烘干兼粉磨系统一类，用辊压机作为最终粉磨的主要设备，与具有打散、分级、烘干功能的设备一起，组成生料终粉磨系统。

球磨机主体是一个回转的筒体，两端用环形端盖半封闭，筒体内壁、端盖装有衬板。磨机筒体内使用隔仓板分割成若干个仓，不同的仓里装入适量的不同规格和种类的钢球、钢锻等作为研磨体。借助传动装置，整个磨机以一定的转速运转，大磨转速低、小磨转速高。球磨机根据转速不同，研磨体在球磨机内呈现三种不同状态，即倾泻运动状态、圆周运动状态和抛落运动状态。球磨机安装完成或大修以后，初次运行进入调试阶段，分为空负荷试车和负荷试车两个步骤。磨机的正常开车顺序是逆生产流程开机，正常停车顺序与开车相反。球磨机系统运行过程中应注意运行参数的控制和常见故障的处理。

各种立磨的差异在于磨盘的结构和磨辊的形状及数目上有所不同，其粉碎原理，基本上属料层粉碎。立磨主要由磨辊、磨盘、加压装置及选粉机（分离器），底座、机壳、传动装置及润滑装置组成。由于立磨的诸多优点，在新建的现代化水泥厂中已成为水泥生料粉磨的首选设备。立磨操作时应使系统温度、压力合理分布，保持立磨压差、料层厚度、主电动机电流及磨体振动等参数波动处于正常范围，风量、料量、压力之间始终处于平衡状态，稳定操作制度，使之达到优质、高产、降耗、环保。

辊压机又名辊压磨、挤压磨，是 20 世纪 80 年代中期发展起来的新型节能增产粉磨设备。其主体为两个相向转动的磨辊，对脆性物料施以高压粉碎，辊压机是基于料层粉碎（或称粒间粉碎）机理进行粉碎作业。辊压机的结构主要包括挤压辊、传动装置、液压系统、进料装置、主机架等。

打散机是与辊压机配套使用的新型料饼打散分选设备，打散机集料饼打散与颗粒分级于一体，与辊压机构成独立的挤压打散回路。打散分级机主要由回转部件、顶部盖板及机架、内外筒体、传动系统、润滑系统、冷却及检测系统等组成。

V形选粉机是一种静态两相流折流装置，兼具打散、分离、选粉、烘干等多种功能，结构简单，无回转运动部件，物料靠重力作用下落，在选粉机内被阶梯式导流板冲散，其内部结构可以分为4个区域：布风区、分散区、分级区和出风区。

习　题

一、填空题

1. 球磨机衬板的安装固定方式有__________和__________两种。

2. 磨机正常的开车顺序是__________，停车顺序是__________。

3. 根据磨声判断粉磨情况，应站在__________方向的一侧，细听各仓的声音。

4. 磨机风速过大，物料流速________，产品细度________。

5. 立磨的粉碎原理，基本上属________。物料在磨内主要受到磨辊的________而粉碎。

6. 立磨磨盘上的物料层必须具有________和保持________。

7. 立磨的粉磨效率不仅与辊压力有关，也与__________有关。

8. 立磨料床压差增加，说明__________。

9. 立磨出口温度高，可增大循环风量，减少__________。

10. 立磨辊压力应随磨机__________和__________进行调节。

11. 辊压机又称________或________，是20世纪80年代发展起来的一种新型________的粉磨设备。

12. 辊压机工作时，物料在磨内经历________、________、________三个阶段而被粉碎。

13. 辊压机运行中的主要控制项目有________、辊间隙的控制、________、料饼回料量的控制、________。

14. 打散机既能将来自辊压机的料饼________，又能起到________的作用。

15. V形选粉机的内部结构可以分为4个区域：________、________、________、________。

二、单项选择题

1. 下列衬板中，适用于细磨仓的衬板是（　　）。

A. 小波纹衬板　　B. 凸棱衬板　　C. 压条衬板　　D. 阶梯衬板

2. 以下不属于隔仓板作用的选项是（　　）。

A. 防止大颗粒物料窜仓　　B. 分隔研磨体

C. 控制物料流速　　D. 控制研磨体运动状态

3. 欲使研磨体能落下来将物料击碎，磨机的转速必须（　　）临界转速。

A. 大于　B. 等于　C. 小于　D. 都可以

4. 钢球在球磨机内的离心力与磨机转速有关。转速越快，离心力（　　）。

A. 越大　B. 越小　C. 不变　D. 与转速无关

5. 考虑到球磨机衬板的整形误差，衬板之间可以留（　　）左右的间隙。

A. 5mm　B. 10mm　C. 20mm　D. 15mm

6. 球磨机筒体运转时，研磨体处于（　　）状态时，对物料的冲击作用最大。

A. 圆周运动　B. 倾泻运动　C. 抛落运动　D. 离心运动

7. 立磨出口温度高，可能采取的措施是（　　）。

A. 增加总风量　B. 降低总风量　C. 增加循环风量　D. 降低循环风量

8. 喂入的物料含细粉较多时，为保持立磨料床稳定，可能采取的措施是（　　）。

A. 增大循环风量　B. 增大系统风量

C. 降低喷水量　D. 降低磨辊压力

9. 立磨出磨气体温度一般控制为（　　）。

A. 70～90℃　B. 80～100℃　C. 90～110℃　D. 100～120℃

10. 立磨选粉机转子转速提高，成品细度（　　）。

A. 变粗　B. 变细　C. 不变　D. 不一定

11. 大型辊压机的滑动辊一般需要采用（　　）个液压缸来提供足够的挤压力。

A. 1　B. 2　C. 3　D. 4

12. 辊压机的粉碎方式以（　　）为主。

A. 剪切　B. 摩擦　C. 挤压　D. 冲击

13. （　　）是辊压机的关键部件。

A. 挤压辊　B. 液压系统　C. 润滑系统　D. 进料装置

14. 粉磨生料时，常选择带有辊压机的（　　）。

A. 预粉磨系统　B. 终粉磨系统

C. 联合挤压粉磨系统　D. 半终粉磨

15. 辊压机在运转过程中必须保证（　　）喂料。

A. 均匀　B. 饱和　C. 连续　D. 间断

三、多项选择题

1. 球磨机出现“跑粗”的原因有（　　）。

A. 研磨体级配不合理　B. 磨内通风过盛

C. 喂料量过大　D. 磨机隔仓板篦孔过大

2. 球磨机饱磨时的现象有（　　）。

A. 磨声低沉　B. 主电动机电流升高

C. 出磨物料减少　D. 磨头返料

3. 球磨机烘干仓堵塞时会出现的现象有（　　）。

A. 电耳信号升高　B. 斗式提升机功率下降

C. 磨头负压下降　D. 出磨负压下降

4. 球磨机粗磨仓堵塞时会出现的现象有（　　）。
A. 电耳信号升高　B. 斗式提升机功率下降
C. 磨头负压下降　D. 出磨负压上升
5. 隔仓板破损或倒塌时会出现的现象有（　　）。
A. 磨声低沉　B. 出磨斜槽中有较大的物料和钢球
C. 斗式提升机功率增大　D. 在现场可听到钢球砸机壳的声音
6. 立磨的核心部件是（　　）。
A. 磨盘　B. 磨辊　C. 分离器　D. 加压装置
7. 对立磨磨盘和磨辊基本要求是能够使喂入的物料形成（　　）。
A. 稳定的料床　B. 很厚的料床　C. 厚度均匀的料床　D. 很薄的料床
8. 立磨料层薄时可采取下列措施（　　）。
A. 降低磨辊压力　B. 适当增加喂料量
C. 适当降低选粉机转速　D. 适当增加磨内喷水
9. 立磨引起吐渣的原因很多，主要有（　　）。
A. 入磨物料粒度和喂料量不当　B. 挡料圈高度和磨辊压力不合适
C. 磨盘、磨辊磨损　D. 喷口环处风速过低
10. 以下能使立磨产生振动的原因有（　　）。
A. 喂料量不稳定　B. 蓄能器压力不合适
C. 入磨物料水分偏高或喷水量过大　D. 物料粒度波动大
11. 辊压机的主要部件包括（　　）。
A. 传动装置　B. 挤压辊　C. 喂料装置　D. 主机架
12. 辊压机的主要参数包括（　　）。
A. 辊子的直径和宽度　B. 辊速
C. 辊隙　D. 辊压力
13. 适用于辊压机粉磨的物料有（　　）。
A. 石灰石　B. 钢渣　C. 熟料　D. 砂岩
14. 打散机的主要部件有（　　）。
A. 回转部分　B. 液压系统　C. 传动部分　D. 出风区
15. 与辊压机配套的打散设备有（　　）。
A. 打散机　B. V 形选粉机　C. 破碎机　D. O-Sepa 选粉机
16. 辊压机运行时机体振动，有时并伴有强烈的撞击声，这主要与（　　）有关。
A. 入料粒度过粗或过细　B. 料压不稳或连续性差
C. 挤压力偏高　D. 挤压力偏低

四、判断题

1. 磨机的临界转速指磨内最外层研磨体做圆周运动时的磨机转速。（　　）
2. 磨机的正常开车顺序与生产流程一致。（　　）
3. 在磨机工作中，磨辊随着磨盘上料层的加厚而抬高。（　　）
4. 立磨启动前首先要预充料，预充料过多过少都会引起磨机跳停。（　　）
5. 立磨入磨物料水分变小时，磨辊压力应适当增大。（　　）

6. 立磨喂入干燥物料或含细粉较多的物料，可通过喷水增湿来稳定料层。 （　　）
7. 立磨压差减小，说明料床减薄，磨内负荷下降。 （　　）
8. 立磨出口温度高，应降低循环风量。 （　　）
9. 立磨可调节磨内喷水量来控制出磨气体温度。
10. 提高立磨液压装置的工作压力，磨辊压力变大，磨机的粉磨能力按比例提高。 （　　）
11. 为保持成品细度，立磨系统风量增大时，选粉机转速应保持不变。 （　　）
12. 辊压机的规格一般以磨辊直径和宽度表示。 （　　）
13. 辊压机出料中的细粉含量随着辊压力的增加而增加，增加程度在不同的压力范围内是相同的。 （　　）
14. 辊压机辊子的转速越高，生产能力越大，得到的产品越细。 （　　）
15. 辊间隙过大，料饼密实性差，内部微裂纹少，而且容易造成“冲料”，辊压机的运行效果得不到保证。 （　　）

五、案例分析题

1. 某中卸烘干磨机运转过程中出现如下现象：①磨声低沉；②磨机电动机功率下降；③磨机排风机进口负压上升；④提升机主电流下降；⑤固体流量计流量减少；⑥磨机压差升高。试分析系统状况，提出处理办法。

2. 立磨料层厚度增大，磨盘压差增大，主电动机电流增大，磨机振动增大，试分析系统状况，提出处理办法。

六、计算题

计算 $\phi 3.5 \times 10.0$m 中卸提升烘干球磨机的临界转速、理论适宜转速、实际工作转速。

学习情境3　水泥制成

情境导读

水泥制成是将水泥熟料、石膏以及混合材料等进行合理配比，经粉磨后成为符合质量要求的水泥产品，水泥粉磨是水泥制成中的重要工艺过程。水泥粉磨系统由早先单纯的球磨机系统，逐步发展到辊压机系统和立磨系统，其中以辊压机+球磨机粉磨系统、立磨+球磨机粉磨系统以及立磨终粉磨系统应用最为广泛。本情境主要介绍水泥粉磨常用工艺流程及其操作控制，通过学习，掌握水泥制成球磨机、辊压机、立磨系统基本知识及操作技能。

任务3.1　水泥制成工艺流程

3.1.1　制备水泥的材料

制备通用硅酸盐水泥的材料主要是硅酸盐水泥熟料、混合材料和石膏。它们按一定比例配合，粉磨至一定细度制成通用硅酸盐水泥。

一般情况下，水泥磨得越细，比表面积增加得越多，水化也越快，只有磨细的水泥粉才能在混凝土中把砂、石子胶结在一起。粗颗粒水泥只能在颗粒表面水化，未水化部分只起到填料作用。因此对水泥熟料和水泥混合材料进行高细粉磨，增加产品中的高细粉含量，是开发混合材料潜力的重要途径。

水泥细度过细，比表面积过大，虽然水化速度很快，水泥浆体要达到同样流动度，需水量就会增加，导致水泥石中因水分过多引起孔隙率增加而降低强度，同时单位产品电耗增加。因此，水泥粉磨细度应与所生产水泥品种与强度等级相配合，根据熟料的质量和粉磨设备等具体条件而定。在满足水泥品种和强度等级的前提下粉磨细度不要太细，硅酸盐水泥的粉磨比表面积通常为300～360m^2/kg。

1. 硅酸盐水泥熟料

水泥熟料出窑后，需要经过储存处理，以降低熟料温度，以保证磨机的正常操作；改善熟料质量，提高易磨性；保证窑磨生产的平衡，有利于控制水泥质量。

一般从窑的冷却机出来的熟料温度多为100～300℃。过热的熟料加入磨中会降低磨机产量；使磨机筒体因热膨胀而对轴承产生压力；过热还会影响磨机的润滑及安全运转不利；磨内温度过高，使石膏脱水过多，引起水泥凝结时间不正常。

出窑熟料中含有一定数量的f-CaO，储存时能吸收空气中部分水汽，使部分f-CaO转变为$Ca(OH)_2$，改善水泥安定性，并在熟料内部产生膨胀应力，因而提高熟料的易磨性。

出窑的熟料可根据质量的好坏，分堆存放，以便搭配使用，保持水泥质量的稳定。

2. 混合材料

为了增加水泥产量，降低成本，综合利用工业废渣，减少环境污染，改善和调节水泥的性能，在磨制水泥时，可以依据国家标准掺加混合材料。混合材料可分为活性混合材料和非活性混合材料。

活性混合材料指符合 GB/T 203、GB/T 18046、GB/T 1596、GB/T 2847 标准要求的粒化高炉矿渣、粒化高炉矿渣粉、粉煤灰、火山灰质混合材料。

非活性混合材料指活性指标分别低于 GB/T 203、GB/T 18046、GB/T 1596、GB/T 2847 标准要求的粒化高炉矿渣、粒化高炉矿渣粉、粉煤灰、火山灰质混合材料、石灰石和砂岩。

3. 石膏

在生产水泥时，掺入适量石膏调节水泥的凝结速度。若不掺石膏或石膏掺量不足时，水泥可能会发生瞬凝现象。但如果石膏掺量过多，则可能在后期引起水泥石的膨胀而导致开裂破坏。

通用硅酸盐水泥国家标准规定，除矿渣硅酸盐水泥石膏掺加量以 SO_3 计允许不超过 4.0%，其他品种均不得超过 3.5%。一般来说，熟料中的 C_3A 含量较多时，应多加些石膏。各厂应根据熟料成分、混合材料掺加量来确定石膏掺加量。

3.1.2 球磨机系统

在水泥粉磨系统中，球磨机粉磨系统是运用最广泛、技术成熟的粉磨工艺。

1. 用于水泥粉磨的典型球磨机

水泥磨与生料磨的结构基本相同，但水泥磨不设烘干仓，增加了喷水装置。

1) ϕ2.2m×6.5m 边缘传动水泥磨（尾卸）

去掉了烘干仓，其余与同规格原料磨的结构基本相同，磨内设有喷水管用于粉磨水泥时喷水降温，如图 3-1-1 所示。

球磨机尾卸磨构造

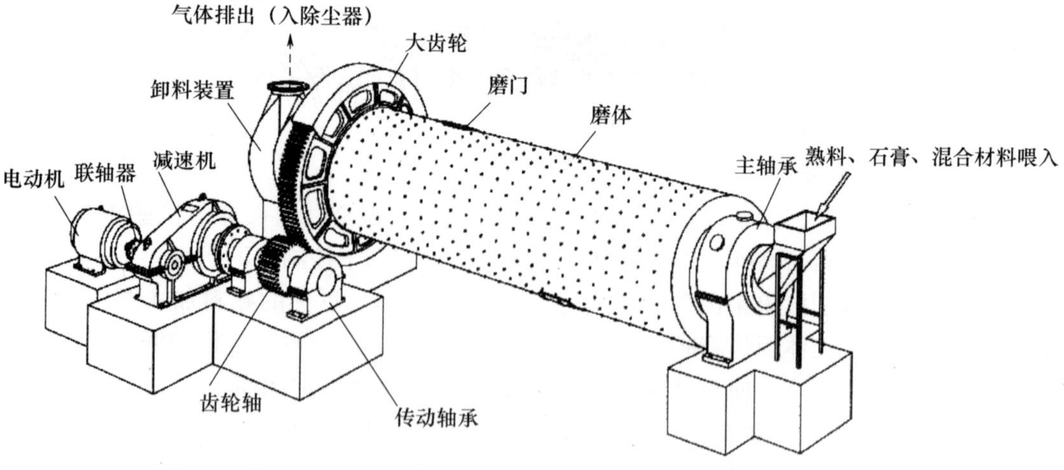

图 3-1-1 ϕ2.2m×6.5m 边缘传动水泥磨（尾卸）

2）ϕ3m×11m 中心传动水泥磨（尾卸）

该磨机为中长磨，三仓，第一、二仓采用阶梯衬板，第三仓安装小波纹无螺栓衬板，第一、二仓采用双层隔仓板分开，第二、三仓采用单层隔仓板，为降低粉磨时的磨内温度，在磨尾装有喷水管（有的水泥磨各仓均设有喷水管），如图 3-1-2 所示。

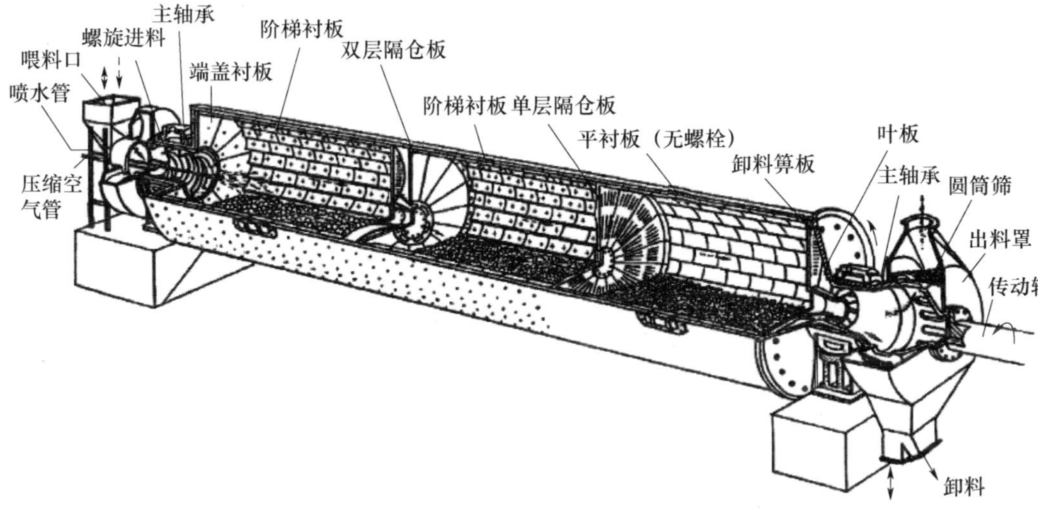

图 3-1-2　ϕ3m×11m 中心传动水泥磨（尾卸）

3）ϕ4.2m×13m 中心传动双滑履水泥磨（尾卸）

磨机支承点选在磨机筒体上，简化了结构，改善了磨机筒体的受力，可以降低筒体钢板厚度，从而减轻设备质量，如图 3-1-3 所示。双滑履支承已成为大型球磨机的主流配置。

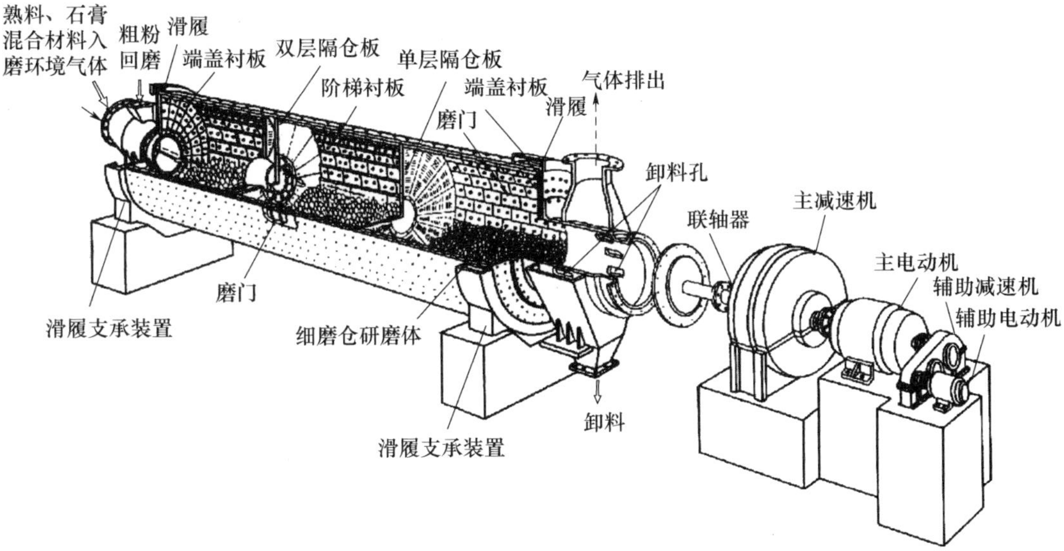

图 3-1-3　ϕ4.2m×13m 中心传动双滑履（尾卸）水泥磨

2. 球磨机粉磨的基本流程

1）开路粉磨流程

开路粉磨流程如图 3-1-4 所示。按生产要求配比好的水泥组成材料，由配料设备配合好，经喂料设备喂入磨机进行粉磨，卸出磨机即成品。然后由输送设备送入水泥库储存，废气则由磨尾排出进入收尘系统，净化后的气体经排风机排入大气。

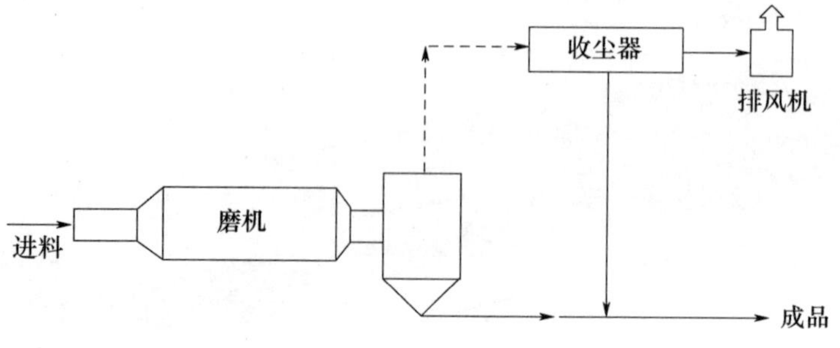

图 3-1-4　开路粉磨流程

2）闭路粉磨流程

按生产要求配比好的水泥组成材料经配料设备配合好，由喂料设备喂入磨机粉磨，物料出磨后进入分级设备分选。合格的水泥产品由输送设备送入水泥库储存，粗粉返回磨头与入磨物料一道再次被粉磨。一级球磨闭路系统如图 3-1-5 所示，二级球磨闭路系统如图 3-1-6 所示。

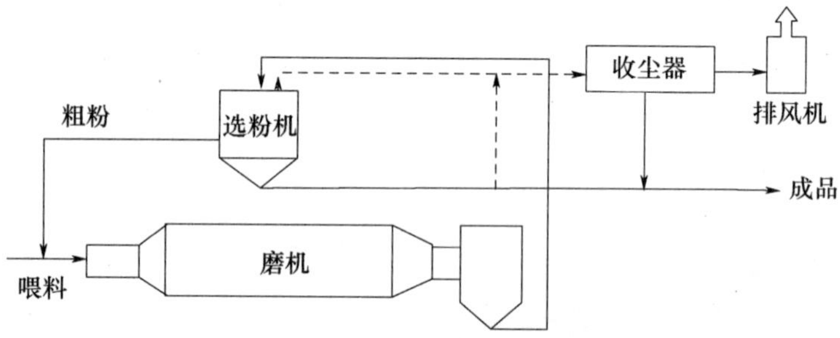

图 3-1-5　一级球磨闭路系统粉磨流程

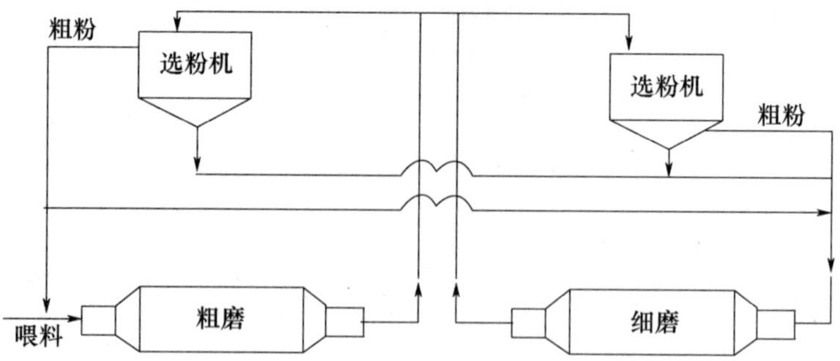

图 3-1-6　二级球磨闭路系统粉磨流程

3）开路系统与闭路系统的比较

开路系统的优点是：流程简单，投资少，操作维护简便。

缺点是：由于物料必须达到产品的细度要求才能出磨，已被磨细的物料将产生过粉碎现象，在磨内形成缓冲层，影响粗物料的进一步粉磨，从而降低粉磨效率，增加电耗，产量难以提高。

闭路系统可以消除过粉碎现象，同时出磨物料在输送和分级过程中可散失一些热量。粗粉回磨时，可降低磨内温度，有利于降低电耗，增加产量。一般闭路系统比开路系统（同规格磨机）可提高产量 15%～50%。但是闭路系统流程较复杂，设备多，投资大，操作、维护、管理相对开路系统复杂。

3. 水泥磨研磨体级配

1）研磨体种类及性能

研磨体的作用是把喂入磨内的块状物料击碎并磨成细粉。正确地选择研磨体、合理地确定填充率及级配，对提高粉磨效率、降低金属消耗和成本，保证整个粉磨系统的正常生产等具有重要的作用。不同形状和大小的研磨体，在粉磨过程中，具有不同的研磨作用。干法水泥粉磨所使用的研磨体按其形状和材质分类有以下几种：

（1）钢球。球磨机中使用最广泛的一种研磨体，在粉磨过程中，与物料发生点接触，对物料的冲击力大，主要用于管磨机的第一、二仓，双仓开路磨的第一仓、双仓闭路磨的第一、二仓。钢球直径一般为 30～125mm，根据粉磨工艺要求，粗磨仓一般选用直径50～110mm、细磨仓选用直径 20～50mm 的各种规格的钢球。钢球的参数见表 3-1-1。

表 3-1-1　钢球的参数

钢球直径（mm）	1 个钢球质量（kg）	1t 钢球的个数（个）	钢球的质量（kg/m^3）	1 个钢球的表面积（cm^2）	钢球的表面积（m^2/t）
100	4.115	243	4560	314	7.6
90	2.994	334	4590	254	8.5
80	2.107	474	4620	201	9.5
70	1.410	709	4640	154	11.0
60	0.889	1125	4660	113	12.7
50	0.514	1946	4708	78	15.2
40	0.263	3802	4760	50	19.0
30	0.111	9009	4850	28	25.0

（2）钢锻。钢（铁）段的外形为短圆柱形或截圆锥形，它与物料发生线接触，研磨作用强，但冲击力小，一般用于磨机的细磨仓中。常用的规格有 ϕ15mm×20mm、ϕ18mm×22mm、ϕ20mm×25mm、ϕ25mm×30mm 等。

2）研体材质的选择

研磨体应具有较高的耐磨性和耐冲击性。要求其材质坚硬、耐磨又不易破裂。研磨体表面不允许有毛刺和裂缝，钢球的不圆度不得超过其直径的 2%。在水泥工业中，磨机研磨体及衬板的消耗量相当大，研磨体材质的好坏，不仅影响磨机的粉磨效率，而且关系到磨机的运转率。从20世纪60年代至70年代广泛应用高铬铸铁（钢）球。日本主要有高铬钢球、低铬钢球和合金白口铸铁球；德国主要有高铬铸铁球和低合金钢球；美国、加拿大常用合金钢球。近年来，在我国水泥工业中，球磨机用的研磨体材质有如下几种：

（1）高铬铸铁。高铬铸铁是一种含铬量高的合金白口铸铁，其特性是耐磨、耐热、耐腐蚀，具有相当的韧性。马氏基体的高铬铸铁球表面硬度HRC可达54～66。高铬铸铁球的耐磨性为普通碳素钢球的8～12倍。

（2）低铬铸铁。低铬铸铁含有少量的铬元素，可保持铸铁的白口获得马氏体金相。低铬铸铁韧性较高铬铸铁差，但有良好的耐磨性，用作小球、铁段以及细磨仓中的衬板是适宜的。

（3）锻造轴承钢。锻造轴承钢可以制造各种直径的钢球，含碳量为1.0%左右，含铬量为1.5%左右，其余元素为常规含量。球耗比高铬铸铁球高，但由于合金元素含量低，仍有较广阔的使用市场。

3）研磨体填充率及其选择

研磨体填充率是指研磨体在磨内的堆积体积V_G占磨机有效容积V_0的百分数，即

$$\varphi=\frac{V_G}{V_0}=\frac{G/\rho}{\frac{\pi}{4}D_0^2L}=\frac{G}{3.53D_0^2L}\times100\% \tag{3-1-1}$$

式中 V_G——研磨体所占容积，m^3；

V_0——磨机有效容积，m^3；

G——研磨体装载量，t；

D_0——磨机有效内径，m；

L——磨机（或仓）的有效长度，m；

ρ——研磨体的堆积密度，一般取4.5t/m^3。

填充率直接影响冲击次数、研磨面积，反映各仓球面高低，还影响研磨体的冲击高度（冲击力），其范围一般为25%～35%，以28%～32%者居多。根据生产经验可按下述原则选取：对于多仓长磨或闭路磨机的填充率应是前仓高于后仓，依次递减；长径比较小（2.0～3.5）的小型磨机，磨生料时，两仓持平或二仓稍高，磨水泥时，后仓比前仓高2%～3%；当物料易磨性较好时，或出磨产品的细度要求较粗时，可适当提高一仓的填充率（取30%或更多），以提高产量。当物料易磨性较差时，或出磨产品的细度要求较细时，一仓填充率应低些，以不高于28%为宜；磨机的转速较高，或衬板的提升能力较强时，磨机的填充率应低些，反之应高些；生产低等级水泥时，一仓填充率宜高些，反之宜低些。生产火山灰质水泥时，一仓填充率宜高些；生产矿渣水泥时，一仓填充率宜低些。段仓的填充率一般不宜太高。

当磨机装入研磨体后需要验证它的填充率是否与配球方案中规定的数值相符，或者在磨机运转过程中因研磨体磨损后需要补充一些钢球和钢锻时，常用实测和查表法来核算研磨体的填充量。其做法是在磨内没有物料或只有少量物料的情况下，先用尺测量磨机的有效内径D_0，再通过磨机中心测量从研磨体面到顶部衬板的垂直距离H，或研磨

体面的弦长 L（图 3-1-7），然后计算 H/D_0 值，其关系式如下

$$\varphi=\frac{\beta}{360}-\frac{\sin\beta}{2\pi}$$

$$h=\frac{D_0}{2}\cos\frac{\beta}{2}$$

$$H=\frac{D_0}{2}-h=\frac{D_0}{2}\left(1-\cos\frac{\beta}{2}\right)$$

$$L=2\frac{D_0}{2}\sin\frac{\beta}{2}$$

式中　φ——磨机研磨体填充率；

β——研磨体填充表面对磨机中心的圆心角；

h——磨机中心至研磨体填充表面的距离，m；

D_0——磨机有效内径，m；

L——研磨体面的弦长，m；

H——磨内研磨体填充面高度，m。

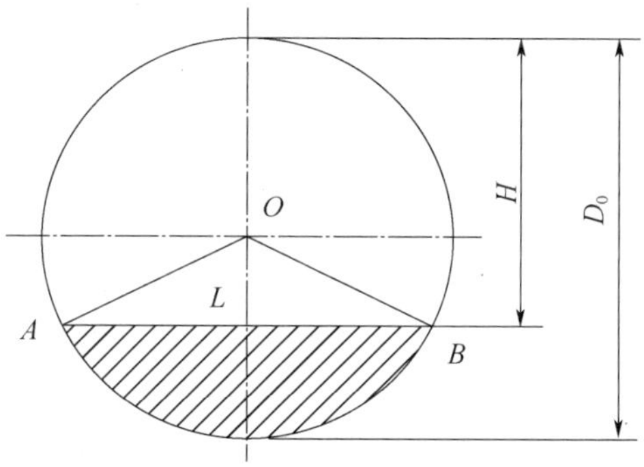

图 3-1-7　研磨体球面中心高 H 和弦长 L

研磨体填充率大于 32%的磨机，还可以采用以下经验公式

$$\varphi_0=113-126\frac{H}{D_0} \tag{3-1-2}$$

式中　φ_0——磨内研磨体填充率，%。

在测量磨内研磨体填充表面高度时，应该注意磨内物料的填充情况。如果物料面高出研磨体 15～20mm，则由计算得出的填充率应减去 2%～4%的误差数。

研磨体的填充率对磨机的粉磨效率有很大的影响，研磨体填充率过高或过低都会导致磨机粉磨效率降低。

影响研磨体最佳填充率的因素较多，如磨机的形式、规格、内部结构特性以及被粉磨物料的性能等。因此，应该在生产中通过试验来求出最佳填充率，并根据影响因素的变化程度进行适当调整。对于二级闭路球磨机和多仓磨机的研磨体填充率，还应该根据各级或各仓粉磨作用的平衡状态适当进行调整。例如，一台三仓磨机在生产中如果显示出粗粉碎能力不足，而细粉磨能力较强，则应适当提高第一仓钢球的填充率而降低第三仓钢锻（球）的填充率，使各仓粉磨作用达到相对平衡。

生产中需要改变产品品种或质量要求时，也应该考虑适当调整研磨体的填充率。

4）研磨体装载量的计算及测定

根据所选择的填充率按下式可以计算其装载量

$$G=V_0\varphi\rho=\frac{\pi}{4}D_0^2L_0\varphi\rho=G_1+G_2$$

$$G_1=\frac{\pi}{4}D_1^2L_1\varphi_1\rho_1$$

$$G_2=\frac{\pi}{4}D_2^2L_2\varphi_2\rho_2 \tag{3-1-3}$$

式中 G——磨内研磨体的总装载量，t；

V_0——磨机筒体的有效容积，m^3；

φ——磨内研磨体的平均填充率，以小数计；

ρ——磨内研磨体的平均堆积密度，一般取 4.5t/m^3；

D_0、L_0——磨机筒体的有效内径、有效长度，m；

G_1、G_2——磨机第一、二仓研磨体装载量，t；

D_1、D_2——磨机第一、二仓筒体的有效内径，m；

L_1、L_2——磨机第一、二仓的有效长度，m；

ρ_1、ρ_2——磨机第一、二仓研磨体的堆积密度，t/m^3；

φ_1、φ_2——磨机第一、二仓研磨体填充率，以小数计。

5）研磨体的级配

（1）研磨体级配的意义

将不同规格的研磨体按一定比例配合装入同一仓中使用，称为级配。物料在粉磨过程中，较大块物料需要研磨体的冲击力大，要求大尺寸的研磨体；较小块的物料需要研磨体的研磨作用强，尺寸小的研磨体数量可多些，与物料接触面积大，研磨作用强。所以为了适应各种不同粒度物料的冲击和研磨作用的要求，增加研磨体对物料的冲击和研磨机会，提高粉磨效率，必须对研磨体进行合理的配合。

（2）研磨体级配的原则

①当入磨物料粒度大、硬度大时，需要增加冲击功，钢球直径要增大；反之，则缩小。产品细度粗，应加大球径，以增加冲击功，加大间隙，加快排料，减少缓冲；反之，应减小球径。

②磨机直径大，钢球冲击高度大，球径可适当减小；磨机相对转速高，钢球提升高度大，相应平均球径应小些。

③粉磨矿渣水泥，当产品细度和普通水泥相近时，一仓球径应小些；在相同情况下，生料磨的球径比水泥磨的球径应大些。

④使用双层隔仓板时，球径应比使用单层隔仓板时为小；选用衬板的带球能力不足时，应增加球径。

⑤一般采用三到五级配球（段仓为两种钢锻），并且大球、小球应少些，中间球应多些，即“两头小、中间大”。

⑥第二仓的最大球径与第一仓的最小球径相等或小一级。总装载量不应超过设计允许的装载量。

（3）研磨体级配的方法

许多水泥粉磨工作者提出了各种各样的配球方法，具有一定的实用性。但由于生产条件的差异及操作条件的波动，要通过不断摸索调整才能得出更为理想的钢球级配。下面介绍其中一种钢球级配方法。

①求出入磨物料平均粒度和最大粒度。

颗粒群的平均粒径用通过量为80%（质量比）的粒径（d_{80}）表示，而最大粒径用通过量为95%（质量比）的粒径（d_{95}）表示。

做各种入磨物料的粒度筛析，求出d_{80}和d_{95}。

一般可用孔径为30mm、20mm、13mm、10mm和5mm的套筛进行熟料或石灰石筛析；用孔径为5mm、4mm、2mm、1mm和0.5mm的套筛进行矿渣筛析。每个编号的筛析结果用粒度特性坐标做出筛孔直径与被测物料通过量（%）的关系曲线（图3-1-8），再查取通过80%物料量的筛孔孔径定为入磨物料的平均粒径d_{80}；通过95%物料量的筛孔孔径定为入磨物料的最大级粒径d_{95}。入磨物料的综合平均粒度等于各入磨物料的d_{80}与各物料在入磨物料中所占百分比乘积之和；入磨物料的综合最大粒度等于各入磨物料的d_{95}与各物料在入磨物料中所占百分比乘积之和。

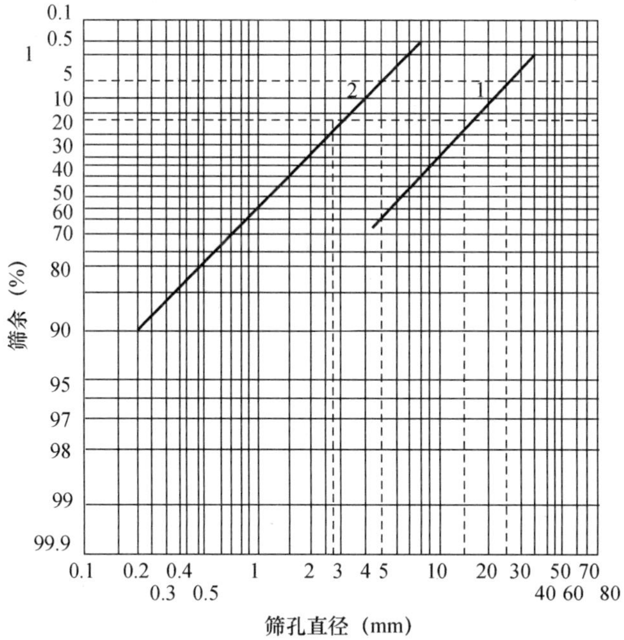

图3-1-8 计算平均粒径用的坐标图

1—熟料粒度分布；2—矿渣粒度分布

②确定最大球径和要求的平均球径

最大球径可按下式计算：

$$D_{max}=28\sqrt[3]{d_{95}} \text{或} D_{max}=28\sqrt[3]{d_{95}}\cdot\frac{f}{\sqrt{K_m}} \tag{3-1-4}$$

要求的平均球径可按下式计算

$$D_{av}=28\sqrt[3]{d_{80}} \text{或} D_{av}=28\sqrt[3]{d_{80}}\cdot\frac{f}{\sqrt{K_m}} \tag{3-1-5}$$

$$D_{av}=28\sqrt[3]{d_{80}}+K_1+K_2$$

式中 D_{max}——最大级钢球的直径，mm；

D_{av}——一仓要求的钢球平均直径，mm；

d_{95}——入磨物料最大级粒度，即95%物料通过的筛孔孔径，mm；

d_{80}——入磨物料80%通过的筛孔孔径，mm；

K_1、K_2——修正值，开路 $K_1=0$，闭路 $K_1=5$；生料磨 $K_2=5$，水泥磨 $K_2=0$；

K_m——入磨物料的相对易磨性系数，见表3-1-2；

f——单位容积物料通过量影响系数，根据每小时的单位容积通过量 K 由表3-1-2查取。

表3-1-2 单位容积物料通过量 K 与 f 值的关系

K（t/h·m^3）	1	2	3	4	5	6	7	8	9	10	11	12	13	14	15	16
f	1.01	1.02	1.03	1.04	1.05	1.06	1.07	1.08	1.09	1.10	1.11	1.12	1.13	1.14	1.15	1.16

$$K=\frac{Q+QL}{V} \tag{3-1-6}$$

式中 Q——磨机生产能力，t/h；

L——磨机循环负荷率，对于开路磨 $QL=0$；

V——磨机有效容积，m^3。

③钢球级配的选择

将计算出的 D_{max}（参考级配原则）圆整成规格直径，依次递减选择4～5级钢球，每一级的比例可按“各种规格钢球质量百分比等于物料相应各粒度级别质量的百分比”的原则确定。

④钢球平均球径的计算

a. 个数平均球径计算法

$$D_n=\frac{D_1G_1T_1+D_2G_2T_2+\cdots+D_nG_nT_n}{G_1T_1+G_2T_2+\cdots+G_nT_n} \tag{3-1-7}$$

式中 D_n——混合钢球的个数平均球径，mm；

D_1、D_2、D_3、…、D_n——各级钢球的直径，mm；

G_1、G_2、G_3、…、G_n——钢球直径分别为 D_1、D_2、D_3、…、D_n 的钢球质量，t；

T_1、T_2、T_3、…、T_n——钢球直径分别为 D_1、D_2、D_3、…、T_n 的一吨钢球个数（各直径钢球的每吨的个数见表3-1-1）。

计算出的平均球径应在要求的平均球径的±1.5mm之内为宜。

b. 质量平均球径计算法

$$D_n=\frac{D_1G_1+D_2G_2+\cdots+D_nG_n}{G_1+G_2+\cdots+G_n} \tag{3-1-8}$$

式中符号意义同上。

⑤钢球级配调整

将计算得到的平均球径与要求的平均球径相比较，调整钢球级配。

⑥二仓钢球级配

其正规做法，与求第一仓钢球的相同，只是最大球径用下式计算：

$$D_{max}=46\sqrt[3]{d_{95}} \text{ 或 } D_{max}=46\sqrt[3]{d_{95}}\cdot\frac{f}{\sqrt{K_m}}$$

为方便计算，通常采用二仓最大级球径比一仓最小球径小一级，且球的配比为两头小中间大的原则配球。球的级数可选为3～4级。

在生产过程中由于入磨物料粒度和易磨性等因素变动较大，因此，钢球级配的平均球径也应该有一个相应的变动范围。在此范围内可采用优选法确定最优钢球级配方案，同时进行一些必要的技术测定，然后加以分析比较，得出在一定生产条件下的最佳钢球级配方案。

6）研磨体合理级配的判断方法

研磨体的装载量和级配是否合理，必须在生产过程中进行检验，如果设计的钢球级配方案能得到优质、高产、低消耗和安全运转的效果，那么这个钢球级配方案就是正确的，否则就需要具体分析原因，并对钢球级配方案重新进行修正。

（1）根据磨机产量、质量情况判断

①磨机产量低、产品细度较粗：有可能是研磨体磨损过大或装载量不足所致。此时，应检查确定添加各种研磨体或更换新的研磨体。

②磨机产量较高，但产品细度较粗：有可能是磨内物料流速太快，冲击力过大，而研磨能力不足所致。此时，宜适当减少大球，增加小球或钢锻，以加强研磨作用，减少研磨体之间的空隙，降低磨内物料流速，使物料能得到充分的粉磨。

③磨机产量低、产品细度较细：可能有两种原因：第一，球径太小，冲击粉碎作用减弱，此时宜适当增大球径；第二，钢球太多，填充率过大，导致冲击力减弱，此时应适当调整钢球装载量。

（2）根据磨内物料存料量情况判断及调整

根据生产经验，磨机第一仓的钢球应露出半个球于料面为宜。若钢球露得太多，说明球径过大，装载量也过多；反之，说明平均球径过小，装载量不足。在细磨仓，研磨体上应覆盖10～20mm厚的料层为宜。若存料过厚，说明研磨体填充率小，反之说明填充率过大。

（3）筛析曲线检查

筛余曲线的绘制方法：在磨机正常喂料的情况下，同时停磨和停料（闭路磨还同时停止粗粉回磨）。打开各仓磨门，沿筒体轴线方向，每隔0.5～1.0m（或每隔1～2块衬板）为一取样断面，断面上料层构成的弦设为取样横线（各仓的进、出料端均设取样横线），并在横线的中心和贴筒壁处各设一取样点（大直径磨机应在取样横线上设4个取样点），在各取样点料面上约10mm深处各取40～50g的小样，综合为一个平均样后，装入编好序号的样品袋内，各仓平均样的个数应为4个以上。将样品袋内的平均样分别混匀，做0.08mm和0.2mm（也可只做0.08mm）方孔筛的细度测定。以筛余值为纵坐标，以沿筒体轴向的取样横线距离为横坐标，标出各样在坐标纸上的位置，将各点连接起来，即筛析曲线，如图3-1-9所示。

研磨体级配适当及操作正常的磨机，其筛析曲线的趋向应当是在一仓入料端有倾斜度较大的下降趋势，而在末仓接近磨机出口时一般较平缓。如果在一仓中筛析曲线下降不显著，说明一仓粉碎能力不足，应调整研磨体的级配。各仓筛析曲线如果出现较长的水平线段，说明这一段物料细度变化不大，粉磨情况不良，应当设法改变研磨体级配或清仓剔除碎小的研磨体。如果隔仓板前后物料的筛析百分数相差太大，也说明两仓能力不平衡，首先应检查隔仓板篦孔宽度是否符合要求，若篦孔宽度超过规定的数值较大，则应更换篦板或堵孔缩小篦孔。若篦孔有堵塞现象，应及时剔除杂物，保持篦孔通畅。为了平衡各仓粉磨能力，也应适当调整研磨体装载量或改变仓位长度。

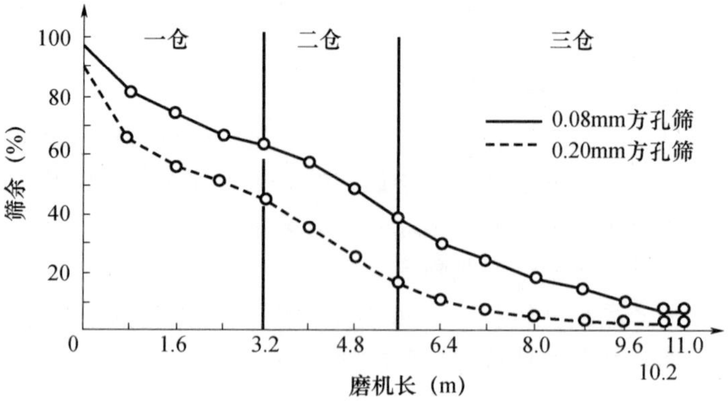

图 3-1-9　磨机筛析曲线

（4）根据磨声判断

现代水泥厂的磨机都配备了电耳可以准确记录磨机工作时声音频率的变化，正常喂料时，若粗磨仓为哗哗声，夹杂着轻微钢球冲击衬板声，细磨仓为沙沙声，表明研磨体级配合理，粉磨情况正常；若粗磨仓钢球冲击声特别洪亮，说明平均球径大，仓内料量过少。声音发闷，说明平均球径太小且装载量不足。二仓正常声音为轻微哗哗、刷刷声。

（5）根据磨机的运转电流判断

在设备正常、喂料量和电压正常，且磨内物料水分含量也正常时，若磨机的运转电流低，表明研磨体装载量少；若运转电流高，表明研磨体装载量多。

7）研磨体的补充

在粉磨过程中，由于研磨体之间，研磨体与物料、研磨体与衬板的冲击和摩擦，研磨体被磨耗，装载量减少，研磨体级配会发生变化。如不及时补充，就会降低产量和质量。所以，磨机运转一段时间后，应向磨机内补充一定质量的研磨机（一般补充该仓最大的一种或两种）。补充的依据及方法有以下几种。

（1）根据磨机产量与单位产品研磨体消耗量补充研磨体

使用这一方法，首先要做好统计工作。在每次重新更换研磨体时，把各仓的研磨体装载量以及后来补充的研磨体量分别记录下来，然后按下式计算：

$$E=\frac{A+B-C}{M} \tag{3-1-9}$$

式中　E——单位产品研磨体消耗量，kg/t；

A——第一次装入磨内的研磨体质量，kg；

B——运转周期内定期补充的研磨体累计质量，kg；

C——清仓时由磨内倒出的研磨体总质量，kg；

M——磨机在运转周期内粉磨的产品总质量，t。

生产中球、段要分别统计，通过多次统计测算，找出规律。由此制定出每月和每个生产周期的研磨体补充量，在日常生产中按此计划补充研磨体。

（2）根据单位时间消耗量补充研磨体

在正常生产情况下，统计得出磨机研磨体的单位时间平均消耗量，然后按此做出每月、每个加球周期的加球计划。日常生产中按此计划补充钢球或钢锻。

（3）根据磨机电动机的电流值降低情况补充研磨体

在磨机正常运转时记录电动机的电流值作为额定研磨体量的相应电流值。当磨机运转一段时间后，由于研磨体的磨损，其质量减少，电动机电流值降低，这时可适当补充研磨体，使电流值恢复到原来的额定球量时的电流值。在每次补充研磨体时都应记录补充前后的电流值，待累积一定数据后就可得出每增加或减少1t研磨体，电动机相应升高或降低的电流值。但同时必须注意因机械传动、电动机性能等变化而影响电动机电流读数变化的因素，以便对补充研磨体的数量加以修正。

（4）通过实测磨内研磨体平面降低的高度来确定补充研磨体

测量磨内球面时，应先停止喂料，待磨机运转20min后再停止运转打开磨门，然后检查并测量球面高度 H（图3-1-10）。磨内研磨体表面不平整时，应同时测量磨机进、出口两端的 H 值，然后求出平均值。采用慢速辅助电动机转动至停磨时，研磨体表面一般呈斜面，则应采用T形活动拉尺置于研磨体面的中心测量 H 值，然后计算出研磨体的实际填充率，并算出磨内研磨体实际装载量。以原设计的研磨体装载量减去磨内的实际研磨体装载量，即应补充的研磨体数量。

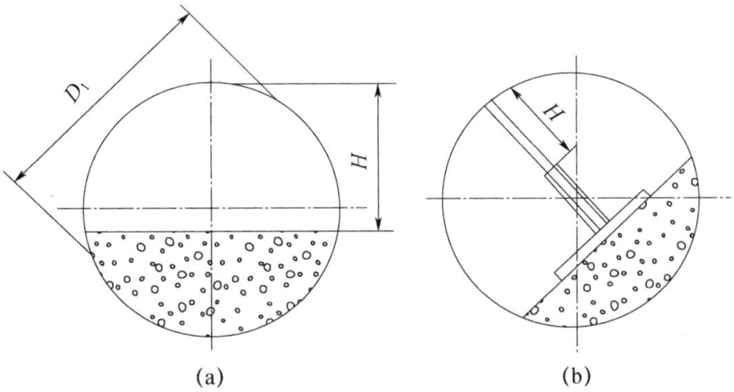

图3-1-10　磨内研磨体填充率测量

（a）球面为水平面；（b）球面为斜面

4. 提高球磨水泥粉磨系统产量和质量的技术途径

1）降低入磨物料粒度、温度和水分

（1）粒度

入磨物料粒度的大小是影响磨机产量的主要因素之一。若入磨物料粒度较大，磨机的第一仓就被迫装入较多的大钢球，以增强冲击粉碎物料。显然，第一仓在一定程度上担负着破碎作用，造成粉磨过程极不合理。由于球磨机的功能利用率很低，而破碎机的功能利用率相对较高，所以入磨物料粒度越大，磨机产量越低，功能消耗越大。

为了提高磨机产量，降低电耗，应将物料在入磨之前经过破碎。石灰石的入磨粒度应小于25mm，最好小于10mm。入磨物料粒度减小后，磨机第一仓可装入直径较小的钢球。在相同的钢球装载量下，增加钢球的个数和总表面积，就能提高粉磨效率。

（2）温度

入磨物料温度高，物料将带入磨内大量的热量，加之磨机在研磨时产生的热能，会使磨内温度过高。水泥产生静电效应易聚集，易黏附在研磨体和衬板上，形成缓冲层，甚至堵塞篦缝，从而降低粉磨效率。引起石膏脱水，水泥产生假凝，影响水泥质量，而且易使入库水泥结块，因此应尽量降低入磨物料温度，同时在粉磨过程中，采取向筒体淋水，磨内喷雾化水方法来降低磨内温度。

磨内喷雾化水方法可以在磨内第一仓和第二仓均设喷水管，喷入少量的雾状水分，在磨内高温（100℃以上）下很快被汽化，由排风机排出磨外，降低了磨内温度，如图3-1-11所示。磨内喷水系统采用PLC有级可调的控制方式，根据出磨物料温度，自动调节喷水量，并将收尘器入口温度也作为控制参数，避免了温度太低造成收尘器结露。整套系统采用全自动控制，操作简单、运行稳定、故障率低，一般不需要人工干预，非常情况下也可人工操作。

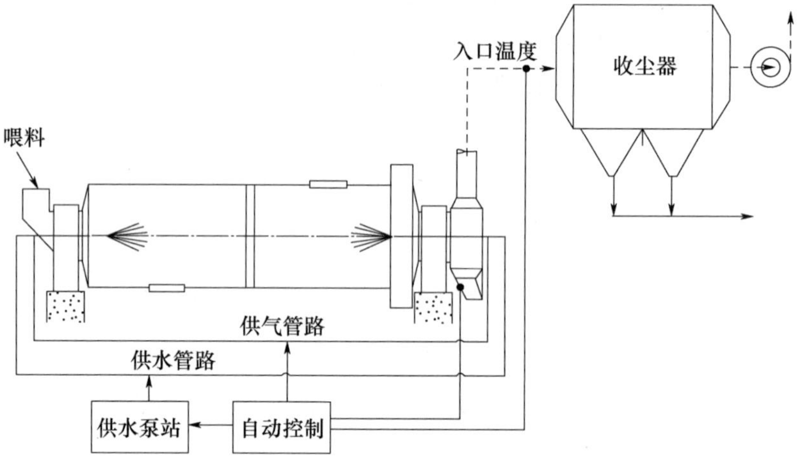

图3-1-11 水泥磨内喷水系统

（3）水分

入磨物料的水分控制为1.0%～1.5%，少量水分，可以降低磨内温度，提高粉磨效率。但入磨物料水分过高，磨内产生的细粉黏附在研磨体和衬板上，并堵塞隔仓板篦缝。

2）调整优化粉磨系统的工艺技术参数

（1）选粉效率和循环负荷

在闭路磨机系统中，选粉后，产品中通过某一标准筛（一般为0.08mm方孔筛）的细粉含量占喂入选粉机物料中通过该标准筛细粉含量的百分数，称作选粉效率。

闭路磨机系统的选粉效率对磨机产量影响很大。适当提高选粉效率，把合格的细粉分离出来得多，磨内的过粉磨现象减少，可改善磨机的粉磨条件，提高粉磨效率。然而选粉效率高，磨机产量不一定高，因为选粉机本身不起粉磨作用。选粉机的作用一定要同磨机的磨作用相配合，才能提高磨机产量。

在闭路磨机系统中，选粉后重新回磨的回料量与选出产品量之比，称作循环负荷率。

循环负荷率在合理范围内增加，意味着磨机的物料通过量增加、循环次数增加、流速快、缓冲作用减弱、过粉磨现象减少，即标志粉磨效率的提高。在实际操作中，如果控制成品细度不变，而增加磨机喂料量时，循环负荷便会相应增加；而保持磨机喂料量不变，使成品细度变细，循环负荷亦将增加。循环负荷率太高，回磨粗粉增加，球料比减小，导致物料缓冲作用增强，粉磨效率下降。所以循环负荷不能无限地增加，只能保持在一个合适的范围内，以保持较高的选粉效率和适宜的球料比，从而获得较高的粉磨效率。操作控制的基本法则是：控制并保持最佳的循环负荷率和选粉效率，以增加磨机产生的精粉量；通过选粉机的调节使产品细度达到规定指标，从而增加磨机喂料量，并保持各参数量的“网络”平衡。

一般将循环负荷和选粉效率控制在以下范围：

一级闭路水泥磨，选粉效率为50%～80%，循环负荷率为150%～300%；

二级闭路水泥磨，选粉效率为40%～60%，循环负荷率为300%～600%。

(2) 磨机通风

加强磨机通风可及时排出磨内微细粉及水蒸气，降低磨内温度，减少过粉磨现象和缓冲作用，同时防止堵塞篦孔和黏球现象，有利于提高磨机产量和产品质量。磨机通风强度以磨内风速来表示，开路磨机磨内风速以0.7～1.2m/s为宜，闭路磨以0.3～0.7m/s为宜。

(3) 研磨体的填充率与级配

在一定范围内，增加研磨体填充率，可以提高磨机产量，但超过一定范围，单位产品电耗反而会上升。因此生产中应根据电耗较低的经济范围，确定研磨体合适的填充率。

研磨体级配合理，可以有效地提高粉磨效率。生产中除根据产量、产品细度的变化以及粉磨过程中磨机仓内料面高度来判断研磨体级配是否合理外，还可以用磨内筛余量曲线分析磨内研磨体级配情况，从而进行调整。

(4) 球料比及磨内物料流速

球料比是指各仓内研磨体质量和物料量之比。球料比过小，说明磨内存料过多，易产生缓冲作用与过粉碎现象。反之，球料比过大，会增加研磨体对衬板冲击的无功损失，降低粉磨效率。通常开路磨机的球料比以6.0左右为宜，闭路磨应小些。生产中，可以通过停磨检查，当一仓钢球大部分露出料面半个球，研磨仓研磨体埋于料面下1～2cm时，可以确定球料比基本合适。

磨内物料流速太快，容易跑粗，流速过慢，易产生过粉碎现象，所以生产中必须把料速控制适当，以提高磨机产量和质量。物料流速可以通过隔仓板形式，篦缝形状及大小、研磨体级配、装载量来调节。

综上所述，在水泥粉磨过程中应通过实践，不断研究、总结，确定合适的研磨体装载量、级配、物料流速、最佳选粉效率和循环负荷等参数，实现水泥优质、高产、低消耗。

3）采用助磨剂

在水泥粉磨过程中，加入少量的助磨剂可以消除细粉黏附和聚集现象，加速物料的粉磨过程，提高粉磨效率，提高产量。

常用的助磨剂有醇胺、多元醇类（如丁醇、乙醇、乙二醇、三乙二醇等）、木质素化合物类、脂肪酸类及盐类。

水泥粉磨使用的助磨剂必须符合水泥助磨剂标准 GB/T 26748—2011 有关的技术标准及相应的检验方法。

助磨剂一般从磨头加入，掺入量不大于1%，通常控制为0.01%～0.1%。

4）采用新型衬板

可采用沟槽衬板、螺旋沟槽衬板、分级衬板、锥面分级衬板、双螺旋形段分级衬板、组合分级衬板、螺旋衬板等各种新型衬板以提高产量，降低电耗，并应根据物料性质、磨机形式、仓别选用不同形式的衬板。

5）分别粉磨

生产水泥的材料即熟料、石膏和混合材料。由于易磨性不同（它们的入磨粒度也不同），在球磨中混合粉磨时，它们的细度变化不一致，在相同的粉磨条件下，易磨性好的物料磨得细些。反之，易磨性差（包括入磨物料粒度大）的物料就磨得粗些。细的物料易在磨内产生过粉碎现象，降低粉磨效率，若将熟料和混合材料根据细度的要求，选择不同的粉磨条件，分别粉磨，磨制达到要求的熟料和混合材料（如矿渣）细粉由混料机混合均匀，则会提高了粉磨效率，产量就提高了。一般用石膏配合熟料同时粉磨。值得注意的是，利用分别粉磨的工艺技术，粉磨后的物料必须混合均匀，避免影响水泥质量。

3.1.3 辊压机系统

1. 辊压机水泥预粉磨系统

为充分利用辊压机料床粉磨的特性，在水泥粉磨工艺中多将其配置于球磨机前作为预粉磨设备，降低入磨物料粒度，改善易磨性，提高粉磨系统的产量。

1）通过式预粉磨

物料一次通过辊压机，因无分级设备，粗颗粒比例偏多，增产、降电耗的幅度受限。

2）循环预粉磨

图 3-1-12 所示为循环预粉磨，是预粉磨系统的基本设备，一部分料饼返回辊压机循环挤压，另一部分料饼进入后续球磨机，循环量一般小于1倍，增产、节电的幅度相对较低。

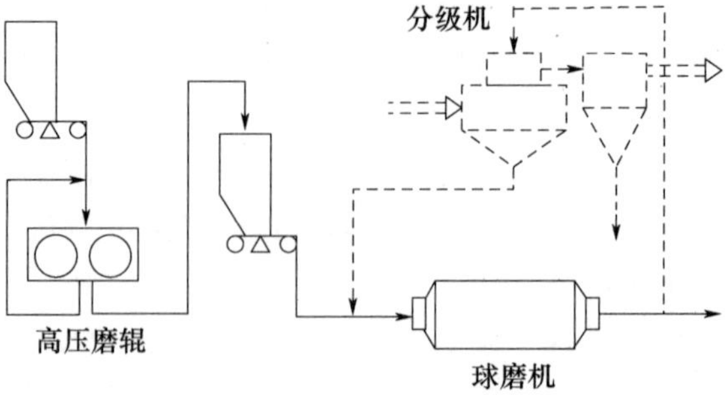

图 3-1-12　循环预粉磨

2. 辊压机水泥联合粉磨系统

利用辊压机、V 形选粉机（或者打散分级机）、球磨机组成循环系统，将物料粉磨到比表面积为 150～200m^2/kg，严格控制入磨物料的最大粒度，充分发挥辊压机的作用，达到系统节能的目的。

这种流程中辊压机和球磨机各自承担的粉碎功能界限比较明确，辊压机对入磨机前的物料挤压，尽量缩小粒径，将挤压后的物料（含料饼）经打散分级打散分选，大于 3mm 的粗颗粒返回挤压机再次挤压，小于一定粒径（3mm）的半成品，送入球磨机粉磨，球磨机系统可以开路（图 3-1-13），也可以闭路（图 3-1-14）。所有水泥成品均由球磨机制备，各粉磨设备之间分工明确，可成倍增产和大幅度节能。

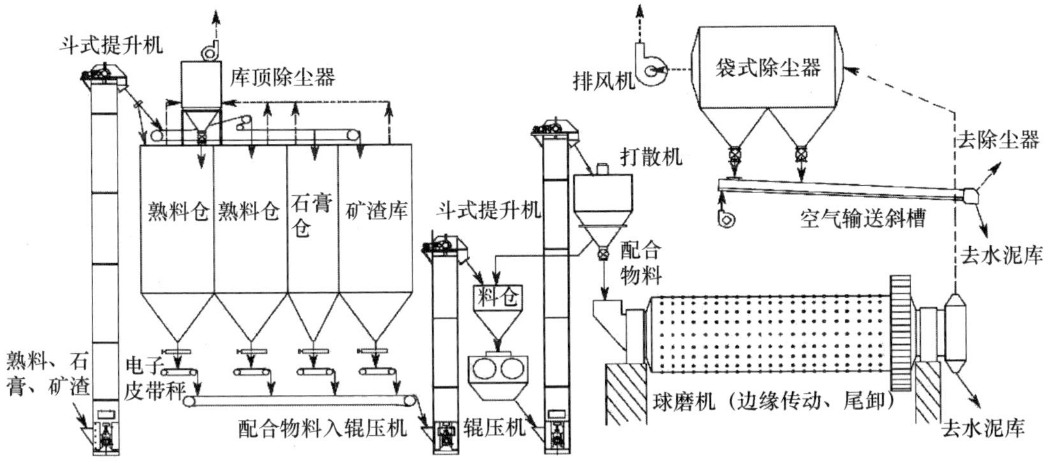

图 3-1-13 联合粉磨开路系统

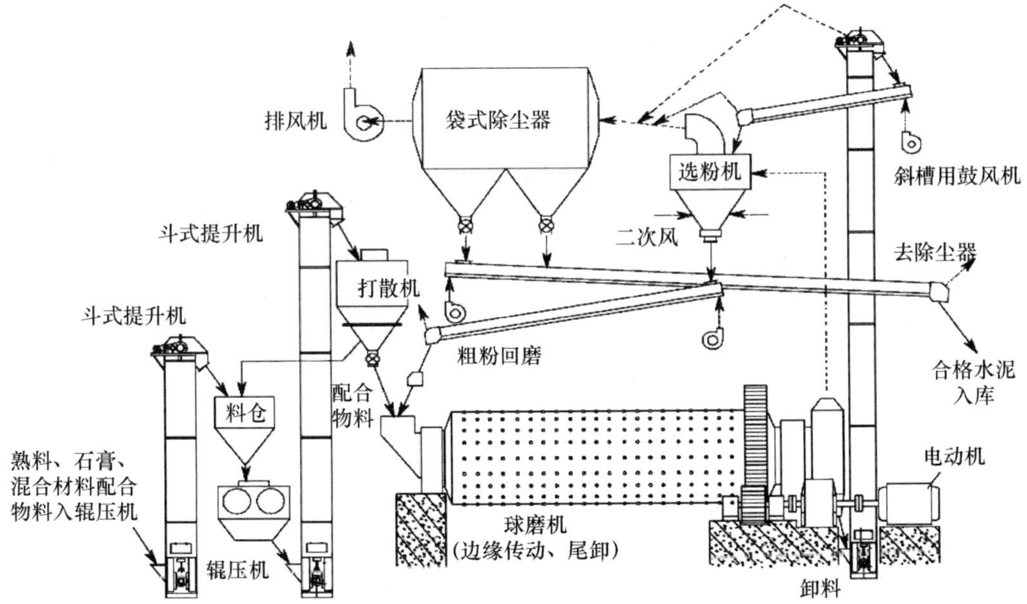

图 3-1-14 联合粉磨闭路系统

3. 辊压机水泥半终粉磨系统

如果将辊压机挤压后的物料经打散送入选粉机，选出一部分成品不再经过磨机粉磨而直接入水泥库，选出的粗粉送进球磨机里进行粉磨，这就是半终粉磨系统，它必须是闭路的，如图 3-1-15 所示。

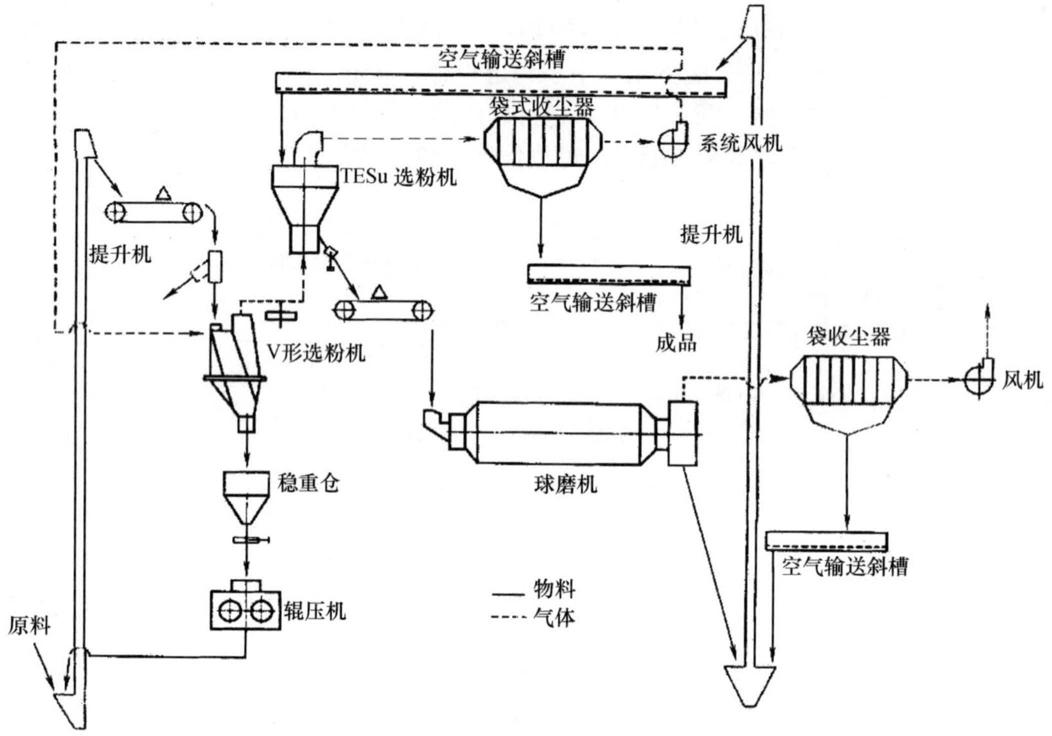

图 3-1-15　辊压机水泥半终粉磨系统

联合粉磨系统和半终粉磨系统的区别在于联合粉磨系统中的半成品直接进入球磨机再粉磨，而半终粉磨系统中的半成品先经过分选，细粉入成品库，粗粉进球磨机。联合粉磨系统和半终粉磨系统的优点是辊压机负担的粉磨任务多，单位吸收功率多，半成品比较细，故增产节能幅度较大，出辊压机的物料粒度得到控制，球磨机配球容易，粉磨效率高。

4. 辊压机水泥终粉磨系统

辊压机水泥终粉磨系统工艺流程简单，操作维护方便，能量利用高，粉磨水泥时单位电耗为 21～24kW・h，耐磨材料的磨耗率在 4g/t 以下。

图 3-1-16 所示是辊压机水泥终粉磨的工艺流程，该系统的特点是辊压机自成系统，取消了球磨机，物料经打散机或 V 形选粉机打散分选，辊压机挤压后，料饼返回辊压机多次挤压，细粉经选粉机、收尘器收集为成品，由于辊压机终粉磨选粉机选出的粗粉粒度较粗，且循环量较大，循环负荷率为 700％～800％时才能达到与球磨机粉磨水泥相同的比表面积，因此要求辊压机能力很大。

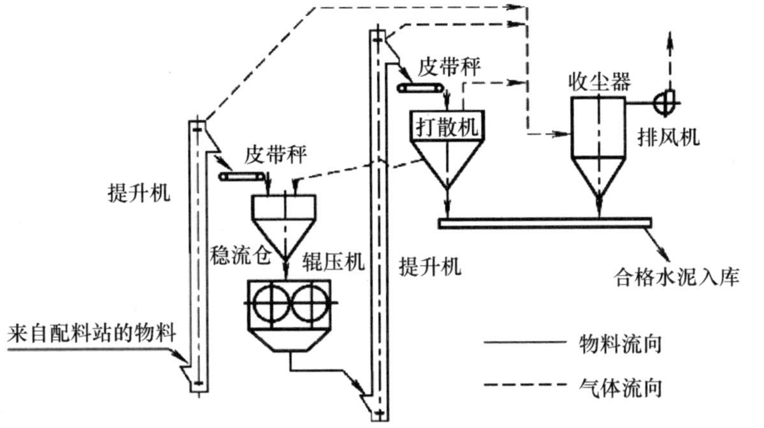

图 3-1-16　辊压机水泥终粉磨系统

辊压机粉磨水泥时，颗粒粒径分布较窄，和易性不好，水泥标准稠度的需水量大，可通过调整选粉机、拓宽水泥的粒径分布来解决。用辊压机做水泥终粉磨，粉磨温度比球磨机低，辊压机终粉磨适合于矿渣粉磨，但辊压机本身不能起烘干作用，因此必须解决好矿渣的烘干问题。

3.1.4　立磨系统

1. 立磨水泥预粉磨系统

立磨预粉磨机较典型的是 CKP 磨，是由日本秩父小野田株式会社与川崎重工合作开发的。此外还有日本宇部的 UVP 磨、石川岛播磨重工的 IS-mill 和三菱重工的 VR-mill 等，这些磨的运转率较高，作为预粉磨机与球磨机组成的水泥粉磨系统，产量可达到原有球磨机的 150%以上，电耗比单独球磨机降低 20%～30%。

CKP 立磨磨辊对物料的啮入角为 12°（辊压机 6°），主机配置功率比联合粉磨系统辊压机小，能效转换指数比辊压机高；磨辊与料床接触面积是辊压机的 3～4 倍，而磨辊与磨盘之间承受的压力仅为辊压机的 1/10～1/3，磨辊、磨盘耐磨材料的磨损量小，使用寿命达 30000h 以上，经 CKP 立磨碾压后出磨物料比表面积可达 180～250m^2/kg，并可控制 20%～60%的出磨物料进行循环，以密实与稳定料床，提高碾压效果，粉磨电耗大幅降低。CKP 立磨上部取消了笼式选粉机，将全风扫上部出料改为下部排料，避免了笼式选粉机高风速、高浓度物料对耐磨材料的冲刷和磨损。图 3-1-17 所示为立磨预粉磨系统。

立式磨水泥粉磨工艺

常见的立磨-球磨机系统配置如下：

1）4000t/d 熟料的水泥粉磨采用立磨-球磨机系统配置

(1) 采用 CKP-240 立磨作为预粉磨机，磨盘直径 ϕ2400mm，磨辊为 3 个 ϕ1640mm×640mm，通过能力 450t/h，功率 2100kW，配 ϕ4.8m×8m 球磨机（2500kW），粉磨系统能力为 180t/h，比表面积为 325m^2/kg，水泥电耗约为23kW·h/t。

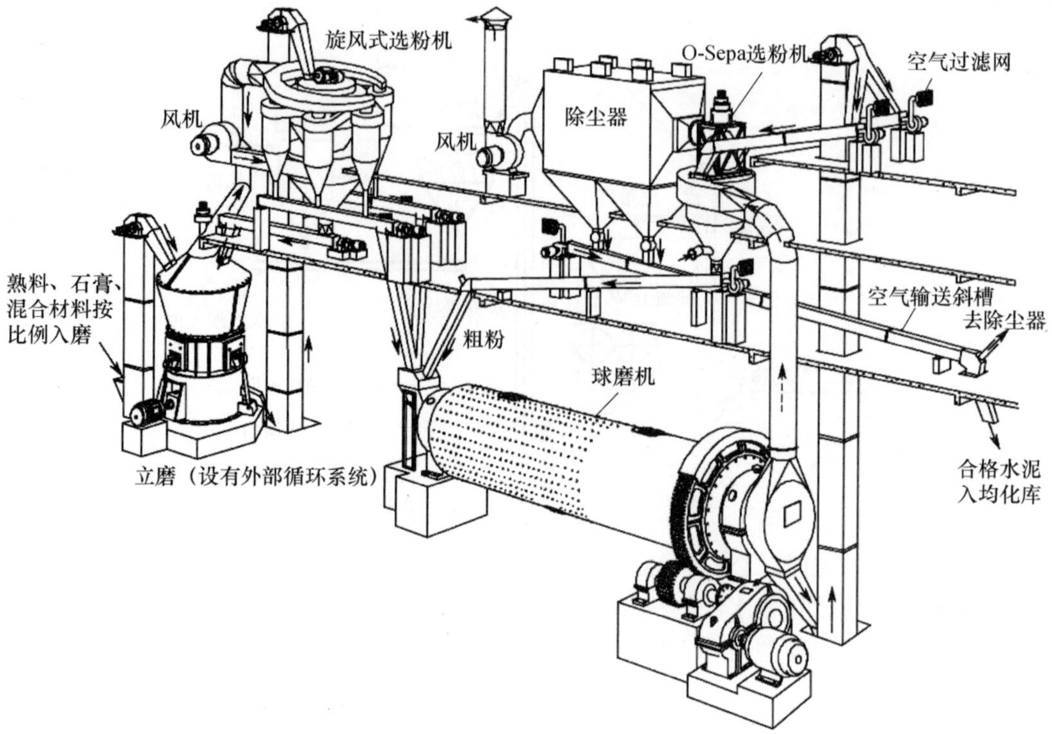

图 3-1-17　立磨预粉磨系统

（2）选用 2 台 CKP-170 立磨作为预粉磨机和 2 台 ϕ3.9m×12m 球磨机，配旋风式选粉机，预粉磨部分成自身闭路系统，利用振筛机将半径小于 2mm 的细粒物料喂入球磨机，水泥粉磨系统产量为 2×120t/h。

（3）采用 CKP-180 立磨作为预粉磨机和 ϕ4.2m×11.5m 球磨机，配 O-Sepa 选粉机 N-2500（风量：2500m^3/min，功率：160kW）。

2）10000t/d 熟料的水泥粉磨采用立磨-球磨机系统配置

采用 TRMK36.4 立磨（2800kW）作为预粉磨机和 ϕ4.4m × 12.5m 球磨机（3550kW），V 形选粉机 V4000（风量：240000m^3/h，处理量：1000t/h），分级机风机（功率：350kW），O-Sepa 选粉机 N-4000（风量：4000m^3/min，功率：160kW）。

2. 水泥立磨终粉磨系统

立磨也可以独立完成水泥粉磨。日本的秩父小野田（Onoda）和神户制钢（Kobesteel）合作在 20 世纪 80 年代开发了 OK Roller mill（OK 磨的含义是 Onoda 和 Kobesteel 的缩写），粉磨熟料时产量为 55～165t/h，磨内配 OKS 高效选粉机，有磨辊反转装置。之后的秩父小野田与川崎重工开发了 CK Roller、三菱重工的 VR-mill、宇部兴产的 Loesch mill，德国莱歇公司（Loesche）、丹麦史密斯公司（L. L. Smidth）等都相继开发了粉磨水泥的立磨，其在工艺流程、动力消耗、粉磨效率等方面与球磨机相比有很大的优越性。目前水泥立磨终粉磨技术在国际上已经得到推广应用，我国天津水泥设计研究院自主研发的国产大型水泥立磨 TRMK45.41 已正式投入使用，磨机运行平稳，各项技术指标已达到设计值，水泥立磨成品的颗粒分布、标准稠度需水量与圈流球磨系统的产品相当，用其配制的混凝土具有良好的工作性能。

立磨水泥终粉磨具有工艺流程简单、产品电耗低、允许入磨物料水分高、运转率高、粉磨效率高、操作维护简单、运行费用低、单机规模大等诸多优点。立磨水泥终粉磨系统如图 3-1-18 所示，熟料、石膏和混合材料按比例配料后，由喂料皮带经锁风阀喂入立磨，物料在立磨中随着磨盘的旋转从其中心向边缘运动，同时受到磨辊的挤压而被粉碎。粉碎后的物料在磨盘边缘处被从风环进入的热气体带起，粗颗粒落回到磨盘再粉磨，较细颗粒被带到选粉机进行分选。分选后的粗粉由内部锥斗返回到磨盘再粉磨，合格的细粉被带入袋式收尘器收集作为成品。部分难磨的大颗粒物料在风环处不能被热风带起，通过排渣口进入外循环系统，经过除铁后再次进入立磨与新喂物料一起粉磨。出收尘器的成品通过空气输送斜槽、提升机等设备送入成品库。磨机通风和烘干需要的热风由热风炉提供，出磨气体通过收尘器净化后由系统风机送出，一部分排入大气，另一部分循环入磨。

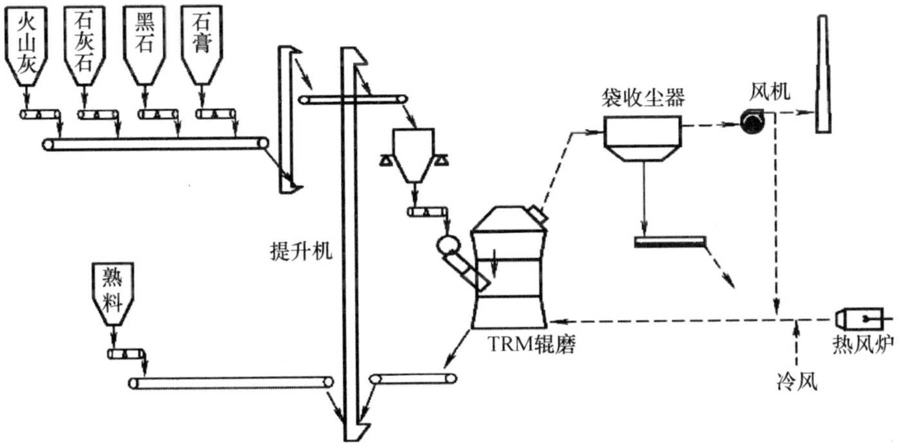

图 3-1-18 立磨水泥终粉磨系统

3.1.5 水泥分别粉磨工艺

在当前工业固体废弃物的利用中，一般将工业废渣与熟料及其他组分物料，按配比一起加到球磨机中共同混合粉磨。由于各种物料易磨性的差异较大，当出磨物料达到工艺要求时，其中某些工业废渣组分的细度并没有达到理想的指标。例如，粉磨矿渣水泥时，矿渣比水泥熟料难磨得多，水泥比表面积达到 300m^2/kg 以上时，水泥中的矿渣粉的比表面积只有 200～250m^2/kg，其水化活性不能在混凝土构件或建筑工程中正常发挥。分别粉磨是将易磨性相差大的物料各自单独粉磨到一定细度后再混合的一种粉磨方式。分别粉磨工艺流程的共同点是必须将矿渣粉磨成矿渣微粉，即比表面积≥380m^2/kg，微粉颗粒 80%≤50μm，其中≤10μm 超细粉占 30%～40%，使矿渣粉的活性得到充分发挥，提高矿渣粉的掺加量，改善水泥性能，降低熟料消耗，达到低碳环保的目的。

1. 球磨机水泥分别粉磨工艺流程及特点

1）工艺流程

在球磨机水泥分别粉磨系统中，工艺流程可以是高细高产球磨机一级开路流程，也可以是普通球磨机加高效选粉机一级闭路流程。采用一台球磨机对熟料和石膏进行粉磨，另一台球磨机对矿渣进行粉磨，然后分别送入熟料粉库和矿渣粉库，根据水泥品种需求进行配制生产，工艺流程如图 3-1-19 所示。或先将混合材磨到一定细度后，送入储存库与熟料配料后共同入磨再粉磨，即得水泥成品，如图 3-1-20 所示。

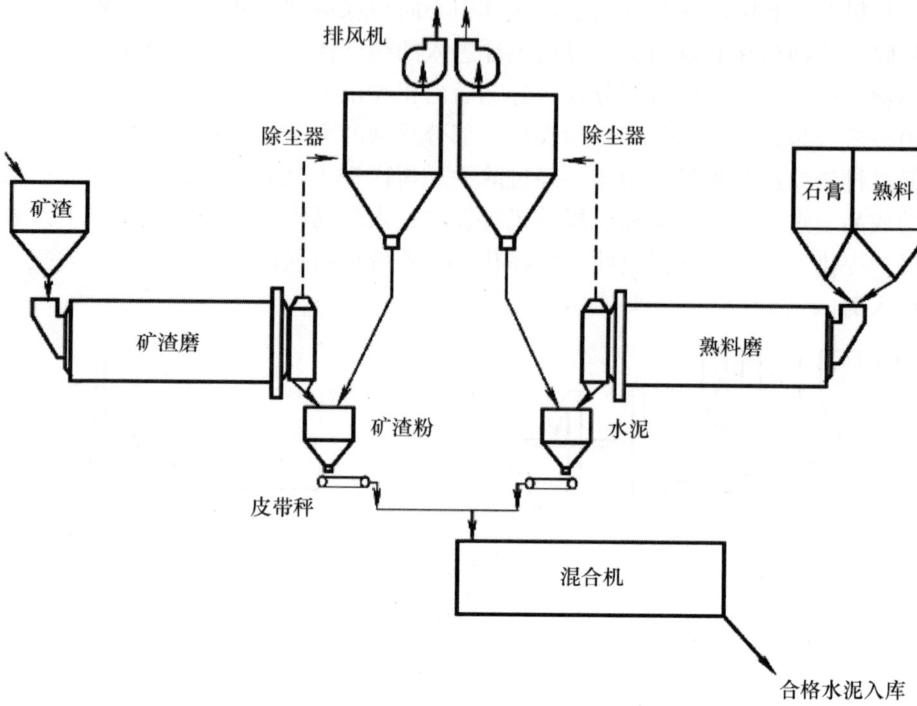

图 3-1-19　球磨机水泥分别粉磨工艺流程（一）

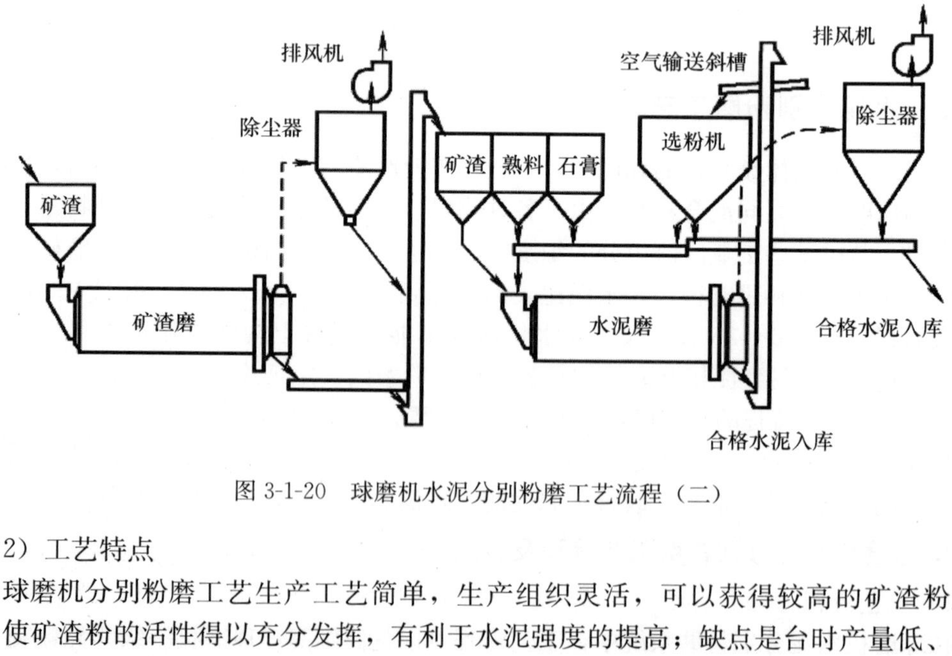

图 3-1-20　球磨机水泥分别粉磨工艺流程（二）

2）工艺特点

球磨机分别粉磨工艺生产工艺简单，生产组织灵活，可以获得较高的矿渣粉磨细度，使矿渣粉的活性得以充分发挥，有利于水泥强度的提高；缺点是台时产量低、粉磨电耗高。采用球磨机系统生产矿渣粉，在相同工艺装备条件下，比粉磨水泥时的产量下降40%～50%。当比表面积控制为400m^2/kg时，粉磨系统电耗在65kW·h/t左右；比表面积控制为500m^2/kg时，粉磨系统电耗在80kW·h/t左右。由于矿渣出炉时经水淬急冷，水分一般在25%左右，经过运输、储存过程，水分仍然为8%～15%，因此矿渣入磨前要增加一套烘干装置对矿渣进行烘干，将入磨水分烘干到2.0%以下，才能达到正常粉磨的要求。如果采用球磨机水泥粉磨系统单独粉磨矿渣时，还需要对粉磨系统做必要的调整和改造，如调整研磨体级配，减小平均球径；适当提高研磨体装载量；缩小隔仓板和出磨回转筛篦缝宽度；选择适合粉磨矿渣的环沟衬板等。

2. 辊压机＋球磨机分别粉磨工艺流程及特点

1）工艺流程

近年来出现了辊压机＋球磨机联合分别粉磨工艺，采用辊压机＋球磨机的联合分别粉磨系统可实现分别粉磨熟料粉和矿渣粉。在粉磨矿渣时采用热风炉提供热风，矿渣经过改进后的V形选粉机实现在线烘干，简化了生产工艺。球磨机粉磨系统可采用普通球磨机一级闭路系统、高细高产磨一级开路系统。

2）工艺特点

辊压机＋球磨机分别粉磨工艺流程的特点是消除了辊压机的边缘效应，满足了辊压机过饱和喂料的要求，同时可以采用“低压大循环工艺”，减小辊压机的工作压力，延长辊套使用寿命，提高运转率。据资料介绍，该工艺流程粉磨矿渣时比普通球磨机分别粉磨工艺流程增产40%以上，降低粉磨电耗10%～15%。近年来辊压机＋球磨机分别粉磨工艺的设备大型化发展较快，ϕ1800mm×1200mm辊压机＋ϕ4.2m×13m球磨机的分别粉磨系统已经投产。存在的问题是由于粉磨熟料和矿渣的工艺条件有一定的差别，要使一个系统同时满足两种物料的粉磨条件，系统需具备较高的兼容性。

3. 辊压机＋球磨机和立磨组成的分别粉磨工艺流程及特点

1）工艺流程

辊压机＋球磨机和立磨组成的水泥分别粉磨工艺流程中，辊压机＋球磨机联合粉磨（或半终粉磨）系统粉磨熟料和石膏，立磨系统粉磨矿渣，其特点是两个系统比较独立，辊压机＋球磨机粉磨系统既可以生产熟料粉，也可以直接生产水泥成品。在生产水泥时，通过调配库将熟料、石膏和混合材进行配料后进入粉磨系统进行粉磨，水泥成品可以通过输送系统直接送入水泥成品库。

2）工艺特点

辊压机＋球磨机和立磨组成的水泥分别粉磨工艺集成了目前国内水泥粉磨和矿渣粉磨两大先进的工艺系统。近年来，通过对辊压机＋球磨机联合粉磨（或半终粉磨）系统工艺和设备的创新和持续改进，目前工艺技术日臻成熟，台时产量提升和电耗下降明显。

采用立式磨粉磨矿渣具有生产工艺简单，节电效果明显，对矿渣入磨水分的适应性好等特点，烘干、粉磨、选粉均在磨内完成。在粉磨系统中设置有热风炉提供热风将矿渣在磨内烘干，不用单独设置离线烘干设备，且物料的烘干效果好。立式磨在操作时为了稳定料层，设计有喷水装置，用立式磨粉磨水分为8%～15%的湿矿渣可以减少粉磨时的喷水量，如果在操作上能够稳定料层，可以不用喷水，降低生产成本。

4. 配制水泥的工艺流程及特点

1）工艺流程

常见的配制水泥有双库底配制和单库底配制两种生产工艺。双库底配制水泥生产工艺，是将通过分别粉磨获得的熟料粉和矿渣粉分别储存于熟料粉库和矿渣粉库，在这两个半成品库下安装给料计量设备和混料设备，按水泥品种的要求进行计量后进入混料机搅拌，生产出的成品通过输送系统进入水泥成品库。单库底配制水泥的工艺流程是将分别粉磨后的一种物料单独设一储存库，另一种粉磨后的物料不设储存库，给料、计量和混料设备安装于没有储存库的粉磨系统的尾部，储存库内的物料按水泥品种指标要求通过给料、计量设备配料后输送到混料机入料口，与粉磨后的物料经混料机搅拌为成品水泥，通过输送系统进入水泥成品库。

2）工艺特点

双库底配制工艺和单库底配制工艺均可实现配制水泥的生产，满足不同水泥品种的质量指标要求。双库底配制工艺可使分别粉磨后的熟料粉和矿渣粉分别入库，在库下进行计量和配制，不受前段粉磨工序生产与否的影响，只要储存库内有物料就可以进行配制水泥的生产，品种转换快且转换成本低，有利于生产组织。但这种配制水泥工艺中需增加两个半成品库及配套的工艺设备，投资费用较大。单库底配制工艺由于在粉磨能力较大的粉磨系统后设计有储存库，因此可平衡和发挥两条粉磨系统的生产能力，由于减少了一个半成品储存库，因此工艺流程相对简单，投资减少，但粉磨系统停机对生产的影响相对较大。在水泥的配制生产中，计量的准确和混合的均匀是保证产品质量的关键。

任务 3.2 水泥粉磨系统操作控制

3.2.1 水泥粉磨系统开车、停机操作

1. 水泥粉磨系统开车前检查与准备

水泥粉磨系统的全部设备，在启动前，都应做认真的检查和调整工作。

1）现场设备的检查

(1) 润滑油及油量的检查及调整

润滑油量应达到设备的要求，既不能过多，也不能过少。油量过多，会引起设备发热；油量过少，设备会因缺油而损坏。另一方面，要定期检查、补充、更换润滑油。用油的品种、标号不能错，而且要保证油中无水、无杂质。

润滑油及油量主要检查的项目有以下几点：

①水泥磨主轴承稀油站的油量要适当，油路要畅通；

②水泥磨减速机稀油站的油量要适当，油路要畅通；

③所有设备的传动装置，包括减速机、电动机等润滑点要加好油；

④所有设备轴承、活动部件及传动链条等部位要加好油；

⑤所有电动执行机构要加好油；

⑥检查油质是否变劣，确定换油与否；

⑦箱（机）底部所有放油（水）孔，拧紧堵孔螺栓。

（2）设备内部、人孔门、检查门的检查及密封

在设备启动前，要对设备内部进行全面检查，清除安装或检修时掉在设备内的杂物，以防止设备运转时卡死或损坏设备，造成不必要的损失。在设备内部检查完后，将所有的人孔门、检修门严格密封，防止生产时漏风、漏料、漏油等。

（3）闸门

各物料定量给料机进口棒闸要全部开到适当的位置，保证物料的畅通。

（4）重锤翻板阀的检查与调整

所有重锤翻板阀要根据磨机不同负荷进行调整，重锤位置调整要适当，使翻板阀受到适当的力时，能自动灵活地打开，松手后能关闭严密。

（5）所有阀门的开闭方向及开度的确认

①所有的手动阀门在设备启动前，首先确认开关位置，并做开关位置标识，然后打到适当的位置。

②所有的电动阀门，首先在现场确认开关位置、运转是否灵活、阀轴与连杆是否松动，然后由中央控制室进行遥控操作，确认中控与现场的开闭方向是否一致，开度与指示是否准确。如果阀门带有限位开关，还要与中控室核对限位信号是否有返回。

（6）冷却水系统的检查

冷却水系统对设备保护非常重要。在设备启动前检查管路阀门是否已打开，水管连接部分要保证无渗漏，特别是磨机主轴瓦和润滑系统的油冷却器，不能让水流到油里去。对冷却水量要进行合理地控制。水量过小，会造成设备温度上升；水量过大，造成不必要的浪费。

（7）设备的紧固检查

检查设备的紧固情况。如磨机的衬板螺栓、磨内螺栓、基础地脚螺栓、提升机链斗固定螺栓等不能出现松动。设备的传动易松部位，都要进行严格的检查。

（8）压缩空气的检查

检查各用气点的压缩空气管路是否能正常供气，压缩空气压力是否达到设备要求，管路内是否有铁锈等杂物，若有则需清理。

2）现场仪表的检查

现场设有许多温度、压力及料位等仪表，可以帮助有关人员及时了解设备的运行状态。在开车前，都要进行系统的检查，并确认电源已供电和是否有指示。如果与中控有联系，还要与中控人员联系，核实联系信号的准确性。

3）水泥库进料前的检查

水泥库进料前必须进行认真的检查，若有问题，应彻底解决，以免造成水泥库进料后，有了问题难以处理。检查项目如下：

（1）库内充气箱采用涤纶织物作为透气层，很容易机械损伤、焊渣烧坏、长期受潮强度下降等，因此必须认真检查透气层是否有破损、小风洞、箱体边缘是否有漏气，以

免进料后，充气箱透气层损坏使充气箱无法充气。

（2）水泥库内各管道接头、焊缝处，要用肥皂水检查是否有漏气，以免进料回流到罗茨鼓风机内，造成转子损坏。

（3）充气箱固定和管道是否牢固，箱底与基础面接触是否整合，以免进料后因受力不均而变形，造成管道漏气。

（4）水泥库内进人检查时要穿软底鞋，库内、库顶施焊时，应用石棉板覆盖充气箱，或在库底铺一层水泥或细砂覆盖充气箱，以免烧坏透气层。

（5）水泥库底板预留有管道孔洞，在管道安装后，用钢板焊死，孔隙用混凝土浇筑。

（6）施工后，水泥库内比较潮湿，进料后，水泥会粘结在水泥库壁或结块，影响水泥出料的顺畅。因此，必须确保水泥库顶及库壁不能渗漏水，在水泥库进料前应启动库底罗茨鼓风机向库内充气，直至库内不再潮湿，充气时应打开各人孔门。

（7）检查管道布置是否与设计一致。

（8）检查完成后，务必清除库内杂物，如砖石、钢丝、棉纱等。

（9）密封库侧人孔门，不得漏料。

（10）检查库底罗茨鼓风机出口安全阀是否能按要求泄气。

系统启动前的准备工作完成后，即可以根据实际情况，启动所有的设备。

2. 水泥粉磨系统正常开停车

1）球磨机系统正常开停车

（1）球磨机系统正常开车操作

①中控操作员确认现场除磨主机外，一切设备都备妥，通知空压机站供风，并与现场岗位工联系，检查未备妥的设备；

②按化验室通知入库进行库选，打开相应的库顶收尘器，通知库顶工核实。注意生产中不得切换库顶双路阀门；

③通知现场单仓泵工确认进气压力达 4.5kgf/cm²，手动送泵 2～3 次；

④选择油泵系统，若室温低于 10℃时，提前 2h 通知现场磨工启动加热器，注意温度不得超过 50℃，并注意观察各油压情况；

⑤操作前关闭所有电动阀门；

⑥启动收尘及回灰组，注意观察电流情况；

⑦启动选粉机组，启动提升机组，注意观察电流情况；

⑧正常后，按次序打开阀门开度，提高选粉机转速，并观察是否稳定；

⑨通知现场巡检工慢转磨机，确认中空轴已带油后，磨主机备妥；

⑩启动磨主机，注意观察电流的情况；

⑪15min 内启动喂料机组，按指标调整物料配比，按磨声、提升机功率调整喂料量，并调整参数状态；

⑫非紧急情况不得按紧急按钮；

⑬通知调度、化验室，磨主机运行；

⑭视具体情况，通知现场启动磨内喷水；

⑮开车正常后，及时与化验室联系调整参数，保证细度、混合材、SO_3控制在指标

范围之内，在保证质量的前提下，提高台时产量，降低消耗；

⑯及时观察各个设备电流情况，与岗位工保持联系，保证设备正常运转。

(2) 球磨机系统正常开车顺序

正常的开车顺序是逆流程开车，即从进水泥库的最后一道输送设备起顺序向前开，直至开动磨机后再开喂料机。注意：在开动每一台设备时，必须等前一台运转正常后，再开下台设备。开车前的准备工作完后应确保正常无误，磨机启动前先启动减速机和主轴承的润滑油泵及其他润滑系统。

开车顺序大致为：磨机润滑油泵机组启动→单仓泵组的启动→启动收尘组→选粉机组启动→提升机组的启动→磨机组启动→喂料组的启动→根据品质部的要求调整各物料的比例并设定喂料量→系统稳定后，注意观察系统的各个环节，勤与现场联系，精心调整，使磨处于最佳的工作状态。

(3) 球磨机系统正常停车操作

①人工手动将喂料量拨至零位，确认止料，停喂料系统；

②止料后10～15min停磨主机，通知现场慢转，严格执行间隔时间，每次运转半圈；

③适当关小磨尾排风机开度为10%～30%；

④15min后停提升机组；

⑤将选粉机调速表恢复零位，关闭循环风机阀门、停选粉机机组；

⑥30min后停收尘及回灰组，并关闭各电动阀门；

⑦通知现场手动单仓泵仓满指示机构，送至空泵3～5次；

⑧停库顶系统，通知空压机停；

⑨停稀油站，备用油泵自动开泵，延续48h；

⑩与调度、化验室联系，告知磨主机系统停车。

(4) 球磨机系统停车顺序

确认停车范围及停车时间及停车原因：将喂料量设定值降到“0”→确认磨机处于低负荷运转→磨机组停磨主电动机停车，磨机轴承的高压油泵自动启动→合上辅助传动离合器，用辅助传动间隔慢转磨机→出磨收尘器组的停车（慢慢关闭排风机进口阀门）→提升机组停车→选粉机组停车→单仓泵组停车→水泥磨稀油站组停车。

2) 辊压机+球磨机系统正常开、停车

(1) 辊压机+球磨机系统正常开车操作

①确认水泥制成系统运转前的准备工作已完成；与化验室联系，确认喂料配比和水泥进库号；确认压缩空气站已正常运转；

②确认辊压机运转前的准备工作已完成；

③确认阀门的位置；

④启动辊压机润滑系统组（选择要启动的油泵、启动液压油站、启动干油润滑系统、启动辊压机主减速机稀油站），注意油压和供油情况；

⑤与现场联系确认选择的油泵管路阀门是否打开，检查油箱的油温，如油温低，稀油站油箱要加热；

⑥启动磨机润滑系统（选择要启动的油泵、启动磨机滑履轴承稀油站、启动主减速

机稀油站、启动主电动机稀油站、滑履轴承低压油泵运行正常后，自动启动滑履轴承高压油泵)，注意油压和供油情况；

⑦启动选粉机润滑系统（选择要启动的油泵、启动选粉机稀油站）注意油压和供油情况；

⑧启动水泥磨机收尘系统组（启动排风机、启动斜槽风机、启动气箱脉冲收尘器)，调节排风机进口阀门开度至合适位置，注意观察风机轴承温度和电流、气箱脉冲收尘器料斗料位信号；

⑨启动出磨物料选粉及循环输送组（启动斜槽风机、选粉机、斜槽风机、斗式提升机、斜槽风机)，调节排风机进口阀门开度至合适位置，注意观察风机轴承温度和电流；

⑩启动水泥磨组，注意启动电流、磨声。如果磨机一次未启动，进行检查后再进行第二次启动，两次启动间隔时间不少于 40min；

⑪启动辊压机系统组，确认电动三通打向辊压机系统、斜槽风、循环风机、金属探测仪、带式输送机、斗式提升机、辊压机、气动平板闸阀，调节排风机进口阀门开度至合适位置，注意观察风机轴承温度和电流、斗式提机电流；

⑫启动水泥配料输送组（启动单机收尘器、除铁器、带式输送机、定量给料机)，根据化验室要求设定原料配比，根据斗提机电流、磨声随时调整喂料量，单机收尘器单独启动；

⑬系统稳定后，投入自动调节回路。

(2) 辊压机＋球磨机系统正常开车顺序

正常的开车顺序是逆流程开车，即从进水泥库的最后一道输送设备起顺序向前开，直至开动磨机后再开喂料机。

确认系统准备工作已完成→辊压机润滑系统组启动→磨机润滑系统启动→选粉机润滑系统启动→水泥成品输送组启动→水泥磨机收尘系统组启动→出磨物料选粉及循环输送组启动→水泥磨组启动→辊压机系统组启动→水泥配料输送组启动→系统稳定后，投入自动调节回路。

注意：在开动每一台设备时，必须等前一台运转正常后，再开下台设备。开车前的准备工作完后确保正常无误，磨机启动前先启动减速机和主轴承的润滑油泵及其他润滑系统。

(3) 辊压机＋球磨机系统正常停车操作

①将调节回路改为手动；

②将系统喂料量给定值降到“0”，慢慢减小循环风机、排风机进口阀门开度；

③根据斗式提升机电流下降、辊压机电流下降、磨声高、选粉机电流下降，确认磨机处于低负荷运转；

④水泥配料输送组停车（定量给料机同时停车、延时 25s 停带式输送机、停除铁器、停单机收尘器)；

⑤辊压机系统组停车（当称重仓中的物料量降至 5t 左右时停气动平板闸阀，停辊压机，延时 50s 停斗式提升机，延时 10s 停带式输送机，停金属探测仪，停循环风机，依次延时 5s 停斜槽风机)，关闭风机进口阀，卸空输送设备上的物料；

⑥水泥磨停车前，先给一个预停磨信号，自动启动滑履轴承高压油泵，待高压油泵

启动正常后，才停磨机主电动机；

⑦合上离合器（机旁操作），用辅助传动间隔慢转磨机；

⑧出磨物料选粉及循环输送组停车（停斜槽风机、延时30s停斗式提升机、延时5s停斜槽风机、停选粉机、延时55s停斜槽风机）；

⑨水泥磨机收尘系统组停车（停气箱脉冲收尘器、停槽风机、停排风机），关闭风机进口阀，卸空输送设备上的物料；

⑩选粉机润滑系统停车；

⑪在磨机慢转停止后，且磨机筒体温度接近环境温度时，磨机润滑系统停车；

⑫辊压机润滑系统停车；

⑬水泥磨系统停车后，要对系统进行全面检查及检修。

（4）辊压机＋球磨机系统正常停车顺序

将调节回路改为手动→将系统喂料量给定值降到“0”，慢慢减小循环风机、排风机进口阀门开度→确认磨机处于低负荷运转→停水泥配料输送组→停辊压机系统组→停水泥磨→用辅助传动间隔慢转磨机→停出磨物料选粉及循环输送组→停水泥磨机收尘系统组→停水泥成品输送组→停选粉机润滑系统→停磨机润滑系统→停辊压机润滑系统。

水泥磨系统停车后，要对系统进行全面检查及检修。

3）立磨系统正常开、停车

磨机启动前首先要预充料，预充料的多少关系到磨机是否能顺利启动。预充料多时易引起磨机振动大而跳停，预充料太多时可能压死磨盘。预充料太少时会使磨机辊位偏低，造成限位报警而停磨。预充料的多少要视磨辊的间隙、物料的粒度和易磨性等情况而定。

确认系统符合启动条件，按操作规程规定的启动顺序启动系统，系统启动顺序大致为：稀油站组→库顶收尘器组→输送组→循环风机组→选粉机组→磨机组→喂料组→物料外循环组→磨机喷水组。

停机顺序与开机顺序相反，磨机正常停车时，通常由入磨皮带上的料流开关来控制。一般计划停机时将自动控制转为手动控制，先调低入磨热风，按工艺流程依次关闭各组设备。

3. 水泥粉磨系统故障停车和紧急停车

在设备运行过程中，由于设备突然发生故障、电动机过载跳车、现场停车按钮误操作等原因，系统中的全部或部分设备会连锁停车。另外，在紧急情况下，为了保证人身和设备的安全，使用紧急停车，也会使整个系统连锁停车。为了保证设备能顺利地再次启动，必须采取必要的措施。

1）设备突然停车时的基本程序

（1）马上停掉与之有关的部分设备。为防止喂料计量仓料满，迅速将气动分料阀打到旁路至磨机入口，并降低喂料量。

（2）为防止磨机变形，应尽快恢复稀油站组设备的运行。

（3）尽快查清原因，判断能否在短时间（30min）内处理完，以决定再次启动时间，并进行相应的操作。

2）设备紧急停车操作程序

当出现紧急情况时，需要系统全部停车。设备紧急停车后，应对喂料量设定值、供油压力、阀门位置和开度等进行调整。故障排除后，恢复系统运行。

处理完紧急情况，再次启动时需注意：由于系统在紧急情况下停车，各设备内积存有物料，因此再次启动时，不能像正常情况那样立即喂入物料，要在设备内物料输送完后，才开始喂料。

3）停车后的注意事项

（1）停车前要做好上、下工序联系和确认；

（2）在停车前必须将物料处理干净；

（3）停车后要全面检查，发现问题及时处理，为下次开车做好准备。

3.2.2 水泥粉磨工艺操作

1. 对水泥粉磨工艺的操作要求

水泥粉磨对入磨物料物理性能、出磨物料的品质是有要求的，只有良好的设备状况和操作条件才能实现优质、高产及较低的电耗、磨耗等，具体要求如下。

1）入磨物料温度的控制

刚刚出窑的熟料温度较高，物料温度超过 80℃不允许入磨，最好冷却到 50℃以下再去粉磨，以免造成出磨水泥温度过高。出磨水泥温度不宜超过 120℃，大型水泥球磨目前多采用向磨内喷水冷却的方法降低磨内物料温度，立磨内喷水还起到稳定料床的作用。喷入磨内的水必须雾化好，而且应视磨内实际温度决定喷水量和是否喷水。否则，过多的喷水量或雾化不好反而增加磨内物料含水量而导致粉磨状态恶化。

2）水泥细度的控制

水泥细度控制使用方孔筛筛余和比表面积两个指标。其中，硅酸盐水泥和普通硅酸盐水泥以比表面积表示，不小于 300m^2/kg；矿渣硅酸盐水泥、火山灰质硅酸盐水泥、粉煤灰硅酸盐水泥和复合硅酸盐水泥以筛余表示，80μm 方孔筛筛余不大于 10%或 45μm 方孔筛筛余不大于 30%。一般认为，对水泥强度的发展起重要作用的是 3～32mm 的颗粒，闭路磨水泥颗粒分布较窄，既没有多少微粉，也没有多少大颗粒，选粉机的效率越高，这种现象越明显。采用高效选粉机时，80μm 方孔筛筛余应控制小些，否则比表面积太小，水泥强度难以提高。

3）磨机喂料量的控制

在磨机启动时，喂料量应该由少到多逐渐增加，到磨机进入正常状态为止；若喂料不当，会发生满磨。磨机在正常运转时，要尽量做到喂料均匀，影响磨机操作的因素非常多，所以要根据各种情况的变化及时调整喂料量。

（1）根据水泥磨的计划产量和细度要求控制喂料量

在确保水泥细度和比表面积的前提下，要提高产量，需加大喂料量。磨机运行时要经常查看物料的粒度以及料仓压力等变化，并根据其变化情况及时调整喂料量。当发现入磨物料的粒度增大、易磨性变差时，应减少喂料量，否则磨机不容易“嚼烂”而造成饱磨；反之，可适当增大喂料量。根据细度调整喂料时，若入磨物料粒度、水分等无变化，而产品细度变粗，说明喂料量过多，研磨能力不足，应适当减小喂料量；反之适当增加喂料量。

(2) 配比控制

水泥中的SO_3含量高低，可反映磨制水泥时石膏掺入量的大小。石膏在硅酸盐水泥中主要起调节凝结时间的作用，它的掺入可抑制熟料中C_3A所造成的快凝。过高的SO_3含量会导致混凝土的膨胀，对硬化水泥石结构产生破坏作用。因此，水泥中SO_3含量应当合适，而且要严格控制。国家标准规定，水泥中SO_3含量不大于3.5%，矿渣硅酸盐水泥中SO_3含量不大于4.0%。生产中根据化验室定时检测的水泥中SO_3含量来调整石膏加入量。

混合材的掺加量，与水泥品种、熟料质量和混合材的品质有关。各种混合材的掺加量也要根据化验室的测定数据进行设定、调整。通常矿渣和沸腾炉渣是采用测定水泥中酸不溶物法确定其加入量，磨机操作员根据给定指标来调节库底电子皮带秤，改变混合材的喂料量。

4) 其他要求

入磨熟料、混合材和石膏除了符合化学成分和配比要求以外，还要求入球磨粒度不得大于30mm，入辊压机粒度不大于45mm，混合材水分含量不大于2%。

2. 球磨机系统常见故障诊断及处理

1) 水泥磨“包球”

包球又称糊球，生料粉磨中不太常见，多发生在水泥磨上。在水泥的粉磨过程中，产生的细小颗粒在磨内温度较高时会产生静电吸附，凝聚并黏附在研磨体和衬板表面上，黏附有物料的研磨体冲击力减弱。这种现象称为包球或“物料包层”。对研磨体的冲击和研磨起缓冲作用，使粉磨效率低，电耗增高。

有些矿渣较湿也产生包球，也称为糊球、糊磨，征象是磨声低沉，有时发出“呜呜”的响声，出磨气体水汽大，磨尾出料端冒水蒸气，研磨体、衬板表面粘上一层细粉，还堵塞隔仓板篦孔，产品中有薄片状物料。出磨物料和气体温度较高，磨机粉磨能力减弱。磨机出口轴瓦温度高（仪表显示有时达80℃）。水分过大产生的包球，发展到糊磨则可能产生饱磨。

产生包球的原因及其解决的办法如下。

①若因物料流速慢，入磨熟料温度高，磨内无喷水或磨体未用淋水冷却，致使磨内温度过高，引起研磨体静电吸附现象加剧，产生缓冲垫层。解决办法是降低熟料温度、加强通风、喷水降温。

②若因入磨物料水分太大，使细粉黏附在研磨体的表面，则应加强对物料的烘干，改用干矿渣，使之逐渐消除包球。

③若因通风不良，磨内水汽不能及时排出，导致磨内物料过湿而包球，应及时清理风管，改善通风。

“包球”和“饱磨”的表面现象没有太大的区别，听起来都是磨声发闷，仪表显示电流下降，磨机产量大减。但“饱磨”和“包球”又不完全一样，“饱磨”时，出磨物料比较潮湿，除尘器易结露；“包球”时出磨物料和气体温度较高，磨尾筛（出料端）冒水蒸气，产品中有薄片状物料，同时磨机出口大瓦温度很高（仪表显示有时达80℃）。

包球现象与温度有关，温度越高，包球现象越严重，如当磨内温度达到121℃时，物料被磨到比表面积为120～150m^2/kg时就会产生包球现象。这说明，当磨内温度过高时，甚至较大颗粒的物料也会产生包球。采用磨内喷水后，磨内温度降低，可防止产生包球、糊球。

2）出磨水泥温度过高

（1）水泥球磨机出磨水泥温度过高的原因

①由于大量的研磨体之间，研磨体与衬板之间冲击、摩擦，从而产生大量热量，使水泥温度升高；

②通风不好，或者由于工艺条件限制使得通风量不够，不能及时带走磨内热量，使出磨水泥温度提高；

③由于球磨机大型化，单位水泥产量筒体表面散热比例变小，不能有效排走热量，从而使得出磨水泥温度提高；

④入磨物料温度太高使出磨水泥温度提高；

⑤水泥细度要求过细，球磨机内物料流量下降，物料带走热量大幅下降，使得出磨水泥温度上升；

⑥由于季节气温高，造成进磨物料温度高和系统散热慢，最终形成磨内和成品水泥温度升高。

（2）出磨水泥温度过高的危害

①引起石膏脱水成半水石膏甚至产生部分无水石膏，使水泥产生假凝，影响水泥质量，而且易使入库水泥结块；

②严重影响水泥的储存、包装和运输等工序，使包装袋发脆，增大破损率，工人劳动环境恶化；

③易使水泥因静电吸附而聚集，严重的黏附到研磨体和衬板上，产生包球、包段，降低粉磨效率和磨机产量；

④使入选粉机物料温度增高，选粉机的内壁及风叶等处的黏附加大，物料颗粒间的静电引力更强，影响物料的分散性，降低选粉效率，加大粉磨系统循环负荷率，降低水泥磨台时产量；

⑤磨内温度高，导致出磨气体温度高，对磨机和收尘器等机械部分不利，影响设备使用寿命。

（3）降低出磨水泥温度的方法

①加强物料管理，降低进磨熟料的温度，避免温度很高的熟料入磨；

②加强粉磨系统散热，采用磨内喷雾降温系统，向磨机内喷入雾化的水，使其迅速汽化，吸收磨内热量后，由磨内通风带出磨外。特别是磨内处在高温状态时，通过向磨机尾仓的高温区喷入雾化的水，可起到立竿见影的效果，并能使出磨水泥温度控制在95℃以下。

③加强磨机通风，检查风机及袋收尘清灰情况，采用风冷的方法降低磨内温度，并把喷雾系统产生的水汽及时带出磨外，达到快速降温的目的。

3）水泥细度过粗或过细的原因及解决办法

（1）选粉机的原因。由于选粉机调整不当引起出磨产品细度过粗或过细，应根据所使用的选粉机采取相应的调整措施。通常，通过调整选粉机转速来改变水泥的细度，转速大，水泥细度细；反之，水泥细度变粗；

（2）系统通风量的影响。系统通风量大，粉磨系统物料流速快，使产品细度变粗；系统通风量小，粉磨系统物料流速慢，使产品细度变细；

（3）磨机喂料量的影响。磨机喂料量大，产品细度变粗，喂料量小，产品细度变细；

（4）如果磨机使用周期长，研磨体磨损严重，会造成水泥细度变粗，应根据研磨体级配和磨损情况，及时补充研磨体。

4）磨内有异响的原因及处理

（1）隔仓板脱落，研磨体窜仓，磨内声音混杂，产量、质量波动很大。出现这种情况必须立即停磨处理，更换篦板或临时焊补，以维持到检修或定检时再行处理。

（2）衬板松动或脱落，球磨机运转时，出现有规则的敲打声音，且声响很大，现场有冒灰或漏料。出现这种情况是由于部分衬板螺栓没有拧紧或衬板脱落，在球磨机旋转时，衬板敲击球磨机磨的筒体。根据声音判断或停机，找出衬板松动或脱落部位，另行紧固或安装磨机衬板。

5）磨机电流增大的原因及处理办法

磨机装球量过多、喂料量过多、出料篦板堵塞、磨内风速过低、主轴承润滑不好、齿轮过度磨损、传动轴瓦水平不一致或联轴器偏斜等，都可以导致磨机电流明显增大，要根据压差、磨声、提升机负荷、循环负荷量、主轴承温度等分析判断，采取相应措施，如减球、减喂料、增加供油量、清除碎球、清理篦缝、降低物料水分（提高烘干气体温度）、加强通风等方法进行处理。

6）磨机启动不起来的原因及解决的办法

（1）网络电压过低、瞬时继电器跳脱。在网络电压正常时启动磨机，允许在额定电压±5%范围内波动，调整继电器整定值，必要时可加装变频启动装置或液体电阻启动器。

（2）磨内研磨体装载量和存料量过载。此时应打开磨门，减少研磨体、清除物料。

（3）磨机停机时间太长且没有翻动，致使磨机轴线弯曲，使磨机启动阻力增大。在磨机启动之前先慢速转磨，连续翻动后再启动磨机。

（4）磨机停机时间长、物料没有卸空，潮湿的物料在磨内结块。打开磨门，撬松物料、消除结块，或取出部分物料或研磨体，重新启动，等磨机运转正常后再将它们补入。

（5）高压油泵压力不足或启动过快，磨体未浮升，形成干摩擦。调整油压、间隔启动。

（6）轴瓦润滑不良或轴瓦拉毛，甚至烧坏。轴瓦刮研，供油后启动。

3. 辊压机系统运行操作

1）系统喂料量的控制

辊压机喂料计量仓料位的稳定，对辊压机的稳定运转非常重要。一般情况下，系统喂料量应根据辊压机喂料计量仓料位进行调整：当喂料计量仓料位上升时，系统喂料量应下降；当喂料计量仓料位下降时，系统喂料量应增加。通过配料站喂料量的调整，使辊压机喂料计量仓料位保持相对稳定。

影响辊压机喂料计量仓料位的因素有系统喂料量、辊压机通过量、料饼循环量。

在正常操作中，辊压机通过量一般是稳定的，料饼循环量根据磨机喂料的需要经常做调整，在该情况下，由于料饼循环量的变化，引起喂料计量仓料位的波动，这个波动控制系统喂料量的变化。最终，喂料计量仓料位由系统喂料量来稳定。

2）料饼回料量的控制

在辊压机与球磨机所构成的水泥粉磨系统中，辊压机的能量利用率高，它的物料喂入量大于球磨机的产量，因而既要保持球磨机处于良好的运行状态，又要使辊压机能连续运转，辊压机就必须有加料量可调节的料饼回料回路。一般来讲，当新入料颗粒分布一定时，辊压机在没有回料时的最佳运行状态所输出的物料量并非系统所需的料量。为使系统料流平衡，同时能使辊压机处于良好的运行状态，可以通过调整料饼回料来调整辊压机入料粒度分布，改变辊压机运行状态，达到与整个系统相适应的程度。如当入料粒度偏大，冲击负荷大，辊压机活动辊水平移动幅度大时，增加料饼回料量，同时加大料饼厚度。若主电动机电流偏高，则可适当降低液压压力，就可使辊压机运行平稳。物料适当的循环挤压次数，有助于降低单位产量的系统电耗。但循环的次数受到未挤压物料颗粒组成、辊压机液压系统反传动系统弹性特性的限制，不可能循环过多，料饼循环必须根据不同工艺和具体情况加以控制。

3）料饼的质量

料饼的质量是指物料经过辊压机挤压后形成的料饼中细粉的含量，一般来说，料饼中细粉含量越高，辊压机的工作效果越好；反之，辊压机的工作效果差。影响料饼质量的因素如下：

（1）辊压机液力增压系统的供油压力

供油压力越高，料饼的质量越好，反之亦然。

（2）辊压机的喂料粒度

辊压机的喂料粒度越细，辊压机的工作效率越低，从而影响料饼的质量。因此，在操作时，不能过分强调辊压机的料饼循环量。当然，喂入辊压机的物料粒度也不能太粗；否则，会引起辊压机振动，造成部分未经挤压的物料通过辊压机，影响料饼的质量。辊压机喂料粒度的大小，应根据不同的辊压机规格和系统配置来确定。

（3）辊面质量

辊面残缺或辊面磨损过多，会影响辊压机的工作效率，因而影响料饼的质量。

（4）辊压机侧面挡块松紧程度

侧面挡块过松时，加剧了辊压机的边缘效应，降低料饼的质量；当然，侧面挡块也不能太紧，太紧时，会造成挡块磨损过快。在实际操作中，应该按辊压机的安装要求调节侧面挡块的松紧程度。

（5）喂料计量仓料位

辊压机工作时，要求过饱和喂料，即从辊压机中心起上面始终有 1m 以上高度的料柱形成；否则，辊压机工作不稳定，影响料饼的质量。

4）辊压机通过量偏高或偏低

在统一喂料量不变的情况下，喂料计量仓料位逐渐下降，仪表显示辊压机辊缝偏大，则表示辊压机通过量偏高，应降低辊压机喂料调节板的高度，减少喂料量，减小辊压机辊缝。

在统一喂料量不变的情况下，喂料计量仓料位逐渐升高，仪表显示辊压机辊缝偏小，则表示辊压机通过量偏低，应提高辊压机喂料调节板的高度，增加喂料量，加大辊压机辊缝。

5）料饼循环量偏大或偏小

当水泥磨部分喂料量不足时，说明辊压机部分料饼循环量偏大，此时应调节分料阀，减少边料循环。

当水泥磨部分喂料量过大时，说明辊压机部分料饼循环量偏小，此时应调节分料阀，加大边料循环。

4. 水泥制成立磨系统运行操作

采用立磨粉磨水泥，需要解决的问题主要是磨机振动、磨辊和磨盘的严重磨损以及水泥质量等。由于物料干燥，而且水泥粉磨产品细度要求高，物料循环量大，循环料很细，流动性好，在磨盘运转离心力的作用下，很快被甩到磨盘外被风环吹出的高速气流带走，难以形成稳定的料层。此外，由于水泥熟料的磨蚀性比较强，对磨盘和磨辊会产生比较严重的磨损，引起磨机产量下降和运行费用升高等问题。

在形成一个稳定的粉磨料层方面，各公司开发出了不同的专利技术。例如，莱歇公司创造了对辊联合粉磨工艺随能力大小，可用“2＋2”“3＋3”不同配置。辅辊起准备料床作用，主辊起粉磨作用。OK 立磨应用单辊自行准备料床的原理，采用球形带槽辊减小振动。CK 立磨与 OK 立磨类似，也采用单辊自备料床的方法，采用不对称球形磨辊。

与生料相比，熟料对于磨辊、磨盘的磨蚀性更大，磨损后期将严重影响产量、质量，为此各公司特别重视磨损问题。首先选用更为耐磨的材质，有些厂家还提供辊面再修复技术，对磨损部分进行补焊，大大延长了寿命。其次改进磨辊形状，采用大直径窄辊的设计理念或降低磨盘转速，减少辊、盘之间的相对速度差，降低磨损。

在解决水泥质量问题方面，主要采取降低磨盘转速、加高挡料环高度等方法，延长物料在磨盘上的停留时间，增加物料被研磨次数的方法，同时提高研磨力（各种立磨结构不同，其压力有所区别，但一般均较生料磨大大提高，有的大一倍），目的是增加粉磨产生的细粉量。为使立磨水泥产品的颗粒级配更为合理，各公司分别改进分选设备，主要的措施是将原有的选粉机改成设有导风叶片的高效笼形选粉机。

情境小结

水泥制成情境的主要任务是熟悉水泥粉磨系统工艺流程，掌握水泥粉磨系统的开停机和运行操作及常见故障的诊断与处理。

水泥制成指硅酸盐水泥熟料、混合材料和石膏，按一定比例配合，粉磨至一定细度制成通用硅酸盐水泥。不同品种的水泥，材料的配比不同；同一品种的水泥，采用不同材料的配比，其质量也有区别。水泥粉磨细度应随所生产水泥品种与强度等级相配合，根据熟料的质量和粉磨设备等具体条件而定。

水泥粉磨系统通常有开路和闭路粉磨系统。水泥粉磨系统由早先的单纯的球磨机系统，逐步发展到辊压机系统和立磨系统，其中以辊压机＋球磨机粉磨系统、立磨＋球磨机粉磨系统以及立磨终粉磨系统使用最为广泛。

通过降低入磨物料粒度、温度和水分，调整优化选粉效率、循环负荷、磨机通风、研磨体的填充率与级配、球料比及磨内物料流速等粉磨系统的工艺技术参数，采用助磨剂、新型衬板、分别粉磨等可提高球磨水泥粉磨系统产量和质量。

为充分利用辊压机料床粉磨的特性，在水泥粉磨工艺中多将其配置于球磨机前作为预粉磨设备，降低入磨物料粒度，改善易磨性，系统增产、节电的幅度越大。

立磨预粉磨机较典型的是CKP磨，作为预粉磨机与球磨机组成的水泥粉磨系统，产量可达到原有球磨机的150%以上，电耗比单独球磨机降低20%～30%。

分别粉磨是将易磨性相差大的熟料和混合材料根据细度的要求，选择不同的粉磨条件，分别粉磨，磨制达到要求的熟料和混合材料（如矿渣）细粉由混料机混合均匀，可提高粉磨效率和产量。分别粉磨可分为球磨机分别粉磨工艺、辊压机+球磨机分别粉磨工艺、辊压机+球磨机和立磨组成的分别粉磨工艺。

水泥粉磨系统的范围一般指从水泥配料站开始，至水泥输送入库为止的整个水泥粉磨系统。水泥制成系统的全部设备，在启动前，都应做认真的检查和调整工作。水泥磨正常启动是逆物料流程方向，正常停车顺序是顺物料流程方向。

水泥制成系统在运行过程中设备参数会有不同变化，要求操作人员能及时了解系统运行状况，以使磨机能够安全稳定地运转，提高设备的有效利用率。

习　题

一、填空题

1. 制备通用硅酸盐水泥的材料主要是________、________和________。

2. 水泥熟料出窑后，需要经过________处理，以降低________，改善________。

3. 活性混合材指具有____________或____________的混合材料，如____________、火山灰和____________。

4. 辊压机水泥粉磨工艺可分为辊压机水泥________系统、辊压机水泥________系统、辊压机水泥________系统和辊压机水泥________系统。

5. 用于水泥磨的球磨机与用于生料磨的球磨机的结构基本相同，但水泥磨不设________，增加了________。

6. 降低磨内温度的方法除了风冷却外还有________和________。

7. 在水泥粉磨工艺中多将辊压机配置于球磨机前作为________设备，________入磨物料粒度，________易磨性。

8. 分别粉磨是将________相差大的物料各自单独粉磨到一定细度后再________的一种粉磨方式。

二、单项选择题

1. 通用硅酸盐水泥国家标准规定，矿渣硅酸盐水泥石膏掺加量以SO_3计允许不超过（　　）。

A. 2.5%　　B. 3.5%　　C. 4.0%　　D. 5.0%

2. 水泥生产中，起调节凝结时间的作用的材料是（　　）。

A. 石灰石　　B. 粉煤灰　　C. 炉渣　　D. 石膏

3. 下列物料易磨性相对较差的是（　　）。

A. 石灰石　　B. 矿渣　　C. 页岩　　D. 熟料

4. 在水泥粉磨时，加入助磨剂，其加入量应不超过水泥质量的（　　）。

A. 1%　　B. 1.5%　　C. 2.0%　　D. 0.5%

5. 出磨水泥安定性不合格一般来说是由于（　　）过高造成的。

A. 水泥中 C_3A　　B. 磨内水泥温度　　C. 水泥中 C_3S　　D. 水泥中 f-CaO

6. 出磨水泥产生假凝现象一般来说是由于（　　）过高造成的。

A. 水泥中 C_3A　　B. 磨内水泥温度　　C. 水泥中 C_3S　　D. 水泥中 f-CaO

三、多项选择题

1. 球磨机喂料量不足时的现象是（　　）。

A. 磨声清脆响亮，有电耳监控的磨机则电耳音响上升

B. 磨机电流变大

C. 斗式提升机功率降低，选粉机回料量减少

D. 磨机出口负压变大，仓压上升

2. 球磨机出磨气体温度过高的原因可能是（　　）。

A. 入磨熟料温度高　　B. 磨机通风量大

C. 入料量大　　D. 研磨时间过长

3. 球磨机主轴承温度过高的原因可能是（　　）。

A. 润滑油牌号选择不当或不足　　B. 冷却水不足或停止

C. 润滑油使用时间过长，未能定期更换　　D. 超载运行

4. 水泥细度粗的原因可能是（　　）。

A. 选粉机转速低　　B. 系统通风小

C. 磨机喂料量大，粉磨效果差　　D. 磨机隔仓板破损，磨内物料流速快

5. 磨机产生持续振动的原因可能是（　　）。

A. 入磨物料粒度大，粒度变化频繁

B. 料层过厚，致使磨辊抬高

C. 料层过薄，造成磨辊和磨盘接触而引起振动

D. 系统风量不足或过大

6. 辊压机传动主电动机电流过高的处理方法（　　）。

A. 降低供油压力　　B. 降低喂料量　　C. 增加供油压力　　D. 增加喂料量

7. 辊压机通过量偏低的处理方法（　　）。

A. 降低辊压机喂料调节板的高度，减少喂料量

B. 减小辊缝

C. 提高辊压机喂料调节板的高度，增加喂料量

D. 加大辊缝

四、判断题

1. 水泥粉磨系统主要有开路和闭路两种。（　　）

2. 水泥磨正常启动是逆物料流程方向，正常停车顺序是顺物料流程方向。（　　）

3. 水泥磨机是一个独立的系统，启动之前无须与上下工序取得联系。（　　）

4. 水泥闭路粉磨系统容易导致磨内过“粉磨现象”。 （ ）

5. 水泥磨机运行出现异常时，须立即停机检查。 （ ）

6. 细度是衡量水泥质量的一个重要指标，水泥磨得越细，质量越好。 （ ）

7. 入磨物料粒度和水分对物料的粉磨没有直接影响。 （ ）

8. 控制水泥中 SO_3 含量，实际上就是控制石膏的掺量。 （ ）

五、问答题

1. 在水泥粉磨生产中怎样提高水泥的比表面积？

2. SO_3 含量对水泥质量有何主要影响？

3. 简述水泥粉磨加石膏的作用。

4. 试述研磨体级配与磨机产品质量的关系。

5. 开路流程和闭路流程各有什么优缺点？

6. 水泥熟料出窑后，为什么要经过一定时间的储存处理？

7. 简述出磨水泥温度过高的危害。

六、案例分析题

1. 水泥磨回料量过大，分析其原因，在操作中应怎样调整？

2. 水泥球磨在运转过程中，磨声发闷，仪表显示电流下降，出磨提升机电流下降，磨机产量大减，出磨物料和气体温度较高，磨尾筛（出料端）冒水蒸气，产品中有薄片状物料，同时磨机出口大瓦温度很高。请分析磨机出现这种状况的原因，如何解决？

学习情境4　生料制备与水泥制成辅机设备

情境导读

生料制备与水泥制成过程中，除了破碎机、球磨机、立磨、辊压机等主要设备外，还需要分级设备、除尘设备、输送设备和喂料计量设备等辅机设备才能构成完整的生产系统。本情境主要介绍分级设备、除尘设备、输送设备和喂料计量设备的结构和操作知识。通过本情境的学习，掌握辅机设备在生料制备与水泥制成过程中的作用和地位，掌握辅机设备的构造和操作。

任务4.1　分级设备操作控制

4.1.1　粉体分级基本知识

1. 分级的定义和意义

分级是指利用粉粒状物料颗粒特性（如粒径、形状、密度、化学成分、颜色、放射性、磁性、静电性等）的差别将其进行分离操作的过程。在硅酸盐工业，分级是指将粉粒状物料按其颗粒粒径的大小不同分成若干粒级的过程，又称粒度分级。

在闭路粉碎系统中，分级设备的作用是及时将合格的细粉分离出来，避免在粉碎机内产生过粉碎现象，减小细粉的衬垫作用，提高粉碎效率和能量利用率。同时，分级可以控制产品的粒度分布，按照产品的要求不同，把细粉、粗粉或中间部分作为产品。在硅酸盐工业中，细粉一般是产品。

2. 选粉效率与循环负荷率

在闭路磨机系统中，选粉效率是指经过分级设备选粉后，被分级设备选出的成品中所含的通过某一规定标准筛的细粉量与入该分级设备的物料中通过同一规定标准筛的细粉量之比，也就是成品中的精粉量与喂料中的精粉量之比，以 η 表示。

在闭路粉磨系统中，经过粉磨以后的物料进入分级设备分离，再次返回粉磨设备被粉磨的粗料量称为循环负荷量，它与从该粉磨系统中排出的物料量之比，也就是粗粉回磨量与产量之比称为循环负荷率，以 L 表示。

1）选粉效率的计算

根据选粉效率（η）的定义，以一级闭路系统（图4-1-1）为例，T 为磨机喂料量，T_2 为磨内物料通过量，T_3 为选粉机的粗料量即返回磨机的粗料量，T_4 为选粉机选出的成品量。C_2、C_3、C_4 为与 T_2、T_3、T_4 相应的物料中通过0.08mm筛的筛下量（%）。

则 $$\eta=\frac{T_4 \cdot C_4}{T_2 \cdot C_2}$$

因为 $T_2 \cdot C_2=T_3 \cdot C_3+T_4 \cdot C_4 \qquad T_3=T_2-T_4$

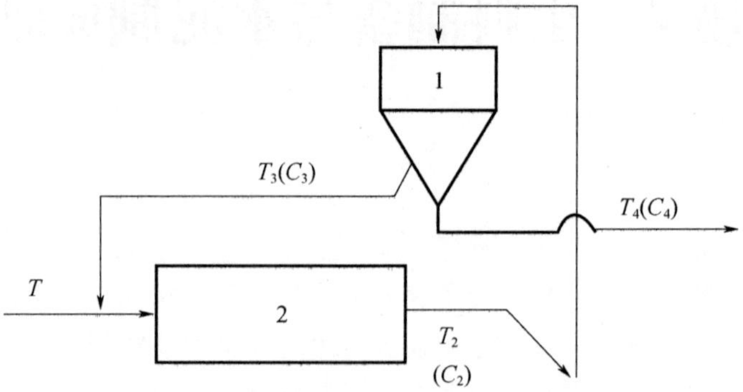

图 4-1-1　一级闭路系统物料平衡图

1—选粉机；2—磨机

上式联立解得

$$\eta=\frac{C_4\ (C_2-C_3)}{C_2\ (C_4-C_3)}\times 100\% \qquad (4\text{-}1\text{-}1)$$

式中　η——选粉机选粉效率，%；

C_2、C_3、C_4的含义同前。

2）循环负荷率的计算

以一级闭路系统（图 4-1-1）为例，根据磨机循环负荷率的定义，则系统中磨机循环负荷率

$L=(T_3/T_4)\times 100\%=[(T_2-T_4)/T_4]\times 100\%$，因为 $T=T_4$，所以

$$L=\frac{T_2-T}{T}\times 100\% \qquad (4\text{-}1\text{-}2)$$

$$T_2=(1+L)\ T \qquad (4\text{-}1\text{-}3)$$

进出磨机的物料量是平衡的，则

$$T_2=T+T_3 \qquad T=T_4$$

进出选粉机的物料中的细粉量是平衡的，则

$$T_2 \cdot C_2=T_4 \cdot C_4+T_3 \cdot C_3$$

$$(T+T_3)\ C_2=T \cdot C_4+T_3 \cdot C_3$$

上式联立解得

$$T_3=T\,\frac{C_4-C_2}{C_2-C_3}$$

循环负荷率

$$L=\frac{T_3}{T}\times 100\%=\frac{C_4-C_2}{C_2-C_3}\times 100\% \qquad (4\text{-}1\text{-}4)$$

适当提高选粉效率，可以减少磨内的过粉磨现象，对提高粉磨系统的效率有利，但选粉效率高，磨机产量不一定高。生产循环负荷率在合理范围内增加，物料在磨内的流速加快，对粉磨效率有利，但循环负荷率不能太高，否则回磨粗粉量过多，反而会造成粉磨效率下降。

4.1.2 粗粉分离器

1. 粗粉分离器的构造和工作原理

1）粗粉分离器的构造

粗粉分离器是一种通过式风力分级机，也称为通过式选粉机，为空气一次通过的外部循环式分级设备。如图 4-1-2 所示，分离器的主体部分是由外锥体 2 和内锥体 3 组成，外锥体上有顶盖，下接粗粉出料管 5 和进气管 1，内锥体下方悬装着反射锥 4，外锥体盖下和内锥体上边缘之间装有导向叶片 6，外锥体顶盖中央装有排气管 7。图 4-1-3 所示为粗粉分离器设备实物图。

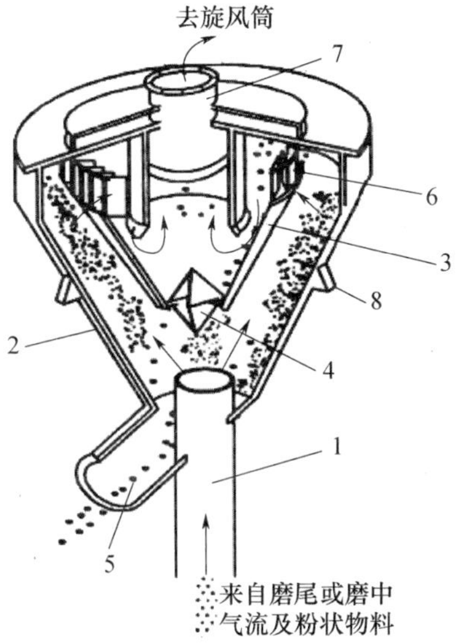

图 4-1-2 粗粉分离器的构造

1—进气管；2—外锥体；3—内锥体；4—反射锥；
5—粗粉出料管；6—导向叶片；7—中心排气管；8—基座

图 4-1-3 粗粉分离器设备实物图

2）粗粉分离器的工作原理

粗粉分离器是利用颗粒在垂直上升及旋转运动的气流中，由于重力及惯性力的作用而沉降分离的设备。粉粒状物料随气流以 15～20m/s 的速度，由下而上从进气管 1 进入内外锥体之间的空间。首先碰到反射锥 4，气流中的较大颗粒，由于惯性力作用被挡落到外锥体下部，由粗粉出料管 5 排出。两锥体之间上升的气流，因上升通道截面面积的扩大，流速降低到 4～6m/s。因此，又有部分粗颗粒受重力作用而沉降下来，沿外锥体 2 内壁由粗粉出料管 5 排出。气流在环形通道中上升至顶部后，经由导向叶片 6 进入内锥体 3 中。由于方向突变，部分粗颗粒再次被分离并下落。同时，气流通过与径向成一定角度的导向叶片 6 后，向下做旋转运动，较小的粗颗粒由于惯性离心力的作用下甩向内锥体内壁，沿内壁落下，最后也进入粗粉出料管 5。细粉则随气流从中心排气管 7 被抽出，进入收尘器将细粉收集下来。

粗粉分离器原理展示

粗粉分离器存在两个分离区：一是在内外锥体之间的分离区，颗粒主要在重力作用下沉降；二是在内锥体的分离区，颗粒在惯性离心力的作用下沉降。它们沉降下来的颗粒均为粗粉，由粗粉出料管排出。

2. 粗粉分离器的性能及应用

粗粉分离器的优点是结构简单，操作方便，没有运动部件，不易损坏。其缺点是必须与风机、除尘器配合使用，此外反射锥处的壳体易被磨损。粗粉分离器适用于粗分离过程。使用这种选粉机可以得到细度相当于 0.08mm 方孔筛筛余为 10%～20%的细粉，处理能力可达 7～8t/h。

粗粉分离器的规格以外壳筒顶部直径来表示，其规格和性能见表 4-1-1。

表 4-1-1 粗粉分离器规格和性能

规格（mm）	ϕ800	ϕ1200	ϕ1600	ϕ1800	ϕ1900	ϕ2200	ϕ2500	ϕ3400
处理风量（m^3/h）	2500	5000～5600	9000～10000	12000	12700～14300	15500～17100	24000	41000～45600
调节叶片开度（°）	65	60	60	60	60	60	60	60
设备质量（kg）	170	470	661	1172	1200	2020	1722	3243

3. 粗粉分离器操作与维护

1）细度调节方法

（1）改变气流速度

气流速度低，选出来的细粉就细；反之，选出来的细粉就粗。在日常操作中，需要结合粉磨系统的循环风量进行调整，所以，一般不宜经常变动。

（2）改变导向叶片的角度

导向叶片与径向间的夹角越大，内锥体里气流旋转速度越大，加速颗粒离心沉降，产品越细；反之，夹角越小，产品越粗。在操作中，转动调节轮便可改变导向叶片的角度。

（3）改变反射棱锥的位置

适当升降反射棱锥的位置，也能改变产品的粗细，但不常用。

2）维护要点

虽然粗粉分离器是结构简单、操作容易的分级设备，但由于它处在风扫磨或闭路循环磨的系统中，影响着粉磨操作和系统设备的安全运转。因此，在日常操作中应加强检查及维护，尤其是风扫磨系统中粗粉分离器，更应严格检查，防止事故发生。检查与维护要点如下：

（1）检查导向叶片、手轮，使其调节灵活；

（2）检查出料、进料阀门，使其动作灵活；

（3）检查管道的连接法兰处是否严密，保证无漏风现象；

（4）检查各监测点的温度、压力等仪表，保证正常灵敏度。

4.1.3 离心式选粉机

1. 离心式选粉机的构造与工作原理

1）离心式选粉机的构造

离心式选粉机是第一代风力分级机，以特蒂文特（Sturtevant）型为代表，曾经被广泛应用于工业生产。普通离心式选粉机的结构，如图 4-1-4 所示。其主要由壳体、立轴等部分组成。

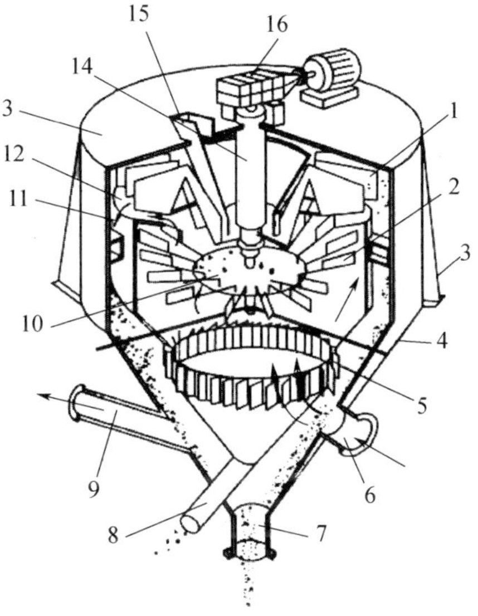

图 4-1-4　离心式选粉机的结构简图

1—主风叶；2—辅助风叶；3—支承件；4—外壳体；5—回风叶；6—热气进口；7—细粉出口；8—粗粉出口；9—排气口；10—撒料盘；11—内壳体；12—挡风板；13—顶盖；14—主轴；15—加料管；16—传动装置

（1）壳体

离心式选粉机的壳体由内壳体 11 和外壳体 4 通过支架套装在一起，内外壳体的下部是粗粉出口 8 和细粉出口 7，外壳体的上部装有顶盖 13，顶盖的中部设有加料管 15，选粉机外壳有四个铸铁底座，用螺栓与设备基础相连接。

（2）立轴

立轴上装有撒料盘 10、辅助风叶（小风叶）2、主风叶（大风叶）1，它们共同构成一个转子。由电动机通过 V 带，带动齿轮箱内的一对圆锥齿轮使立轴回转。在内壳顶部的环形通道上，装有一圈可以调节的挡风板 12。内锥体中部装有一圈可以调节进风角度和空隙的回风叶 5，它是内外壳气流的循环通道。

（3）主风叶

主风叶又称大风叶，它的主要作用是产生循环风。由于循环风量决定着选粉室内上升气流的速度，因此，主风叶片数或规格的变动，将使产品的细度发生变化。

主风叶的规格和安装数目应根据磨机能力、产品品种以及选粉机产品细度要求等来确定。磨机生产能力大、循环负荷率高时，需要有较大的循环风量。相反，磨机能力较小，循环负荷率不高时，不需要很大的循环风量。选粉机的循环风即循环气流，在很大程度上决定选粉能力和物料的分离粒径。

离心式选粉机的循环风量可以通过主风叶片数的增减来改变；在一定范围内适当提高选粉机的转速，可使循环风量增大。

(4) 辅助风叶

辅助风叶又称小风叶，随立轴一起回转时，产生旋转气流，加速颗粒的离心沉降，对粗细物料的分离起着很重要的作用，可以控制产品细度。

辅助风叶安装在风叶盘上的均匀性和对称性对产品细度的控制有很大的影响。安装时注意要对称、间隔均匀。辅助风叶的片数与选粉机选出产品的细度存在着明显的线性关系，水泥比表面积与辅助风叶的片数成正比。

(5) 撒料盘

撒料盘转动，使物料向四周分散。物料离开撒料盘后，受离心力作用向内筒壁飞去，形成一层物料伞幕，循环风从回风叶上升时，冲洗物料伞幕，使粗细物料分离开，如图 4-1-5、图 4-1-6 所示。物料分散的程度对粗细物料的分离效果有很大影响，撒料盘的回转速度直接影响物料分散程度。物料撒出速度过高时，会增加细物料碰撞内筒壁的机会，使选粉效率降低。反之，撒出速度过低时，会使粗细物料粘在一起，不易分离，同样会降低选粉效率。

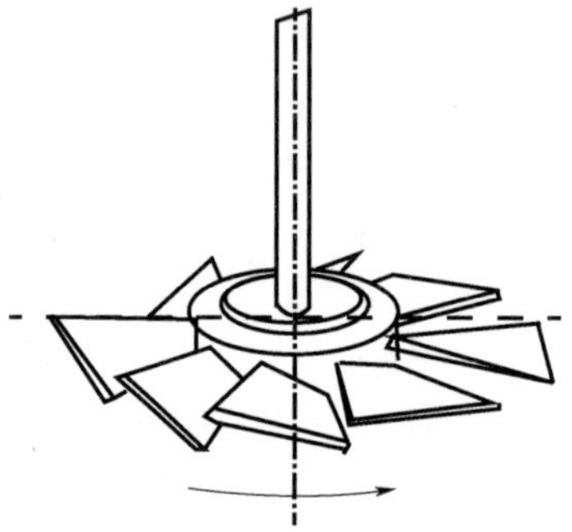

图 4-1-5　螺旋式撒料盘

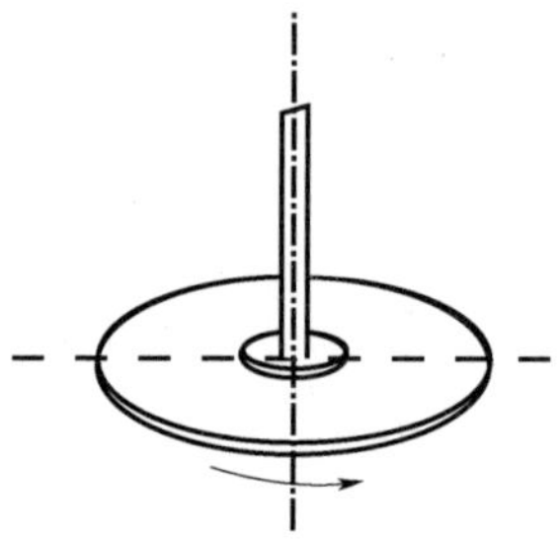

图 4-1-6　圆盘撒料盘

此外，选粉机的喂料量也影响撒料盘撒出料幕的分散程度。撒料盘直径与转速不变时，增加选粉机的喂料量，撒出料幕厚度增加，分离效果就差。因此，选粉机的喂料量增加时，应适当提高撒料盘的回转速度。反之，应适当降低撒料盘的回转速度。

(6) 挡风板

挡风板又称为控制板，具有调节风量的作用，并以此来调节产品细度。对于主轴转速恒定的离心式选粉机，日常细度的调整主要通过调整挡风板。

(7) 回风叶

回风叶是选粉机内、外壳之间的百叶通道，循环风从内外壳之间的通道经过回风叶进入内壳。回风叶与安装点的圆切线的夹角称回风叶的角度。离心式选粉机回风叶角度一般以 45°或 60°安装。

2) 离心式选粉机的工作原理

当传动装置带动立轴转动时，气流由内筒上升，至两筒间下降，再由固定回风叶进入内筒，构成循环气流。物料由中心加料管喂入，经中轴漏斗落到撒料盘上，受离心力的作用被分散抛出。分散后的物料受到旋转上升气流的作用，在选粉机内要经过两个分级区：一是内筒中的分级区，颗粒主要是在离心力的作用和风叶的碰撞作用下被分级，使物料中的粗颗粒被分离出来，沿内筒的壁面下滑，经粗粉出口排出；二是内外筒之间的环形分级区，颗粒除了在重力的作用下沉降之外，当气流的方向急剧改变时，由于惯性力的作用也会从气流中分离出来，沿外筒体的内壁下滑，经细粉出口排出，而少部分粒径很小的微粉则随气流进入内筒进行下一次循环。

3）离心式选粉机结构改进

为了提高离心式选粉机的性能，在结构上可以做许多改进。比如把平盘式的撒料盘改为具有一定倾角的螺旋式或阶梯式，如图 4-1-5 所示，把平板式的主风叶改为涡旋式，采用曲轴分别传动主风叶与辅助风叶、撒料盘，采用上、下两端轴承支承立轴等。德国伯力鸠斯（Polysius）公司开发的 TSU 型离心式选粉机、我国设计并改进的 GLF 型离心式选粉机等在结构上都做了一些改进。

2. 离心式选粉机的性能及应用

离心式选粉机的分级气流在机内循环，物料的分级和粗粉、细粉的收集都在机内进行。因此，结构较紧凑，能耗较低，设备较轻，占空间较小。但是，分级效率较低、生产能力较低、产品细度调节不方便、机件磨损较重、振动较大。离心式选粉适合于分级粒径较大，处理量也很大的物料。

离心式选粉机的规格是用筒体的直径来表示的。离心式选粉机的规格和性能见表 4-1-2。

表 4-1-2　离心式选粉机的规格和技术性能

选粉机直径（m）		3.0	3.5	4.0	4.5	5.0	5.5
主轴转速（r/min）		256	230	180	190	190	165
产品细度（0.08mm）方孔筛筛余或比表面积）			5%～8%	6%～8%	6%～8%	6%～8%	3000～3400 (cm²/g)
生产能力（水泥，t/h）		10	19 生料，16	22	30	35～40	50
电动机	功率（kW） 转速（r/min） 质量（kg）	22 1460 197	30 1460 270	40 980 555	55 980	75 980 890	95 1000
设备质量（kg）		4940 （不包括电动机）	9606	15636	13175	16868 （不包括电动机）	22350
备注			生料选粉机内通热风				

3. 离心式选粉机操作与维护

1）细度调节方法

（1）调节挡风板

日常调整通过调整挡风板控制产品细度。挡风板向里推进时，内外筒之间的断面缩小，流体阻力增加，产品较细；挡风板往外拉出时，产品变粗。在调整时，根据产品细度要求，按相对位置成对地推进或拉出几块隔风板。

（2）调节小风叶

小风叶的主要作用是控制产品细度。小风叶的旋转使内筒中形成旋转气流，可以把不合格的粗颗粒与符合要求的细颗粒分离开。小风叶还能够把一部分细颗粒聚结成的大颗粒打碎，使符合要求的颗粒及时被选出来，有助于提高选粉机的效率。增加小风叶片数，产品变细；减少小风叶片数，产品变粗。但小风叶片数太多，会使合格的细粉落入粗粉中的数量增多，选粉效率下降。选择适当的小风叶片数是保证产品细度和提高分级效率的重要因素。在安装时，必须保持小风叶两两对称，间隔均匀。

（3）调节大风叶

在选粉机内，上升气流所能带走的物料颗粒的大小主要受气流速度的影响。而上升气流速度与循环风量成正比，循环风量增大，流速加快。流速越快，动能越大，带走的粗颗粒就越多，成品的细度随之变粗。增加大风叶的数量或增大其规格，风筒中上升气流的流速就增加，产品细度变粗；反之，产品变细。因此，合理选择大风叶的片数，能够有效地调整产品细度和生产能力。由于它的变动对细度影响较大，因此，生产中在细度要求变动不大的情况下不调整它。

（4）调节主轴转速

主轴转速对循环风量影响很大，必须用变速传动装置调整。当选粉机的能力偏小，调节大风叶达不到目的时，可以通过改变电动机转速，提高其生产能力。主轴转速的改变对产品细度影响不明显，离心式选粉机的主轴转速一般不变。

2）选粉机细度突然变粗难以控制的原因

在选粉机的日常运转中，受到一些特殊因素的影响，使水泥细度发生波动。这时，选粉机内部各种可调节装置也会失去应有的调节作用及其规律性。若发生这种情况，应特殊处理。

（1）内壳破裂

选粉机内壳筒体经过物料的不断摩擦，容易破损，以致形成破洞，造成内壳粗料漏入外壳成品之中，使成品细料变粗。发生这种情况时，用调整控制板或辅助风叶等办法都无效果，此时应停机检查。内壳因磨蚀而发生破洞，最易发生在下锥出料管弯曲处。检查时可用照明灯在内壳照射，检查者在外壳仔细查找，如有破洞可临时焊补，待定期检查时再彻底处理。

（2）风叶脱落或断裂

由于安装不好或材质不良等原因，主风叶和辅助风叶常会在选粉机运转中发生脱落或断裂。辅助风叶脱落时，成品细度突然变粗而且波动较大。此时选粉机体有较轻的摆动，应及时停机检查处理。

（3）控制板不齐

控制板应保持外尺寸一致，以使内壳出风口圆形截面整齐。在选粉机运转中，机体振动而发生控制板向内或向外移动，或者是操作不当使控制板在外尺寸不一致，致使成品细度变粗。在成品细度突然变粗时，也要检查控制板在外尺寸是否整齐，以便及时纠正。

（4）内壳下料管堵塞

由于长时间停机或掉入杂物发生下料管堵塞。此时，内壳积存的粗料可从回风叶口溢入外壳成品，使成品细度突然变粗。出磨提升机的负荷会很快下降。如有此情况发生，则应立即停机检查处理。在水泥粉磨系统，此种情况会造成细度很粗的水泥入库，影响水泥质量。

(5) 磨机出料“跑粗”

由于入磨物料性能变化或喂料操作不当而引起磨机发生“跑粗”或“满磨”，物料细度突然发生变粗，致使选粉机选出的成品变粗。这种情况发生时，应首先调整磨机喂料量，恢复磨内物料细度达到正常控制范围。

3) 离心式选粉机操作维护要点

(1) 开车前，应认真检查运转部件及齿轮啮合情况，无问题时再启动；

(2) 开车后才能加料，停车时要先停料，防止启动时负荷过大或出现卡住现象；

(3) 设备运转中，要保持良好的润滑和冷却，防止轴承温度超过规定值；

(4) 运转中如有噪声、振动、电流超过额定值、轴承温度过高现象，应及时处理，必要时停车进行检查修理。

4.1.4　旋风式选粉机

1. 旋风式选粉机的构造与工作原理

1) 旋风式选粉机的构造

旋风式选粉机（图 4-1-7）是在离心式选粉机的基础上发展起来的第二代风力分级机。为了克服离心式选粉机的分级效率低、生产能力低、部件易磨损的缺点，用外部专用风机代替了大风叶，用外部旋风筒代替内外筒之间的细粉分离空间，将粉料分级、产品分离、流体推动三者分别进行。

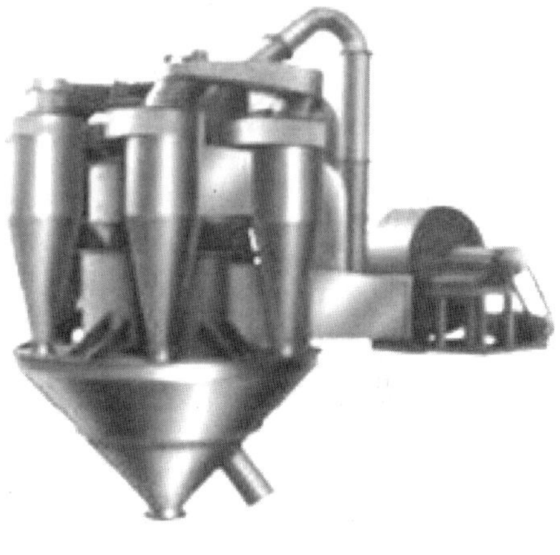

图 4-1-7　旋风式选粉机外观

维达格（Wedag）型旋风式选粉机是旋风式选粉机的典型代表。如图 4-1-8 (a) 所示，它是带支风管的旋风式选粉机。在分级室的主轴上装有小风叶和撒料盘，由电动机通过传动装置驱动。分级室的下部设有滴流装置，既可让气流通过，又便于粗粉下落。分级室的周围均匀地布置有几个使细粉与空气分离的旋风筒，外部装有风机、风管、调节阀，可以形成循环分级气流。在进风管切向入口的下部，设有内、外两层锥体，内锥体收集粗粉，外锥体收集细粉。

2) 旋风式选粉机的工作原理

鼓风机通过进风管向分级室送风，气流从切向进入，经滴流装置的缝隙旋转上升，在分级室中形成分级气流。从进料口中喂入的物料，落到撒料盘上，并被甩出散布到分级气流。物料中的粗颗粒被甩向分级室的内壁，并沿壁面下落，在滴流装置处被上升的气流再次进行分选，将混入粗颗粒中的细颗粒分离出来。粗颗粒落入内锥体，由其下部的粗粉出口排出。物料中的细颗粒随气流一起沿切向进入旋风筒，在其中与空气分离，细颗粒落入底部的外锥体内，由细粉出口排出。空气则由旋风筒中心的排风管，经集风管和回风管再次返回风机，形成分级室与外部的空气循环。调节阀、支风管和支风管调节阀用于调节循环空气的流量。

旋风式选粉机的分级原理与离心式选粉机相同，颗粒在分级室内的受力和运动情况及分级料径的计算方法等也与离心式选粉机相似。

3）旋风式选粉机的其他机型

德国洪堡（KHD）公司的洪堡-维达格型旋风式选粉机的主体部分与维达格型基本相同，不同之处是旋风筒的卸料口不在主机下部的内外锥体之间，而在一倾斜的细粉输送管中，旋风筒的出料口需设锁风装置，如图 4-1-8（b）所示；川崎维达格型与洪堡-维达格型旋风式选粉机的结构基本相同。

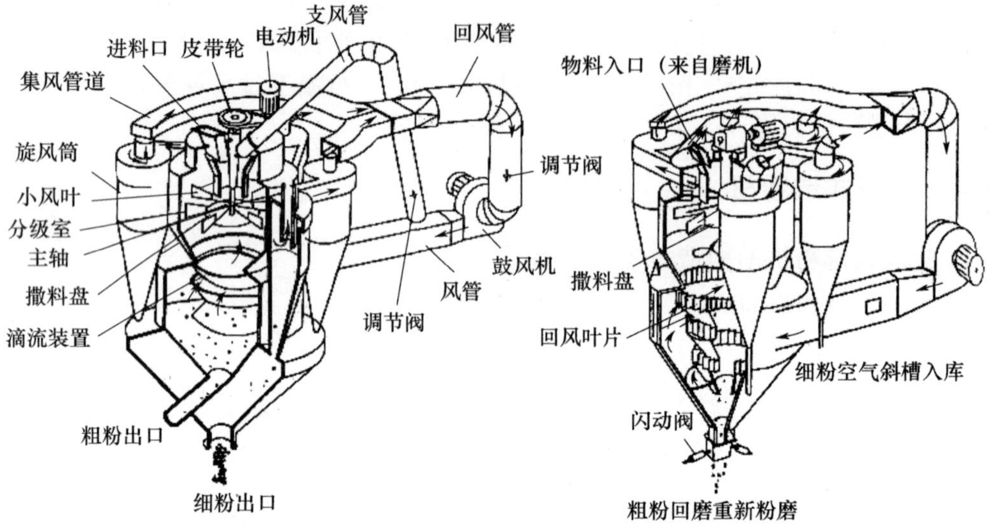

(a) (b)

图 4-1-8 旋风式选粉机

（a）维达格型；（b）洪堡-维达格型

2. 旋风式选粉机的性能及应用

旋风式选粉机的规格用筒体的直径来表示，旋风式选粉机的规格和性能见表 4-1-3。

表 4-1-3 旋风式选粉机的规格性能

选粉机直径（m）		2.0	2.5	2.8	3.0	4.0
生产能力	生料（t/h）	28	44	55	65	114
	水泥（t/h）	21	33	42	48	86
主轴转速（r/min）		190	180	152～228	165	87～174
电动机	型号	Y160L-8	Y180L-8	Z_2-81	$Y200L_1$-6	JZTS-92-4
	转速（r/min）	720	730	750	970	440-1320
	功率（kW）	7.5	11	13	18.5	75
配用风机	型号	4-72-11NO.10C	4-72-11NO.12C	4-72-12NO.12C	4-72-11NO.16C	G4-73-11NO.16D
	风量（m^3/h）	37850	68020	72760	91200	168000
	风压（kPa）	2.36	2.49	2.36	2.51	2.70
	功率（kW）	40	75	75	75	155

3. 旋风式选粉机操作与维护

1）产品细度的调节方法

（1）开大回风管上的主阀门，风量增大，气流速度升高，产品变粗；反之，产品变细。开大支风管上的调节阀门，支风管风量加大，主风量减小，选粉机内上升气流速度降低，产品细度变细；关小支风管调节阀门时，选粉室内上升气流速度提高，产品细度变粗。

（2）主轴转速加快，物料离心力加大，产品细度变细，反之变粗。

（3）对称增加小风叶，产品细度变细，反之变粗。

2）操作维护及检修

（1）开、停机顺序：先开主风机及主轴电动机，待选粉机运转正常后再投料，停机时的顺序相反。

（2）各轴承应定期加润滑油，油脂必须清洁。轴承中若出现“沙沙”的声音，应停机检查，清除杂质，更换油脂。现在大多数选粉机的立轴采用机油滴油润滑，故应控制好滴油频率，为避免流油和断油，油杯中可放入海绵，并定期清洗油管和海绵。

（3）检查选粉机在运行中是否正常，如有异常振动应及时停机排除。振动起因一般由回转体不平衡和垫铁移动造成。

（4）风机在启动、停止过程中如有振动，应在停机后打开壳体上的检修门清理风叶上的积灰，并检查叶轮与壳体之间是否有碰撞现象。

（5）风机在运转过程中应经常检查轴承温度是否正常，其温度不应超过“环境温度+40℃”。

（6）由于突然停电及正常停机的影响，选粉机风管管道中不可避免地会存在积灰现象，特别是上部集风管和旋风筒进风口蜗壳处，均应定期清理，否则影响选粉效率和系统产量。

（7）风机轴承润滑油补充时应按油标加油，过多易产生高温和漏油现象，过少则轴承润滑不良。

（8）检修中的注意事项

选粉机中的某些零部件在运转过程中，必然会产生自然磨损。为避免零件的过度磨损而影响设备正常运转，应对选粉机进行定期检修。

在电动机停转数分钟，选粉机内部物料沉降后，再打开检修门检查以下内容。

①检查轴承的磨损情况，清除轴承中的油脂残渣，注意灰尘勿入轴承；

②检查 V 带的松紧程度，以防转速和三角带的磨损加快；

③检查各连接螺栓是否松动；

④检查撒料叶片和小风叶的磨损情况，如发现过度磨损应及时更换，如进行焊接修复，易产生不平衡；

⑤检查各连接处的密封情况（包括油封），如漏风或漏油应立即更换。

注意：在打开检修门进入选粉机内部检修时，必须切断电动机电源，并挂“请勿合闸”标志，以防随意开机造成伤亡事故。

4.1.5　O-Sepa 选粉机

选粉机自 1885 年发明以来，经历了第一代离心式选粉机、第二代旋风式选粉机，1979 年，日本小野公司开发了 O-Sepa 型选粉机。它不仅保留了旋风式选粉机外部循环风的特点，而且采用笼式转子，改变了选粉原理，大幅度提高了选粉效率，克服了离心式、旋风式选粉机撒料不均匀、分级流场不均匀等缺陷。目前得到广泛应用的 O-Sepa 型选粉机，通常被认为是第三代高效分级机的典型代表。

1. O-Sepa 选粉机的构造与原理

O-Sepa 选粉机的结构如图 4-1-9、图 4-1-10 所示，气流分别由一次风管 8、二次风管 9 切向进入蜗壳形筒体 1，经过导流叶片 6 进入导流叶片和蜗轮转子之间的环形分级区，形成一次涡流。然后进入蜗轮内部的分级区，在高速旋转的蜗轮叶片 5 的带动下，形成二次涡流。最后气流经过蜗轮中部，由细粉出口 11 进入旋风筒或袋收尘器等细粉收集设备。图 4-1-11、图 4-1-12 所示为笼式转子。

高效选粉机结构

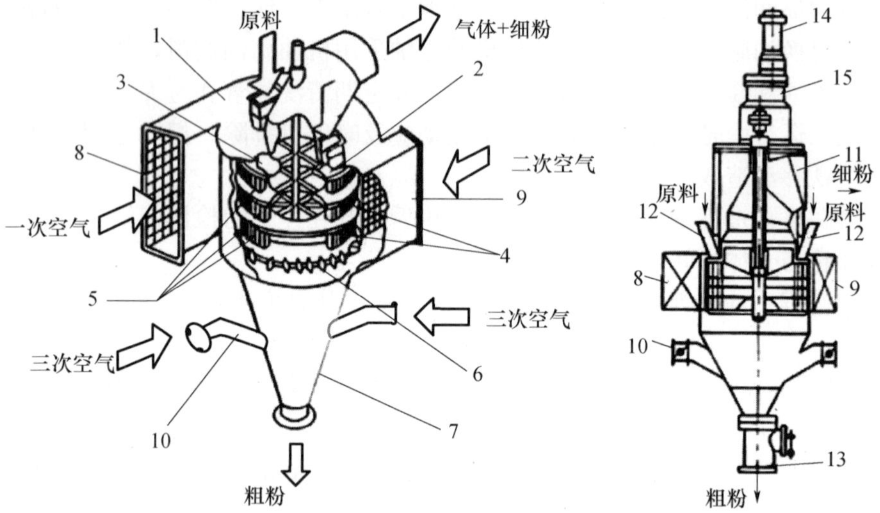

高效选粉机原理

图 4-1-9　O-Sepa 选粉机结构

1—蜗壳形筒体；2—撒料盘；3—缓冲板；4—水平分隔板；5—蜗轮叶片；6—导流叶片；7—锥形灰斗；8—一次风管；9—二次风管；10—三次风管；11—细粉出口；12—进料口；13—粗粉出口和翻转阀；14—电机；15—减速器

图 4-1-10　O-Sepa 选粉机仿真剖视图

图 4-1-11 笼式转子

图 4-1-12 笼式转子现场图

被分级的物料从进料口 12 喂入，经撒料盘 2 离心撒开，在缓冲板 3 的作用下均匀地分散后落入环形分级区，与经过导流后的分级气流进行料气混合。在旋转的分级气流作用下，物料中较粗的颗粒被甩向导流叶片，沿分级室下降进入锥形灰斗 7。再经过由三次风管 10 进入的三次空气的漂洗，将混入粗颗粒中或凝聚的细颗粒分出后，粗颗粒经翻转阀 13 排出。粒径较小的细颗粒随气流进入蜗轮分级区，在强制涡流场中再次被分级。较粗的颗粒被甩出，回到环形分级区，合格的细颗粒则随气流一起通过蜗轮中部，由细粉出口 11 排出。

2. O-Sepa 选粉机的性能及应用

O-Sepa 选粉机在分级原理上，与前两代选粉机相比有较大的改进，其分级气流仅在水平面内旋转，而且气流平稳。物料在经过撒料盘和缓冲板充分分散之后垂直下落，从上而下通过整个分级区，受到多次分级作用。O-Sepa 选粉机具有分级效率高、处理物料量大、产品粒径范围窄等特性。该选粉机除了在分级机理和性能方面具有明显的优越性之外，还具有以下特点：

(1) 物料粒径的分选精度较高，分级效率提高，产量增加；

(2) 可以生产粒度分布较窄的产品，改变蜗轮的转速，可在 10～300μm 的范围内调节分级粒径；

(3) 可与辊磨或辊压机组合成粉碎-分级系统，简化工艺流程，提高粉碎效率。

表 4-1-4 列出了在生产条件基本相同的情况下，O-Sepa 选粉机与离心式、旋风式选粉机的实际生产数据。对比结果说明：O-Sepa 选粉机比离心式、旋风式选粉机的产量分别提高 23%和 7%，电耗降低 7.8kW·h/t 和 3.2kW·h/t。

O-Sepa 选粉机主要技术参数见表 4-1-5。

表 4-1-4 O-Sepa 及其他型号选粉机的生产数据对比

序号	系统	单位	1	2	3
1	磨机规格	m	φ4.16×11.72	φ4.16×11.72	φ4.12×12.74
2	磨机转速	r/min	14.8	14.8	14.8
3	磨机电动机	kW	3300	3300	3300

续表

序号	系统	单位	1	2	3
4	选粉机型号		O-Sepa	离心式	旋风式
5	选粉机台数	台	1	2	3
6	磨机产量	t/h	105	85	98
7	单位电耗	MJ/t	125.3	153.4	136.8
8	比表面积	m^2/kg	324	340	330
	$+33\mu m$	%	20	18	18
	$+88\mu m$	%	0.2	1.2	0.6
9	循环负荷	%	424	160	117

表 4-1-5　O-Sepa 选粉机的规格性能

型号	转速（r/min）	装机容量（kW）	风量（m^3/min）	最大喂料量（t/h）	产量（t/h）
N-500	190～420	25～50	500	150	20～40
N-1000	140～320	50～100	1000	300	35～75
N-1500	120～260	75～150	1500	450	50～110
N-2000	105～230	100～200	2000	600	70～150
N-2500	95～205	130～250	2500	750	90～190
N-3000	85～175	155～300	3000	900	105～225

自 O-Sepa 选粉机问世以来，相继研制出一些工作过程与 O-Sepa 选粉机基本相同，但在结构上各具特点的高效选粉机。例如丹麦史密斯（Smith）公司的 Sepax 型高效选粉机，德国伯力鸠斯（Polysius）公司的 Sepol 型高效选粉机等。

3. O-Sepa 选粉机操作与维护

1）O-Sepa 选粉机调节细度的方法

（1）调节转子转速

O-Sepa 选粉机转子的转速对比表面积有较大影响，在风量不变的情况下，转子速度加快，比表面积增大。

（2）调节系统风量

生产过程中还可以通过调整系统风机阀门来实现，在转速不变的情况下，产品粗时应关小系统风机阀门，降低风量；否则相反。

（3）选粉机各次风量的调整对系统工况的影响

O-Sepa 选粉机正常生产时，其工作风量一般保持不变，一、二、三次风的比率为 67.5%、22.5%、10%。在生产过程中，控制粗粉回料量、调整选粉效率及循环负荷除了靠调整选粉机转速、风机阀门外，还要合理调节选粉机的一、二、三次风。一般情况下，在其他系统条件不变的情况下，一次风开大，磨内通风增强，物料流速加快，磨尾负压绝对值升高。二次风、三次风开大，磨内通风量减少，磨尾负压绝对值降低，但二、三次风起微调作用。选粉机各次风量调整对磨机系统工况的影响见表 4-1-6。

表 4-1-6　选粉机风量调整对磨机系统工况影响

风门	磨内流量	出磨负压	出选粉机负压	粗粉回料量	成品细度
一次风加大	增加	上升	上升	增加	变粗
二次风加大	下降	下降	下降	减少	变细
三次风加大	下降	下降	下降	减少	变细

空气调节阀门的开度要经过风量测量来确定，一旦确定后，一般不需要经常调节。试车时，一、二次风的空气调节阀门一般设定为全开，三次风的空气调节阀门设定为30%～50%。在实际生产中选粉机产品细度的调整通常是通过调整选粉机转子的转速来实现的，不提倡通过调整风量来实现。因为工作风量比规定值增大或减小都会影响选粉机的选粉效率和产品的颗粒级配。

2）O-Sepa 选粉机的常见故障分析和排除方法

O-Sepa 选粉机的常见故障分析和排除方法见表 4-1-7。

表 4-1-7　O-Sepa 选粉机的常见故障分析和排除方法

故障名称	产生原因	排除方法
选粉机运转中发现异常的振动和噪声	（1）由于回转部分磨损、损坏引起的不平衡； （2）撒料不均造成的冲击； （3）不正常的润滑引起轴承损坏	（1）及时停机，检修回转部分并重新找平衡； （2）设法保证均匀撒料； （3）检修轴承，清洗并换油，保证密封和润滑
产品细度过粗或过细	（1）选粉机细度与产量的调整不佳； （2）转子转速与风量控制不合理	（1）调整选粉机细度与产量； （2）调节转子转速与风量
壳体、风口、排气弯管、缓冲板、导向叶片等零件磨损严重	（1）连接部位安装不正、接口不严； （2）缺少密封垫或密封垫损坏； （3）壳体或管路被磨透	（1）重新安装、找正、连接固定 （2）接口处采用新密封垫； （3）补焊壳体，维修管路
电动机、减速器运转声音异常，温度过高	耐磨瓷片等耐磨衬垫磨损严重、破碎或粘结不牢而脱落	加强内部保护耐磨层的巡检与粘结固定质量，及时修补与更换
壳体部分有漏料、漏灰、漏气现象	（1）润滑冷却不良； （2）密封损坏，摩擦部位阻力增大； （3）轴承损坏； （4）电动机或减速器振动； （5）齿面磨损严重，轮齿断裂	（1）检查、清洗润滑部位，更换新的润滑油或油脂，加强冷却； （2）检查更换密封； （3）更换轴承； （4）紧固电动机或减速器与机体连接； （5）更换
滚动轴承温度过高（超过 65℃）	（1）润滑油量过少，润滑冷却效果差； （2）轴承密封损坏； （3）轴承损坏； （4）供油管路漏油	（1）加足或更换新的润滑油，加强供油量； （2）检修、更换轴承密封； （3）更换新轴承； （4）检修供油管路
转子磨损严重	（1）处理物料量过大； （2）进气温度过高； （3）转子未进行定期检修与维护保养； （4）进料粒度过大	（1）减少喂料量； （2）进气温度要保持在合理的范围； （3）转子须按规定进行定期检修与维护保养； （4）控制进料粒度

4.1.6 其他高效选粉机

1. HES（M）型高效选粉机

HES（M）型选粉机主要由传动部分、叶轮、导向风叶、壳体、出风管和灰斗等部分组成，如图 4-1-13 所示。

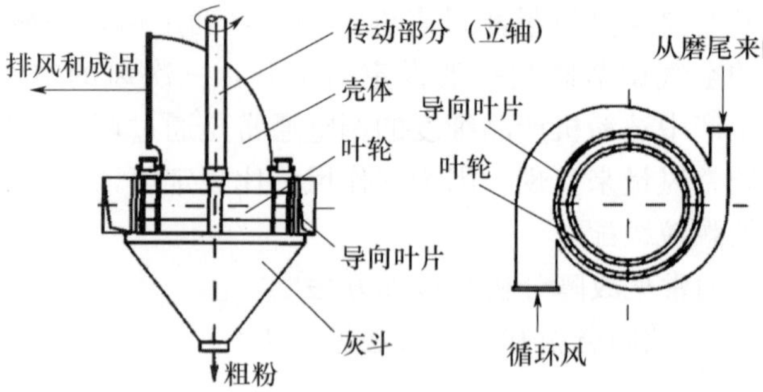

图 4-1-13 HES（M）型选粉机结构示意图

HES（M）型动态选粉机与 HES、CMS 一样都属于以 O-Sepa 为代表的第三代分级机，它们的分级原理都基本相同。其分级原理：两股选粉气流（一股是从磨尾抽风管引来的含有半成品煤粉的气流；另一股为从排风机出口的排风管中返回的循环风）分别从选粉机壳体的两水平进风口切向进入选粉机，经过有一定角度的导向叶片均匀地进入导向叶片内侧与叶轮外侧之间环柱状的分级室，并在旋转的叶轮作用下形成水平强制涡旋流场，然后通过叶轮周边的涡流调整叶片进入中心风管向外排出。由磨尾输送设备（螺旋输送机和斗式提升机）输送来的半成品从选粉机进料口喂入，经撒料盘甩向反击板撞击分散后，均匀地落到分级室的气流中，并与气流充分混合的同时随气流做水平涡旋运动，在离心力和向心力的作用下，粗细物料粒子产生分级，细粉随气流进入叶轮内部从出风管排出，由袋式除尘器收集下来作为成品。粗粉在分级室内呈螺旋状回转下降，在下降过程中不断受到气流的反复多次分级，充分除去混在粗粉中的细粉，最后使干净的粗粉落到灰斗中并排出，再由螺旋输送机送回磨机。

2. 动态选粉机

动态选粉机是在粗粉分离器结构的基础上，在一圈导向片中增加一个笼式转子，它们之间形成一个高效的选粉区，选出的粗粉由粗粉出口再进入煤磨，成品细粉随气流从出气口出去，再进入细粉分离器进行收集。

现在用的动态选粉机有 MD 型、SDMFX 型等。

1）MD 型动态选粉机

MD 型动态选粉机是我国引进吸收国外煤磨专用动态选粉机技术开发的新一代动态选粉机，图 4-1-14 所示为 MD500A 型动态选粉机。

MD 型动态选粉机的工作原理：从煤磨来的风带着物料由下部风管进入选粉机。风和物料经内锥体整流后沿外锥体与内锥体之间的环形通道减速上升，其中的粗粉经重力沉降，沿外锥体边壁滑入粗粉收料筒，实现重力分选。在导风叶的导流和转子的旋转作用下，导风叶和转子之间形成稳定的水平涡流选粉区，重力分选后的风带着物料颗粒，经分选后细颗粒随气流吸入转子内部流经出风管进入收尘器，成品细粉被分离出来，粗颗粒则下落，经内锥体汇集到粗粉收料筒，返回磨机再磨。改变转子转速可调节成品细度。

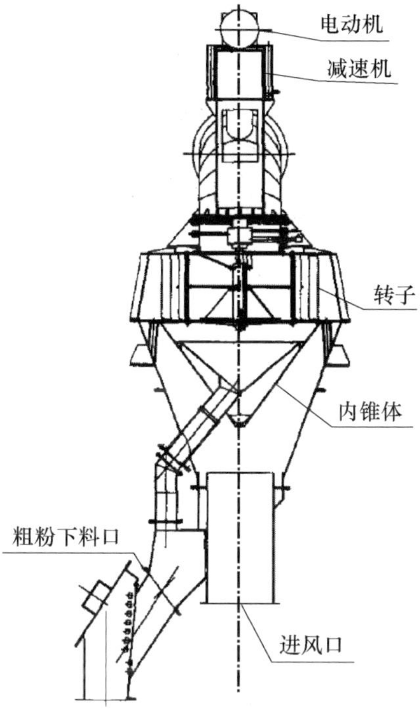

图 4-1-14　MD500A 型动态选粉机

MD 型煤磨动态选粉机兼具粗粉分离器和选粉的功能。从而简化了系统工艺流程：将涡流分级、惯性分级、离心分级科学地结合在一起。因此分选效率高，煤磨系统产量高，并能改善颗粒分布，提高煤粉质量。

2）SDMFX 型动态选粉机

SDMFX 系列煤粉动态选粉机是应用 TSV4 蜗轮转子技术，将笼式转子选粉机和粗粉分离器组合为一体的新型高效动态选粉机，其分离的粒径范围为 25～150μm，可以根据煤质变化和烧成情况的需要很方便地进行调节。

SDMFX1150 高效动态煤粉选粉机的结构示意图如图 4-1-15 所示。该选粉机分上、下两部分，上部为笼式转子选粉机，下部为粗粉分离器，其分选原理：出磨物料随气体进入选粉机下部的粗料套筒的立式内筒，气体中的物料在反击锥处受到碰撞作用而转向，由于上升风速降低、提升气力变小，粗颗粒向下降落并通过粗料出口离开选粉机，细颗粒由混合气体继续带到上部导向风环与笼式转子之间的选粉区进行分选。细粉穿过笼式转子并从壳体上部的出风口进入旋风筒。粗粉从选粉区降落下来进入内锥体，通过内锥体与反击锥之间的环形缝隙来实现物料的均匀分撒。这时上升的混合气体可对此部分物料进行再分选，形成选粉机内部循环分选，以提高选粉效率。成品从旋风筒内分离卸出，经由输送设备进入煤粉仓，含尘气体则通过排风机进入除尘器后排入大气。

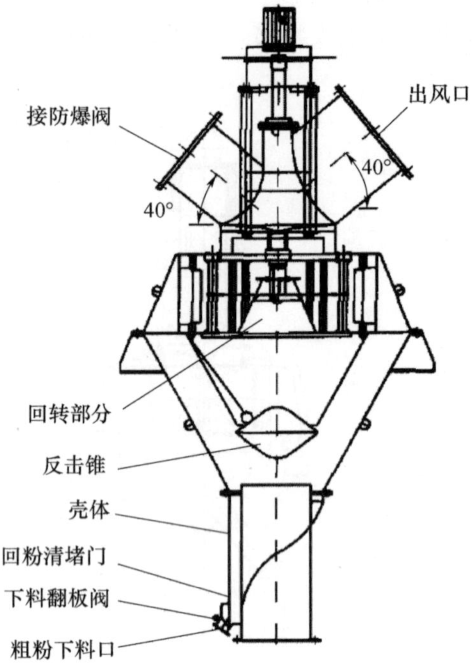

图 4-1-15　SDMFX 型动态选粉机

3）动态选粉机成品细度的调节

动态选粉机调整成品细度的方法如下：

（1）调整笼式转子的转速，转速越大，成品细度越细；

（2）调整导向叶片的角度，角度越小，成品的细度就越细。

3. 组合式选粉机

组合式选粉机（图 4-1-16）是笼式高效选粉机和粗粉分离器以及旋风收尘器的紧凑组合，从功能上兼具粗粉分离器和选粉机的性能。该选粉机有多种形式，如 TLS 型、DS 型、WXW 型、XW 型、ZX 型和 WZX 型等，但它们的结构和功能类似。以 TLS 型选粉机为例，对组合式选粉机的结构和原理加以说明。

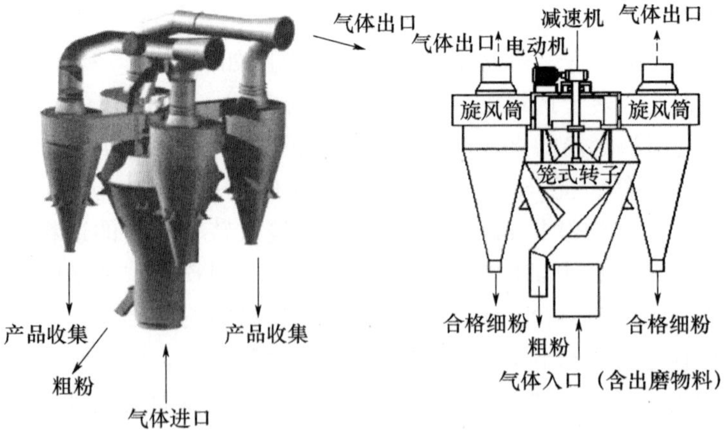

图 4-1-16　组合式选粉机

TLS型组合式选粉机由壳体部分、回转部分、旋风筒、传动部分和润滑系统构成，壳体部分由上壳体、下壳体和内锥体组成。上壳体内装设笼式转子，顶部有出风管和四个进料口；在其空腔内沿四周设置了导向风环。进风口和粗粉出口设置在下壳体，在其内部和笼式转子底部设有内锥体。在内锥体下部出口有反击锥。笼式转子由撒料盘、水平分隔板、垂直涡流叶片、上下轴头等组成。在粉选机壳体两侧有四个旋风筒。

TLS型组合式选粉机工作原理：物料由选粉机上部喂入，经撒料盘离心撒开，均匀地沿导流叶片内侧自由下落到分级区内，形成一个垂直料幕。含尘气体直接进入选粉机底部，沿进风管上升至上部出口，气体中的物料在反击锥处受到碰撞作用而转向；气体则沿四周进入由内锥体和外壳体组成的内腔，继续上升。由于上升风速的降低、提升力的变小，粗颗粒向下降落并通过粗料出口离开选粉机；细颗粒随气体继续上升。当气体到达位于导向风环与旋转着的笼式转子之间的选粉区后，汇合上部喂入的物料一并分选。

由于气力的驱动，细粉（即成品）穿过笼式转子由出风口进入旋风筒。成品从旋风筒下部卸出，含尘气体则从其上部出口进入收尘器。粗粉从选粉区降落下来进入内锥体，通过内锥体与反击锥的环形缝隙来实现物料的均匀分撒。这样上升气体可对此部分物料进行再次分选，从而提高选粉效率。分选后的粗粉最终经过卸料口卸出。

TLS型组合式选粉机具有较高的分选效率和烘干能力，其分离粒径范围为25～150μm。在此分离粒径范围内粗粉含量仅为3%左右。产品细度要靠调节回转部分的转速来控制，若在允许转速范围内仍达不到要求细度，可调整导板开度调整通风量。转子转速的提高和导板开度的减小均使产品粒度变细。

任务4.2　除尘设备操作控制

4.2.1　除尘基本知识

1. 除尘的意义

水泥厂对环境的污染主要是粉尘，在物料破碎、输送、粉磨、煅烧、储存等生产过程中都会产生和排放粉尘。如不采取有效的除尘措施，不仅污染周边环境，危害人身健康，而且会影响设备安全运转和使用寿命，影响企业的经济效益。

粉尘的主要危害表现在以下方面：

1）对人体的危害

粉尘吸入人体，会造成呼吸系统疾病。如沉积在肺部的粉尘可能造成硅肺病、肺部硬化等。粉尘还会引起弥漫性湿疹和皮肤感染等。

2）对工业生产的危害

粉尘落到运转的机器中，会加速各种运动部件的磨损，降低控制设备的精度及可靠性，降低电气设备的绝缘性。

3）对农业生产的危害

粉尘落在植物叶面上，会减弱植物的光合作用，影响植物的正常生长。

4）对企业经济效益的影响

粉尘若不回收利用，会增加原、燃、材料的消耗，提高产品成本，降低企业的经济效益。

因此，做好除尘工作，对保护人体健康、提高生产效率、降低生产成本、保护生态环境都有非常重要的意义。

2. 除尘效率

除尘效率是指除尘器收下的粉尘量占进入除尘器粉尘量的百分数，通常用η表示，它是评价除尘器性能好坏的重要参数，也是选择除尘器的主要依据。

1）总除尘效率

除尘器对不同大小尘粒捕集的综合效率，称为除尘器的总除尘效率，指除尘器收集的粉尘占进入除尘器粉尘的百分数：

$$\eta = \frac{G}{G_1} \times 100\% \tag{4-2-1}$$

或

$$\eta = \frac{G_1 - G_2}{G_1} \times 100\% \tag{4-2-2}$$

式中 η——除尘器的总除尘效率，%；

G——除尘器收集的粉尘量；

G_1——进入除尘器的粉尘量；

G_2——排出除尘器的粉尘量。

对于生产线上连续运行的除尘器，难以直接测定粉尘量，而气体的含尘浓度较易测得，当进出口气体量相等时，除尘效率可用下式计算：

$$\eta = \frac{C_1 - C_2}{C_1} \times 100\% = \left(1 - \frac{C_2}{C_1}\right) \times 100\% \tag{4-2-3}$$

式中 η——除尘器的总除尘效率，%；

C_1——进入除尘器的气体的含尘浓度，g/Nm^3；

C_2——排出除尘器的气体的含尘浓度，g/Nm^3。

2）分级除尘效率

分级除尘效率是指除尘器对某一粒径范围粉尘的除尘效率。当测出除尘器进出口气流中各种粒径范围的粉尘的质量百分数，可用下式计算除尘器的分级除尘效率：

$$\eta_x = \frac{G_{x1} - (1-\eta)\ G_{x2}}{G_{x1}} \times 100\% = \left[1 - (1-\eta)\ \frac{G_{x2}}{G_{x1}}\right] \times 100\% \tag{4-2-4}$$

式中 η_x——除尘器对某一粒径范围粉尘的除尘效率，%；

G_{x1}——除尘器进口气流中某一粒径范围的粉尘的质量百分数，%；

G_{x2}——除尘器出口气流中某一粒径范围的粉尘的质量百分数，%；

η——除尘器的总除尘效率，%。

3）多级除尘

含尘气体经一台除尘器除尘达不到工艺要求时，可用两台甚至多台除尘器串联运行，称为多级除尘。若两台除尘器串联使用（即二级除尘系统），其总除尘效率为

$$\eta=\eta_1+(1-\eta_1)\eta_2 \quad (4\text{-}2\text{-}5)$$

多台除尘器串联使用时，其总除尘效率为

$$\eta=[1-(1-\eta_1)(1-\eta_2)(1-\eta_3)\cdots]\times 100\% \quad (4\text{-}2\text{-}6)$$

式中　η——除尘系统的总除尘效率，%；

η_1——第一级除尘器的除尘效率，%；

η_2——第二级除尘器的除尘效率，%；

η_3——第三级除尘器的除尘效率，%；

3. 除尘设备的分类

常用除尘设备按粉尘从气体中分离的原理分类如下：

（1）重力沉降式除尘器：利用重力沉降作用使粉尘沉落而收集，如沉降室，适用于收集粒径>50μm 的粉尘。

（2）惯性分离式除尘器：利用颗粒运动的惯性力收集粉尘，如惯性除尘器，适用于收集粒径>20μm 的粉尘。

（3）离心分离式除尘器：使含尘气流做旋转运动，利用固体颗粒的离心、惯性力作用而使其从气体中分离出来，如旋风除尘器，适用于粒径>10μm 粉尘的收集。

（4）过滤式除尘器：使含尘气体通过多孔过滤介质层，由于过滤层的阻挡、吸附等作用而将粉尘截留收集下来，如袋式除尘器，适用于粒径>1μm 粉尘的收集。

（5）电除尘器：在高压直流电场内，使粉尘颗粒带电，在电场力作用下，使粉尘沉积到电极上收集下来，如卧式电除尘器、立式电除尘器，适用于粒径>0.01μm 粉尘的收集。

（6）湿式除尘器：利用水对粉尘的润湿、团聚作用而收集，如水浴除尘器，适用于粒径>0.1μm 粉尘的收集。

（7）凝聚离析式除尘器：使微细粉尘凝聚成大颗粒，再用较简单的除尘装置收集粉尘，如超声波除尘器，适用各种粒径的粉尘。

4.2.2　旋风除尘器

1. 旋风除尘器的工作原理

如图 4-2-1 所示，旋风除尘器主要由带有锥形底的外圆筒、进气管、排气管（内筒）、排灰口及集灰斗等组成。

含尘气体以一定速度（12～20m/s）从进气口切向进入，形成旋转运动，由于旋风筒顶盖的限制，迫使气流旋转向下，形成一股自上而下的外旋流，旋转过程中粉尘颗粒由于惯性力被甩向筒壁失去动能沿筒壁滑下，经锥体下口入集灰斗，由排灰阀排出。旋转下降的气流随着圆锥的收缩而向除尘器中心靠拢，气流又旋转上升，形成一股自下而上的内旋流，经排气管排出。

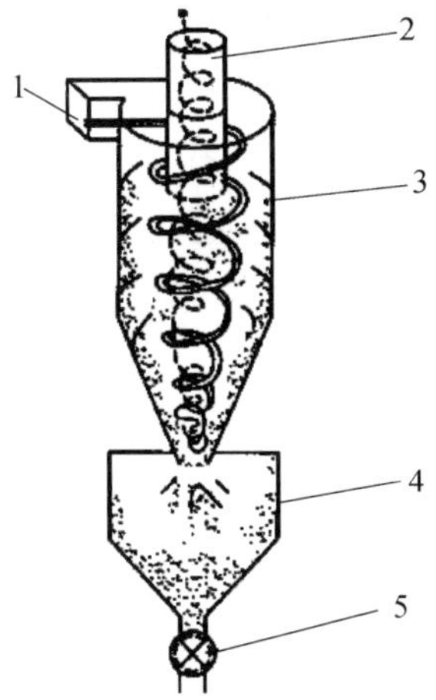

图 4-2-1　旋风除尘器的结构原理图

1—进气口；2—排气管（内筒）；3—外圆筒；4—集灰筒；5—排灰阀

2. 旋风除尘器的类型

旋风除尘器的类型较多，按照不同的分类方式，其主要有以下几类：

1）按进口方式分

（1）普通切向型：气流外缘与筒体相切，水平方向切入，如 CLT 型。

（2）蜗壳型：气流内缘与筒体相切，其外缘为渐开线或对数螺旋型外壳，水平方向进入，如 CLP 型、扩散型、旋涡型等。

（3）螺旋型：气流外缘与筒体相切，顶面为螺旋面，气流以螺旋方式进入，如 CLT/A 型。

（4）轴向入口型：气流以轴向进入，通过装于排气管外缘的螺旋或花瓣状叶片形成旋流运动，如多管除尘器。

旋风收尘器结构及工作原理

2）按筒体形态分

（1）普通筒型：上部为圆筒，下部为圆锥型。

（2）扩散型：上部为圆筒，下部为上小下大的倒锥型（内部下方有隔离锥）。

（3）旁路型：筒体外部带有旁路室的单层或双层圆筒圆锥型。

3）按出风口与管路连接方式分

（1）水平出风型：出风口带有蜗壳，称 I 型或 X 型。

（2）上部出风型：出风口不带蜗壳，称Ⅱ型或 Y 型。

4）按气流在旋风筒内的旋转方向分

（1）S 型：从顶部看，气流左侧进入，顺时针旋转的为右旋，即 S 型。

（2）N 型：从顶部看，气流右侧进入，逆时针旋转的为左旋，即 N 型。

各型旋风除尘器的出风管外接形式可分为 XN、XS、YN、YS 四种，如图 4-2-2 所示。例如，XN 型表示左旋转并带出口蜗壳。出风管采用哪一种外接形式，根据现场而定。

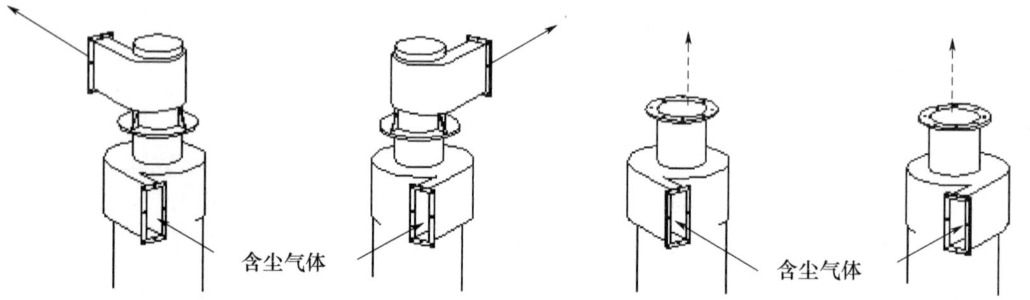

图 4-2-2　旋风除尘器的出风管外接形式

3. 旋风除尘器的特点

1）普通切向型旋风除尘器

普通切向型旋风除尘器又称基本型旋风除尘器，如 CLT 型，C 代表除尘器、L 代表离心式、T 表示筒式。其他类型的旋风除尘器皆是由它变化而来。如图 4-2-3（a）所示，其特点是进气口外缘与筒体相切，水平方向进风，筒体短粗，处理风量较大，流体阻力较小，但除尘效率也很低，适用于处理含尘浓度高、颗粒尺寸也大的场合。

2）螺旋型旋风除尘器

螺旋型旋风除尘器即 CLT/A 型旋风除尘器，它是在 CLT 型的基础上演变而来的，其结构如图 4-2-3（b）所示。外形细长，锥体角度小，进气管切向引入，筒体顶端为螺旋型导向板，因此可消除引入气体向上流动而形成的上旋涡，减少无用能量消耗，提高效率。与 CLT 型相比，总阻力稍高，但除尘效率也较高。

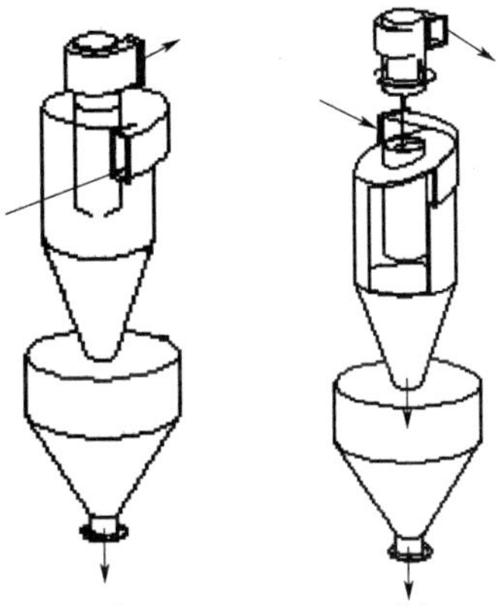

(a)　　(b)

图 4-2-3　CLT 和 CLT/A 型旋风除尘器

(a) CLT 型；(b) CLT/A 型

3）旁路式旋风除尘器

旁路式旋风除尘器即 CLP 型旋风除尘器，P 表示旁路式，有 CLP/A 和 CLP/B 两种结构形式，如图 4-2-4 所示。与基本型相比，其特点是筒体外侧有一旁路分离室，并且在距筒体顶盖下一定距离做成 180°水平蜗壳入口，筒体做成两段圆筒锥形。使气流充分地形成上部旋涡，并由旁路有效地除去旋涡形成的灰环，以提高除尘效率。CLP 型除尘器在低含尘浓度下（如 0.5g/m^3）效率无明显下降。

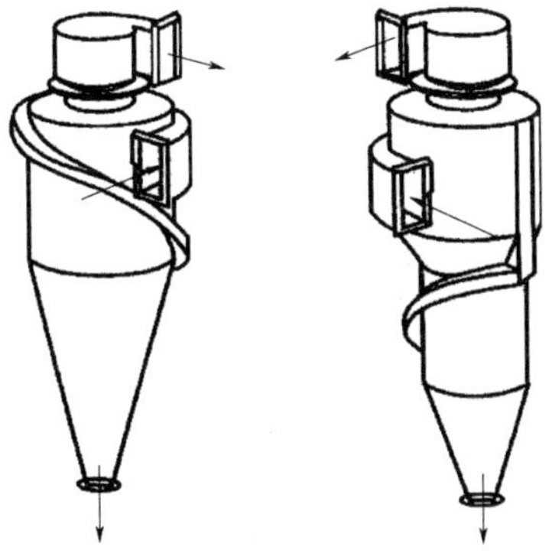

图 4-2-4　旁路式旋风除尘器

4）扩散型旋风除尘器

扩散型旋风除尘器即 CLK 型旋风除尘器（图 4-2-5），K 表示扩散式，其特点是锥体上小下大，锥体内部下方还装有隔离锥（又称挡灰盘，起阻气排灰作用）。由于扩散锥及隔离锥的存在。消除了锥底反卷气流的返混现象，使分离出来的颗粒沿着隔离锥与扩散锥之间的环隙顺利地落入储灰斗。扩散型旋风除尘器效率较高，出口不易堵，下部锥体磨损小，但流体阻力较大，外形较大。

5）多管旋风除尘器

多管旋风除尘器又称复合除尘器，是将许多小型旋风除尘器（旋风筒）并联组合在一个壳体内（图 4-2-6），所用旋风筒的尺寸为 ϕ100mm、ϕ150mm、ϕ250mm 等数种。它能捕集 5～10μm 的粉尘，多用于烘干机及回转窑、冷却机的除尘。

旋风筒形式属于气体轴向引入式，在其排气管外缘设有导向叶片，气流由上而下，沿导向叶片形成旋转运动，使粉尘沿旋风子内壁沉降，净化后的气体则由排气管排出。旋风子的导向叶片有螺旋式和花瓣式两种。

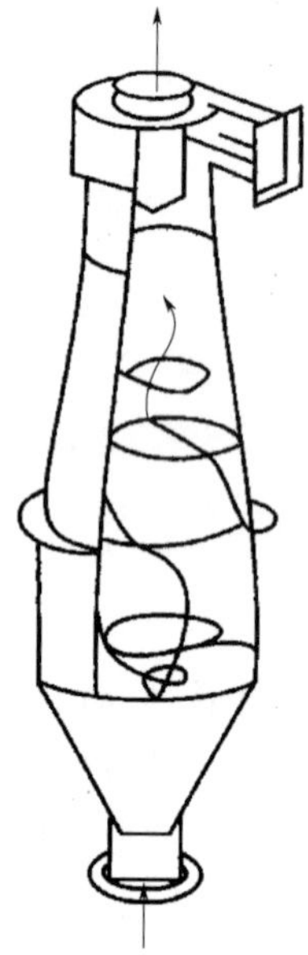

图 4-2-5　扩散型旋风除尘器

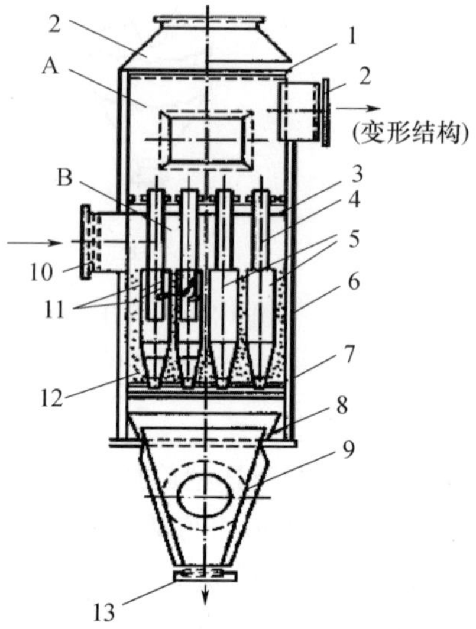

图 4-2-6　多管型旋风除尘器

1—平顶盖；2—出风口；3—上隔板；4—排气管；5—外管；6—外壳体；7—下隔板；8—底板；9—灰斗；10—进风口；11—导向叶片；12—填料层；13—卸灰口；A—集气室；B—配气室

4. 影响旋风除尘器除尘效率的因素

影响旋风除尘器除尘效率的主要因素有以下几个方面：

（1）旋风除尘器的进口尺寸与形式：气体进口以圆筒体外包 180°蜗壳较好，截面以矩形为好，高宽比 $h/b=2$ 左右。高宽比越大，除尘效率越高，但阻力增加。

（2）除尘器直径：细而长的筒体除尘器效率高，但流体阻力大；短而粗的筒体处理气体能力较大，但效率较低。

（3）筒体及锥体的高度：一般圆筒部分高为筒体径的 0.9～1.5 倍，高度大时效率较高。圆锥部分高为筒径的 2～3 倍。

（4）排气管形式、尺寸及插入深度：排气管结构形状对阻力及效率影响不大，而插入深度影响较大，一般插入深度应与气体入口下缘平齐或稍下，排气管管径 d 一般取 $D/d=1.5$～2.5。D 为筒体直径，d 太大，环形空间小，粉尘易从排气管逸出。

（5）气体操作参数。当固体粉尘性质一定时，气体操作参数对除尘效率有很大影响。风速过小，粉尘不能获得必要的离心惯性力，除尘效率降低；风速过大，效率提高不多，阻力急剧增加。

温度对除尘效率影响不大。但当气体的湿含量高、操作温度与气体的露点温度相差不大时，水分可能凝结在除尘器内壁而粘结粉尘，影响操作，严重时造成堵塞，应采取保温措施。

气体含尘浓度对除尘效率及阻力均有影响，随着含尘浓度的增加，粉尘凝聚机会增加，除尘效率提高。但含尘浓度过高会使除尘器堵塞，尤其是小直径、小锥角旋风除尘器更易堵塞。通常直径600mm的除尘器，允许进入气体最高含尘浓度不高于300g/m^3；直径250mm的除尘器允许含尘浓度不高于100g/m^3。

（6）粉尘的性质。在一定操作条件下旋风除尘器有一个最小分离粒径，即临界粒径。大于这一粒径者效率高；小于这一粒径者效率低。通常粒径大于20μm时，效率可达90%以上，但5μm以下颗粒就很难收集了。因而粗颗粒越多，除尘效率越高。粉尘的真实密度越高，分离的最小粒径越小，除尘效率越高。

粉尘的粘结性主要影响操作过程。粘结性强的粉尘易团聚，这对除尘效率是有利的，但易造成除尘器内部“挂壁”“积角”，甚至堵塞。对强粘结性粉尘（如石灰粉、石膏粉等），因易于堵塞，不适宜采用旋风除尘器。

对磨蚀性强，坚硬多棱角的粉尘（如矿渣等）或粗大颗粒，除尘器内壁应加耐磨材料加以保护。

对有爆炸危险性的粉尘（如煤粉等），在除尘器及管道适当位置还应设防爆门，以保障安全。

（7）储灰箱和阻气排尘装置。旋风除尘器的排灰口常处于负压状态，易漏风，如不采取措施，内旋流将会带走大量粉尘，显著降低除尘效率。例如排灰口漏风1%，效率η将降低5%～10%；漏风5%，η降低约一半；漏风15%，η将趋近于零。因此旋风除尘器底部常设有储灰箱，以形成灰封。储灰箱中的排灰阀应具有结构简单、轻便、动作灵活以及不漏风等特点。

旋风除尘器常用的密封排灰装置有重力式及机动式两类。重力式又分翻板式和闪动阀式。靠重锤压住翻板式锥形阀，当上面积灰重力超过重锤平衡力时，翻板式锥形阀动作，粉尘落下之后又回到原位，将排灰口密封。重力式密封装置简单，但密封性能差。机动式是由专用电动机减速机带动的卸料装置，如各式叶轮卸料机等如图4-2-7所示。

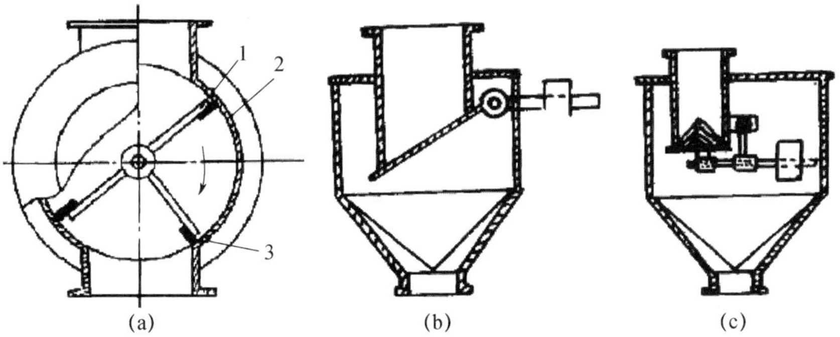

图4-2-7　常见阻气排尘装置

（a）回转阀；（b）翻板阀；（c）闪动阀

1—转子；2—外壳；3—橡皮

5. 旋风除尘器的操作

1）开机前的检查

（1）检查灰斗有无堵塞和破裂；

（2）检查管道有无堵塞、破裂；

（3）检查旋风除尘器各结合部位及卸灰装置的密封性；

（4）开机前，关小挡板，启动风机后无异常现象，再逐渐开大挡板。

2）运行中的检查及注意事项

（1）检查管路系统有无漏风；

（2）检查卸料阀运行是否正常，灰斗有无堵塞；

（3）检查相关设备（风机、电动机等）的温度、声音、振动是否正常；

（4）检查气体流量、温度等气体参数和排放情况。

3）停机时注意事项

为了防止停机后粉尘的粘附、堆积和腐蚀，系统停机后，应让旋风除尘器继续运行一段时间，使含尘气体完全排除。

6. 常见故障、原因及排除方法

旋风除尘器的常见故障、故障原因及排除方法见表 4-2-1。

表 4-2-1　旋风除尘器的常见故障现象、原因及排除方法

故障现象	原因	排除方法
筒体磨损	（1）筒体不圆，局部凸起； （2）焊接处焊接不良	（1）矫正筒体、消除凸形； （2）处理连接处内表面，打磨光滑
排出的烟气状况恶化，压差增大	含尘气体状况变化或温度降低，湿度增高，筒体灰尘堆积	检查工艺状况是否变化，提高气体温度，清除积灰
排出的烟气状况恶化，压差减小	（1）旋风筒内筒、外筒被磨穿； （2）排尘阻气装置气密性不良，气体漏入	（1）修补穿孔； （2）检查调整排尘阻气装置

4.2.3　袋式除尘器

1. 袋式除尘器的特点

袋式除尘器是主要通过过滤的方法将含尘气体中的尘粒阻留在纤维织物上，从而使气体得到净化的除尘设备。因过滤织物通常多做成袋状，故称为袋式除尘器。

1）袋式除尘器的主要优点

（1）除尘效率高，特别是对微细粉尘也有较高的效率，一般对于 5μm 以上的粉尘净化率可达 99%以上；

（2）适应性强，可以捕集不同性质的粉尘。如对于高比电阻粉尘，采用袋式除尘器比电除尘器优越。此外，入口含尘浓度在相当大的范围内变化时，采用袋式除尘器效果较佳；

（3）使用灵活，处理风量可大可小，从每小时几立方米到几百万立方米；

（4）结构简单，可因地制宜采用简易袋除尘器，或采用效率较高的脉冲喷吹袋式除尘器；

(5) 工作稳定，粉尘便于回收利用，没有污泥处理、腐蚀机体等问题，维护简单。

2) 袋式除尘器的主要缺点

(1) 袋式除尘器的应用范围主要受滤袋材料的耐温、耐腐蚀性等性能的局限，特别是在耐高温方面。目前常用的滤袋材料（如涤纶）适用于 120～130℃，而玻璃纤维等滤袋材料可耐温度 250℃左右。烟气温度更高时，或者要采用造价高的特殊滤袋材料，或者要采取降温措施。这会使系统复杂化，造价提高或能耗增加；

(2) 不适宜于粘结性强及吸湿性强的粉尘，特别是烟气温度不能低于露点温度，否则会产生结露，致使滤袋堵塞；

(3) 处理风量大时，占地面积大；

(4) 据统计，用袋式除尘器净化流量大于 17000m^3/h 的含尘气体时所需的投资费用比电除尘器高，而用其净化流量小于 17000m^3/h 的含尘气体时所需的投资费用比电除尘器低。

2. 袋式除尘器的类型

袋式除尘器的种类很多，分类方法也很多，通常有以下几种分类方法：

1) 按滤袋形状分类

按滤袋缝制的形状，袋式除尘器分为两种：袖袋（圆筒形）式与扁袋式。

2) 按过滤方式分类

按过滤方式，袋式除尘器分为两种：外滤式和内滤式。对于袖袋式，内外过滤方式都可采用；对于扁袋式，多采用外滤式。

3) 按风机在除尘系统中的位置分类

按风机的位置，袋式除尘器可分为负压式（密闭式）和正压式。负压式为风机设在袋式除尘器的净化端；正压式为风机设在袋式除尘器前面。

4) 按气体入口位置分类

按气体入口位置，袋式除尘器可分为两种：下进风式和上进风式。

5) 按清灰方式分类

按清灰方式不同，袋式除尘器可分为以下 5 类：

(1) 机械振动类。机械振动类袋式除尘器是指利用机械装置使滤袋产生振动而清灰的袋式除尘器。

(2) 分室反吹类。分室反吹类袋式除尘器是指采取分室结构，利用阀门逐室切换气流，在反向气流作用下，迫使滤袋缩瘪或鼓胀而清灰的袋式除尘器。分室反吹类袋式除尘器有三种：分室二态反吹袋式除尘器（清灰过程有“过滤”“反吹”两种工作状态）；分室三态反吹袋式除尘器（清灰过程有“过滤”“反吹”“沉降”3 种工作状态）；分室脉动反吹袋式除尘器（反吹气流呈脉动状供给）。

(3) 喷嘴反吹类。喷嘴反吹类袋式除尘器是指利用高压风机或空气压缩机提供反吹气流，通过移动的喷嘴进行反吹，使滤袋变形抖动并穿过滤料而清灰的袋式除尘器，均为非分室结构。喷嘴反吹类袋式除尘器有气环反吹、回转反吹、往复反吹、回转脉动反吹、往复脉动反吹等 5 种。

(4) 振动、反吹并用类。振动、反吹并用类袋式除尘器是指机械振动和反吹两种清灰方法并用的袋式除尘器，有低频振动反吹、中频振动反吹、高频振动反吹 3 种。

（5）脉冲喷吹类。脉冲喷吹类袋式除尘器是指利用脉冲喷吹机瞬间放出压缩空气，诱导数倍的二次空气高速射入滤袋，使滤袋急剧鼓胀，依靠冲击振动和反向气流而清灰的袋式除尘器。喷吹气源压强低于 392kPa 的称为低压喷吹，高于 392kPa 的称为高压喷吹。

3. 典型的袋式除尘器

典型的袋式除尘器有简易袋式除尘器、机械振打袋式除尘器、脉冲袋式除尘器、反吹风袋式除尘器等。

1）简易袋式除尘器

简易袋式除尘器结构简单，多采用自然落灰或人工振动清灰，通常为内滤正压式结构，一般可用于库顶、库底、仓顶等尘源点的除尘。

2）机械振打袋式除尘器

机械振打袋式除尘器有小型机械振打、扁袋振打、中部振打、分室振打等几种形式。

现介绍常用的中部振打袋式除尘器，图 4-2-8 所示为中部振打袋式除尘器的结构图。

（1）结构及工作原理：中部振打袋式除尘器，又称 ZX 型袋式除尘器。基本部件由滤袋、箱体、灰斗、振打清灰装置、进出风管及螺旋输送机等部分组成。含尘气体由灰斗上部进入，然后向上进入滤袋，粉尘积于滤袋内表面，净气经滤料由阀箱向外排出。箱体由隔板分成滤袋数目相等的各个仓，袋底开口，固定于底板的短管上，袋顶由帽盖封闭，并悬吊在振打机构的吊架上。箱体的顶盖上装有阀箱及振打机构。

袋式除尘器结构及工作原理

（2）中部振打袋式除尘器的清灰方式：由顶部振打传动，通过摇杆、打击棒和框架，在除尘器中部摇晃滤袋而达到清灰的目的。振打动作由电动机驱动，并通过凸轮产生。

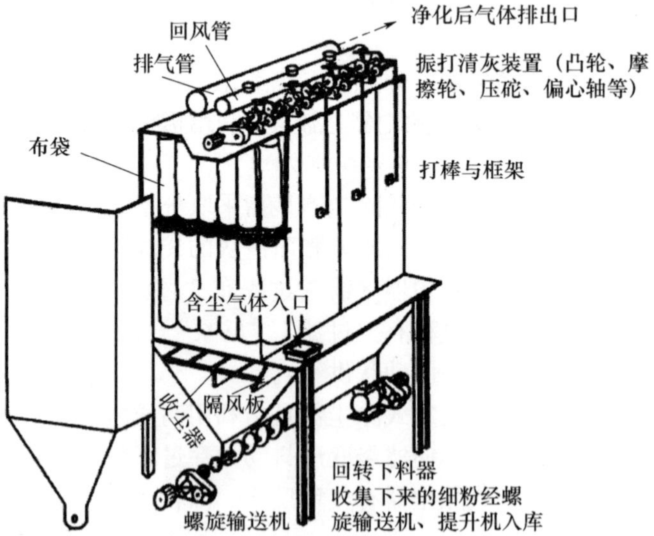

图 4-2-8　中部振打袋式除尘器

(3) 中部振打袋式除尘器特点：具有较高、稳定的除尘效率和较低的阻力，构造简单，滤袋装卸方便，维护容易，应用范围较广，适用于常温气体的过滤。表4-2-2所示为ZX型袋式除尘器的规格和技术性能。

表4-2-2　ZX型袋式除尘器的规格和技术性能

型号	滤袋有效面积 (m^2)	滤袋数量 (个)	室数 (个)	最大含尘浓度 (g/m^3)	过滤风速 (m/min)	流体阻力 (Pa)	处理风量 (m^3/h)
ZX50-28	50	28	2	70 50	1.0 1.5	686 886	3000 4500
ZX75-42	75	42	3	70 50	1.0 1.5	686 883	4500 6750
ZX100-56	100	56	4	70 50	1.0 1.5	686 883	6000 9000
ZX125-70	125	70	5	70 50	1.0 1.5	686 883	7300 11250
ZX150-84	150	84	6	70 50	1.0 1.5	686 883	9000 13500
ZX175-98	175	98	7	70 50	1.0 1.5	686 883	10500 15750
ZX200-112	200	112	8	70 50	1.0 1.5	686 883	12000 18000
ZX225-126	225	126	9	70 50	1.0 1.5	686 883	13500 20250

3) 脉冲袋式除尘器

脉冲袋式除尘器有侧喷脉冲、顺喷脉冲 、对喷脉冲、气箱脉冲、大型分室脉冲、旁插扁袋脉冲、离线脉冲、环隙喷吹、回转清灰脉冲袋式除尘器等多种形式。

现介绍常用的气箱式脉冲袋式除尘器，该袋式除尘器特点如下：

(1) 结构紧凑，占地面积小，可装在室外也可装在室内，无须高大厂房；

(2) 可在运行中准确找到破损的滤袋，并在10～15min内更换完破损滤袋；

(3) 无机械故障，运行稳定可靠；

(4) 具有高的过滤速度和高的净化效率，清灰效果好。

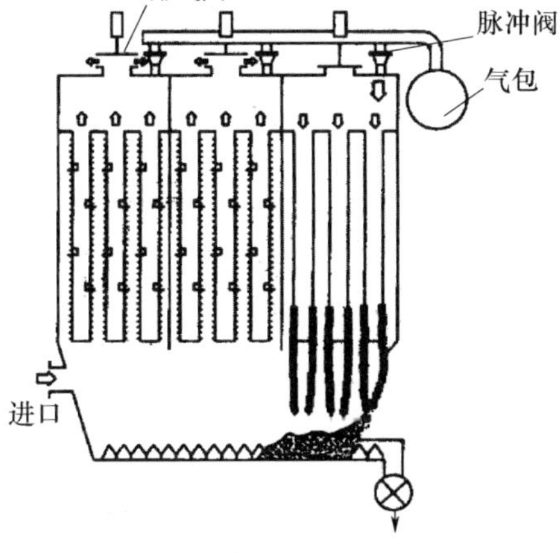

图4-2-9　气箱式脉冲袋式除尘器

气箱式脉冲袋除尘器的工作原理如图4-2-9所示。当含尘气体由进风口进入灰斗后，一部分较粗尘粒在这里由于惯性碰撞、自然沉降等原因落入灰斗，大部分尘粒随气流上升进入袋室，经滤袋过滤后，尘粒被阻留在滤袋外侧，净化的气体由滤袋内部进入箱体，再由阀板孔、出风口排入大气。随着过滤过程的不断进行，滤袋外侧的积灰逐渐增多，从而使除尘器的运行阻力逐渐增高。当阻力增到预先设定值（1245～1470Pa）时，清灰控制器发出信号，首先控制提升阀将阀板孔关闭，以切断过滤气流，停止过滤过程，然后电磁脉冲阀打开，以极短的时间（0.1～0.15s）向箱体内喷入压力 0.5～0.7MPa 的压缩空气，压缩空气在箱体内迅速膨胀，涌入滤袋内部，使滤袋产生变形、振动，加上逆气流的作用，滤袋外部的粉尘被清除下来掉入灰斗，清灰完毕后，提升阀再次打开，除尘器又进入过滤状态。

根据不同的操作条件，气箱式脉冲袋式除尘器既可适用于高温烟气过滤的场合，也可适用于常温气体过滤的场合。该种除尘器每列配备一套独立的脉冲喷吹控制箱，相邻两列之间设有专门的密封结构，在运行过程中，当检修更换破损滤袋时，仍可继续进行除尘作业。考虑到其他布袋除尘器存在更换滤袋不便，清灰效果不好造成除尘作业不能正常作业的情况，该除尘器采用了侧开门检查及更换滤袋的结构，其更换滤袋的时间可缩短为 10～15min，而无须采用其他起吊装置，从而达到迅速、快捷的目的。

4）反吹风袋式除尘器

反吹风袋式除尘器有分室二态反吹风、分室三态反吹风、反吹风玻纤、回转切换反吹风、扁袋反吹风、双层单过滤反吹风、气环反吹风等多种形式。

现介绍常见的气环反吹风袋式除尘器，气环反吹风袋式除尘器的结构及工作原理如图 4-2-10 所示。含尘气体从上部进入顶部的分布室，均匀进入各个滤袋，净化后的气体经排气管排出。吸附在滤袋内壁的粉尘和纤维缝中的粉尘，被气环箱喷出的高速空气吹落，吹落的粉尘沉降到集灰斗，经输送机械送走。气环箱紧贴滤袋，靠机械传动装置做周期性上下移动，每移动一次，即完成一次清灰过程。

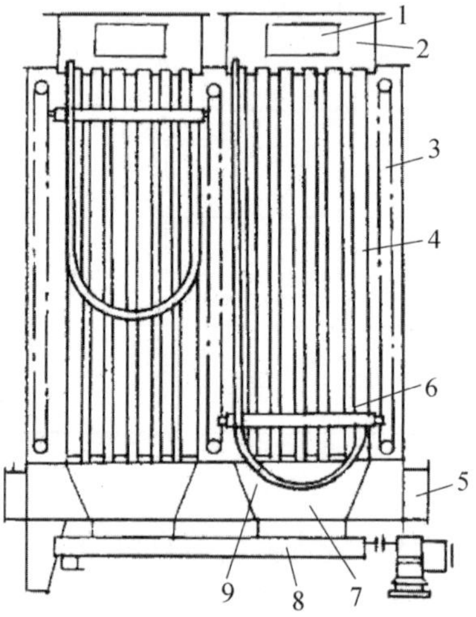

图 4-2-10　气环反吹风袋式除尘器的结构

1—进气口；2—气体分配室；3—过滤室；4—滤袋；5—排气口；6—气环箱；7—集灰斗；8—螺旋输送机；9—胶管

气环反吹袋式除尘器的主要特点：适用于高湿度、高浓度的含尘气体；可采用小型高压鼓风机作为气源，过滤风速大，投资省，由于装在机体外部，所以维修管理方便；不需要高精度的控制仪表，造价较低；气环箱上下移动时紧贴滤袋，使滤袋磨损加快，故障率较高。

4. 袋式除尘器的操作

1）开机前的检查

袋式除尘器开机前要做全面的检查，检查的主要内容和要求如下：

（1）检查清除除尘器内外杂物、积灰，灰斗应无堵塞现象；

（2）滤袋悬挂的松紧程度，不得过松或过紧，滤袋绑扎、固定应牢固，无破裂现象；

（3）检查容易漏风的部位，如检查门、管道、吸风罩、分格轮等处，应按要求封闭严密（可在设备安装完后，将进出口封死，用高压风机或空压机送气进行检测）；

（4）检查各种阀门、仪表及装置等动作是否灵活可靠，并在各自相应正确的位置上，清灰装置运转正常；

（5）检查各润滑部位油质、油量是否满足要求；所有温度检测点、料位计测点、压力测点连接是否正常；

（6）各连接部位的固定螺栓全部拧紧，以避免运转时产生振动松脱；

（7）检查安全防护设施是否齐全、完整；

（8）排灰用的输送设备运转正常，密闭阀门动作灵活，封闭严密；

（9）在冬季或含尘气体湿度高的情况下，检查电热装置或加温设备，在通电、通风时工作是否正常；

（10）检查振打机构是否完好，按操作规程要求对袋式除尘器进行试运行。

经上述开机前的检查，各项均符合要求，便可通知开机。

2）开车顺序

（1）开动粉尘输送设备和排灰装置电动机；

（2）启动清灰装置（振打清灰装置的电动机、脉冲清灰的空气压缩机、气环反吹清灰的离心鼓风机）；

（3）开动排风机或鼓风机的电动机。

3）运行中的检查

（1）检查袋式除尘器开启是否正常，卸灰阀是否正常运行，集灰斗有无堵塞现象；

（2）检查振打机构是否完好，风门开、关是否正确；

（3）检查管路系统有无堵塞、漏风现象（管道破裂、法兰密封不严等）；

（4）检查相关设备（风机、减速机、电动机）的温度、声音、振动、油量是否正常；

（5）观察袋式除尘器出口粉尘浓度是否严重超标，除尘点、粉尘浓度有无异常情况。

4）停车顺序

当袋式除尘器需要停机时，停车顺序与开车顺序相反。除尘器若在主机的连锁联动系统内，则随主机自动按反顺序停车。如为岗位停车，则应按下列顺序进行操作：

（1）停止排风机或鼓风机的电动机；

（2）待全部滤袋清灰后，停止清灰装置的运行；

（3）停止粉尘输送设备和排灰装置电动机（一般在排风机或鼓风机停转5～10min后进行）。

5）紧急停车

在下述情况下，可以紧急停车，停车后应立即报告班长或值班长：

（1）卸灰装置停止转动，经再次启动仍然不能转动，必须进行检查时；

（2）清灰装置或控制仪表发生故障，经修理仍未能排除时；

（3）由于温度高或进入火种而引起火灾，必须迅速切断电源，停止排风时；

（4）滤袋损坏，脱落时；

（5）排风机发生振动，叶轮碰机壳，经调整无效时；

（6）排风机轴承、电动机发生振动或温升超过规定温度时。

6）常见故障的原因及排除措施

常见故障现象、原因及其排除措施见表4-2-3。

表 4-2-3　常见故障现象、原因及其排除措施

故障现象	产生原因	排除措施
运行阻力小	(1) 工艺系统不工作； (2) 滤袋损坏； (3) 测压装置不灵	(1) 恢复工作； (2) 停机更换滤袋； (3) 更换或修理测压装置
脉冲阀不动作	(1) 电源断电或清灰控制器失灵； (2) 脉冲阀内有杂物或膜片损坏； (3) 电磁阀线圈烧坏或接线损坏	(1) 恢复供电，修理清灰控制器； (2) 拆开清理或更换膜片； (3) 检查维修电磁阀电路
提升阀不工作	(1) 电磁阀故障； (2) 汽缸内密封圈损坏	(1) 检查电磁阀，恢复或更换； (2) 更换密封圈
滤袋破损	(1) 清灰周期过短；(2) 清灰时间过长；(3) 滤袋张力不足；(4) 滤袋过于松弛；(5) 滤袋安装不良；(6) 滤袋老化；(7) 滤袋因热硬化；(8) 烧毁；(9) 泄漏粉尘；(10) 滤速过高；(11) 相邻滤袋间摩擦，与箱体摩擦，粉尘的腐蚀使滤袋下部滤料变薄，相邻滤袋破坏	(1) 调整（加长）；(2) 调整（缩短）；(3) 调整（紧张）；(4) 重新调整紧张；(5) 检查、调整、固定；(6) 查明原因并更换；(7) 查明具体原因并更换；(8) 查明具体原因并更换；(9) 研究原因、更换滤料材质；(10) 调整（减小）；(11) 调整滤袋张力及结构；修补已破损滤袋或更换
滤袋堵塞	(1) 滤袋淋湿；(2) 滤袋安装不足；滤袋安装不良；(3) 滤袋收缩；(4) 滤速过快；(5) 粉尘潮湿；(6) 滤袋堵塞；(7) 清灰不良	消除漏水，干燥处理，加强反复清灰或检查，调整，维修
滤袋烧毁	流入火种；粉尘发热	消除火种；清灰积灰、降温
滤袋脆化	酸、碱或其他有机溶剂及其他腐蚀作用	防腐蚀处理
运行阻力异常上升	(1) 换向阀门动作不良及漏风大；(2) 反吹阀门动作不良及漏风大；(3) 吹风量调节阀门发生故障及调节不良；(4) 反吹风量调节阀门闭塞；(5) 换向阀门与反吹阀门计时不准确；(6) 反吹管道被粉尘堵塞；(7) 换向阀密封不良；(8) 气体温度变化而使清灰困难；(9) 清灰机构发生故障；(10) 粉尘湿度高，发生堵塞或清灰不良；(11) 清灰定时器时间设定有误；(12) 振动机构动作不良；(13) 汽缸用压缩空气压力降低；(14) 汽缸用电磁阀动作不良；(15) 灰斗内积存大量积灰；(16) 风量过大；(17) 滤袋堵塞；(18) 因漏水使滤袋潮湿	(1) 调整换向阀门动作、减少漏风量；(2) 调整反吹阀门动作，减少漏风量；(3) 排除故障，重新调整；(4) 调整、修复；(5) 调整计时时间；(6) 调整疏通；(7) 修复或更换；(8) 控制气体温度；(9) 检查并排除故障；(10) 控制粉尘湿度，清理、疏通；(11) 整定定时时间；(12) 检查、调整；(13) 检查、提高压缩空气压力；(14) 检查、调整；(15) 清扫积灰；(16) 减少风量；(17) 检查原因，清理堵塞；(18) 修补堵漏

4.2.4　电除尘器

1. 电除尘器的工作原理

气体一般是中性的，但当气体分子获得一定的能量时，会分离成电子、正离子、负离子，称为气体的电离。如图 4-2-11 所示，含尘气体通过高压直流电源所形成的不均匀高压电场，当电压升高至一定数值时，产生电晕放电，空气被电离产生正离子、负离子和电子，使粉尘荷电，荷电粉尘飞向极性相反的电极并沉积在电极上，由振打装置定期振打而被收集。在电晕极附近的阳离子趋向电晕极的路程极短，速度低，碰上

板式电除尘器工作原理

粉尘的机会少；绝大部分粉尘与路程长的负离子相撞而带上负电，飞向阳极。

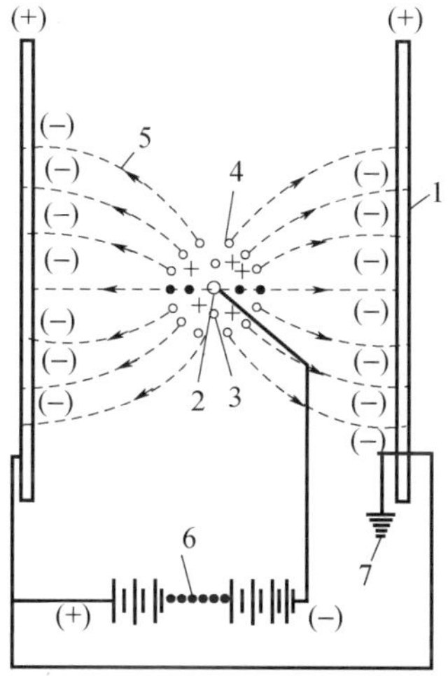

图 4-2-11　板式电除尘器工作原理示意图

1—沉淀极板；2—电晕极导线；3—移向电晕极带正电荷粉尘；4—电晕极；5—移向极板的带负电荷的粉尘；6—高压直流电源；7—接地线

2. 电除尘器的类型与结构

电除尘器按含尘气体运动方向可分为立式和卧式两种；按集尘极形状可分为管式和板式两种；按集尘极和电晕极在除尘器内的配置位置分为单区和双区式。

含尘气体由下向上经过电场的称为立式电除尘器。立式电除尘器占地面积小，但由于气流方向与粉尘自然沉降方向相反，除尘效率较低；高度大，安装与维修不便。常用正压操作，风机布置在电除尘器之前，磨损较快。

含尘气体由水平方向通过电场的称为卧式电除尘器，根据需要可分成若干室，可按粉尘性质和净化要求增加电场数目，同时可按气体处理量，增加除尘室数目，但占地面积较大。

电除尘器结构如图 4-2-12 所示，主要由电晕极、集尘极、振打装置、气体均布装置、电除尘器的壳体、保温箱、排灰装置和高压整流机组组成。电除尘器的主要工作部件为电晕极和集尘极。

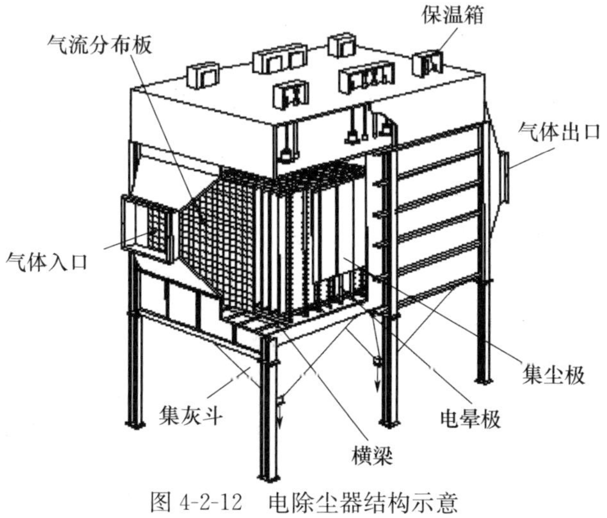

图 4-2-12　电除尘器结构示意

1）电晕极

电晕极又称负极、阴极、放电极。电晕极主要包括电晕线、电晕极框架、框架悬吊杆、支承绝缘套管、电晕极振打装置等。电晕线越细，放电效果越好，但电晕线太细，不仅机械强度低，而且容易锈断，或被放电电弧烧断。为了保证电晕线有一定的机械强度又有较高的放电效率，可将电晕线制成各种形式，常见的电晕线有圆形、星形和芒刺形等，如图 4-2-13 所示。

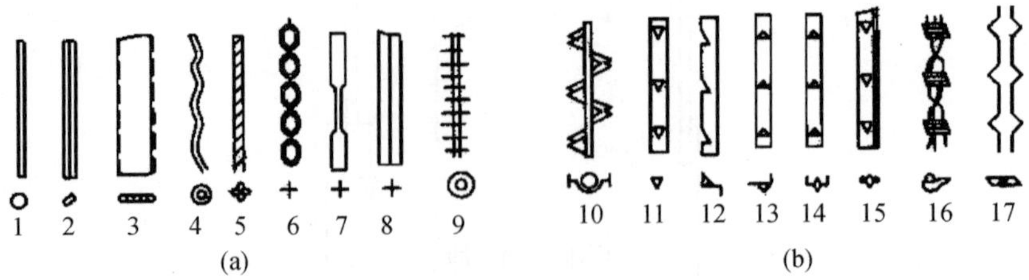

图 4-2-13　几种不同的电晕线

（a）没有固定放电点；（b）有固定放电点

1—圆形；2—星形；3—带形；4—螺旋形；5—钢丝绳形；6—链条形；7—纽带形；8—十字形；9—圆盘形；10—芒刺管形；11～15—芒刺带形；16—芒刺钢丝；17—锯齿形

2）集尘极

集尘极又称集电极、沉淀极、正极、阳极，可分为板式和管式两种类型。板式集尘极通常由几块长条板安装在一下悬挂架上组成一排，一个电除尘器可由多排集尘极板组合而成。相邻两排中心距为 250～350mm。板式集尘极有多种形式，如图 4-2-14 所示。管式集尘极的形状有圆形和六角形等。圆形集尘极内径一般为 200～350mm，管长 3～7m 不等。

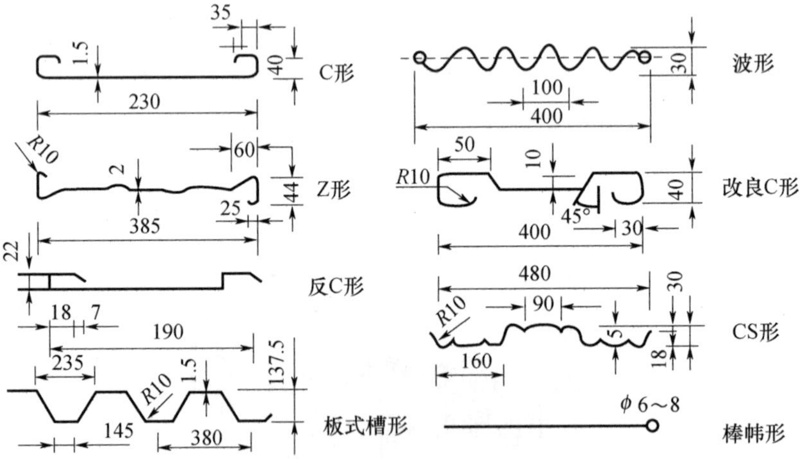

图 4-2-14　常见集尘极的断面形状

3）清灰装置

常用的清灰装置有锤击振打装置、弹簧-凸轮振打装置、电磁脉冲振打装置和超声波清灰装置等。

4）气体均布装置

气体均布装置主要由气体导流板和气体均布器组成。气体均布器常采用数层钻圆孔的多孔板，以保证在各个工作断面上气体流速均匀一致。

5）壳体、保温箱、排灰装置

电除尘器壳体一般为钢结构，下部为灰斗，中部为除尘电场，上部安装石英套管、绝缘瓷件和振打机构，侧面设有人孔门。

当绝缘套管周围温度过低时，其表面会产生冷凝水，影响电除尘器正常工作。保温箱内装有加热器、温度控制器，使保温箱内的温度高于烟气露点温度20～30℃。

电除尘器常用的排灰装置有闪动阀、分格轮、双级重锤阀等。

3. 影响电除尘器除尘效率的因素

1）粉尘的比电阻

粉尘的比电阻是指每平方厘米面积上高度为1cm的粉料柱，沿其高度方向测得的电阻值，单位为Ω·cm。

粉尘比电阻是影响电除尘器除尘效率的重要因素。当比电阻为10^4～10^{11}Ω·cm时，除尘效果最好。当比电阻低于10^4Ω·cm时（低阻型），粉尘导电良好，荷电粒子与集尘极接触时立即放出电荷，同时获得与集尘极相同的电荷，受到集尘极排斥而又脱离集尘极，返回到气流中，形成二次飞扬，除尘效率下降，甚至难以工作；当粉尘比电阻在10^{11}Ω·cm以上时（高阻型），沉淀在集尘极上的粉尘颗粒放电过程进行很慢，电荷很难中和，因此在粉尘层间形成很大的电压梯度，以致发生局部放电，向电晕极方向发射出正离子，称为反电晕现象，电耗增加，除尘效率显著下降。

粉尘的比电阻与温度、湿度和粉尘粒子的性质等有关，当粉尘的比电阻不在合适的范围内时，可通过调节含尘气体的温度和湿度将比电阻调节至要求的范围内。

2）气体温度和湿度

温度在200℃以下时，随着温度的升高，比电阻增大。但当气体湿度高、温度低时易产生结露，粉尘粘附在集尘极和电晕极上，使除尘效率下降，电除尘器不能正常工作。结露会造成除尘器的电极系统及壳体和集灰斗产生腐蚀，当气体中含有SO_3等腐蚀性物质时，腐蚀程度会更严重，从而缩短使用寿命。

3）含尘浓度

电除尘器正常工作时，电晕电流基本上是气体离子的运动所致。当含尘浓度过高时，大部分空间离子的电荷转移给了尘粒，而尘粒移动速度远低于离子移动速度，电荷活动性大大降低，使除尘器形成电晕封闭，电流下降，除尘效率下降。一般情况下，电除尘器进口允许含尘浓度以不超过40～50g/Nm^3为宜。电晕极若采用芒刺线，则含尘浓度可以放宽到80～100g/Nm^3。

4）气体风速

风速过高，气体在电场中的停留时间缩短，粉尘颗粒有可能来不及沉降到集尘极板上就被气流带出电场，从而降低除尘效率。风速过高，可能使已沉降的粉尘再次被扬入气流，产生二次扬尘，除尘效率降低。电除尘器内气体流速一般以0.6～1.3m/s为宜。

4. 电除尘器的操作

1）运行前的准备

（1）检查壳体内、保温箱内是否有杂物，各检修门（人孔门）是否关闭；

（2）检查振打装置、排灰装置、锁风装置的传动机构是否灵活，各润滑点是否有足够的润滑油；

（3）检查外壳和高压变压器正极是否良好接地，高压电缆头和高压硅整流器是否漏油；

（4）开机前 4h 接通保温箱内的管状加热器，对绝缘套进行加热。如果是正压操作并配有热风装置，则应在开机前 4h 启动热风装置加热绝缘套。特别是用于煤磨的电除尘器，更要对其内部进行提前加热，使各部件温度高于烟气露点温度。

2）电除尘器的开机操作

（1）确认已事先启动了保温箱内的电加热器；

（2）启动锁风装置和排灰装置电动机；

（3）启动各振打装置；

（4）启动一氧化碳检测装置；

（5）打开烟道闸板，启动工艺系统排风机，使烟气通过电除尘器；

（6）启动高压供电装置，向电场送电，观察电源电压表指示。

3）电除尘器运行中的检查

电除尘器运行中应定期检查，记录运行情况。检查内容如下：

（1）每个电场高压供电装置低压端、高压端的电流、电压值是否在正常范围；

（2）振打装置、排灰装置、输送系统是否正常；

（3）各电动机负荷、温度、声音是否正常；

（4）系统是否密封良好，有无漏风。

5. 常见故障、原因及处理方法

电除尘的结构比旋风除尘器、袋式除尘器复杂。电除尘器工作异常可能是机械故障，也可能是电气故障，一般可根据以下情况判断是机械故障还是电气故障：如某一电场工作异常，可把其他电场的高压电流通过公共母线切换到该电场，如果电压、电流都很低，说明故障出现在该电场内部的机械部分；若切换电源后，电压、电流立即上升，则说明故障为电气故障。电除尘器的常见故障现象、故障原因及处理方法见表 4-2-4。

表 4-2-4　电除尘器的常见故障现象、故障原因及处理方法

故障现象	故障原因分析	处理方法
二次电压正常，二次电流很小	（1）电极上积灰过多或电晕极结灰肥大致放电不良； （2）振打机构失效； （3）烟气中粉尘浓度过高，出现电晕封闭	（1）清除积灰； （2）检查并修复振打装置； （3）检查旋风除尘器等设备，降低风速或提高工作电压
二次电压升至较低便发生火花击穿	（1）两极间距离局部变小； （2）石英套管或支柱绝缘子破损、受潮漏电； （3）有杂物挂在电极上； （4）电缆击穿或漏电	（1）调整极间距； （2）更换破损件，提高保温箱温度； （3）清除杂物； （4）更换电缆

续表

故障现象	故障原因分析	处理方法
二次电流不稳定，电表指针周期性或不规则摆动	(1) 电晕线断裂后残留线段在电晕框架上摇晃； (2) 振打过于强烈，电晕框架摆动； (3) 电极变形或积灰过厚； (4) 电极间隔不齐或严重弯曲； (5) 烟气温度、湿度突然变化	(1) 检修、调整电极； (2) 调整振打装置； (3) 调整电极； (4) 检查工艺系统
二次工作电流过大，二次电压接近零伏	(1) 集尘极与电晕极短路； (2) 石英套管结露造成对地短路； (3) 绝缘不良，高压电缆对地击穿短路； (4) 灰斗内积灰过多	(1) 检修、调整电极； (2) 清理石英套管，提高保温箱温度； (3) 更换电缆； (4) 清除集灰
石英套管击穿破裂	(1) 套管内壁冷凝结露； (2) 套管内部积灰； (3) 绝缘瓷瓶、连杆、拉杆及悬吊杆的位置不正确，使受力不均； (4) 石英套管与底座之间无衬垫或衬垫不符合要求	(1) 提高套管温度； (2) 清除积灰； (3) 调整位置； (4) 调整衬垫

要进入电除尘器内进行检修，首先要确定是否切断电源，并在高压控制柜上挂上“正在检修，禁止合闸”的警告牌。在进入电除尘器之前要将接地线接好，以防其内部还有残余静电。在检修门处，设有接地装置，在电晕极的端部有一环形铁，接地时用一绝缘棒将接地线与电晕极环形铁连接起来，让残余的电荷输出。

4.2.5　除尘系统的选择

1. 除尘系统的选择原则

除尘系统由各种类型的除尘器、管道、通风机和管网布置等组成。选择除尘系统一般应遵循以下原则。

(1) 严格执行国家标准，使生产过程中排出的各种气体以及生产车间操作岗位的空气含尘浓度符合 GB 4915—2013 要求。

(2) 实行预防为主、防治结合的方针，尽量减少生产环节，降低物料落差，加强设备、管道和料仓的密闭，减少漏风。处理含尘物料的车间要在适当地点设置用水点，以便于洒水清扫，防止粉尘二次飞扬。

(3) 掌握各种尘源气体的含尘浓度、气体量、气体温度、粉尘粒度与性质等资料，选择适当的除尘系统和除尘设备。

为了使除尘系统简单可靠，尽可能采用单级除尘。当气体含尘浓度较高，超过了所选除尘器的允许范围或达不到国家规定的排放浓度时，则可采用两级除尘。

(4) 各种除尘设施所收集的粉尘，一般都要返回生产系统中加以利用，以节约原材料消耗，并避免造成二次污染。

(5) 除尘系统上要装设温度计、压力计等监测仪表，必要时需设置遥程指示和自动控制装置。

2. 除尘设备选择考虑因素

如前所述，除尘设备的种类很多，水泥厂各尘源点的除尘设备选择需综合考虑以下因素。

（1）尘粒的性质及其变化。主要有尘粒的分散度（飞灰的颗粒大小）、含尘浓度、相对密度、粉尘比电阻、亲水性、黏附性及磨损性等；

（2）气体的性质及其变化，主要有气体量及其变化、温度、黏度及露点；

（3）国家排放标准的要求；

（4）各种型号除尘器的性能、特点、净化能力、动力消耗、适用范围、材料及价格等有关资料；

（5）设备投资、金属耗量、材料消耗、运行费用、使用寿命、占地面积及管理等项指标。

3. 水泥厂主要尘源点的除尘系统选择

1）回转窑废气的除尘

新型干法水泥回转窑单线产量高，产品质量好，能耗低，是国家产业政策中要求采用的水泥窑型，废气分别从窑尾和窑头排出。

（1）窑尾废气的除尘

窑尾废气量大，污染物种类较多，温度高。窑尾 C_1 旋风筒出来的废气温度一般为 320～350℃。水分很少，烟尘浓度 60～80g/Nm^3，粉尘粒径小于 10μm 的占 90%以上，比较细。NO_x 含量为（200～250）$\times 10^{-6}$，SO_2 排放浓度随原煤含硫量变化。目前，窑尾除尘器主要采用布袋和静电除尘器，过去布袋除尘器投资偏高。经过改进，两种除尘器投资已相差无几。

布袋除尘器除尘效率高，能长期、稳定地达标排放。电除尘器经过不断改进，除尘效率可达 99.9%，排放浓度可小于 50mg/m^3，但为通过式，细小粉尘会随烟气逸出，影响除尘效率。布袋除尘器为过滤式，只有极细小粉尘排出，而且由于针刺毡，特别是覆膜滤料的出现，除尘效率可达 99.99%，排尘浓度低于 20mg/Nm^3，可长期稳定在低于 30mg/Nm^3。另外，电除尘器有发生爆炸的可能。而布袋除尘器中无火花产生，发生爆炸的可能性极小。从对环境的影响角度分析，窑尾选用布袋除尘器是合理的。

（2）窑头废气的除尘

窑头废气中主要有 TSP，温度 150～200℃，无水分，粉尘浓度 20～30g/Nm^3，颗粒偏粗，基本无 SO_2、NO_x，由于浓度偏低，粒偏粗，采用电除尘器也可长期稳定达标排放，而且运行费用比布袋除尘器低。但粉尘比电阻比较高，需提高工作电压才能保证除尘效率。在篦冷机内喷水调质除尘效果更好。

对于窑头来讲，布袋除尘器和电除尘器均有较好的除尘效果，可根据运行费用、备件准备、方便维修等选择采用何种除尘器。窑头除尘器从运行费用考虑，采用电除尘器也是合理的。当然，从对环境的影响来看，采用布袋除尘器更为合理。

2）粉磨设备的除尘

干法生产的生料磨和水泥磨是水泥厂的主要尘源。磨机的排尘量与通风量及含尘浓度有关。从磨机抽出气体的含尘浓度较高，一般为 40～80g/Nm^3，且粉尘颗粒比较细，所以一般采用二级除尘系统。第一级选用旋风除尘器，第二级选用袋式除尘器或电除尘器。

选用袋式除尘器时，过滤风速不大于1.5m/min，排风机风压选用3kPa左右为宜，水泥磨废气的温度在除尘器内应保持在50℃以上，否则易结露堵塞滤袋，影响除尘器的正常工作。

3）破碎机的除尘

破碎机的排风量和含尘浓度随破碎机的形式不同而有较大差别，一般颚式、辊式破碎机排放气体中的含尘浓度为10～15g/m^3，锤式破碎机为15～75g/Nm^3，反击式破碎机为40～100g/Nm^3。

对于颚式、辊式破碎机，一般选用袋式除尘器一级除尘系统。对于锤式和反击式破碎机，一般应选用二级除尘系统，第一级采用旋风除尘器，第二级采用袋式除尘器。

4）包装机的除尘

包装机系统的扬尘点较多，抽吸管道中的气体含尘浓度一般在30g/Nm^3以下。包装机的除尘，一般选用玻璃纤维或脉冲袋式除尘器一级多点抽吸系统，抽吸点根据包装机的形式和工艺布置情况确定，过滤风速一般采用0.4～0.6m/min。对于固定叶轮式包装机，有侧抽式、背抽式、底抽式及侧抽和底抽相结合等方式。

5）附属设备的除尘

（1）斗式提升机

为防止粉尘从斗式提升机逸出恶化操作环境，通常在提升机的上、下部设置抽气口。一般提升高度小于10m时，可只在下部抽吸；提升高度大于10m时，则上部和下部均应抽吸。

从斗式提升机抽出的含尘气体，在处理上可以与其他除尘设备连成一个系统，也可选用简易袋式除尘器组成单独除尘系统，主要视抽吸点的多少、抽风量的大小、生产设备与辅助设备的位置和除尘系统的布置情况而定。

（2）胶带式输送机

通常只需在胶带式输送机的受料点和转落点设置抽气罩，抽气量应大于物料下落的诱导空气量。从抽气罩抽出的含尘气体，在处理上与斗式提升机类似，两台胶带式输送机的转运点最好放在同一平台上，同时尽量降低物料落差。

（3）空气输送斜槽

空气输送斜槽一般每隔一定距离（30～40m间隔）应开设一个通气孔，并将通气孔与除尘系统相连接。如果附近没有除尘系统，并且安装独立的排风除尘设备有困难时，可利用斜槽正压操作的特点，在通气孔处安装单个布袋除尘器，使含尘气体得到净化。

（4）物料储库

水泥厂物料储库一般在库顶设置除尘装置，当采用机械输送物料时，可选用压力式袋除尘器；当采用气力输送物料时，应选用机械通风式袋除尘器。几个库共用一台除尘器时可将几个库连通起来，在库壁间开设通气孔。

任务 4.3 输送设备操作控制

4.3.1 胶带式输送机

1. 胶带式输送机的工作原理

胶带式输送机，又称皮带机，其输送带材料为胶带，可用于矿山、破碎、包装、堆存之间运送各种原料、半成品和成件物品。胶带式输送机适用于输送容积密度为 1.0～2.5t/m^{3}的各种块状、粒状物料，也可用于输送成件物品。

胶带输送机是水泥厂使用最广泛的输送设备之一，具有生产效率高、运输距离长、工作平稳可靠、结构简单、输送量大、运转费用低、操作维修简单、适用范围广等特点。在水泥厂中除了刚从篦冷机出来的高温熟料以及需垂直提升的物料，其他大部分物料，如石灰石、黏土、燃煤、矿渣、水泥等物料的输送均可用胶带式输送机。

胶带式输送机的传动属于摩擦传动。胶带式输送机由一条环形胶带绕在传动滚筒和拉紧滚筒上，并由上、下托辊支承。当驱动装置带动传动滚筒回转时，由于胶带通过拉紧装置的张紧作用，使胶带具有一定的张力，在传动滚筒与胶带之间产生摩擦力而带动胶带运行。物料由给料装置加到胶带上，由运行胶带输送到卸料装置卸出。

2. 胶带式输送机的结构

胶带式输送机的结构如图 4-3-1 所示。胶带式输送机主要有三个基本组成部分，即输送胶带、托辊和支承结构。与胶带输送机配套时使用的设备有电动滚筒、金属探测器、电磁分离器、电子计量秤、卸料车等。

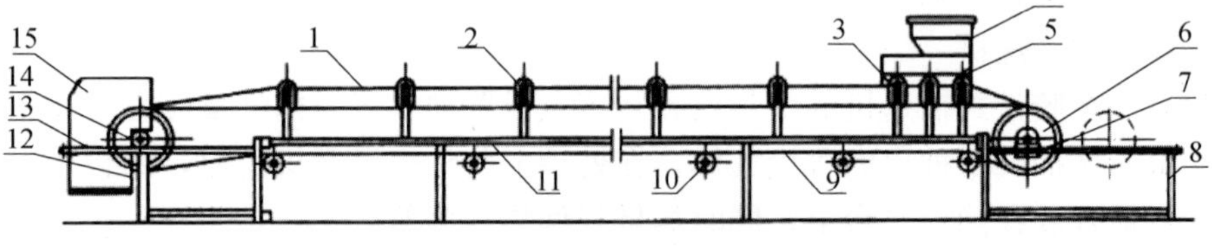

图 4-3-1 胶带式输送机构造示意图

1—胶带；2—上托辊；3—缓冲辊托；4—料斗；5—导料拦板；6—改向滚筒；7—螺旋拉紧装置；8—尾架；9—空段清扫器；10—下托辊；11—中间架；12—弹簧清扫器；13—头架；14—传动滚筒；15—卸料装置

1）输送带

输送带是胶带式输送机的主要部分，既是承载构件，又是牵引构件，对输送机的性能起决定性作用。因此，合理选择、正确使用和维护输送带十分重要。

对输送带的要求是具有足够的强度，能承受较大的牵引力；有较好的纵向挠性，容易通过滚筒；横向挠性要适当，通过槽形托辊时既易成槽，离开托辊后又不致塌边撒料；相对伸长要小而弹性高，对于多次重复弯折产生的变化负载的抵抗力良好，吸水性小；带面应具有一定的厚度和耐冲击、耐磨损、防腐蚀等性能。

（1）输送带的种类

输送带主要分为织物芯胶带和钢绳芯胶带两大类，种类有四种：

①含有棉织物的输送胶带：沿宽度方向的抗拉强度为60～100kg/cm；

②各种合成纤维混纺织物胶带：抗拉强度可达600kg/cm；

③橡胶带：由若干层帆布组成，帆布层之间用硫化方法浇上一层薄的橡胶，带的上下以及左右两侧都覆以橡胶保护层；

④夹钢绳芯胶带：用钢丝经浸胶、加压和硫化处理后嵌入胶带中制成。抗拉强度可达6000kg/cm，耐磨性好，运输距离长（轴间距离可长达20km），输送能力大（可达20000t/h），寿命可达6～10年，其伸长率仅为普通胶带的1/5，胶带宽度可达3m。

（2）橡胶保护层

橡胶保护层的作用是防止物料对输送带的冲击及磨损，工作面保护层的厚度一般为1～6mm。带速越高、机身越短、物料粒度越大，则胶面厚度应越厚。

（3）橡胶带连接方法

连接方法可分为两类，即硫化胶接和机械连接。

硫化胶接法如图4-3-2所示，将胶带两端切开成阶梯形斜头，涂上胶浆使其粘结，在一定温度下将其压合，经过硫化反应，使生橡胶变成硫化橡胶，使接合部位获得较高的粘结强度。硫化反应温度140℃，时间45min。

机械连接是将胶带两端切成整齐的对口，使对口绝对平行后，用特制的金属卡扣和螺栓把对口连接起来。

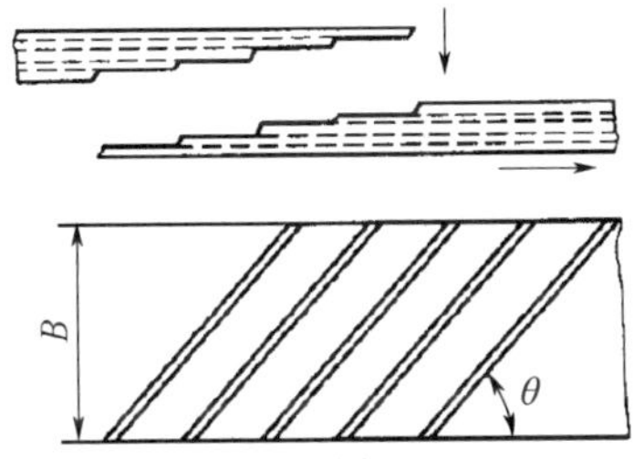

(a)

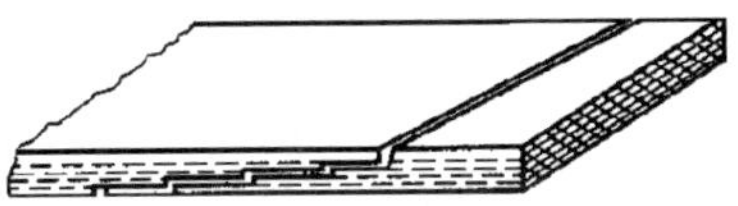

(b)

图4-3-2　织物芯胶带端头的硫化胶结法

（a）B为皮带宽度，θ为斜头角度；

（b）胶带切开层数，不少于2层

2）托辊

托辊用于支承输送带和带上的物料，减少输送带的下垂度，以保证平稳运行。根据托辊装设部位和作用的不同，托辊可分为平行托辊、槽形托辊、调心托辊和缓冲托辊等。

（1）平行托辊

平行托辊如图4-3-3所示。平行上托辊，用于支承承载边的输送带和物料；平行下托辊，用于支承空载边的输送带。

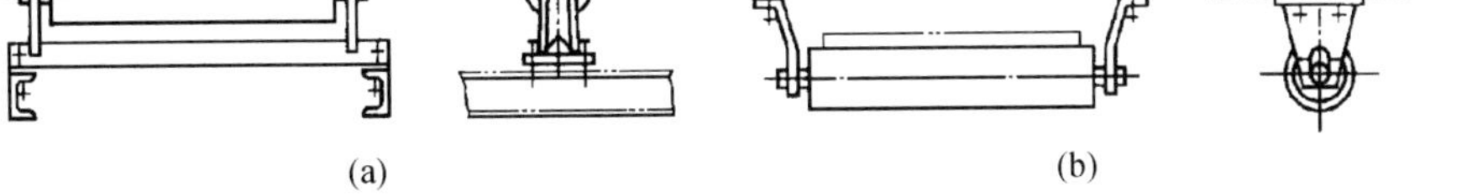

(a)　(b)

图4-3-3　平行托辊的构造形式

（a）平行上托辊；（b）平行下托辊

（2）槽形托辊

槽形托辊用于输送散状物料，构造形式如图4-3-4所示。它是由2～5节相同长度的

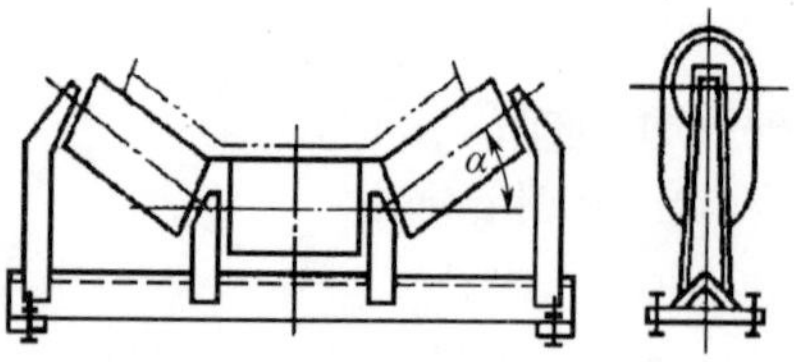

图 4-3-4 槽形托辊构造形式

辊子组成一定槽角 α 的槽形托辊。槽角一般为 30°，较宽的皮带可达 60°。

（3）调心托辊

调心托辊的作用是在输送带运行中，由于各种因素发生跑偏现象时，能调整跑偏，使之复位。其构造特点如图 4-3-5 所示。托辊支架 1 上装有可自由转动的两个立辊 4，托辊支架 1 由立轴 2 支持，立轴 2 装在机架 3 上的推力轴承中，可自由转动。

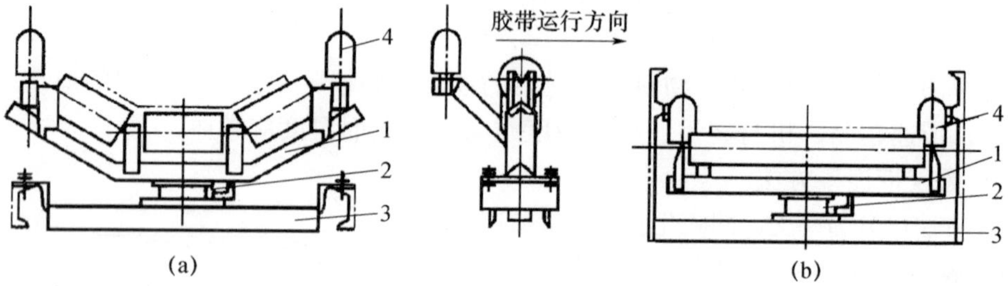

图 4-3-5 调心托辊构造形式

（a）槽形调心托辊；（b）平行调心托辊

1—托辊支架；2—立轴；3—机架；4—立辊

（4）缓冲托辊

缓冲托辊安装在输送机的装载处，可减小物料对输送带的冲击作用。如图 4-3-6 所示。

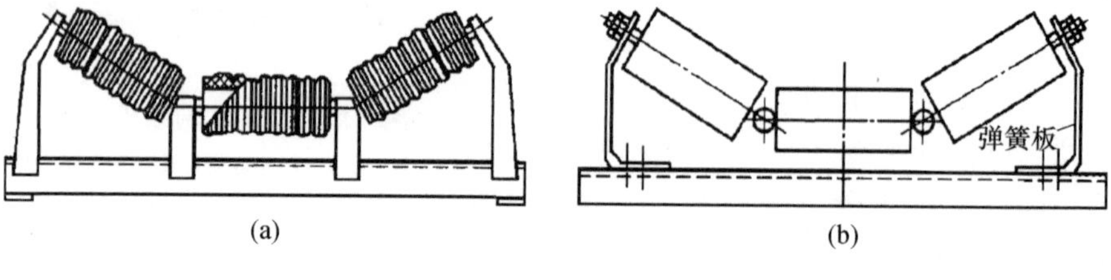

图 4-3-6 缓冲托辊构造形式

（a）橡胶圈式缓冲托辊；（b）弹簧板式缓冲托辊

3）驱动装置

驱动装置由电动机、减速器、驱动滚筒和联轴器等组成。电动机与减速器的连接通常采用弹性联轴器，减速器与滚筒的连接采用十字滑块联轴器。驱动滚筒由电动机经减速器驱动。对于倾斜布置的输送机，驱动装置中还设有制动装置，以防止突然停机时，由于物料质量的作用而产生输送带下滑运动。

4）改向装置

为了改变输送带运动的方向，设置改向装置。改向装置有改向滚筒和改向托辊组两种。胶带输送机在垂直平面内的改向一般采用改向滚筒。

5）拉紧装置

拉紧装置有螺杆式、小车坠重式和垂直坠重式三种，结构如图 4-3-7 所示。其位置最好安装在包角等于 180°、张力较小的改向滚筒处。

螺杆式拉紧装置由调节螺杆和导架等组成。行程一般按输送机长度的 1%选取，有 500mm 和 800mm 两种。它适用于长度较短（<80m）、功率较小的输送机上。

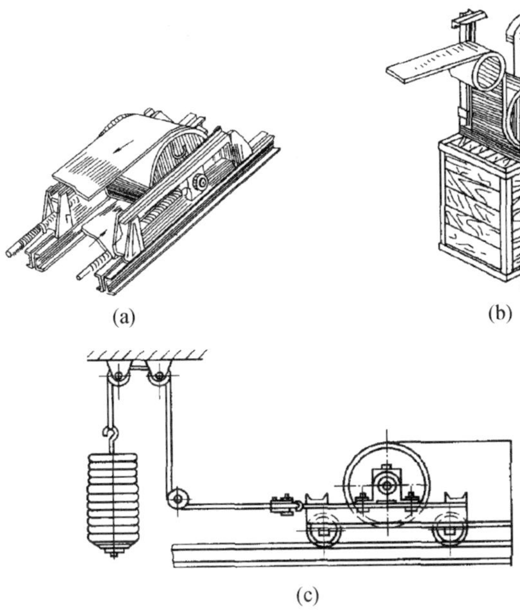

图 4-3-7　胶带式输送机的拉紧装置

（a）螺杆式；（b）垂直坠重式；（c）小车坠重式

螺杆式拉紧装置由调节螺杆和导架等组成。行程一般按输送机长度的 1%选取，有 500mm 和 800mm 两种。它适用于长度较短（<80m）、功率较小的输送机。

小车坠重式拉紧装置，一般装在输送机的尾部，通过坠重曳引拖动滚筒来达到拉紧目的。这种拉紧装置适用于输送机较大（50～100m）、功率较大的情况。其缺点是工作不够平稳。

垂直坠重式拉紧装置，通常装在靠近驱动滚筒绕出边外。它适用于采用小车坠重式有困难的场合。当需要张紧行程很长时，可与小车坠重式拉紧装置联合使用。

6）装料装置

装料装置的作用是将物料装到输送带上。它的形式取决于运输物料的性质和装载的方式。成件物品通常用斜槽、滑板或直接装在输送带上；散粒物料则用装料漏斗；如果装料位置需要沿输送机纵向移动时，则应采用装料小车，它可沿输送机架上的轨道移动。如图 4-3-8 所示。

7）卸料装置

卸料装置用来将输送带上的物料卸下，有端部卸料和中途卸料两种形式。

采用端部滚筒卸料不会产生附加阻力，适合于卸料点固定的场合。在卸料滚筒处装卸料罩和卸料漏斗来收拢物料。

犁式卸料器为一与输送带运动方向呈一定角度的卸料挡板。当运行的物料碰到挡板时，就被挡板推向输送带的边侧卸下。它对输送带摩擦较严重。因此，对于较长的输送

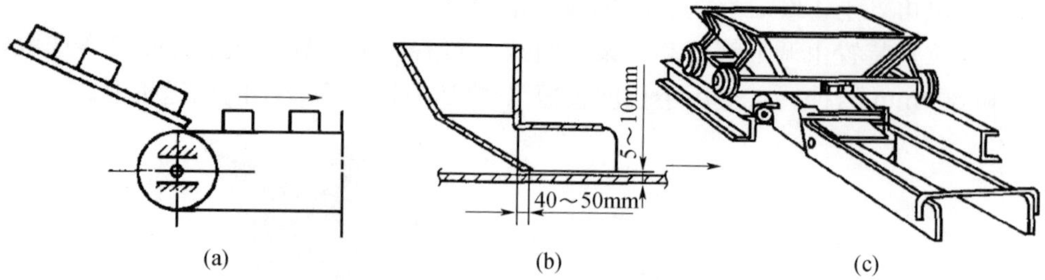

图 4-3-8 装料装置

(a) 倾斜滑板；(b) 装料漏斗；(c) 装料小车

机，输送块度大、腐蚀性强的物料不宜采用。选用犁式卸料器时，输送带应采用硫化接头，带速不宜超过 2m/s。犁式卸料器仅适用于平形输送带处卸料，可卸成件物品和散粒物料。

8）清扫装置

清扫装置用于清除粘附或撒落在带面上的物料，以免带和滚筒及托辊磨损过快，避免因粘料造成输送带跑偏。带式输送机常用的清扫装置有清扫刮板、清扫刷、清扫器等。

9）制动装置

制动装置的作用是当电动机断电时，避免输送带由于输送物品的自重而发生反向运动。制动装置有三种：带式逆止器、滚柱逆止器和电磁闸瓦式逆止器。

（1）带式逆止器：结构简单，造价低，输送角小于 18°时制动可靠。缺点是制动时必须先倒转一段，造成尾部给料处堵塞溢料。

（2）滚柱逆止器：实际为一超越离合器，制动平稳可靠，常用于倾斜向上输送的输送机。

（3）电磁闸瓦式逆止器：耗电量大，易发热失灵，一般尽量不用，且多用于向下输送。

3. 胶带式输送机的性能及应用

根据用途、构造和工作原理等不同，带式输送机可分为多种类型。目前厂矿常用的有通用带式输送机、钢绳芯带式输送机、钢绳牵引胶带输送机三种主要结构。

通用带式输送机（即 TD 型带式输送机）所用输送带的带芯材料为棉帆布或化纤织物，外包橡胶或塑料。

钢绳芯带式输送机（即 DX 型带式输送机）所用输送带的带芯为高强度的钢丝绳，输送量较大，输送距离较远。

钢绳牵引胶带输送机（即 GD 型胶带输送机）的输送带只作承载构件，用钢丝绳作牵引构件，多用于矿山上大输送量和长距离输送。

根据输送条件的特殊要求，还有一些特殊形式的带输送机，如大倾角带输送机、气垫带式输送机、网带输送机等。

通用带式输送机和钢绳芯带式输送机，根据输送路线不同有如图 4-3-9 所示的五种基本布置形式。对于长距离的复杂路线输送，可由这五种基本形式组合而成。

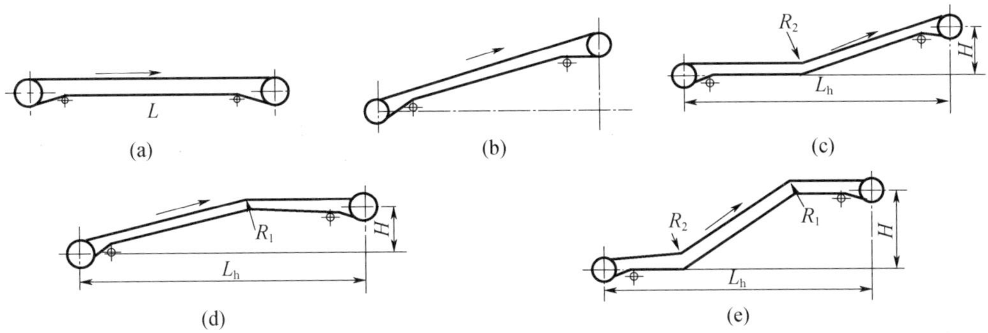

图 4-3-9　带式输送机的基本形式

（a）水平布置；（b）倾斜布置；（c）带有凹弧线段布置；（d）带有凸弧线段布置；（e）带有凸、凹弧线段布置

对于倾斜向上输送物料的带式输送机，为了防止物料下滑，不同物料所允许的最大倾角值见表 4-3-1。当倾斜向下输送物料时，允许的最大倾角为表 4-3-1 值的 80%。

表 4-3-1　向上输送不同物料允许的最大倾角值

物料名称	最大倾角值	物料名称	最大倾角值	物料名称	最大倾角值
块煤	18°	0～120mm 矿石	18°	干砂	15°
原煤	20°	0～60mm 矿石	20°	筛分后的石灰石	12°
粉煤	21°	块状干黏土	15°～18°	水泥	20°
0～350mm 矿石	16°	粉状干黏土	22°	水泥熟料	14°

输送带工作环境温度一般为−25～60℃，物料温度不超过 70℃；采取耐热措施后，可输送 120℃以下的高温物料，物料温度更高时不宜再采用胶带输送。

带式输送机倾斜输送时受最大允许倾角限制；不宜沿水平改变输送方向；不宜用于输送温度较高的物料。

4. 胶带式输送机的操作与维护

1）胶带式输送机开机前检查项目

（1）检查动力传动系统，各种保护装置，连接件是否紧固，信号闭锁系统是否完好；

（2）检查轴承、减速箱及各摩擦部位是否润滑良好（按润滑点表进行）；

（3）检查胶带有无跑偏，中间架是否歪斜，机架连接、机头、机尾固定是否牢固；

（4）检查皮带是否张紧适度、不打滑，胶带接头是否平直良好；

（5）检查入料口、排料口及下料溜槽是否有异物，胶带是否有摩擦异物的情况；

（6）各处挡板、卸料器、清扫器是否齐全、牢固，有无过度磨损，清扫器与输送带的距离不大于 3mm，并有足够的压力，接触长度应在 85%以上；

（7）各托辊、挡辊、压辊应齐全、完好；

（8）各连接螺栓、地脚螺栓应可靠紧固；

（9）检查通信、信号系统是否可靠、无故障，所有电气线路是否正常，电压与设备额定电压相差应在±5%以内；

（10）一般情况下皮带应处于无料状态，确保空载启动。

2）胶带式输送机的启动

（1）启动前必须与机头、机尾及各转载点取得信号联系，待收到正确信号，所有人员离开转动部位后启动报警信号方可开机；

（2）先点动 2 次，再运转 1 周以上，检查控制按钮、信号、通信设施是否灵敏可靠；

（3）检查各部位运转声音是否正常，输送机有无跑偏、打滑、跳动或刮卡现象，输送机张紧度是否合适；

（4）保证所有托辊转动灵活，机头、机尾无杂物，无积水；

（5）禁止甩掉任何一种保护强行开机运转；

（6）胶带式输送机启动后，注意观察胶带式输送机的运转状况，检查各部位轴承的温度是否正常（温度不得超过 75℃），检查电动机温度是否超过铭牌的规定（温度不得超过 110℃），检查液力耦合器温度（温度不得超过 110℃）。若有异常，及时停机检查处理。

3）胶带式输送机的停机

（1）正常停机

①接到停机信号后，要将胶带上的物料拉净，避免输送机重载启动；

②关机前要观察电源是否正常，必要时应进行测量调整；

③将调速旋钮缓慢旋回至“0”位→待输送机完全停止，将调速开关打至“off”状态→关闭启动开关及电源总开关；

④停车后重新检查各部位状况及各种保护，处理异常现象。

（2）特殊情况下的停机

出现以下情况应立即按下停机按钮：

①下料溜槽堵塞，铁器、杂物等卡住胶带时应立即停机；

②胶带接头开胶拉断或撕裂；胶带严重跑偏，有刮坏、撕裂的危险；

③运行中，当发现下道工序停机时，必须立即停机；

④遇危及人身或设备安全的紧急情况时立即停机。

在顺次安装有数台皮带式输送机时，应采用可以闭锁的启动装置，以便通过中控室按一定顺序启动和停机。除此之外，为防止突发事故，每台输送机还应设置就地启动或停机的按钮，可以单独停止任意一台。为了防止输送带由于某种原因而被纵向撕裂，当输送机长度超过 30m 时，沿着输送机全长，应间隔一定距离（如 25～30m）安装一个停机按钮。

4）胶带式输送机的调整

（1）胶带张紧力的调整

为了保证胶带与传动滚筒间有足够的摩擦力，需要调节胶带的张紧力。胶带的张紧力是通过调节拉紧滚筒的移动来实现的。调整时应注意：张紧装置不应处于极限位置，张紧力应适宜不滑动。对绞车或螺旋式拉紧装置，预留张紧的行程不应＜100mm。对垂直或车式拉紧装置，预留张紧的行程不宜小于行程的 1/3。

（2）胶带跑偏的调整方法

胶带跑偏是可伸缩胶带输送机最常见的故障，跑偏是由于胶带在运行中横向受力不均匀造成的。发现问题要及时进行调整。调整方法如下：

①机身段胶带跑偏的调整方法

若胶带往右跑偏，在胶带开始跑偏的地方，顺着胶带运行的方向，向前移动托辊轴右端的安装位置，使托辊右边稍向前倾斜。注意，切勿同时移动托辊轴的两端。在调整时适当多调整几个托辊，每个少调一点，这样就比只调1～2个托辊来纠正跑偏的效果好一些。

②换向滚筒处胶带跑偏的调整方法

若胶带在换向滚筒处跑偏，胶带往哪边跑，就把哪边的滚筒轴逆着胶带的运行方向调动一点；也可以把另一边的滚筒轴顺着胶带的运行方向调动一点。每次调整后，应运转一段时间，看其是否调好。

5）胶带式输送机的停机维护

（1）检查胶带的磨损情况，工作面磨损70%，胶层剥落面>40%，须更换新胶带；纵向撕裂超过500mm，横向任何撕裂，则需钉补、粘合；

（2）若托辊出现局部磨穿，更换新件；当滚筒磨损量：主动辊60%，被动辊80%时，更换新件；

（3）检查滚筒轴与轴承组，若出现轴承保持架损坏、轴承座圈断裂，密封失效，润滑剂污染严重等现象，则应更换新轴承，清洗换油，调整密封间隙，更换密封件；

（4）检查漏料处，分析漏料原因，修补、调整胶带；

（5）保持输送机及周围干净整洁，做好运行记录；

6）胶带式输送机常见故障分析与排除方法

胶带式输送机常见故障分析与排除方法见表4-3-2。

表4-3-2　胶带式输送机常见故障分析与排除方法

故　障	产生原因	排除方法
胶带打滑	（1）驱动滚筒和胶带间摩擦系数小或包角过小； （2）拉紧装置拉力太小； （3）承载量大于设计能力	（1）提高摩擦系数，加大包角； （2）校对调整拉紧力； （3）减小承载量
胶带某一部分突然跑偏	（1）胶带有部分弯曲； （2）接头中心未对准； （3）托辊角度不合适	（1）严重时，更换弯曲段； （2）重新接头； （3）调整托辊角度
空载时跑偏	胶带成槽性不好	更换成槽性好的胶带或用自调托辊
胶带边部磨损过大	（1）托辊和滚筒粘附物过多； （2）托辊或导向滚筒调整不好； （3）托架不平； （4）自动调整托辊和导辊不良； （5）块状物料进入胶带与托架之间； （6）卸料器不正	（1）安装有效的清扫器； （2）重新调整； （3）重新调整； （4）调整或更换； （5）清扫干净； （6）检修、调整卸料器
上层胶面有纵向长距离割裂	溜槽装得不好	重新调整装配

续表

故　障	产生原因	排除方法
上层胶面有非正常磨损	(1) 溜槽放料时，石灰石等有锐角的物料下滑速度与胶带速度不一致； (2) 回程托辊不转动； (3) 溜槽堵塞	(1) 调整溜槽，改变物料下滑速度； (2) 清洗、更换托辊； (3) 改进溜槽
带边磨损形成筋条状	挡料板不正	调整挡料板
下层胶面非正常磨损	(1) 胶带打滑； (2) 杂物侵入回程段； (3) 物料水分含量高、摩擦系数下降； (4) 托辊不转动	(1) 检查拉紧装置； (2) 清扫并检查承载段； (3) 降低物料水分含量； (4) 清洗调整托辊
胶带有褶皱	滚筒打滑	改进胶带刻纹或加大摩擦系数
托辊轴承异声	(1) 轴承使用时间过长； (2) 润滑不良	(1) 更换检查轴承； (2) 清洗后加润滑油脂
胶带超速飞车（即在启动后速度越来越快，或在运行中间增大供料量时出现超速飞车现象）	胶带机在特殊工况下产生了负力矩，电动机转子速度大于额定电磁转速，使异步电动机变为电动机，将机械能转化成电能回馈到变频器直流侧，这部分能量无吸收装置，导致系统出现超速飞车	(1) 及时关机，避免酿成恶性事故； (2) 变频器直流侧增加一个制动回路； (3) 在电源侧加入一组交流电抗器

4.3.2　斗式提升机

1. 斗式提升机的工作原理

斗式提升机通常封闭于钢板外壳内，在无端胶带、无端环链或板链等环形牵引机构上，每隔一定距离安装一个钢质料斗，由驱动装置带动传动链轮转动环形牵引机械。安装在环形牵引机构上的这些料斗随同牵引构件运行，不断地从提升机底部舀取物料，盛于斗内。当料斗通过驱动轮时改变了运动方向，料斗内的物料受离心力和重力作用从料斗内抛出，从而达到提升物料的目的。

2. 斗式提升机的结构

斗式提升机的结构，主要由传动装置（电动机、减速机、三角带、带轮）、驱动链轮、牵引构件（环链、胶带、板链等）、料斗、张紧装置、张紧链轮，上、中、下部机壳等组成，如图 4-3-10 所示。

1）牵引构件

斗式提升机的牵引构件分为环链、板链和胶带三种。

（1）环链斗式提升机（HL 型斗式提升机）

环链斗式提升机的牵引构件采用环链，环链由锻造或焊接成型。环链提升机适用于输送粉状、粒状、小块磨损性较小的物料，如煤、水泥、砂、矿渣、黏土、碎石等，输送物料温度较高。环链斗式提升高度为4.5～30m，输送量为16～47.2m³/h，料斗运行速度为1.25～1.4m/s。常用的环链提升机型号有HL300、HL400和HL500三种。环链斗式提升机的料斗在环链上间断布置，采用离心式卸料。

环链斗式提升机的料斗与环链的连接如图4-3-11所示，用链环钩与料斗后壁连接。

环链采用节距为50mm的标准环链，每段环链的环数有9环和11环两种。链与料斗的连接较牢固，自重大，有效载荷小。

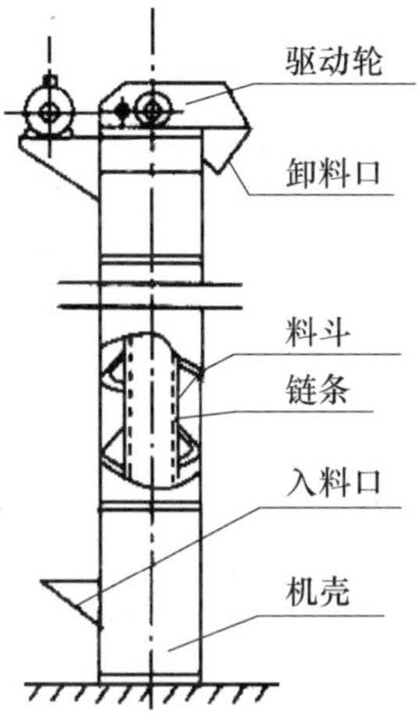

图4-3-10　斗式提升机的结构

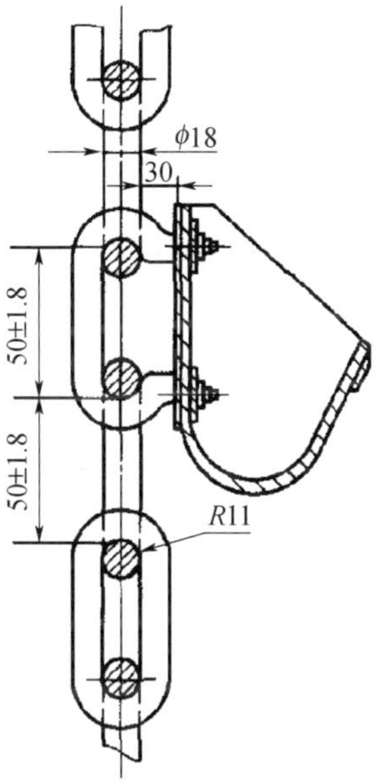

图4-3-11　料斗与环链的连接

（2）板链斗式提升机（PL式斗式提升机）

板链斗式提升机用板式套筒滚子链作牵引构件（图4-3-12）。板链斗式提升机结构牢固，自重轻，提升量大，物料温度＜250℃。提升高度5～30m，输送量22～100m³/h，料斗运行速度0.4～0.5m/s。常用的板链提升机型号有PL250、PL350和PL450。板链提升机在板链上连续布置，采用重力式卸料。

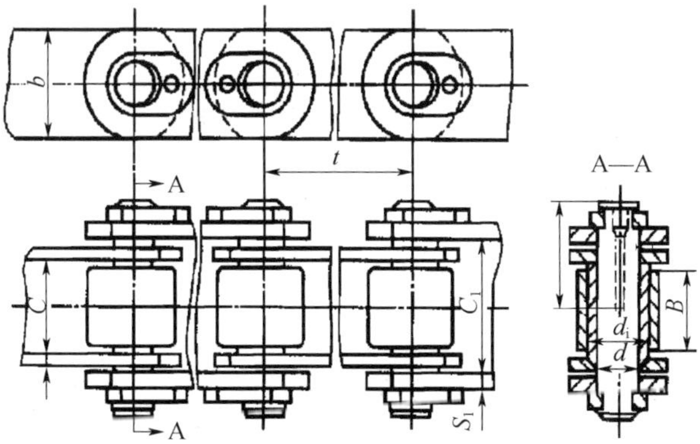

图4-3-12　板链

（3）胶带斗式提升机（D式斗式提升机）

胶带斗式提升机用橡胶带作牵引构件，结构简单，磨损比板链少。但不能输送磨琢性较大的物料。胶带宽度比料斗宽度大30～40mm。采用普通橡胶带的，物料温度不得超过60℃；采用耐热胶带的，物料温度可达150℃。提升高度为4～30m，输送量为3～66m³/h，料斗运行速度为1～1.26m/s。常用带式提升机的型号有D160、D250、D350、D450。料斗在胶带上间断布置，采用离心式卸料。料斗与胶带的连接如图4-3-13所示。

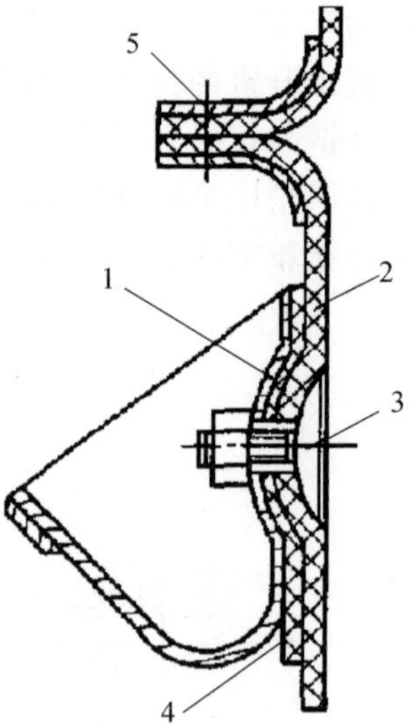

图 4-3-13　料斗与胶带连接

1—料斗后壁；2—胶带；3—埋头螺栓；4—软衬垫；5—并接接头

用胶带作牵引构件的主要优点是成本低、自重小、挠性好、运行平稳、磨损小、运行速度和生产率较高。其主要缺点是料斗与胶带连接不牢固，容易掉斗。

2）料斗

料斗是斗式提升机的装载物料的构件，一般用厚度为2～6mm钢板焊制成。根据物料性质和装卸方式不同，料斗有以下四种主要形式。

（1）深斗（S制法）

深斗的构造如图4-3-14（a）所示。深斗的结构特点是前壁斜度较小而深度较大，斗口与后壁夹角较大，一般为65°。为了减小掏取物料时料斗前壁边唇的磨损，常在边唇外边加焊一条斗边。深斗的容量大，用于输送干燥的、流动性好的、易卸空的散粒物料，如水泥、干砂、碎煤等。深斗在牵引构件上间断布置，采用离心式或离心-重力式卸料方式卸料。

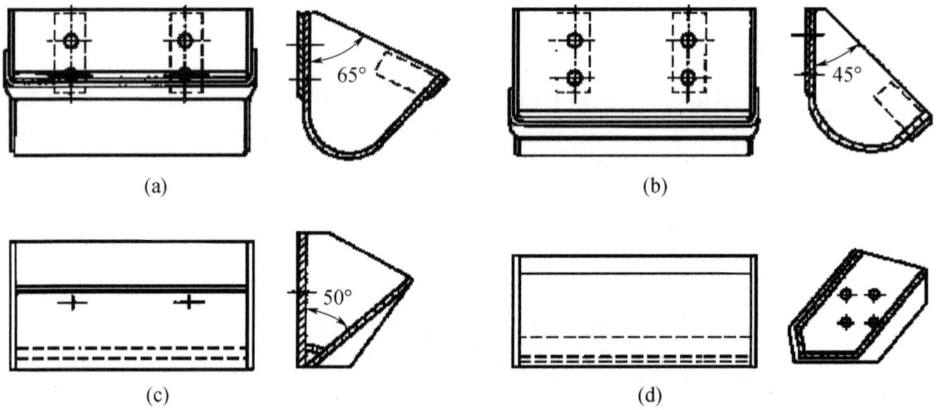

图 4-3-14　料斗

（a）深斗；（b）浅斗；（c）尖斗；（d）梯形斗

（2）浅斗（Q制法）

浅斗的构造如图4-3-14（b）所示。浅斗的特点是前壁斜度较大而深度较小，斗口与后壁的夹角较小，一般为45°。浅斗的容量较小，适用于输送潮湿的、流动性差的、不易卸载的散粒物料，如面粉、湿砂、黏土等。浅斗在牵引构件上间断布置，采用离心式或离心-重力式卸料方式卸料。

（3）尖斗（J 制法）

尖斗的构造如图 4-3-14（c）所示。尖斗适用于输送沉重的、块状的、磨损性较强的物料，如矿石、石灰石块、焦炭等。尖斗易于制造，磨损后便于更换。尖斗在牵引构件上连续布置，适用于重力式卸料方式。为了使物料能流入卸料管，在料斗的前壁两侧有两条导向板，与前壁形成导向溜槽。

（4）梯形斗（T 制法）

梯形斗的构造如图 4-3-14（d）所示。梯形斗的应用特点和卸料方式与尖斗相似，但其容积比尖斗大。

3）传动装置

对传动装置的要求是体积小、自重小、效率高，并要有可靠的逆止装置和过载保护装置。中小型提升机多用如图 4-3-15 所示的传动装置，由 JS 式电动机、ZQ 式渐开线圆柱齿轮减速器、浮动联轴器、带或链传动和棘轮逆止器等五部分组成。整套传动装置都安装在机壳上部区段的平台上。根据布置要求，可配置成图 4-3-15（a）所示的右装式或图 4-3-15（b）所示的左装式结构。

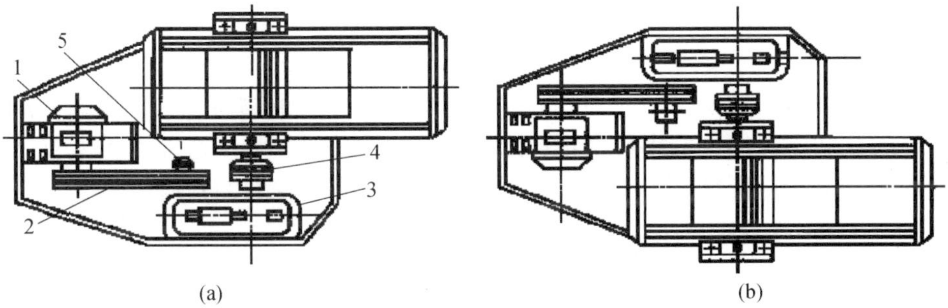

图 4-3-15　传动装置

（a）右装平面图；（b）左装平面图

1—JS 式电动机；2—带或链传动；3—ZQ 式渐开线圆柱齿轮减速器；4—浮动联轴器；5—棘轮逆止器

大型斗式提升机的传动装置多采用机外安置。为了防止提升机因临时停电或偶然事故等迫使有载停机，引起牵引构件和载料料斗逆行，造成下部区段内积料和堵塞，在传动装置中要装设逆止器。图 4-3-16 所示为棘轮逆止器。

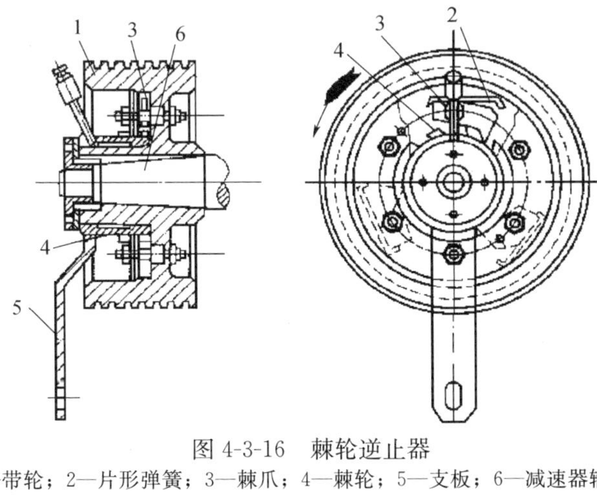

图 4-3-16　棘轮逆止器

1—带轮；2—片形弹簧；3—棘爪；4—棘轮；5—支板；6—减速器输入轴

斗式提升机因加料过多、异物卡斗和掉斗等原因会出现过载现象。因此，在传动装置中应装过载保护装置，以免造成事故。常用的有电气过载保护装置和机械过载保护装置两种。

4）张紧装置

张紧装置的作用是张紧伸长的皮带或链环，防止打滑。斗式提升机常用的张紧装置有螺杆式张紧装置、弹簧螺杆式张紧装置和重力式张紧装置等。螺杆式张紧装置是提升机下链轮与轴承固定在矩形滑板上，拧动螺杆可使滑板沿导轨上下滑动，即可改变上下链轮的中心距，调节皮带或链条的松紧程度。重力式张紧装置是利用重锤和杠杆的压力把固定下链轮的压块压紧，这种装置能使皮带或链条保持不变的拉力，不需要人工调节，但重锤的质量要足够大才行。弹簧螺杆式张紧装置与螺杆式张紧装置的主要不同是前者螺杆的上端不直接顶持在角钢上，而是通过压力弹簧顶持螺杆。这种张紧装置具有一定的自动张紧和缓冲作用。

5）装载方式

斗式提升机的装载方法主要有掏取式和流入式两种。在实际生产中，通常以一种方法为主，两种方法同时兼用。

（1）掏取式

掏取式装载方法如图 4-3-17 所示，由料斗在料堆中挖取物料。这种方式主要适用于粉状、颗粒状和磨琢性小的小块状物料。采用挖取式装料，料斗通常为稀疏布置，并允许料斗取较高的运行速度。为避免超载和物料反撒，应使挖取的物料面高度低于拉紧轮轴所在的水平面。

（2）流入式

如图 4-3-18 所示，流入式装载方法直接把物料装入料斗，可用于输送块度较大或磨琢性较大的物料。采用这种方式装料，料斗应连续、密集地布置，并取较低的运行速度（一般小于 1m/s），且运动方向应迎向物料流的流动方向，供料口下缘的位置要高于拉紧轮轴所在的水平面。

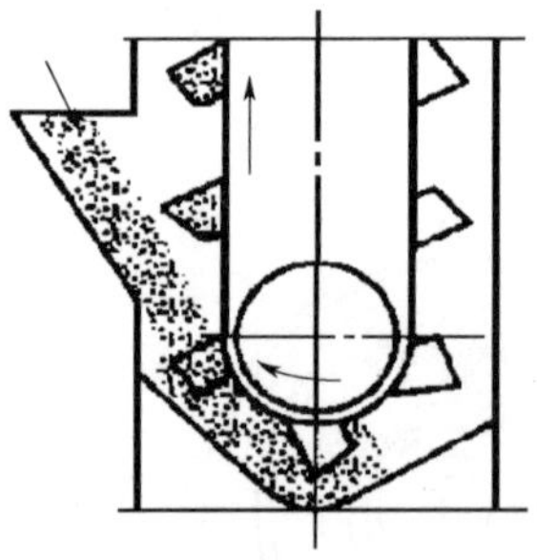

图 4-3-17　掏取式装载方法

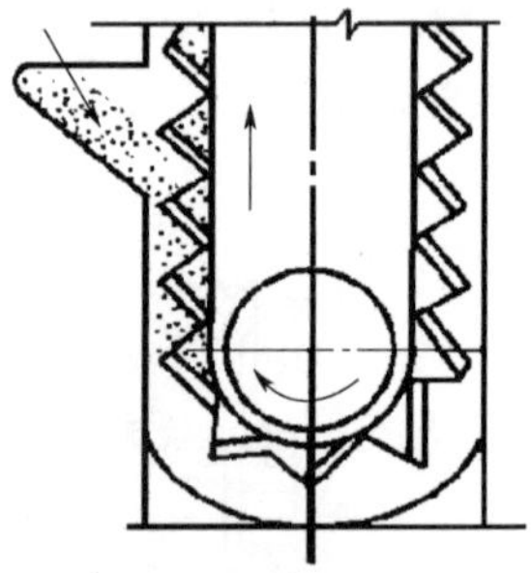

图 4-3-18　流入式装载方法

3. 斗式提升机的性能及应用

斗式提升机的优点是结构简单紧凑，横断面外形尺寸小，可显著节省占地面积；提升高度较大；有良好的密封性，可避免污染环境。其缺点是对过载敏感；料斗和牵引构件易磨损；输送物料种类受到限制。

斗式提升机是水泥厂最常用的垂直输送机械，通常用于提升石灰石、煤、黏土、石膏、熟料、矿渣等块状、粒状物料以及煤粉、水泥、生料等粉状物料。

老式的斗式提升机（如HL型），提升高度一般低于30m；新型的斗式提升机如NTGD型，采用了特殊的高强度牵引装置，提升高度可达120m，非常适合新型干法水泥生产大输送量、超高提升的技术要求。

4. 斗式提升机的操作与维护

1）斗式提升机开机前检查项目

（1）检查传动部位及润滑系统是否应更换，补充润滑油（按润滑点表中内容进行）；

（2）检查头轮组及尾轮组转动情况，用手转动时应轻便灵活；

（3）检查壳体有无破损、漏风，密封法兰面连接处是否严密；

（4）检查壳体内有无异物卡阻；

（5）注意查看牵引件（环链或胶带）的松紧程度，磨损是否严重，螺旋拉紧装置调节螺栓和滑板调整时是否灵活；

（6）正常情况下料斗内应无料，确保空载启动；

（7）检查料斗的变形、损坏、缺斗情况，确定是否应予以更换、补充；

（8）检查各部位连接螺栓、地脚螺栓是否紧固。

2）斗式提升机的开机

（1）发出开机信号，确认所有人员身体离开传动部位后，启动提升机，整机空载运转，检查是否满足以下要求。

①减速器无异常振动和冲击声；

②液力耦合器及减速器无渗油现象；

③牵引件应运转正常，无打滑和偏移现象，料斗与其他部件无擦碰；

④超越离合器动作正常，辅助传动平稳；电气控制可靠，电动机、减速器、液力耦合器运转平稳。

（2）开始加料后，检查下列各项是否达到要求。

①料斗装料均匀，以平斗以下为宜，不能长时间尖斗运行；

②卸料正常，无明显回料现象，若出现回料应抓紧处理；

③检查料斗运行中有无刮擦现象；

④检查传动机构的运行情况：轴承温升＜40℃，头部主轴承噪声＜85dB，振动≤4.5mm/s。

3）斗式提升机的停机

（1）正常停机：接到停机信号后，继续运行一段时间，待全部料斗放空后，停止电动机，关闭控制电源，严禁满载停车。

（2）紧急停机：当发生下道工序阻料、牵引件突然断裂、料斗严重变形剐蹭壳体等情形时，必须立即停机。

4）斗式提升机的调整

（1）牵引件的张紧：斗式提升机运行一段时间后，牵引件（胶带或环链）会伸长，引起牵引件和链轮打滑，料斗与机壳碰撞，因此需要通过张紧装置进行张紧。斗式提升机的张紧装置有螺旋式、重锤式、弹簧式及张紧轴自重式等几种。螺旋式张紧装置是提升机下链轮下轴承固定在矩形滑板上，拧动螺杆可使滑板沿导轨上下滑动，即可改变上、下链轮的中心距，调节牵引件的松紧。重锤式张紧装置是利用重锤和杠杆的压力把固定下链轮的压块压紧，这种装置能使牵引件保持不变的张力，不需人工调节。

（2）张紧要求：牵引件调整到适当的工作拉力后，尾部链轮剩余的行程不小于全部行程的 50%，螺旋拉紧装置调节螺栓和滑板调整时应灵活，不应有卡阻现象；调整后，应对螺栓进行保护，做好防锈和防尘工作。

（3）牵引件长度的调整：当两排件之间总长度差大于 3mm 时，即应调整两链条的长度，使之一致。

5）斗式提升机的停机维护

（1）维护时的安全注意事项

①进行维护工作前，必须确定逆止装置安全可靠；

②斗式提升机穿越楼板的孔洞，必须加设防护栏或盖板。当检查物料及料斗运行情况时，操作人员应站在斗箱侧面；

③料斗压住或卡住时，必须立即停车处理。处理时料斗正面不得站人；

④在斗式提升机运转时，禁止操作人员进行检查、维修、清扫；

⑤斗式提升机检修时，必须切断电源。进入机壳作业，机壳上下之间必须有完善的信号联系，并设专人负责安全监督工作。检修完毕，检修工作负责人必须清点工作人员和工具，待确定内部无人或工具时，才可试车。

（2）停机维护项目

①检查传动部位及润滑系统，定时定量加油或换油；

②检查和调节张紧装置，使胶带或链条的松紧适当；

③检查链条或胶带卡扣，如有严重磨损，应及时更换；

④检查料斗与胶带或链条的连接螺栓有无松动，链条是否长短不一；

⑤若底部物料堆积过多，则应清除积料。

6）斗式提升机常见故障的排除方法

斗式提升机常见故障及排除方法见表 4-3-3。

表 4-3-3　斗式提升机常见故障及排除方法

故　障		产生原因	排除方法
一般斗式提升机	上下轴承温度高	（1）润滑油脂不足； （2）润滑脂脏污； （3）安装不良	（1）补足润滑脂； （2）清洗轴承，换注新润滑脂； （3）重新检查，调整找正
	料斗严重变形或刮坏	（1）料斗连接螺栓松动或脱落； （2）下链轮链条掉道； （3）牵引件磨损严重，过分伸长； （4）底部落入非运输异物	（1）检查紧固料斗连接螺栓； （2）清除链条故障； （3）调整牵引件长度； （4）清除底部积料和异物
	上链轮发生链条打滑	（1）上链轴主轴不水平； （2）关节板链条和上链轮磨损严重，使两者节距不一	（1）调整机首两侧主轴承，使上链轮主轴水平； （2）更换磨损的链条和链轮

续表

故障		产生原因	排除方法
一般斗式提升机	下链轮发生链条打滑	（1）牵引件张紧程度过于松弛； （2）两链条长度不一致，使链条松紧程度不一致； （3）底部物料堆积过多	（1）调整张紧装置； （2）调整两链条长度，使之一致； （3）清除积料，调整供料量
高效斗式提升机	驱动滚筒故障	（1）滚筒与轮毂法兰固定螺栓松动、折断； （2）滚筒上粘结的胶皮脱落、脱胶	（1）将滚筒与轮毂固定螺栓钻孔用钢丝串联； （2）把滚筒的胶皮改换成带有5层帆线的胶带，重新与滚筒粘结。在彼此相邻两块处将胶带与滚筒钻孔固定
	掉斗	（1）料斗固定螺栓强度不够； （2）料斗固定螺栓断裂	更换较大直径螺栓或强度较高的螺栓
	胶带接头处断开	（1）接头夹板凹凸不平，导致接头部分胶带受力不均； （2）胶带接头处有较多螺栓孔或螺栓孔过大，带内钢丝破断多； （3）胶带接头夹板压紧螺栓预紧力达不到要求或压紧螺栓塑性变形	对胶带接头处进行改进，增加中心支板和加强筋板
	头轮掉块	头轮采用整体铸铁结构，当出现突变冲击负荷（如尾轮轴承散架卡死等）时，从螺栓孔处断裂、掉块	头轮镶块强化定位，增加中心支板和加强筋板
	牵引件落架	（1）U形环钩与料斗连接没有加固板； （2）环钩脆性大	（1）U形环钩增设带锥度的加固板； （2）提高环钩质量
	皮带跑偏	（1）尾轮不正； （2）头轮衬板磨损严重	（1）调整尾轮张紧装置； （2）更换或调整头轮衬板

4.3.3　螺旋输送机

螺旋输送机是依靠输送螺旋在固定槽内的旋转而连续地输送物料，它具有结构简单、安装方便、占地面积小，密封性良好，使用管理操作都比较方便等优点。但是，螺旋输送机的运行阻力大，零件磨损快，维修工作量大，且对超载较为敏感，易产生堵塞现象，操作时应予以注意。

1. 螺旋输送机的工作原理

螺旋输送机是水泥厂常用的连续输送物料的设备，可水平输送或小角度（$< 20°$）倾斜输送粉状、小颗粒状物料，密封性好，但是不宜输送黏性大、易结块的物料，输送的物料温度不宜超过200℃。

螺旋输送机结构及工作原理

螺旋输送机是靠安装在固定槽内的旋转输送螺旋叶片来输送物料的。物料从进料口进入螺旋输送机固定槽后，当驱动装置带动螺旋轴回转时，装入料槽内的物料由于本身重力及其对料槽的摩擦力的作用，不能随螺旋一起旋转，但受螺旋的轴向推动力作用，只能沿料槽向前移动，到达卸料口时物料被卸出，从而达到输送物料的目的。

2. 螺旋输送机的结构

螺旋输送机主要由螺旋叶片、机槽、吊架、吊轴承、止推轴承、平轴承装置、进料口及卸料口、传动装置等组成，如图 4-3-19 所示。

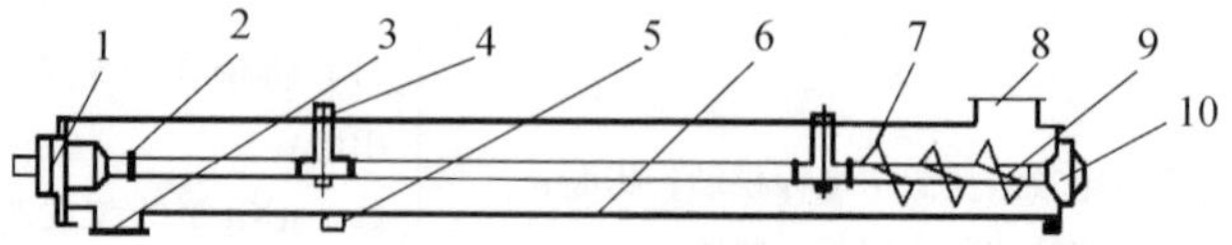

图 4-3-19　螺旋输送机

1—止推轴承；2—联轴器；3—卸料口；4—吊轴承；5—底座；6—螺旋机槽；7—螺旋叶片；8—进料口；9—螺旋轴；10—向心轴承

螺旋输送机长度可为 3～70m，每隔 0.5m 为一档，一般长度不宜超过 50m，输送距离很长时需另加一台螺旋输送机。生产能力一般不超过 100t/h，最大可达 380t/h。输送螺旋叶片在槽内是悬空的，每隔 3～4m 设一悬挂轴承，叶片的外缘与槽的间隙为 3～6mm。根据需要，输送机槽上可开数个进出料口。若将左右螺旋叶片同时装在一根轴上，可以向两个相反方向送料。输送水泥时，槽的填充率约为 30%。

1）螺旋

螺旋是螺旋输送机的基本构件，由转轴和焊接在轴上的叶片构成。螺旋每段长 2～3m，自制螺旋可更长一些。螺旋轴一般采用 50～100mm 直径无缝钢管制造。

螺旋叶片有左旋和右旋之分，确定旋向的方法如图 4-3-20 所示。

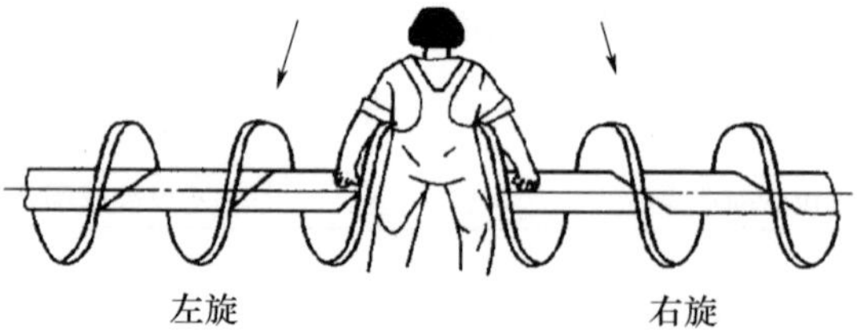

图 4-3-20　确定螺旋旋向的方法

根据被输送物料的种类及性质不同，螺旋叶片有如图 4-3-21 所示的三种形式。图（a)为实体螺旋，称 S 制法，是最常用的一种形式，适用于输送性好的、干燥的、粒状或粉状物料。图（b）为带式螺旋，称为 D 制法，适用于输送块状或黏滞性的物料。图（c）为叶片式螺旋，适用于输送黏性较大的物料，在输送过程中，还能对物料进行搅拌、揉捏及松散等作业。

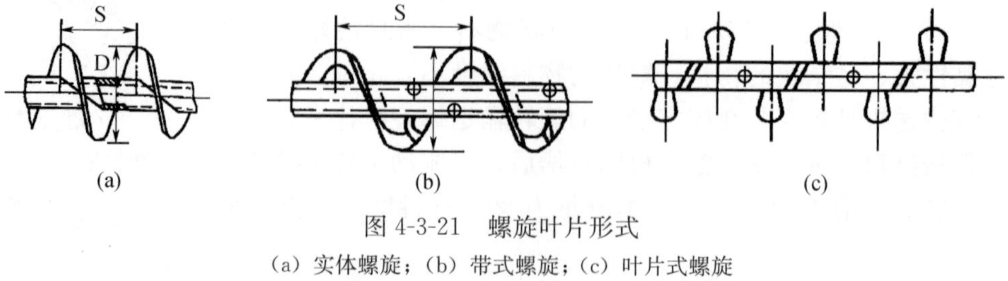

图 4-3-21　螺旋叶片形式

（a）实体螺旋；（b）带式螺旋；（c）叶片式螺旋

2）悬挂轴承

悬挂轴承装在两节螺旋的连接处，以保证各节螺旋的同轴度，并承受螺旋的质量。常用的悬挂轴承的结构类型有上下对开和左右对开两种，如图 4-3-22 所示。中部有加油孔，轴承上装有润滑和密封装置，轴承内设有毡圈作密封。

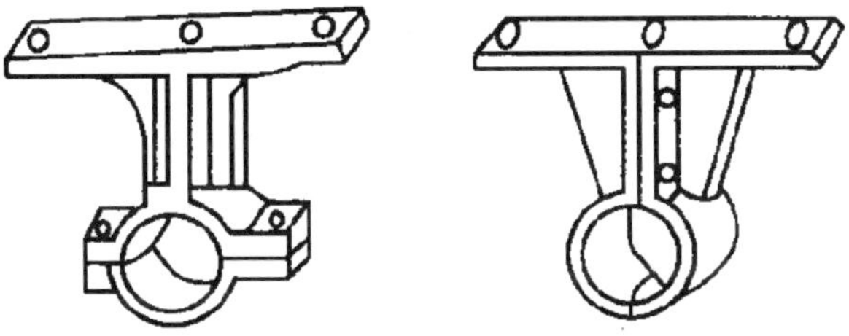

图 4-3-22　悬挂轴承

（a）上下对开悬挂轴承；（b）左右对开悬挂轴承

3）端部轴承

端部轴承分别安装在机槽的头端和尾端，头端位于物料运移前方，用止推轴承支承，如图 4-3-23 所示。止推轴承通常采用圆锥滚子轴承。止推轴承的作用是承受螺旋输送物料时所产生的轴向力。

尾端轴承采用如图 4-3-24 所示的双列向心球面轴承。螺旋因受工作环境和输送物料温度变化的影响，工作时长度发生变化。因此，轴承在轴承座内要有较大的轴向移动间隙。

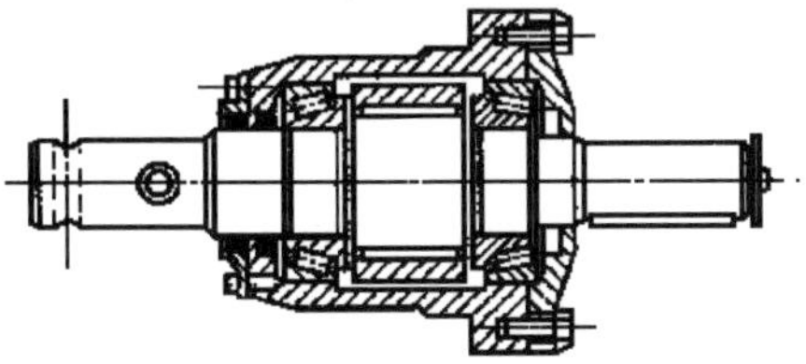

图 4-3-23　止推轴承装置

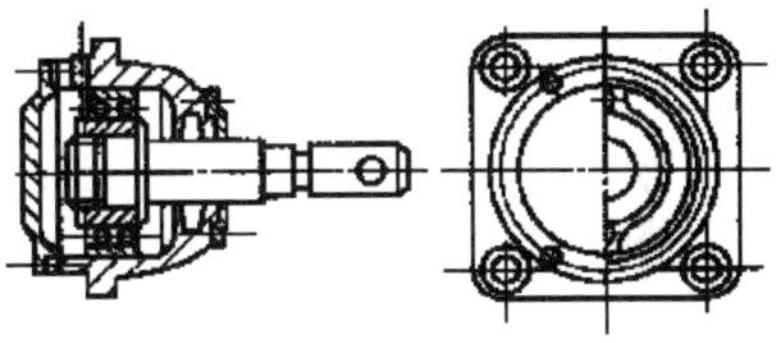

图 4-3-24　双列向心球面轴承装置

4）机槽

机槽的结构如图 4-3-25 所示。下部呈半圆形，内直径应比螺旋叶片外径大 15～30mm。间隙大小要适当。间隙过大，降低螺旋输送效率；间隙过小，当轴承磨损或螺旋轴稍有弯曲时，螺旋叶片与机槽接触，产生磨损和异常响声。

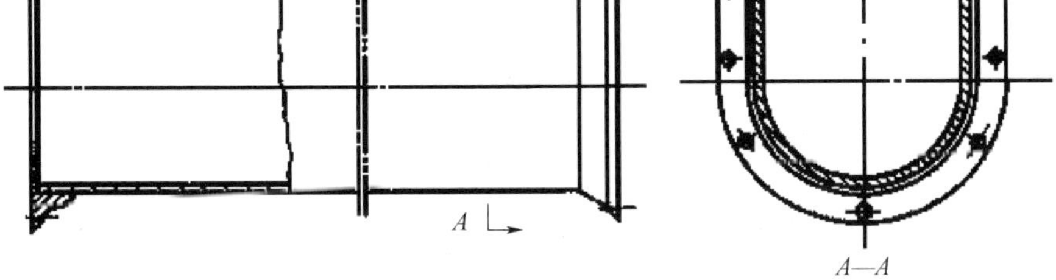

图 4-3-25　槽体结构示意图

5）驱动装置

驱动装置由电动机、减速器、联轴器及底座等组成。

3. 螺旋输送机的性能及应用

螺旋输送机可以水平及倾斜方向输送物料，并在输送物料的同时可完成混合和冷却等作业。螺旋输送机被广泛地使用于粮食工业、建筑材料工业、化学工业、机械制造工业、交通运输等部门中，输送粉状及散粒状物料。

螺旋输送机结构比较简单、紧凑；工作可靠、维修不太复杂、成本也低；因为料槽是封闭的，所以便于输送易飞扬的、炽热的（达 200℃）及气味强烈的物料，减少对环境的污染；输送物料可以在线路任意一点装载，也可以在许多点卸载；输送是可逆的，对一台输送机可以同时向两个方向输送物料，即集向中心或远离中心；在输送过程中也可以进行混合、搅拌或冷却作业；料槽的刚度较大，因此能很好地承受一定的弯矩作用。它的主要缺点是，由于物料对螺旋及料槽的摩擦和物料的搅拌，使单位功率消耗很大，同时引起物料的研碎及磨损。螺旋输送机对超载很敏感，易产生堵塞现象。

基于上述原因，螺旋输送机一般在输送距离不大，生产率不高的情况下用来输送磨琢性小的粉末状、颗粒状及小块状的散粒物料或成件物品。用于散粒物料的螺旋输送机，其输送长度一般为 30～40m，只有在少数情况下才达到 50～60m。生产率一般不超过 100t/h，最大可达 380t/h。

4. 螺旋输送机的操作与维护

1）螺旋输送机开机前检查项目

（1）确认输送机处于无料状态，确保空载启动；

（2）检查机壳有无破损，盖板是否紧固；

（3）检查减速机油位是否正常，各轴承润滑是否良好；

（4）电动机、减速机、输送机地脚螺栓是否紧固；

（5）进出料口是否有异物，是否堵料。

2）螺旋输送机开机

（1）开机前应先开下一道工序的设备；

（2）开机前所有人员必须离开传动部位至安全区域；

（3）开机后先空转一段时间，检查设备有无异响、振动，减速机是否渗油；

（4）确认正常后，开始加料，再次检查设备有无异响和异常振动；

（5）开机后要确保物料均匀喂入，填充率一般不超过 40%；

（6）运行中要防止碎铁或硬物进入输送机；

（7）运行时轴承温度应＜40℃。

3）螺旋输送机停机

（1）停上一道工序的设备；

（2）放空机槽内物料后才能停机；

（3）关停电动机，电源开关打至“闭锁”位置；

（4）清洁设备及周围环境卫生。

4）螺旋输送机的调整

（1）吊轴承的调整

吊轴承用来支持连接两段螺旋的连接轴，在长螺旋输送机的中间做支承，以保证螺旋具有一定的同心度，并承受螺旋运转时产生的力。在吊轴承处，螺旋叶片中断，易使物料堆积，螺旋运转阻力增大，因此，悬挂轴承的调整较为重要。

调整后，吊轴承端面与连接法兰内表面间隙：当螺旋直径为 150～200mm 时，间隙不应＜1.5mm，当螺旋直径为 300～600mm 时，间隙不应＜2mm。

吊轴承应安装在连接轴中点，其端面距两螺旋管轴端面的间隙：当螺旋直径为 150～400mm时，间隙应为 10mm；当螺旋直径为 500～600mm 时，间隙应为 20mm。

（2）螺旋轴的调整

螺旋轴调整后，应使机壳内壁与螺旋面的两侧间隙相等，其允差为 2mm，底部间隙允差±2mm。

5）螺旋输送机的停机维护

（1）紧固各连接螺栓；

（2）特别注意检查螺旋钢管与连接轴的螺钉是否松动，如发现松动，立即停机紧固；

（3）端轴承加注润滑脂，检查密封是否需要更换；

（4）及时更换磨损过度的轴承；

（5）检查机壳有无异物卡阻或擦壳声；

（6）特别注意检修后螺栓、螺母不得遗留在机槽内，否则容易造成叶片夹壳，引起停机。

6）螺旋输送机常见故障及排除方法

螺旋输送机常见故障及排除方法见表 4-3-4。

表 4-3-4　螺旋输送机常见故障及排除方法

故　障	产生原因	排除方法
溢料	（1）物料中杂物使螺旋吊轴承堵塞； （2）物料水分含量高，物料集结在螺旋吊轴承或螺旋叶片上逐渐加厚； （3）传动装置失灵； （4）出料口堵塞； （5）入料量过大	（1）停机清理机内杂物； （2）烘干物料，及时清理结皮； （3）停机，修复传动装置； （4）检查出料口及下游设备，保持畅通； （5）控制入料量
机壳晃动	（1）安装时各螺旋节中心线不同心，运转时偏心擦壳； （2）机壳变形	（1）重新安装，找正中心线； （2）对机壳进行整形或更换机壳
吊轴承温升过高	（1）安装位置不当； （2）坚硬大块物料混入机内，产生连接轴的不正常摩擦	（1）调整悬挂轴承的位置； （2）清理异物，试车至正常

续表

故　障	产生原因	排除方法
驱动电动机过载烧毁	（1）输送物料中有坚硬物料或小铁块，卡死绞刀，电流剧增； （2）来料过大，电动机超负荷； （3）出料口堵塞； （4）停机前存料太多	（1）防止小铁块进入；绞刀和机壳保持一定间隙； （2）减小来料粒度； （3）均匀喂料； （4）停机前送完物料
启动后不转	（1）铁器、硬物卡死螺旋叶； （2）螺旋轴弯曲与机壳卡在一起	（1）取出硬物； （2）如弯曲不大，修割叶子边缘；清洗轴承，加油密封
运转中电流大、电流摆动大	（1）吊轴承轴瓦间隙小； （2）润滑不良； （3）物料湿； （4）头部轴承有物料进入	（1）调整轴瓦间隙； （2）清通加油孔，补充润滑脂； （3）降低物料湿度； （4）清除物料，清洗轴承
输送量下降、机身有抖动	（1）螺旋叶磨损； （2）吊轴瓦磨损	（1）更换螺旋叶； （2）更换吊轴瓦
运转时刮壳	（1）料槽变形； （2）螺旋同心度不够	（1）整形； （2）调整吊轴承座，使其同心度一致
减速机声音不正常	（1）润滑油过多； （2）润滑油不足	（1）调整油面； （2）补加润滑油
吊轴承磨损	物料包围吊轴承，运转条件差	及时更换吊轴承

4.3.4　气力输送设备

1. 气力输送设备的分类

粉状物料、粒状物料除了用运输机械进行输送外，通常还采用气力输送。气力输送的作用原理是利用空气的动压和静压，使物料颗粒悬浮于气流中进行输送。物料悬浮输送有抽吸式、压送式、混合式和流送式。

1）抽吸式气力输送系统

抽吸式气力输送系统如图 4-3-26 所示。抽吸式气力输送系统的工作流程：物料经吸嘴 1 随同空气一起被吸入输料管道 2 中并移动到分离器 3，空气和物料即被分离，物料由分离器底部卸出，而空气流继续被送到收尘器 4，以清除其中的灰尘，灰尘经闸门 5 卸出，最后，经除尘的空气经真空泵 6 排放到大气。

抽吸式气力输送系统大多用于将各个地点卸下的物料送到一个收集点。但抽吸式输送压差最大不超过 0.1MPa，因而输送距离不能太长，否则将急剧降低其携带能力，以致引起管道堵塞。

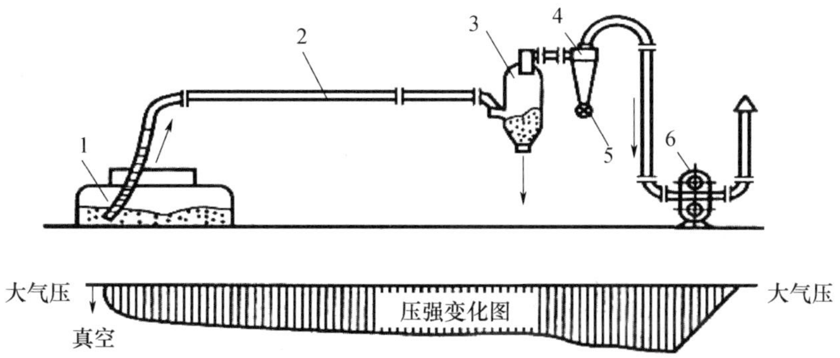

图 4-3-26　抽吸式气力输送系统

1—吸嘴；2—管道；3—分离器；4—收尘器；5—闸门；6—真空泵

2）压送式气力输送系统

压送式气力输送系统如图 4-3-27 所示。压送式气力输送系统的工作流程：空气经空压机 1 输进供料装置 2 后，将其内部的物料吹起，空气和物料的混合物沿着输料管道 3 运动，经换向阀 4 送到料仓 5，在料仓内由于气流速度突然大幅降低，物料沉积下来，贮存在料仓，气料则经过料仓顶部收尘处理之后排放到大气。

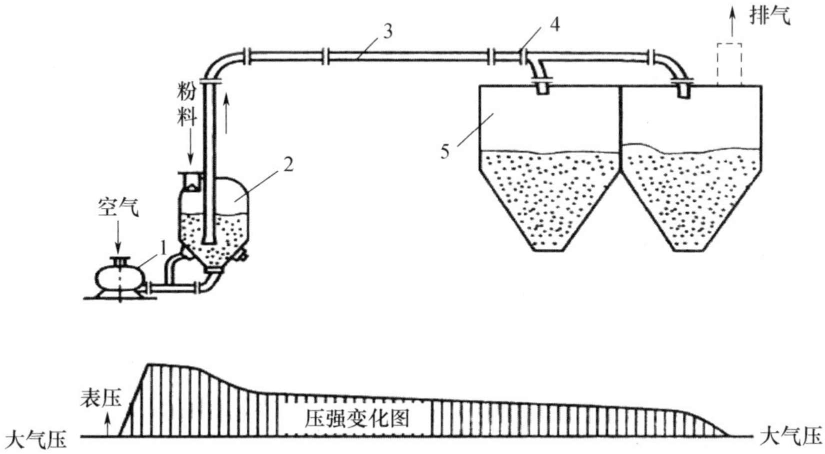

图 4-3-27　压送式气力输送系统

1—空压机；2—供料装置；3—管道；4—换向阀；5—料仓

压送式气力输送系统由于便于装设分岔管道，故可同时把物料输送到几处，且生产能力较强，适于长距离、大高度差输送作业。

3）混合式气力输送系统

混合式气力输送是由吸送式和压送式联合组成的，如图 4-3-28 所示。在吸送部分，输送管道 2 内为负压，物料由吸嘴 1 吸入，经管道 2 进入分离器 3 分离。在压送部分，输送管道 6 内为正压，将由分离器 3 底部卸出的物料压送到分离器 7 进行分离。管道 2 内的负压和管道 6 内的正压都是由同一台风机 5 提供的。

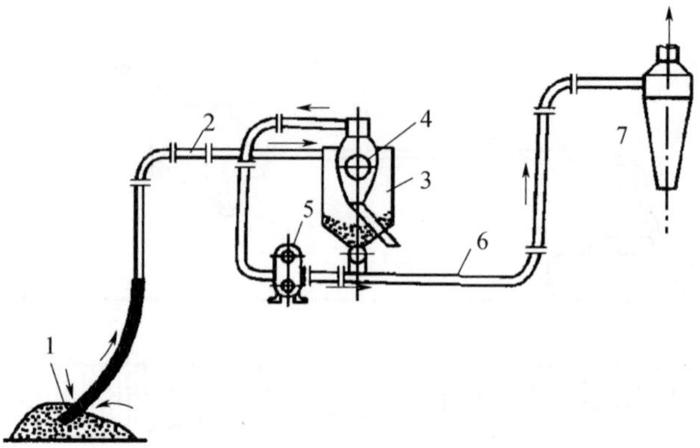

图 4-3-28　混合式气力输送装置

1—吸嘴；2，6—管道；3，7—分离器；4—除尘器；5—风机

混合式气力输送装置的主要优点是可以从几处吸取物料，又可把物料同时输送到几处，且输送距离较远。其主要缺点是含料气体通过风机，使风机磨损加速；整个装置设备较复杂。

4）流送式气力输送系统

流送式气力输送是物料悬浮输送的一种变形式，图 4-3-29 所示的空气输送斜槽就是这种输送装置。空气不断通过多孔透气层充入粉状物料，使物料变成类似流体性质，由机槽的高端流向低端。

2. 气力输送设备的特点

1）气力输送设备（又称管道输送设备）的优点

（1）输送速度快，输送量大，可达 500t/h；

（2）可长距离输送，输送距离可长达 2000m；

（3）输送过程完全密闭，无污染、无噪声；

（4）可灵活布置，易于集中控制和自动化。

2）气力输送设备的缺点

（1）动力消耗大，尤其在短距离输送时更为显著，一般为斗式提升机的 2～5 倍，为带式输送机的 15～40 倍；

（2）不宜输送易于成团粘结、怕碎和粒径大于 30mm 的物料。

3. 空气输送斜槽

1）空气输送斜槽的工作原理

空气输送斜槽是利用空气使物料在流态化状态沿斜槽向下流动的输送设备，可用以代替水平输送的螺旋输送机和皮带式输送机。空气输送斜槽同样可以采用抽吸式、压送式和混合式输送方式，其中较多采用的是压送方式。

空气输送斜槽的工作流程：物料由加料口均匀地喂在透气层 7 上，空气由风机 1 送入下槽体，并均匀地通过透气层通入物料颗粒，使颗粒间的空隙增大，并浮动于空气中，呈流态化状态，在重力作用下沿斜槽下滑，由卸料口 9 逸出。逸入上槽的空气由排气口排出，或经上槽的过滤器（布袋）排到大气中（图 4-3-29）。

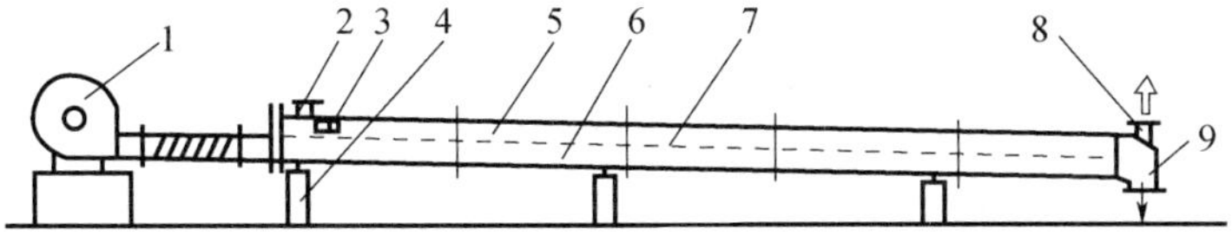

图 4-3-29　空气输送斜槽

1—风机；2—加料口；3—窥视窗；4—支架；5—上槽体；6—下槽体；7—透气层；8—排气；9—卸料口

2）空气输送斜槽的特点

（1）空气输送斜槽的优点：没有运动部件，气源由普通低压离心风机供风，结构简单、磨损小、故障少、无噪声、密封好、安全可靠。

（2）空气输送斜槽的缺点：只能向下倾斜输送物料，而水平和向上输送时效果不好，且不宜输送易于成团凝块、黏性物料。

3）空气输送斜槽的操作

（1）空气输送斜槽的开停机

①检查斜槽内、进出料口有无异物，斜槽是否处于空载状态；

②检查斜槽有无漏风、漏料；

③启动风机设备；

④开始加入物料；

⑤检查顶槽压力是否能保持零压（表压）左右，顶槽排风是否顺畅。

⑥空气输送斜槽关机时先停止加料，待料送完（或接近送完）后再停风机，分岔上的风机不用时停机；长时间停机时要定期开启风机，防止物料粘结。

（2）空气输送斜槽的操作维护

①安装时，槽体横向应保证水平，否则，物料将偏于低侧。透气层要张紧，槽体连接要严密，不得漏气。

②使用前应进行通风测压试验，下槽风压应为4000Pa左右，上槽风压不得超过147Pa，如果上下槽的压差太小，将使通过透气层的风量减少，影响输送。

③喂料量应均匀，物料中不能夹带杂物，否则，杂物沉积在透气层上，会影响通风，造成堵料，并加速透气层磨损。

④应经常清除下槽中的物料，及时更换透气层。

4. 螺旋气力输送泵

1）螺旋气力输送泵的工作原理

螺旋气力输送泵是压送式气力输送的一种供料设备，可用于输送水泥、生料、煤粉、飞灰等粉状物料，输送距离达200m，压缩空气压力为0.2～0.4MPa。螺旋输送泵分单管和双管两种，图4-3-30所示为单管螺旋输送泵。

螺旋输送泵的工作原理是：带有螺旋8的悬臂轴3（螺旋安装在带有可拆换衬套10的筒体9内），由电动机通过弹性联轴器带动旋转。物料自贮料仓底部经料斗进入受料箱6，喂料接管5支承料斗，平闸板7用来调节喂料量。加入受料箱的物料在螺旋8的作用下向前移动，顶开闸板12进入混合室4内。混合室底部配置上下两行喷嘴2，由管

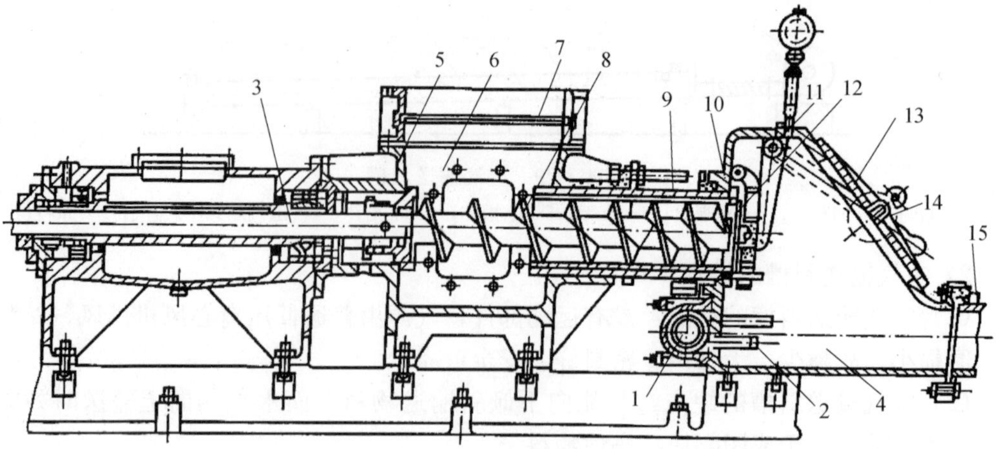

图 4-3-30　单管螺旋气力输送泵

1—管道；2—喷嘴；3—悬臂轴；4—混合室；5—喂料接管；6—受料箱；7—平闸板；8—螺旋；9—筒体；10—衬套；11—杠杆；12—闸板；13—检修门；14—重锤；15—管道口

道 1 引入的压缩空气经喷嘴进入混合室，与物料充分混合后，使其呈连续流态化状态，物料由管道口 15 输出，经管道送至指定的地点。

为了防止供料不足或中断时出现反吹现象，在螺旋出口处装有闸板 12，闸板与带有重锤 14 的杠杆 11 相连，使其保持一定的压力压紧在螺旋的末端，这样不仅能使料封保持一定的密实性，而且当螺旋送料不够均匀时，闸门能起自动调节作用；当供料中断时，闸门立即将出口封闭，以防止压缩空气反吹。在压缩空气主管上引出支管，压缩空气可由支管通至轴承填料箱内，形成“气封”，避免物料逸入轴承使其工作条件变坏。在混合室设有检修门 13，由此可以方便地检查或更换螺旋和衬套等。

2）螺旋气力输送泵的特点

（1）螺旋气力输送泵的优点：可以连续将物料供送到输料管中，结构紧凑，机身较低，设备质量小，可安装在轨道上做移动式供料装置。

（2）螺旋气力输送泵的缺点：设备内有运动部位，机械磨损快（尤其是输送矿渣水泥时），检修较频繁，动力消耗大，并且由于泵内气体密封困难，不宜做高压长距离输送。

3）螺旋气力输送泵的操作

螺旋气力输送泵开机时，首先开通压缩空气，待混合室和管道内物料排空后，再启动电动机，当螺旋空转正常后，再向入料口加料。

螺旋气力输送泵停机时，首先停止向入料口加料，待螺旋内的物料卸空后，再停止电动机，当混合室和管道内物料排空后，再关闭压缩空气。

螺旋气力输送泵使用操作时，要严格遵守空载启动和空载停机的规定，避免启动负荷过大和管道堵塞等现象的发生。

任务 4.4　喂料和计量设备操作控制

4.4.1　喂料计量设备概述

1. 喂料设备的作用与要求

喂料设备的主要作用就是将被处理的物料按一定的数量喂入主机。要能做到给料连续均匀，快慢合适，过快会造成设备堵塞，过慢又会出现设备空转，都不利于水泥生产。某些主机（如生料磨和水泥磨）还需要按照比例同时喂入多种原料，此时喂料设备还要有计量、调节等多重功能。

喂料设备通常须具备流量调节功能。调节的方法，可以用料仓卸闸板调节料流截面的方式；也可以采用变速装置改变喂料机的工作参数（如转速、速度、振动频率或振幅等）的方式，而且这种方法更简单可行，调节精度也比闸板调节高得多。一般来讲，喂料设备须满足以下基本要求：

（1）能与主机同步连续运转；

（2）喂料准确，喂料量能够在一定幅度内及时调节，最好实现自动控制；

（3）结构合理，操作、维护方便，上下游设备能很好地协调；

（4）能适应被喂送物料性质的变化；

（5）设备磨损小、寿命长，工作安全可靠；

（6）不堵料、不黏料、不漏料、不扬尘，噪声小。

2. 喂料设备的分类

喂料设备的分类有多种方式：若按主机对喂料要求的准确性不同分为粗控制和准确控制。比如破碎机和烘干机就属于粗控制，窑和磨机则要求准确控制；按对物料衡算方法，可分为质量式和容量式；按结构和工作原理，可分为挠性牵引构件、转动式和振动式喂料设备；按被喂送物料的特性，大体上可分为三类：块状和粒状物料喂料设备、粉状物料喂料设备、黏湿性物料喂料设备。

喂料设备的选择主要取决于被运物料的特性、所需的通过能力和料仓的形状等因素。

由于水泥生产对料流的流量和质量都要求有精确控制，既要控制喂料速度的快慢，还要对物料进行计量。因此水泥厂计量设备与喂料设备和输送设备往往连在一起，这就出现了电子皮带秤、定量给料机、旋转秤、转子秤等集输送、喂料和称量于一体的喂料计量设备。目前水泥厂中常用的喂料计量设备按其用途大致分为三类：入磨配料计量、入窑喂料计量、在线连续计量。

1）入磨配料计量

入磨配料计量主要用于生料磨和水泥磨，其特点是原料的构成有数种，且多为块状、粒状物料。此类配料计量必须严格控制各种原料的设定比例，通常用定量给料机

（皮带式或螺旋式）喂料，它是集输送、称量计量和定量控制为一体的新型喂料计量设备。

2）入窑喂料计量

进入窑内的物料有入窑生料和煤粉，均为粉状物料。此类喂料计量以控制流量为主，同时要做到准确计量、及时调节和稳定喂料。入窑生料喂料计量多采用计量仓，仓底配置流量控制阀和流量计系统。煤粉喂料计量的类型较多，如科里奥利秤、环状天平计重机、转子秤等。

3）在线连续计量

在线连续计量的主要目的是监控、记录物料输送过程中的物料量，常用的设备为通过式电子皮带秤、链斗秤和核子秤。

总的来说，水泥生产工艺流程中的每一个环节都离不开喂料和计量设备。如图 4-4-1 所示，从原材料进厂到水泥包装和出厂，均需使用各式各样和各种规格的喂料和计量设备。

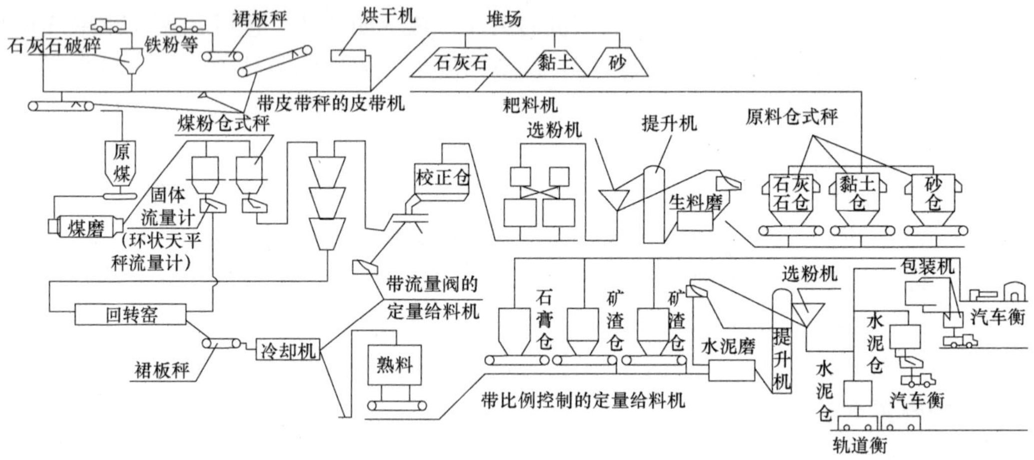

图 4-4-1　水泥生产流程中的给料和计量设备

4.4.2　块状物料喂料设备

对于块度较大的块状物料，在选择喂送设备时必须考虑到物料的单颗粒体积大、质量大这一特点。比如刚从矿山开采下来的石灰石，若单颗粒体积为 $1m^3$，其质量将达 3.25～3.28t，它即使从很低的高度滚落下来也会对输送设备造成非常大的冲击，而且物料的四周非常尖锐，易划伤输送设备，因此要求喂送设备有较高的强度和刚度，还要有较强的抗划伤能力。喂送块度较大的物料，水泥厂一般采用板式喂料机、电磁振动喂料机。

1. 板式喂料机

1）结构与工作原理

板式喂料机主要由导料槽、承载板、驱动装置、链轮装置、拦板和支架及尾部张紧装置等组成，其结构如图 4-4-2 所示。

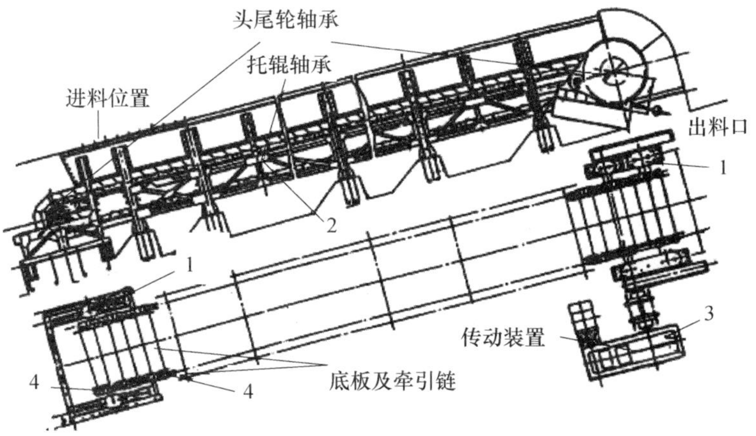

图 4-4-2 板式喂料机结构

1—头尾链轮；2—托辊；3—减速器；4—头尾链轮及链条

板式喂料机以两根高强度模锻链条为牵引件，链条绕过安装在机体头部的一对驱动链轮和机体尾部的一对张紧轮连成封闭形回路，承载板安装在两排链条的每个链节上连续运载物料。运转部件的自身的质量和物料的质量由安装在机体上的多排支重轮、托辊和滑道梁支承。

物料由尾部料仓卸进入导料槽后落在承载板上，驱动装置带动链条及承载板运行，物料随着承载板运动从前端下料口落入破碎机。传动系统经交流变频调速电动机连接减速机，再由胀套与驱动装置直联驱动运载机构运行，通过变频器改变电动机转速，即可改变运行速度，从而调节喂料量。

导料槽为封闭形罩子，尾部与料仓用法兰相连接，前部为下料罩，起约束物料、防止撒料和外溢物料的作用。承载板用 5～15mm 的优质锰钢板制成，用于承受并输送物料，它的纵剖面有平板形、浅槽形、波浪形和圆弧形等四种形状。其中平板形用于水平输送，其他形状用于向上倾斜输送。承载板平行于链条运行方向安装，两端带有拦板用于防止小块物料落下造成工作环境的污染。驱动装置主要由电动机、减速机、联轴器、变频器等组成。链轮装置包括头尾链轮及链条，承载板由紧固件固定在链条上，由支架支承所有的零部件，并通过地脚螺栓与基础相连。尾部张紧装置采用调节螺杆加压缩弹簧，可以确保运行部件时刻处于张紧状态。

2）性能与应用

板式喂料机链板运行速度慢，一般为 0.025～0.16m/s，运行平稳，工作可靠性高，并能保证在宽为 500～2500mm 的料流横截面内均匀给料，主要用于向破碎机喂料。板式喂料机的承载板采用高强度耐磨钢板制造，结构坚固，不易被尖锐物料撕裂，可以承受很大的压力和冲击力。

板式喂料机根据输送物料的大小可分为轻型、中型和重型三类。物料粒度小于 300mm 时，选用轻型机；物料粒度为 300～500mm 时，选用中型机；物料粒度为 500～2500mm 时，应选用重型机。喂料能力为 60～1500t/h。一般用于水平输送。向上输送时，角度应小于 15°；若用浅槽形承载板，输送角度可达 35°。

轻型和中型板式喂料机其链板宽度有 500mm、630mm、800mm、1000mm、

1250mm 等多种形式。其链轮中心距有 2000mm、3000mm、4500mm、6000mm、9000mm、12000mm、15000mm、18000mm 等。其链条速度为 0.03m/s、0.04m/s、0.05m/s、0.063m/s、0.08m/s、0.1m/s、0.15m/s、0.16m/s、0.2m/s、0.25m/s、0.315m/s、0.4m/s 等。给料能力为 7～845m³/h。

重型板式给料机链板宽度有 1200mm、1500mm、1800mm、2400mm、3400mm 等多种；其链轮中心距有 4000mm、6000mm、7000mm、8000mm、9000mm、12000mm、15000mm 等多种；其链条速度为 0.05m/s、0.109m/s；其输送能力为 100～1550m³/h。

3）操作与维护

（1）启动前，要确认给料机周围已无工作人员，链板无异物卡住；

（2）空车启动前，先往料仓里面垫一些保护链板的碎料（厚约 200mm），防止大块物料砸坏承载板，运行中严禁料仓排空，确保链板有一定厚度的料；

（3）检查转动部位润滑是否良好，油路是否开裂、断裂；

（4）检查电动机、减速机、给料机地脚螺栓是否紧固；

（5）检查链板有无裂缝，链板有无磨损，连接螺栓是否松动，链板托辊是否运转正常；

（6）设备启动后，要注意观察矿石的块度，发现较大的矿石应停机处理，不得使大块矿石进入，以免卡死料口；经常检查各传动部位有无摩擦现象和异响；

（7）检查头尾轮与链板啮合是否正常，若有冲击声立刻停机检查，消除后才能开机；

（8）在对运行的设备进行检查时，衣襟、衣袖要系紧，更不得用手触摸运行中的链板；

（9）设备运转时，不得用手搬移运行中的石块，防止发生矿石挤伤手的事故；

（10）接到停车信号后应立即停料，确认故障发生的原因，直到接到给料信号后方可给料。

4）基本参数及调整

（1）链板宽度应为物料粒度的 1.5～1.8 倍，以确保物料有较好的通过性能。

（2）每一种链板宽度都有一个较为经济的运行速度，且链板越宽，链板速度越低。虽然提高链板速度可以增加产量，但最大不能超过 0.25m/s，速度过快会造成落料不能按自由落体形态，造成物料前冲，加快喂料斗的磨损，物料很难下落到受料口的中心，降低受料装置的效率，特别是在给破碎机喂料时。另外，由于链板速度过快，加快了各转动零件的磨损，降低了设备的使用寿命，综合经济效益反而降低。

（3）物料温度不高于 350℃。物料质量：轻型机不大于 100kg，中型机不大于 140kg。安装倾角不大于 15°。

2. 电磁振动喂料机

1）结构与工作原理

（1）结构

电磁振动喂料机主要由喂料槽、电磁激振器、减振器和控制器组成，如图 4-4-3 所示。按结构形式主要有槽式和管式两种。槽式一般用于粉、粒状物料的给料；管式一般用于要求喂送有一定形状和尺寸的物料。

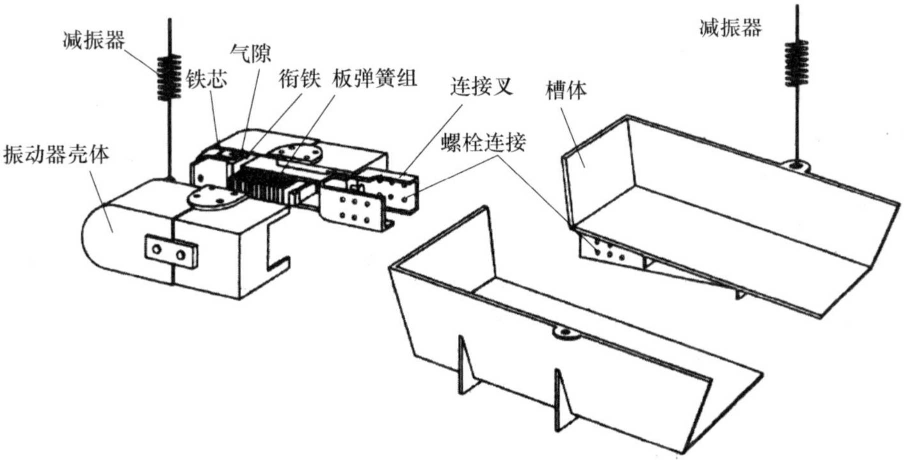

图 4-4-3　电磁振动喂料机

电磁激振器是产生振动的激振源，由电磁铁、衔铁和主振弹簧构成。连接叉和槽体固定在一起，通过它将激振力传递给槽体；衔铁固定在连接叉上，与铁芯保持一定的气隙，用板弹簧组连接工作质量和平衡质量，形成双质点振动系统。铁芯上固定有线圈，电流通过时产生电磁场，从而引起电磁激振。控制器一般为可控硅调节器，它主要用来调节输入电压，使激振力发生改变，从而达到控制喂料量的目的。

整个电磁振动喂料机是用四个减振器悬挂在框架上，减振器用螺旋弹簧组或橡胶弹簧组制成，用以减轻框架上受到的振动力。

(2) 工作原理

电磁振动喂料机是一个双质点（工作质量 m_1、平衡质量 m_2）定向强迫振动的弹性系统，利用共振原理工作。工作质量 m_1 由槽体、连接叉、衔铁以及占料槽容积 10%～20%的物料组成；平衡质量 m_2 由激振器壳体、铁芯、线圈等组成。质量 m_1 和 m_2 之间用激振器主弹簧连接起来，主振弹簧储存振动能量。将电磁振动喂料机的固有频率 ω_0 调到与电磁激振器的频率 ω 相近时，引发共振，喂料机工作，料槽以约 3000 次/min 的振动频率，连续地往复振动。槽内物料被激振力抛起，又因重力作用下落，由于槽底平面与激振力作用方向有一定的夹角，喂料槽中的物料被抛起后会以抛物线轨迹向前运动一段距离，这样在电磁激振力的作用下，物料不断地被抛向料槽的前端，从而到达喂料的目的。

2) 性能与应用

电磁振动喂料机无相对运动部件，结构简单，运行平稳，物料以跳跃的方式运动，对槽体磨损小，功率消耗低，操作维护十分方便，运行费用和管理费用相对较低；用无级调整，可以连续、平稳地调节喂料速度，易实现自动控制；容易实现密封输送。其缺点是安装调试要求较高，稍微调整不好就难以正常工作，甚至不能振动，同时产生很大的噪声；电压变化会影响喂料的准确性。

电磁振动喂料机主要用于从料仓取料，向皮带机、斗式输送机、中小型破碎机和磨机喂送小块、颗粒状的物料，也可喂送 400～500mm 的大块度物料；可用于喂送高温、磨损性大的以及有腐蚀性的物料；但不适用于喂送极细的粉料及黏湿性物料。

电磁振动喂料机属于质量式喂料设备，一般比容积式喂料设备（比如圆盘式喂料机）计量更准确。但在实际使用当中，会受到较多因素的影响，如电压、物料粒度、水分含量和压力等因素的变化，都会引起喂料量较大的波动，从而影响计量的准确性。因此，电磁振动喂料机一般和电子皮带秤共同组成喂料计量系统，电磁振动给料机只作为系统中的喂料装置。

3）操作与维护

（1）可在有负载的情况下开机；

（2）开机前，注意检查所有螺栓，确保运行中连接紧固不会松动；

（3）注意调整衔铁与铁芯之间的气隙，必须保持平行、清洁，防止落入灰尘或铁磁性粉料；

（4）线圈压板不能松动，引出的导线要穿橡胶套管加以保护；

（5）发现振动噪声突然变大，应检查板弹簧是否断裂。

（6）振动微弱，注意检查气隙、弹簧间隙是否被堵塞；

（7）若电流过大，可能是气隙过大；

（8）若出现间隙工作状态，检查线圈、导线是否断裂；

（9）更换槽体中的衬板时，不能随意改变形状和质量，以免谐振频率改变。

4）参数调整

（1）设备的调整

注意检查激振力作用线（激振器的中心线）是否通过槽体的重心，以及与槽体中心线是否在同一垂直面内。如果激振力作用线与槽体重心有偏移，则电磁振动喂料时会出现附加的扭转振动，而损坏机体。如果激振器中心线与槽体中心线不在同一垂直面内，则物料的输送方向将发生偏斜，导致喂料机工作时会发生偏斜。

铁芯与衔铁的工作面应调至互相平行，并注意将铁芯和衔铁之间的气隙调至标定值：1.8～2.0mm。如果气隙过大，就会增大电流和功率消耗，并使振幅减小；如果气隙过小，铁芯和衔铁又会发生碰撞，而造成衔铁、铁芯等部件的损坏。

（2）系统调谐

电磁振动喂料机弹性系统的调谐十分重要，调谐的好坏将直接影响设备能否正常和稳定地工作。弹性系统的调谐，就是调整电磁振动喂料机的固有频率 ω 和激振频率 ω_0 的比值，使调谐值 $Z=\omega/\omega_0$ 达到低临界近共振状态，选用的范围是一般是 $Z=0.80\sim0.95$。由于激振频率 ω_0 一般是不变的，因此要调整调谐值 Z，只能是改变固有频率 ω。所以，弹性系统的调谐就是改变弹性系统刚度或振动质量。

主弹簧为板弹簧的电磁振动喂料机的调谐，可以用改变板弹簧片数的方法使喂料机的固有频率改变，以达到给定的调谐值。主弹簧为螺旋弹簧的电磁振动喂料机的调谐，由于螺旋弹簧的刚度是不可调的，只能采取增减电磁激振器的配重（即改变振动质量）的方法来改变固有频率，以达到调谐的目的。

（3）喂料量的调节

①改变激振力。利用可控硅调节电磁线圈的外加电压，从而改变激振力的大小。这种方法简单可行，调节范围宽，在实际生产中应用最广。

②改变激振频率。使用变频电源改变激振频率，在振幅不变的情况下，调谐值发生

变化，也可调节喂料量。

③调整安装角度。安装角度是指槽体中心线与水平线的夹角。一般来说，向下倾斜安装时，倾角不大于10°～15°；向上倾斜时，升角不超过12°。升角每上升1°，输送量将降低约2%。倾角下倾斜10°输送量约增大30%，一般在要求给料量变动较大的时候才采用这种方法。

④调节出料闸板。调节出料闸板的开度，可改变槽体内料层厚度，从而调节喂料量。

4.4.3　小块和粒状物料喂料设备

小块和粒状物料的黏性不大，不易卡、堵喂料设备，有较好的输送特性，因此适用的喂料计量设备类型也比较多，主要有圆盘喂料机、电子皮带秤和核子皮带秤等形式。

1. 电子皮带秤

1）工作原理与结构

电子皮带秤按其功能可分为两种：一种只具有计量功能，作为计量设备使用，称为输送电子皮带秤；另一种同时具有计量和定量喂料的功能，多作为配料及定量喂料设备，称为定量电子皮带秤。

定量电子皮带秤又分为恒速定量电子皮带秤和调速定量电子皮带秤两种。恒速定量电子皮带秤的皮带速度恒定，系统中配备喂料机（如电磁振动喂料机）通过改变喂料机的喂料量，来实现定量给料的目的。调速定量电子皮带秤系统中不带喂料机，秤本身既是喂料机又是计量装置，通过调节皮带速度来实现定量给料的目的。

调速定量电子皮带秤
结构及工作原理

（1）恒速定量电子皮带秤

恒速定量电子皮带秤主要由四部分组成，即喂料机（一般采用电磁振动喂料机）、秤体、称重传感器和速度补偿及显示控制器，如图4-4-4所示。

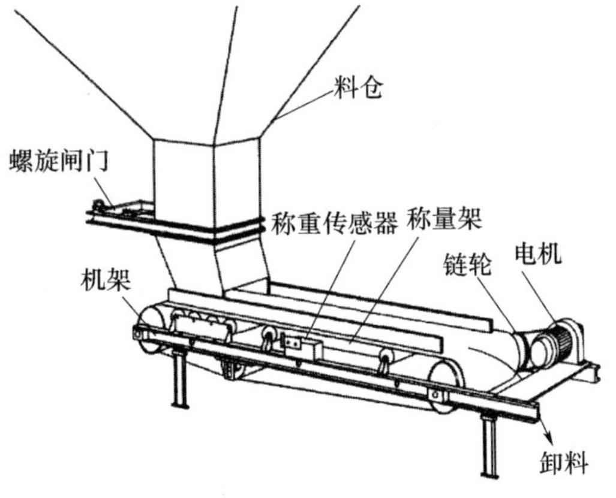

图4-4-4　恒速定量电子皮带秤

当进入工作状态时，即开始喂料工作，把物料加到皮带上，物料随着输送皮带移动，使物料铺到整个皮带上面并送到下一个生产环节。由于皮带上物料的重力作用，瞬时通过皮带上的物料质量按正比关系作用在称重传感器上，输出电位差信号，其输出的电压信号与其所受力的大小成正比，传感器的信号输出值，就是定量喂料秤的瞬时给料量。同时，累计流量仪表显示出相应的累计读数。喂料量根据用户实际要求设定并加给控制器，将测量值和设定值进行运算，将若有偏差，控制单元发出指令，使喂料机的下料量做相应的变化，达到设定的目标值，实现定量喂料。

（2）调速定量电子皮带秤

调速定量电子皮带秤是集重力称量、连续喂料、定量控制的机电一体化设备。它由称重机架和电气控制仪表两部分组成。机架包括皮带机、称量装置、称重传感器、传动装置、测速传感器等。电气控制仪表与秤架上的称重传感器、测速传感器、交流异步电动机通过电缆连接，完成输送物料的称重计量和定量给料控制，如图 4-4-5 所示。

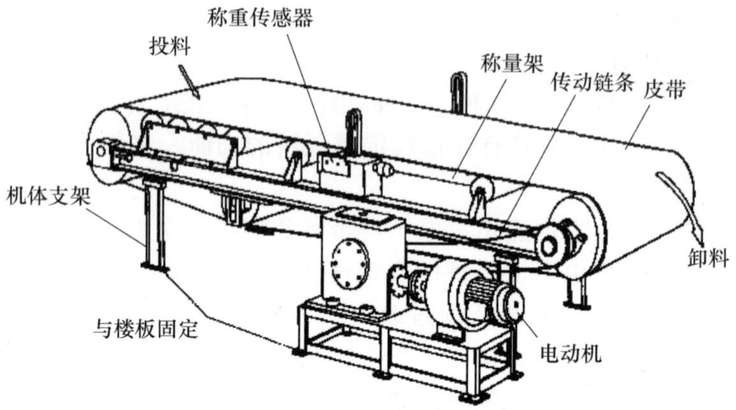

图 4-4-5　调速定量电子皮带秤

电子皮带秤整个秤架为一个系统，物料从下料口运行到出料口，称重传感器测量出物料的重力并转换出与之成正比的电信号，经放大单元放大后与皮带速度相乘，即为物料流量。实际流量信号与给定流量信号相比较，再通过调节器，调节皮带速度，实现定量喂料的目的。

2）性能与应用

恒速定量电子皮带秤一般只有质量传感器而不检测秤的速度，结构简单体积小，操作维修方便，价格便宜，但需配用单独的给料机（一般多采用电磁振动给料机），机械零点容易变动，对环境振动、物料性质（如粒度、水分）的适应稍差，调节幅度相对较小并有一定的滞后时间。计量精度为±0.5%～±1%。恒速定量电子皮带秤适用于干性松散粒状物料，以中、小物料量为佳，不太适应黏湿性物料或含细粉较多的物料，多用于中、小型水泥厂磨机喂料配料。

调速定量电子皮带秤，结构相对复杂，体积稍大，价格高，一般不配单独给料机，机械零点的稳定性容易保证，对使用环境和物料性质适应性好，并对大、中、小的瞬时喂料量都适应，可靠性高。调速定量电子皮带秤用于对各种块、粒状物料如石灰石、铁粉、黏土等进行连续输送、动态计量、控制给料，在水泥厂是实现生料磨、水泥磨配料自动化的重要计量设备。计量精度为±0.5%～±1%。

以上两种定量电子皮带秤使用时，都应正确选配适宜的预给料装置，如普通料斗溜子、叶轮喂料机溜槽等。为保证出料均匀稳定以及确保秤的计量精度，应尽量采用较低的皮带速度（最好在0.5m/s以下）。

3）操作与维护

（1）恒速定量电子皮带秤的操作与维护

①恒速定量电子皮带秤的操作

a. 给定下料量（kg）；

b. 给定瞬时流量（kg/min）；

c. 输入控制周期，控制周期即调节变频器给定的周期（调节D/A输出）；

d. 启动喂料机开始向皮带喂料。

按启动键，启动仪表和变频器，仪表同时输出调节量（D/A）和开关量（DO）给变频器和气动阀，启动预给料机，开始给料。调节变频器的D/A值，可加大、减少给料量。

②恒速定量电子皮带秤的维护

a. 防止秤体上积灰积料，保持秤体原始平衡不受破坏，每班至少清扫一次；

b. 秤体不允许重压或较大冲击振动；

c. 严防减速机漏油；

d. 较长时间停机，要拧紧称重传感器的保护顶丝，顶起秤架，使称重传感器与压板脱离接触；

e. 注意传动系统各部件的润滑，保持运行正常平稳及预给料机正常给料；

f. 应定期进行校零，整个系统至少每半年检定调整一次。

（2）调速定量电子皮带秤的操作与维护

①调速定量电子皮带秤的操作

秤的运行依赖于以下几个参数正确与否，即零点、系数、给定值。这几个参数的设置与调整都有相应的功能键。

a. 用键盘置入必要的参数；

b. 运行操作顺序，启动磨机→启动输送设备→启动电子秤；

c. 停止操作顺序，停止电子秤→停止输送设备→停止磨机；

d. 按“启动”键可以启动系统运行，按“停止”键可以停止系统。

②调速定量电子皮带秤的维护

a. 秤架部分　经常清扫十字弹簧片、称重传感器、秤架上的灰尘 、异物；减速机定期加油；检查引起转动部分异常噪声和发热的原因，排除隐患。

b. 电气部分　经常检查各种连接电缆及其端子接头是否完好，保持各信号通信正常，定期清扫仪表内灰尘，定期校准秤的系统精度。

2. 核子皮带秤

1）结构与工作原理

（1）结构

核子皮带秤是核技术与微机技术相结合的产物，是一种非接触、动态、连续对物料流量进行自动称量计量的计量设备。它主要由源部件（放射源和防护铅罐）、A形支架、γ射线探测器、前置放大器、速度传感器及微机和电源系统六个部分组成，如图4-4-6所示。

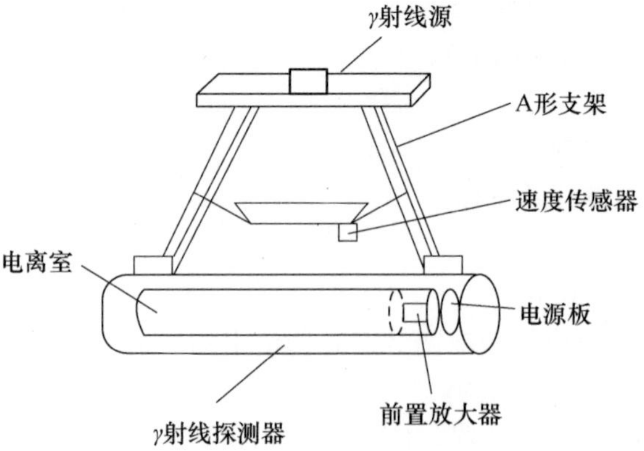

图 4-4-6　核子皮带秤结构

核子皮带秤所用的 γ 射线源为Cs^{137}，半衰期为 30 年。放射源用螺栓固定在铅罐上，置于 A 形支架的顶端，以一定角度向下照射通过 A 形支架中部皮带上的物料。γ 射线探测器位于载有物料的皮带下面，采用专门的电离室，将照射到它上面不同强度的 γ 射线转换成弱电流。前置放大器置于电离室上部小室内，将电离室输出的弱电流信号转换成与之成正比的电压信号。测速装置由测速电动机、从动轮、支架和铰链组成，铰链与输送机支架活动连接，从动轮压在皮带上，皮带带动从动轮转动，测速电动机产生与皮带速度成正比的电压信号。

核子皮带秤的主机系统为工业级计算机，可调节累计量、流量、速度、信号电压等各种参数。它具有防尘、防振、抗电磁干扰、断电保护等功能，可与一般计算机兼容，程序容易扩充升级，可以显示输送机带速、负载、流量、累计量等。一台主机可带 1～15 台核子秤传感器，自动输出计量结果。

(2) 工作原理

核子皮带秤是一种非接触式的散装物料在线计量和监控装置，它利用物料对 γ 射线吸收的原理进行探测。当放射源辐射的 γ 射线通过源容器下方的开口，按一定放射角照射整个皮带宽度上的物料，其中一部分被物料吸收，另一部分穿过物料投射到 γ 射线探测器上。由于射线源发出的 γ 射线量是一个常数，γ 射线探测器接收的 γ 射线量即可以反映物料的多少。探测器将接收的 γ 射线量转化为电信号（代表物料量），此电信号与速度传感器输出信号（代表皮带速度）相乘的积，即为核子皮带秤上通过的物料流量。

$$F=K\ln (I/I_0) \tag{4-4-1}$$

式中　F——物料负荷，kg/m；

K——物料标定常数；

I_0——空载时射线强度；

I——负载时射线强度。

输送机输送的物料流量为 P：

$$P=F\times U \tag{4-4-2}$$

式中　P——物料流量，kg/s；

U——皮带的运动速度，m/s。

从上式可以看出，核子皮带秤是利用γ射线探测器，探测到穿过所测对象γ射线强度的变化，反映所测对象质量的动态连续计量设备。

2）性能与应用

（1）核子皮带秤技术性能指标如下。

①测量精度：测定量在20%～100%最大流量范围内变化时，累计误差小于1%。

②长期稳定性：48h电压漂移小于30mV。

③平均无故障工作时间：大于7000h。

④物料水分含量允许变化范围：10%，超出此变化范围要重新标定。

⑤核子皮带秤安装：γ射线输出器安装在皮带上方，距离皮带30～50mm，传感器安装在上下皮带之间，不与上下皮带接触。传感器安装位置须距下料口1m以外且下料稳定。

⑥使用环境：

称重传感器部分的温度：−20～60℃，湿度：5%～90%；

主机部分的温度：5～35℃，湿度：10%～90%。

（2）核子皮带秤的应用

核子皮带秤是利用核探测技术、电子技术和计算机技术相结合的一种高科技产品，与输送带不直接接触，计量准确度不受物料高温、腐蚀性、皮带张力、振动、过载及输送机倾角等因素的影响。其结构紧固、安装方便、占地空间小，可与多种形式的输送机（比如履带式、链斗式、螺旋式、皮带式等）结合，用于输送物料的在线连续计量。核子皮带秤使用中也要注意，如果被计量的物料厚度、粒度、成分、堆积形状变化过大，那么物料本身对γ射线的吸收就不完全相同，从而可能影响核子皮带秤的精度。

3）操作与维护

（1）核子皮带秤的操作

由于核子皮带秤有放射源，应严格按照相关规定进行操作，以下是操作要点。

①启动操作

开启主机显示器电源→开启主机电源→核子皮带秤主机自检完毕→开启信号变送器电源。

②关机操作

关闭信号变送器电源→关闭主机电源→关闭主机显示器电源。

③核子皮带秤的标定

首先令输送机空载运行，标定出空载时的平均射线强度 I_0，再用已知质量的实物（通常有几吨）标定 I，得出物料标定常数 K，标定完成后，即可进行物料计量。

核子皮带秤的标定属于经常性工作，在以下情况下都要重新标定：

a. 检修后，要进行标定；

b. 物料水分含量变化超过10%，要进行标定；

c. 物料成分有较大变化时，要进行标定；

d. 正常情况下，使用一年以后，要进行标定。

④校验零点：每半个月至少一次。

（2）核子皮带秤的维护

①主机室要注意防尘，保持主机清洁；

②定期维护秤体，信号线及电源线，检查皮带机是否摩擦电离室；

③定期清扫传感器上的灰尘；

④放射源要专人保管，专人操作，要设置放射提醒标志。

4.4.4 粉状物料喂料设备

大多数粉状物料的流动性易受到水分和充气的强烈影响。通常水分增加会使物料的黏聚性、附着性增强，流动性变差，水分含量越高，流动性越差，输送困难；干燥的或伴有气流的粉料流动性极强，含气量越高，流动性越强，容易造成冲料。因此，作为粉状物料的喂料设备要注意解决物料流动性差和流动性过强的问题，防止出现喂料计量不准、给料不稳、冲料、跑料等问题。粉状物料的喂料设备主要有管式螺旋喂料机、叶轮喂料机和冲击式流量计等。

1. 管式螺旋喂料机

1）结构及原理

螺旋喂料机主要由进料口、螺旋叶片、筒体、驱动装置、调速传感器、出料口等部分组成，如图 4-4-7 所示。

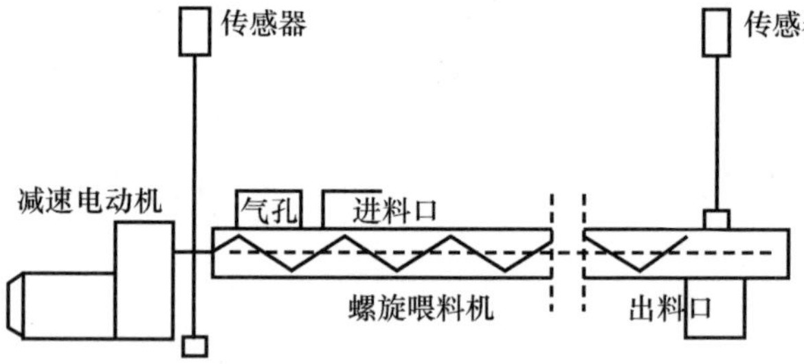

图 4-4-7　单管螺旋喂料机

螺旋喂料机根据喂料量的大小又分为单管和双管两种。它主要是利用螺旋叶片旋转时物料与螺旋叶片共同产生的轴向推力来移动物料。与普通螺旋输送机的区别在于：一是利用推力输送；二是物料的填充率高（可达 90%）。螺旋喂料机通常调速电动机驱动，可方便地调节控制喂料量以及稳定流量。

螺旋喂料机的结构特点如下：

（1）输送槽密封，不产生粉尘，对环境污染小；

（2）流量稳定，能防止冲料造成的粉料外溢；

（3）一般不设吊轴承，物料输送时不易出现堵料现象；

（4）为防止过载现象，驱动装置一般不得采用 V 带或链条传动的形式；

（5）通过改变螺旋转速即可调节喂料量的大小，调节操作十分方便；

（6）体积小、占地少，节省电能。

2）性能与应用

螺旋喂料机是一种密闭型的给料设备，适用于喂送粉粒状物料，通常用于粉状物料的容积计量或作为其他计量设备的加料装置。与普通螺旋输送机相比，它具有填充系数高、料流均匀、防止过载、没有存料死角等优点。在水泥厂，常用于生料粉、煤粉、水泥等粉状或细小颗粒状物料的连续喂料。

一般来说，螺旋输送机的喂料量不大，但能够强制喂料。

3）操作与维护

（1）检查减速机油位是否正常，各轴承润滑是否良好；

（2）检查电动机、减速机、轴承等连接螺栓及地脚螺栓是否紧固；

（3）检查机内是否有异物、堵料等现象；

（4）运行中要注意检查螺旋叶片是否有异常震动、异常声响；

（5）检查盖板是否牢固，是否漏料；

（6）保持管式螺旋喂料机内充满物料，保证给料量均匀稳定；

（7）保证螺旋叶与机壳间有一定的间隙；

（8）注意控制料仓的下料速度，一般在料仓的下料处要设置刚性叶轮喂料器，防止发生过载，损坏驱动装置，以保证设备安全运行。

2. 叶轮喂料机

1）结构及原理

叶轮喂料机又称分格轮卸料器，是一种结构简单、使用方便可靠、应用范围较广的给送干燥粉状或小颗粒状物料的设备。

叶轮喂料机的结构如图4-4-8所示。叶轮由8～12个叶片组成V形槽，工作时物料连续地由壳体上方进料口进入，落于V形槽中。叶轮由驱动装置带动旋转，物料随着叶轮的转动而被带到旋转中心的下方落下，从卸料口卸出，进入下面的收料设备，完成卸料过程。由于叶片与壳体内壁间隙较小（一般1～2mm），故卸料的同时能防止上、下气体的流通，从而具有较好的卸料锁风功能。

叶轮喂料机有弹性叶轮喂料机和刚性叶轮喂料机两种。

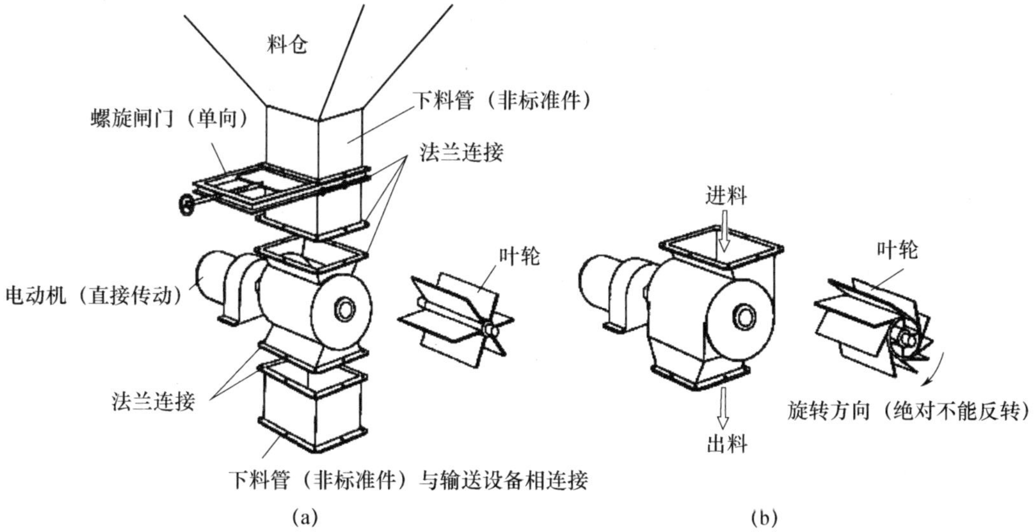

图4-4-8　叶轮喂料机结构图

（a）刚性叶轮喂料机及安装位置；（b）弹性叶轮喂料机

弹性叶轮喂料机又称柔性叶轮喂料机，是将弹簧板固定在转子上，与回转腔紧贴，因而在回转腔内密闭性能较好，能保证均匀给料。转速一般不应高于 20r/min。当要求变速时，可选用直流电动机。当喂料机上部料仓的物料压力较大，或物料易起拱影响均匀喂料时，可以选用带搅拌功能的弹性叶轮喂料机。由于弹性叶轮喂料机的叶片是装配在叶轮轴上的，叶片可以用弹簧钢板，也可以用耐磨的尼龙板等制作，因此密封性能好，锁风效果佳，叶片可调，叶轮不易被硬物卡住。需要注意的是，叶轮只能往一个方向旋转。

刚性叶轮喂料机在结构上与弹性叶轮喂料机相似，不同之处在于，叶片是焊在叶轮上或与叶轮铸造成一个整体，因此整体刚度高，结构简单、性能稳定，可长时间连续定量供料卸料，可承受较高温度的物料（低于 80℃）。通常刚性叶轮的叶片上，装有橡胶密封片，用压板压紧，密封片紧贴外壳内壁以确保锁风。

2）性能与应用

弹性（柔性）叶轮给料机规格以叶轮直径（mm）×长度（mm）表示，主要有 $\phi125\times90$、$\phi130\times100$、$\phi160\times310$、$\phi200\times230$ 等。其主要性能参数为叶轮转速 20～35r/min；喂料能力 4～130m^3/h；电动机功率 1.1～5.5kW。

弹性叶轮喂料机，属于辅助性输送设备，用于将上部料仓中的干燥粉状物料连续、均匀地喂送到下一设备中去，在水泥厂内一般用作回转窑的煤粉给料。

刚性叶轮喂料机是一种定量给料设备，其主要规格有 ϕ200mm×200mm、ϕ200mm×300mm、ϕ300mm×300mm 等。它适用于粉状物料、粒状物料或者非黏性干物料的给料和锁风，在水泥厂一般用于生料粉、水泥、干矿渣等物料的给料和卸料。

3）操作与维护

（1）检查各紧固件有无松动；

（2）减速机无漏油、无异常声响；

（3）要无负荷启动，启动后逐步增加给料速度；

（4）给料应均匀，无堵塞、过载现象；

（5）要防止混入坚硬的大块物料。

3. 冲击式流量计

1）结构与原理

冲击式流量计是一种在物料流动过程中连续、自动测量物料流量的动态称量计量装置，可显示物料流的瞬时流量和累计流量。它在闭路磨机循环负荷测量、生料和煤粉的喂料计量中应用较多。

如图 4-4-9 所示，该型流量计主要由冲击流量变送器、智能流量积算仪两部分组成。变送器部分由检测板、水平位移机构、位移传感器和前置放大器组成，流量积算仪为一个智能化仪表，具有控制、显示等多种功能。位移传感器是其中的核心部件，它将物料冲击力产生的位移量转换成电信号输出，对流量计系统的精度、稳定性有直接的影响。

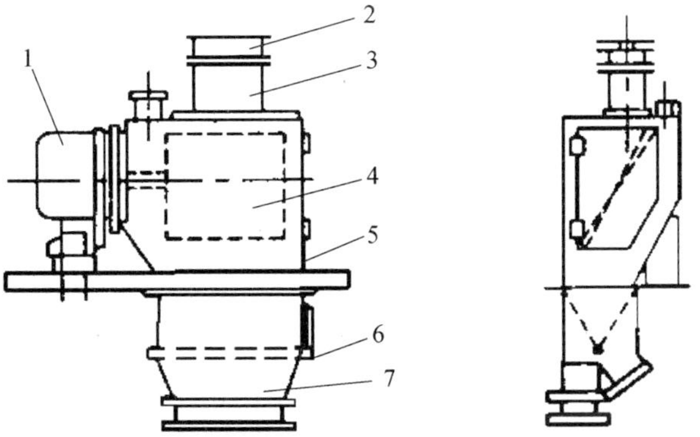

图 4-4-9 冲击流量计结构图

1—变送器；2—进料口；3—整流装置；4—检测板；5—箱体；6—换向机构；7—标定装置

冲击式流量计是基于动量原理来测量自由下落的粉、粒状物料流量的。从给料器卸出的物料流自由下落，打在检测板上产生冲击，冲击力可分解成一个水平分力和一个垂直分力，如图 4-4-10 所示。垂直分力由变送器的机械结构吸收而消失，水平分力经检测板作用在冲板轴上，通过测量弹簧平衡，并且带动差动变压器线圈中的磁芯移动，把位移量转变为电信号输出给积算仪进行运算和显示。根据推导，水平分力与被测物料瞬时流量成正比，所以只须测出水平分力的大小，就可得到物料的瞬时流量。

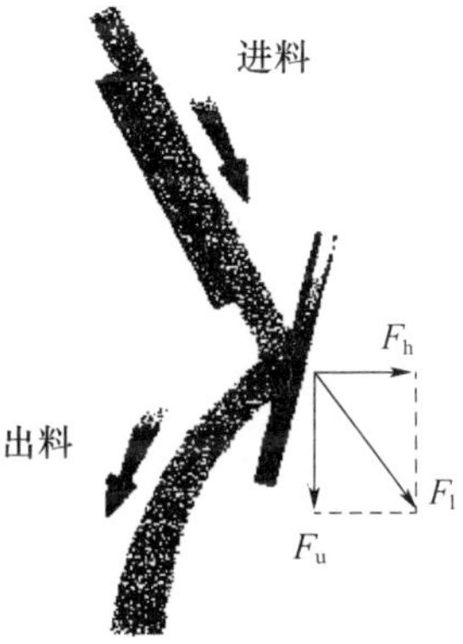

图 4-4-10 冲击式流量计工作原理

从原理上讲，冲击流量计也可以用测垂直分力的方法。但是测垂直分力有很多不利因素，比如物料的冲击振动、物料黏附等，易导致较严重的零点漂移现象，故目前均采用测水平分力的方法来进行测量。

2）性能与应用

冲击式流量计适用于各种散状物料，但要限制散料的粒重与粒径，在尘埃极多的情况下也能准确计量。和传统的固体介质质量、流量测量装置（如漏斗秤、皮带秤）相比，冲量式流量计可以很方便地实现在线的连续测量，而且测量精度可达 1%。可根据需要制成全封闭型，能与自动化控制系统配合，实现对固体物料的流量调节和控制，安装维护也比较方便。但是冲击式流量计的测量精度与被测介质的物性有关，测量不同介质需重新校验。并且，冲击式流量计的安装要求也比较严格，要确保物料能够自由下落，检测板安装角度、进料口与检测板间角度及高度都有一定要求，并与量程选择有一定关系，选用前应进行计算。

主要性能指标如下：

环境温度：−40～90℃；

介质温度：≤180℃；

精度：<1%；

物料粒度：150mm 以下；

测量范围：5kg/h～10000t/h。

3）操作与维护

（1）运行当中，物料要能够自由落下，防止发生异物卡堵现象；

（2）注意检测板安装角度是否发生变化；

（3）注意检查轴承润滑；

（4）注意物料粒度、黏性的变化。

4. 失重秤

1）结构与原理

失重秤是一种减量秤，靠测量物料质量的减少以完成计量。如图4-4-11所示，失重秤主要由料仓（称重仓）、荷重传感器、卸料电振机、智能仪表（称重显示控制器）等组成。

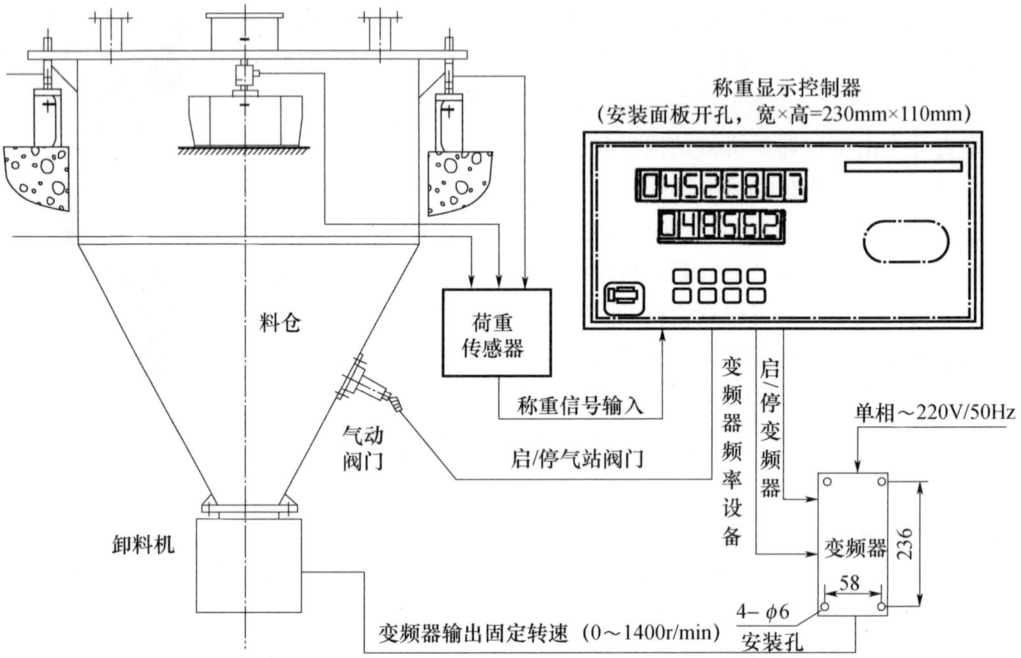

图4-4-11　失重秤结构图

失重秤是通过在工作时控制质量损失的原理实现计量的。称重前，称重仓处于控制下限W_1，卸料电振机（下位给料机）不工作。此时智能仪表发出指令，给料电振机（上位给料机）快速向称重仓加料，荷重传感器开始测量，当称重仓达到控制上限W_2时，智能仪表发出指令，给料电振机停止工作，卸料电振机开始工作，称重仓开始给料（卸料），计算机将测量到的“失重”（dv/dt）与所需给料量（预设值）进行比较，若存在偏差，发出纠正信号，自动调节给料速度，直到与设定值相等，从而在没有过程滞后的情况下保持精确的给料量。随着给料的进行，称重仓内物料不断减少，当物料质量减少到控制下限W_1时，完成一个计量周期，给料电振机又开始工作，向称重仓给料，进入下一个工作周期。失重秤就是在这样一种减量称重状态和容积定量卸料状态交替的情况下循环工作。

2）性能与应用

失重秤是一种连续动态称量计量、定量给料的装置，控制精度高，结构易于密封。主要用于生料粉、煤粉、水泥等微细粉料的喂料计量环节。

失重秤有以下特点：

(1) 系统精度高，失重秤称量过程中，可以对测量误差进行补偿，消除了零点漂移现象，因此可获得相当高的计量精度，系统计量精度可达到0.5%。

(2) 全封闭结构，配料过程中不产生粉尘，无须另配皮带秤，节省设备投资。

(3) 免维护，标定简单。由于消除了其他计量秤中普遍存在的零点漂移（皮带跑偏、传感器移位、物料冲击振动皮带打滑、皮带粘料等影响造成）、物料粘附、秤体机械结构变形等因素的影响，从而能够保证长期稳定的系统测量精度，基本不需要维护和大量的标定工作。

(4) 它既可以进行实物标定，还可在线标定，非常方便。

失重秤的主要性能指标（参考）如下：

计量范围：100～500kg/h；

输送量调节分度：0.5kg/h；

控制精度：±1/100。

3）操作与维护

(1) 完成系统调试工作，主要有标定零点、砝码标定、系统校准等；

(2) 开机前，先设定好控制流量、累计量等基本参数；

(3) 运行过程中，要注意物料粒度的变化，不能混入会卡堵设备的大块物料；

(4) 每班清扫一次荷重传感器及支架，确保其清洁度。

4.4.5　湿黏性物料的计量设备

在水泥生产线中，会用到黏土、火山灰、石膏等湿黏性物料。它们在料仓底部相互挤压，容易产生结拱、卸料不均现象；输送过程中，又容易粘结设备，造成物料堵塞，比较难以喂送计量。若采用传统的板式喂料机加皮带秤两段式给料计量方式，经常出现典型的滞后现象，往往下级皮带不是满料就是空料。因此，对于湿黏性物料的喂料计量，越来越多的水泥厂采用裙板定量喂料机。

裙板喂料机又称箱形喂料机，是专门为解决水泥厂湿黏性物料存在的喂料量大、仓口大、仓压大、进出料口距离大等诸多问题的喂料设备，可实现输送、定量给料和计量多种功能。其结构特点是输送板（或带）两侧的槽板较高（故称作裙板），可堆积较多的物料，输送过程中不至于发生断料，并且卸料端设有拨料器，可有效地防止出料口发生堵料。它采用容积式计量方法。箱形喂料机通过调节闸板高度和输送带速度，控制原料的给料量。

裙板喂料机有步进板式、步进皮带式、连续式皮带机等多种形式和规格，其外形如图4-4-12所示。由于黏湿物料易发生堵塞，所以给料皮带的运行速度极慢。

图4-4-12　裙板喂料机

1）裙板喂料机主要性能指标

(1) 链板规格：宽度1000～1800mm；

（2）中心距：不小于2000mm，不大于5000mm；

（3）给料能力：50～800t/h（质量密度为1.4t/m^3）；

（4）计量精度：0.5%。

2）裙板喂料机操作及维护

（1）开机前检查各紧固螺栓是否松动；

（2）检查润滑是否良好；

（3）要协调好上下设备之间的产量，防止堵料的发生；

（4）由于运行速度慢，更要注意防止皮带跑偏。

情境小结

在硅酸盐工业，分级是指将粉粒状物料按其颗粒粒径的大小不同分成若干粒级的过程，又称粒度分级。常用的分级设备有粗粉分离器、离心式选粉机、旋风式选粉机、O-Sepa选粉机、HES新型高效选粉机、动态选粉机和组合式选粉机。

粗粉分离器是一种通过式风力分级机，为空气一次通过的外部循环式分级设备，主要由外锥体、内锥体、反射锥、导向叶片等组成，没有运动部件，操作方便。离心式选粉机是第一代风力分级机，主要由壳体、立轴、主风叶、辅助风叶、撒料盘、控制板、回风叶等部分组成。靠调节小风叶、大风叶、挡风板等可以实现对产品细度的控制。旋风式选粉机是在离心式选粉机的基础上发展起来的第二代风力分级机。为了克服离心式选粉机的分级效率低、生产能力低、部件易磨损的缺点，用外部专用风机代替了大风叶，用外部旋风筒代替内外筒之间的细粉分离空间，将粉料分级、产品分离、流体推动三者分别进行。O-Sepa型选粉机，是第三代高效分级机的典型代表。采用笼式转子，改变了选粉原理，大幅度提高了选粉效率。O-Sepa选粉机调节细度的方法以调整转子转速为主，生产过程中还可以通过调整系统风机阀门来实现。HES（M）动态选粉机与HES、CMS一样都属于以O-Sepa为代表的第三代分级机，它们的分级原理都基本相同。动态选粉机是在粗粉分离器结构的基础上，在一圈导向片中增加一个笼式转子，组合式选粉机是笼式高效选粉机和粗粉分离器以及旋风收尘器的紧凑组合，从功能上兼具粗粉分离器和选粉机的性能。

粉尘是水泥生产过程中产生的主要污染源，不仅污染周边环境，危害人身健康，而且会影响设备安全运转和使用寿命，影响企业的经济效益。除尘设备的选择十分重要，水泥企业常用的除尘设备有旋风式除尘器、袋式除尘器和电除尘器等。

旋风式除尘器主要由带有锥形底的外圆筒、进气管、排气管（内筒）、排灰口及集灰斗等组成，利用离心力和惯性力的作用来收集粉尘。袋式除尘器主要是通过过滤的方法将含尘气体中的尘粒阻留在纤维织物上，从而使气体得到净化的除尘设备。袋式除尘器的形式有简易袋式除尘器、机械振打袋式除尘器、脉冲袋式除尘器、反吹风袋式除尘器等。电除尘器通过空气电离、粉尘荷电、荷电粉尘飞向电极、粉尘收集等过程实现含尘气流的气料分离，影响电除尘器除尘效率的因素有粉尘的比电阻、气体温度和湿度、含尘浓度、气体风速等。

水泥企业常用的输送设备有胶带式输送机、斗式提升机、螺旋输送机和空气输送设备，胶带式输送机可以用于块状和粒状物料的水平或倾斜向上输送。斗式提升机用于垂直输送粉状、颗粒状及小块状物料。螺旋输送机常用来输送磨琢性小的粉末状、颗粒状及小块状的散粒物料。气力输送设备也称管道输送设备，它是粉状物料在管道内通过空气的动能或静压能从一处输送到另一处的输送设备。

按被喂送物料的特性，喂料设备大体上可分为三类：即块状和粒状物料喂料设备、粉状物料喂料设备和黏湿性物料喂料设备。

喂送块度较大的物料，水泥厂一般采用板式喂料机、电磁振动喂料机。小块和粒状物料的黏性不大，不易卡、堵喂料设备，适用的喂料计量设备类型主要有电子皮带秤和电磁振动喂料机等形式。大多数粉状物料的流动性易受到水分含量和充气的强烈影响。粉状物料的喂料设备主要有管式螺旋喂料机、叶轮喂料机和冲击式流量计等。对于湿黏性物料的喂料计量，越来越多的水泥厂采用裙板定量喂料机。

习　题

一、填空题

1. 选粉效率是指经过分级设备选粉后，________中的精粉量与________中的精粉量之比。

2. 循环负荷率是指________与________之比。

3. 收尘效率是指______________占______________的百分数，可分为____________、____________。

4. 旋风除尘器按进口方式分________、________、________、________。

5. ______________是通过过滤的方法将含尘气体中的尘粒阻留在纤维织物上，从而使气体得到净化的除尘设备。

6. 电除尘器的主要工作部件是________和________。

7. 斗式提升机的喂料方式有________和________。

8. 气力输送按基本原理分为______________、______________两大类。

9. 动态选粉机是在________结构的基础上，在一圈导向片中增加一个________，它们之间形成一个高效的选粉区，选出的粗粉再进入煤磨，成品细粉由细粉分离器进行收集。

二、单项选择题

1. 以下没有运动部件的选粉机是（　　）。

A. O-Sepa 选粉机　B. MD 型选粉机　C. 粗粉分离器　D. 离心式选粉机

2. 离心式选粉机是利用选粉机立轴上的（　　）以一定转速回转，所产生的内部循环气流，使大小不同的颗粒因其沉降速度的差别而被分离。

A. 回风叶片　B. 辅助风叶　C. 主风叶　D. 撒料盘

3. （　　）是指利用机械装置使滤袋产生振动而清灰的袋式除尘器。

A. 外滤式除尘器　B. 机械振动类袋式除尘器

C. 扁袋式除尘器　D. 分室反吹类除尘器

4. 板式喂料机，为了确保物料有较好的通过性，链板宽度应为料粒度的（　　）倍。

A. 1.0　B. 1.1～1.2　C. 1.5～1.8　D. 3.0

5. 电磁振动喂料机，调节喂料量最常用的方法是（　　）。

A. 改变激振力　B. 改变激振频率　C. 调整安装角度　D. 调节出料闸板

6. 以下设备当中，属于容积式给料计量设备的是（　　）。

A. 定量电子给料机　B. 圆盘给料机　C. 地磅秤　D. 板式喂料机

7. 用斗式提升机提升干燥的、流动性好的、易卸空的散粒物料（如水泥）时，宜使用（　　）。

A. 深斗（S 制法）　B. 浅斗（Q 制法）

C. 尖斗（J 制法）　D. 梯形斗（T 制法）

8. 袋式除尘器进出口压差增加，运行阻力上升，可能的原因是（　　）

A. 滤袋破损　B. 滤袋堵塞　C. 滤袋烧毁　D. 滤袋脆化

9. 粉尘比电阻是影响电除尘器除尘效率的重要的因素。当比电阻在（　　）Ω·cm 时，除尘效果最好。

A. $10^1 \sim 10^8$　B. $10^2 \sim 10^9$　C. $10^4 \sim 10^{11}$　D. $10^5 \sim 10^{12}$

10. 可用于水平输送块状、颗粒状物料的输送设备为（　　）。

A. 螺旋输送机　B. 空气输送斜槽　C. 斗式提升机　D. 胶带式输送机

三、多项选择题

1. 旋风式选粉机为了克服离心式选粉机的缺点，做以下哪些改动？（　　）

A. 用外部专用风机代替了大风叶

B. 用外部旋风筒代替内外筒之间的细粉分离空间

C. 用回风叶代替了大风叶

D. 用滴流装置代替了小风叶

2. O-Sepa 选粉机的特点有（　　）。

A. 采用笼式转子

B. 分级气流仅在水平面内旋转，气流平稳

C. 物料从上而下通过整个分级区，受到多次分级

D. 小风叶的片数影响成品细度

3. 以下选粉机有笼式转子的是（　　）。

A. O-Sepa 选粉机　B. 旋风式选粉机　C. 动态选粉机　D. 组合式选粉机

4. 以下造成袋式除尘器滤袋破损的原因有（　　）。

A. 清灰周期过短　B. 清灰时间过长　C. 滤袋老化　D. 滤袋淋湿

5. 旋风除尘器的筒体磨损的原因是（　　）。

A. 筒体不圆，局部凸起　B. 焊接处焊接不良

C. 筒壁薄　D. 筒体材料有杂质

E. 排尘阻气装置气密性不良，气体漏入

6. 影响电除尘器除尘效率的因素有（　　）。

A. 粉尘性质　B. 粉尘的比电阻　C. 气体温度和湿度

D. 含尘浓度　E. 气体风速

7. 电除尘器二次电压正常，但二次电流很小，可能的原因是（　　）。

A. 两极间局部间距变小　B. 振打机构失效

C. 电极上积灰过多或电晕极结灰肥大放电不良
D. 振打过于强烈
E. 烟气中粉尘浓度过高，出现电晕封闭

8. 选择喂料和计量设备时，主要依据（　　）等因素。
A. 物料特性　B. 输送距离　C. 喂料量
D. 安装难易程度　E. 料仓形状

9. 组合式选粉机是（　　）紧凑组合。
A. 笼式高效选粉机　B. 粗粉分离器　C. 旋风式选粉机　D. 旋风收尘器

10. 胶带式输送机打滑时应采取的措施有（　　）。
A. 提高胶带与滚筒间的摩擦系数　B. 加大胶带的包角
C. 增加胶带的拉紧力　D. 减小输送机承载量

四、判断题

1. 粗粉分离器内部没有运动部件。（　　）
2. 离心式选粉机的辅助风叶片数与水泥比表面积成正比。（　　）
3. 胶带斗式提升机（D 型斗式提升机）可用于输送磨琢性大的物料。（　　）
4. 旋风式除尘器的筒体直径越大，除尘效率越高。（　　）
5. 对强粘结性粉尘，不适宜采用旋风除尘器。（　　）
6. 袋式除尘器可用于收集粘结性及吸湿性强的粉尘。（　　）
7. 通过式选粉机通过气流越低，细粉的细度就越细。（　　）
8. 电磁振动喂料机，不能输送黏湿性物料。（　　）
9. 入窑生料喂料计量多采用板式喂料机。（　　）
10. 胶带输送机的胶带在换向滚筒处跑偏，胶带往哪边跑，就把哪边的滚筒轴顺着胶带的运行方向调动一点。（　　）

五、计算题

某混合粉磨系统由一台辊压机和一台球磨机、高效选粉机组成，如右图所示。经实测，结果是：喂料量 $T=50.6\text{t/h}$；系统中各点物料通过 0.08mm 筛筛下量的百分含量分别为 $C_1=25.6\%$，$C_2=60.5\%$，$C_3=32.7\%$，$C_4=96.8\%$；返回辊压机的粗料量占喂料量的 30%，求磨机的循环负荷率和选粉机的选粉效率。

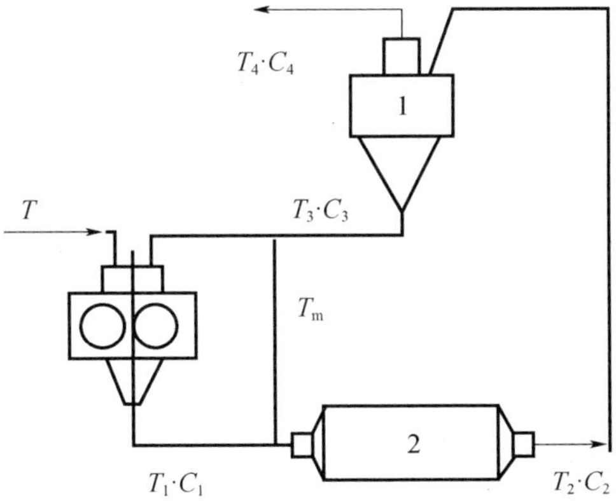

六、案例分析题

1. 磨机开磨不久后，喂料量、拉风量、研磨压力没有太大变化的情况下，出现选粉机电动机电流逐渐增大，差压也适当增大，试分析原因，该如何处理？

2. 磨声低，磨机电动机电流变小，斗提功率上升，磨头尾压差变大，选粉机电动机电流上升，试分析其原因，如何解决？

学习情境5　水泥装运系统

情境导读

水泥是一种粉状物料，极容易飞扬，同时水泥活性很高，要避免潮湿变质，因此对其装运系统要求较高。本学习情境主要介绍水泥包装、散装系统及其主要设备，装运系统的发展趋势；固定式、回转式包装机及散装机的操作、维护及故障诊断与处理的方法。

任务5.1　水泥包装、散装系统主要设备与发展趋势

水泥是一种粉状物料，极容易飞扬，同时又要避免潮湿，因此运输时必须采用封闭装运，一般采用袋装和散装两种形式。袋装水泥是用包装机将水泥装袋，每袋水泥质量规定为（50±1）kg，每20袋水泥质量要大于1000kg，按袋数计量装运出厂。水泥散装是使用散装设备将水泥装运出厂。

5.1.1　水泥包装主要设备

1. 水泥包装工艺流程

水泥包装系统，一般由供料设备、筛分设备、包装设备、叠包机、码包机及装车机等设备组成，如图5-1-1所示。从水泥库库底出来的水泥，通过库底输送设备1和斗式提升机2输送到包装机顶部的筛分设备3，杂物从排渣输送设备14排出，筛析的水泥进入中间仓4，在中间仓受高压空气松化，通过气动阀门5、回转式下料器6进入包装机7进行包装，包装后的袋装水泥经清灰后，通过自动秤10称量，用胶带式输送机11送到叠包机12，叠成每堆10包，然后运到成品库储存。

在包装过程中的漏灰及破包的水泥、袋式除尘器15收集下来的水泥细粉，通过回灰料斗流入回灰输送设备13，送到斗式提升机2；袋式除尘器16收集下来的水泥细粉，直接进入筛分设备。

袋装水泥的优点是：每袋体积小，便于装运、堆放和计量，对分散的、小批量用户使用方便。其缺点是：需包装袋包装，生产成本高，储运时包装袋容易破损，水泥损失高达3%～5%，对环境也造成污染，储运过程中会受潮，降低水泥质量。

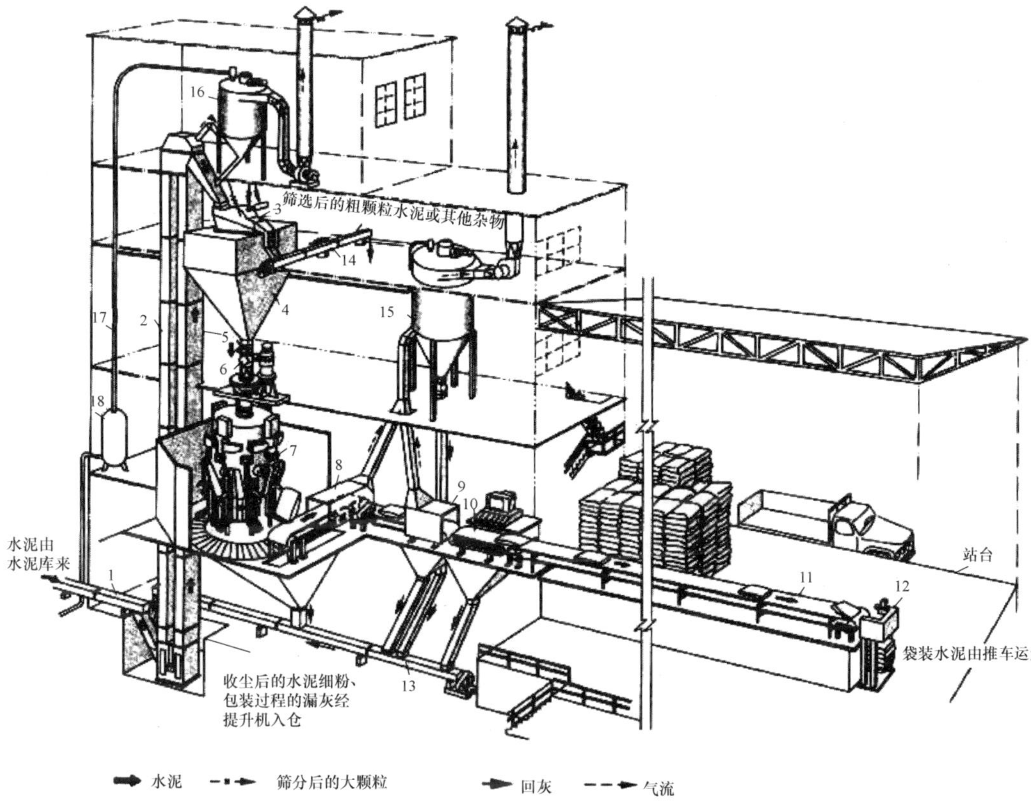

图 5-1-1　水泥包装工艺流程系统与成品库

1—库底输送设备；2—斗式提升机；3—筛分设备；4—中间仓；5—气动阀门；6—回转式下料器；7—包装机；8、9—收尘罩（清灰装置）；10—自动秤；11—胶带式输送机；12—叠包机；13—回灰输送设备；14—排渣输送设备；15、16—袋式除尘器；17—压缩空气管；18—压缩空气储气罐

2. 水泥包装系统配套设备

1）供料设备

由水泥库库底将水泥输往包装系统的输送设备，常用空气输送斜槽或螺旋输送机。将水泥提升到包装机上常用斗式提升机或空气输送泵。空气输送泵适用于远距离输送，如果包装车间离水泥库近，则采用斗式提升机较经济。

2）筛分设备

筛分设备用于清除水泥中可能混入的金属杂物，以防损坏包装机，通常安装在水泥入包装机之前。筛分设备一般多采用回转筛。

3）包装机

包装机是整个包装系统中的主机，有回转式和固定式两类。回转式包装机的结构较复杂，投资较大，但自动化水平及劳动生产率较高。固定式包装机生产能力较小，中、小型水泥厂用得较多。

4）回灰输送设备

回灰输送设备是将包装机和袋装水泥输送机等的漏灰及纸袋破损后的水泥回收，一般在包装机下面装设地下回灰螺旋机，以便将回灰送回包装系统。为了防止纸袋碎片等杂物混入，各进灰斗口上应设有铁丝筛网。

5）叠包机

叠包机的作用是将包装好的袋装水泥叠包。

叠包机有回转式和固定式两种。回转式叠包机设有四个叠包装置；固定式叠包机设有两个叠包装置，并排布置，交替使用。叠好 8～10 包水泥可以用电瓶叉车或手推车运至成品库堆存或直接装车。

6）码包机

将袋装水泥从包装机直接输送到成品库并自行码垛，可采用码包机。它由胶带式输送机、移动式胶带机、大小行车及控制机构等组成。它可将袋装水泥自动码成 8～10 包为一垛。码好一垛后，小车自动横向移动一个袋位，继续码下一垛。码好一排后，大车自动纵向移动一个袋位，再继续码垛。

7）装车机

为了加大包装能力，并将包装好的水泥用装车机直接送入火车车厢或汽车，这样可取消或减小袋装水泥成品库，并减少水泥的倒运次数，提高劳动效率。

活动胶带装车机由一般胶带机及升降机和摆动装置所组成。根据装车位置，活动胶带机可做 110°的摆动和 800mm 的升降，将袋装水泥运入汽车。

折叠胶带装车机由 3～4 段胶带输送机、大小行车、旋转和提升装置等组成。可伸入火车车厢内将袋装水泥直接送入车厢，胶带宽度为 650mm，装车能力可达 100t/h。

3. 固定式包装机

固定式包装机分叶轮式与螺旋式两类。固定叶轮式又分单嘴、双嘴和四嘴三种，适用于大、中、小各类水泥厂。螺旋式包装机一般是单嘴的，适用于小型水泥厂。

固定式包装机的构造

1）类型

（1）螺旋式固定包装机

图 5-1-2 所示为 ϕ50mm×450mm 单嘴螺旋式包装机。水泥由进料口 5 喂入，被螺旋叶片 7 推到出料嘴 11，灌入套在

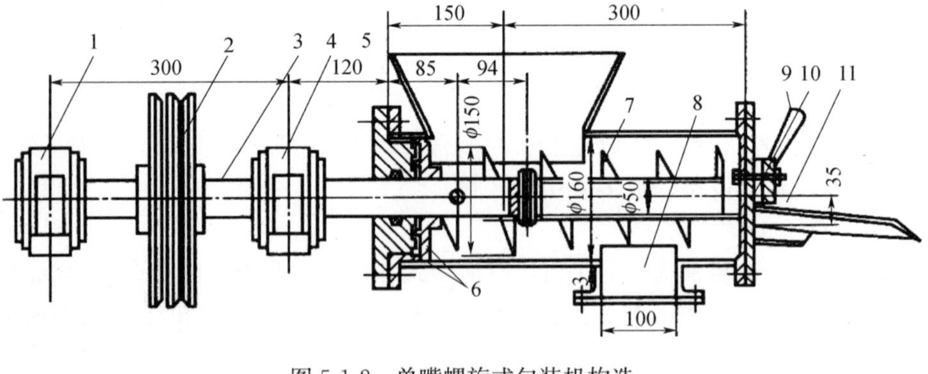

图 5-1-2 单嘴螺旋式包装机构造

1，4—轴承；2—带轮；3—主轴；5—进料口；6—迷宫式密封装置；7—螺旋叶片；8—检视门；9—闸板操纵手柄；10—闸板；11—出料嘴

出料嘴11上的纸袋内，装够50kg时，人工搬动闸板操纵手柄9将闸板10关闭，这时卸掉水泥袋。然后再插上一只水泥袋，打开闸板10继续包装。每装满一袋水泥，工人必须完成插袋、计量、出料控制、卸袋等动作，所以劳动强度高、效率低，包装机单位产品动力消耗大，叶片磨损也较大。它的优点是结构简单，体积较小，工厂容易自制，可以做成移动式直接在库底进行包装，故较适宜于小厂采用。

（2）叶轮式固定式包装机

叶轮式固定式包装机是灌装与计量同时进行并能自动定量的半自动包装机，有单嘴、双嘴和四嘴包装机。

①构造

四嘴叶轮式固定式包装机的构造如图5-1-3所示。它由中间储仓1、进料装置2、卸料室3、叶片4、出料控制机构10、定重架9、包装架8、出料嘴5等部件组成。

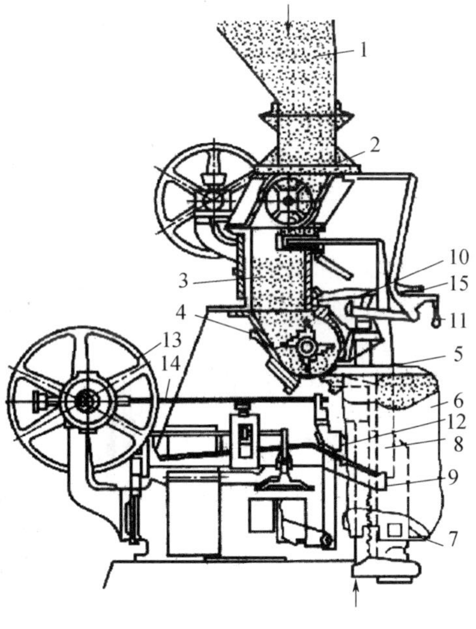

图5-1-3　四嘴叶轮式固定式包装机的构造

1—中间储仓；2—进料装置；3—卸料室；4—叶片；5—出料嘴；6—纸袋；7—托盘；8—包装架；9—定重架；10—出料控制机构；11—手柄；12—打袋器；13—偏心轮；14—连杆；15—卸袋手柄

②工作原理

包装机被安装在包装车间的水泥中间储仓的下面。水泥经由进料装置的给料器喂入包装机的四个卸料室，卸料室内有高速旋转的十字形叶片，水泥被叶片加速后，靠离心力和叶片的挤压力从卸料室切线方向的出料嘴喷出，通过包装架上的出料嘴灌入四周密封而仅在上角留一小孔的水泥纸袋。在灌袋的同时，定重架9按杠杆原理进行称量，达到规定的质量（一般为50kg）后，包装架产生位移发出一个机械信号，使出料控制机械立即产生动作，自动关闭出料闸板，停止灌袋，然后卸袋，再重复下一袋包装。

2）性能及应用

国内定型设计的固定式包装机的技术性能见表5-1-1，适合于中、小型水泥厂采用。

表 5-1-1　固定式包装机的技术性能

项目 \ 规格		单嘴螺旋式		固定叶轮式		
		ϕ150mm×450mm	ϕ175mm×450mm	单嘴	双嘴	四嘴
生产能力（t/h）		6	6	15～20	30	60
转速（r/min）		585	585	960	970	980
电动机	功率（kW）	2.8	2.8	4.5	10	20
	转速（r/min）	1430	1430	970	970	980
设备质量（kg）		158	189	550	2000	3210
外形尺寸（m）		0.95×0.37×1.08	1.04×0.4×1.1	1.3×1.4×1.4	1.44×1.33×2.15	2.33×1.3×2.15

4. 回转式包装机

回转式包装机在其向纸袋内灌装水泥的过程中，纸袋要跟随包装机回转，每回转一周，每个嘴完成一袋水泥的包装，故称回转式。

回转式包装机为流态化充料，即机内水泥靠压缩空气松动后，具有良好的流动性，像流体一样，在料位压差作用下，通过出料嘴灌入水泥袋。这类包装机除插袋需要人工操作外，其余如灌装、称量、卸袋等动作都能按程序自动控制。

与固定式包装机相比，回转式包装机的优点是劳动条件改善，粉尘易于控制；插袋和卸包地点固定在一处，每包间隔时间相等，水泥袋不会在胶带机上重叠；便于实现插包自动化和装运摆包自动化；包装能力强，劳动生产率高。缺点是结构较复杂，体积大、质量大，安装调整较麻烦，设备造价也较高。

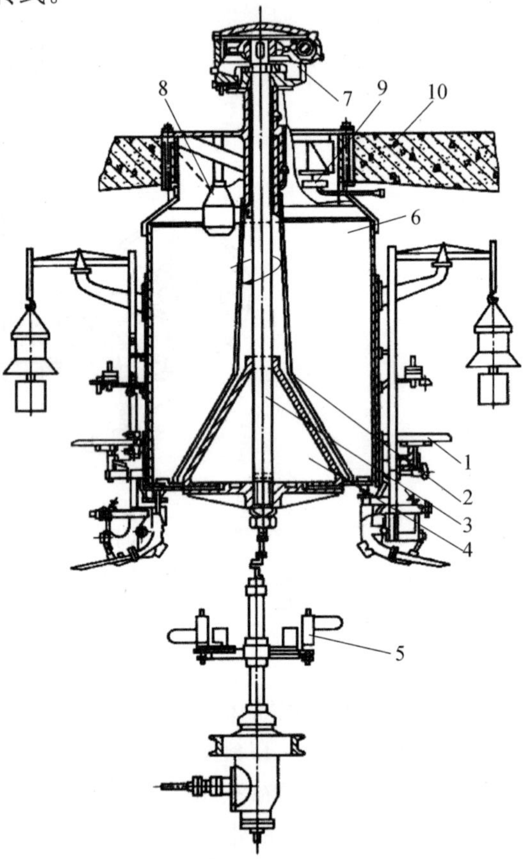

图 5-1-4　14 嘴回转式包装机构造

1—灌装工作机构；2—搅拌器；3—主轴；4—气罐；5—打袋器；6—转筒；7—主传动箱；8—料位控制器；9—挡轮；10—楼面

1）结构及工作原理

回转式包装机的规格，是以它的嘴数区分，一般每嘴生产能力 7～8t/h。目前我国设计制造的回转式包装机，定型的有 6 嘴、8 嘴、10 嘴、12 嘴、14 嘴。它们的机构和工作原理基本类似。

（1）回转式包装机结构

图 5-1-4 所示为国产 14 嘴回转式包装机的构造。它由筒体、灌装工作机

构、搅拌器、打袋器、主传动装置、空气管路和围壁等部件组成。

（2）回转式包装机工作原理

包装机的整个回转部分通过主轴悬吊在楼面的机座上，主轴的上端与主传动装置相连。可调速的主电动机运转时，通过减速机和主传动箱带动主轴和固定在主轴下端的转筒按顺时针方向回转运动（由顶部俯视）。灌装机构同出料喷嘴均匀分布在转筒外壁上，随转筒一起回转。筛析后的水泥进入转筒后，转筒中的搅拌器、空气管路送入的压缩空气，共同使水泥受机械的与压缩空气的搅动，呈现流态化状态，灌装时水泥便可以从出料嘴顺畅地流入纸袋。每个出料喷嘴在回转一周的过程中，按程序完成一袋水泥的装袋工作。装在转筒下面的打袋器用单独的动力传动，在灌装的过程中，拍打纸袋促使混于水泥中的空气排出纸袋。

回转式水泥包装机结构

2）技术性能及应用

国产回转式包装机的规格性能见表5-1-2，适合于大、中型水泥厂采用。

表5-1-2　国产回转式包装机规格性能

规格	6嘴	10嘴	14嘴
生产能力（t/h）	最大53，一般40	85	96
回转筒传动电动机	JZT-21-4，1.1kW	JZS-51.3，1kW	JZ S-51，1.1kW
回转筒传动减速机	JHL-250	JZQ-250	ZHLL-250-IX
搅拌器电动机	2.2kW	—	—
搅拌器减速机	ZHD250	—	—
打袋器电动机	—	—	2.2kW
打袋器减速机	—	—	ZHI，250
回转方向	顺时针	顺时针	顺时针
回转筒转速（r/min）	最大2.958	1.14～3.52	1.14～3.42
压缩空气压力（MPa）	0.1	0.1～0.2	0.1～0.2
包装机质量准确度	≤±1%	≤±1%	≤±1%
包装机质量（kg）	6500	8090	12100

5.1.2　水泥散装系统主要设备

1. 水泥散装工艺流程

散装水泥通过水泥库库底卸料、库底装车，图5-1-5所示为库底装车的方式。也有库侧卸料、库侧装车，图5-1-6所示为库侧装车的方式。水泥散装工艺的优点是：简化装卸程序，节约大量包装材料，生产成本低，便于机械化、大规模施工，劳动生产率高，水泥损失量少，一般只有0.5%，储运过程中不易受潮，确保水泥质量，保护环境。其缺点是：需要专门的运输及储存设备，不适于小批量用户使用。

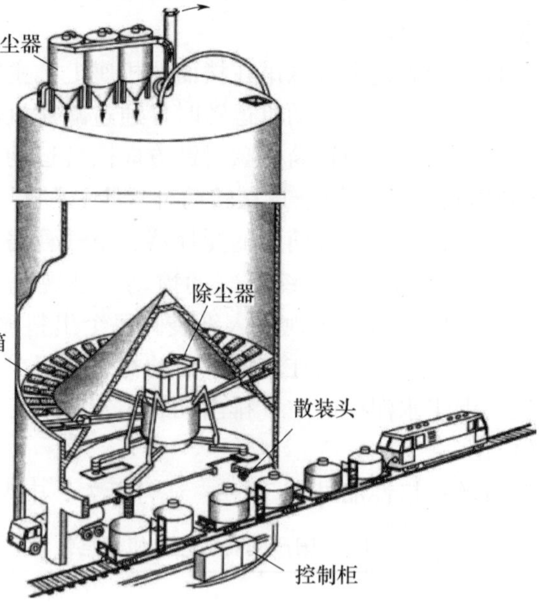

图 5-1-5　库底装车工艺

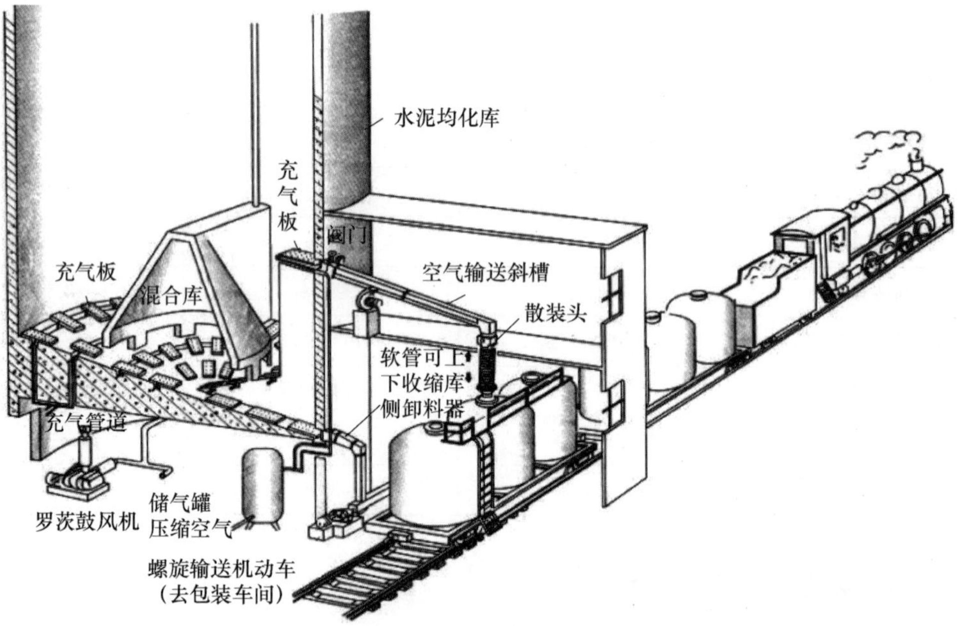

图 5-1-6　库侧装车工艺

2. 水泥散装设备

散装库库底安装卸料器，水泥通过卸料器出来后，经水泥散装机进入散装车。水泥散装系统的主要设备包括卸料器：有库底卸料器和库侧卸料器两种；散装机：有固定式散装机（包括库底散装机、库侧散装机）和移动式散装机两种。

1）卸料器

（1）库底卸料器

库底卸料器如图5-1-7所示。当螺旋闸门2开启时，水泥由锥形漏斗1进入受料室3，压缩空气由压缩空气管5通过多孔板4吹入，使受料室内的水泥流态化，在压缩空气压力的推动下，水泥经连接管7推开圆锥形闸门8流入输送设备或卸入运输工具。为了加快卸料速度和增大卸料距离，可通过辅助空气喷管6吹入部分压缩空气。水泥的卸料量可通过锥形闸门来控制，闸门的开度由刻度反映出来。橡皮垫圈9的内径根据所要求的卸料能力而定。库底卸料器通过橡皮软管也可将水泥送出。

（2）库侧卸料器

库侧卸料器如图5-1-8所示。它本身没有充气系统，只适用于库底带有充气装置的水泥库。从库内卸出的水泥量是通过锥形阀门7来控制，由活塞控制锥形阀门的进退，由锥形阀门封闭或开启卸料口。闸门的启闭用气力操作，必要时也可用人工启闭。

库底卸料和库侧卸料所需空气由罗茨鼓风机或空气压缩机供给。

国内库底、库侧卸料器的主要技术性能见表5-1-3。

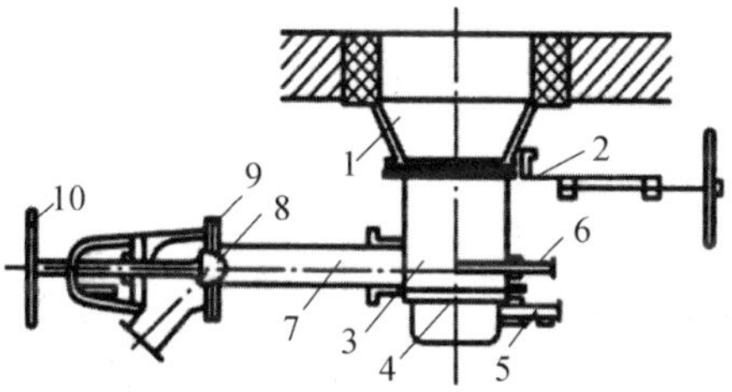

图5-1-7　库底卸料器

1—锥形漏斗；2—螺旋闸门；3—受料室；4—多孔板；5—压缩空气管；6—辅助空气喷管；7—连接管；8—圆锥形闸门；9—橡皮垫圈；10—手轮

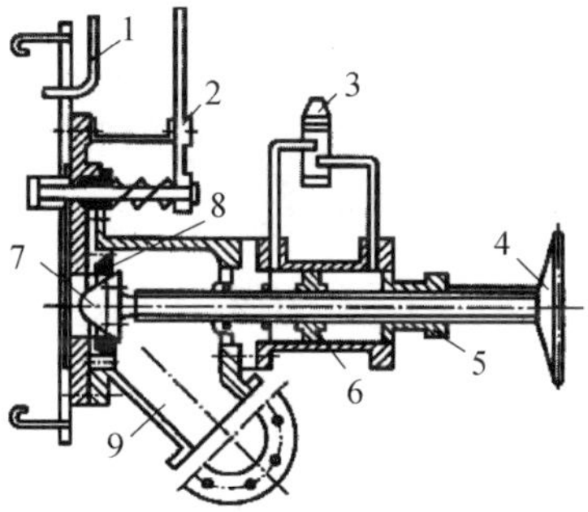

图5-1-8　库侧卸料器

1—压缩空气管；2—手柄；3—汽缸；4—手轮；5—推杆；6—活塞；7—锥形阀门；8—橡皮垫圈；9—卸料

表5-1-3　国内库底、库侧卸料器的主要技术性能

项　目	库底卸料器			库侧卸料器		
出口橡胶圈内孔径（mm）	60	80	110	60	80	110
公称卸料量（t/h）	20	35	100	20	50	50～150
压缩空气压力（kPa）	200～300			200～300		
卸料管口内径（mm）	100			100		
空气耗用量（m^3/t水泥）	1			1		

2）装车与计量

（1）装车方式

①库底卸料直接装车

火车或汽车直接开到水泥库或专设散装库的库底，用库底卸料器、库底固定式散装机直接装车。

②库侧卸料直接装车

在水泥库壁上安装库侧卸料器，用压缩空气进行卸料，通过库侧固定式散装机将水泥直接送入散装车。图 5-1-9、图 5-1-10 所示为水泥库底、库侧卸料直接装车示意图。

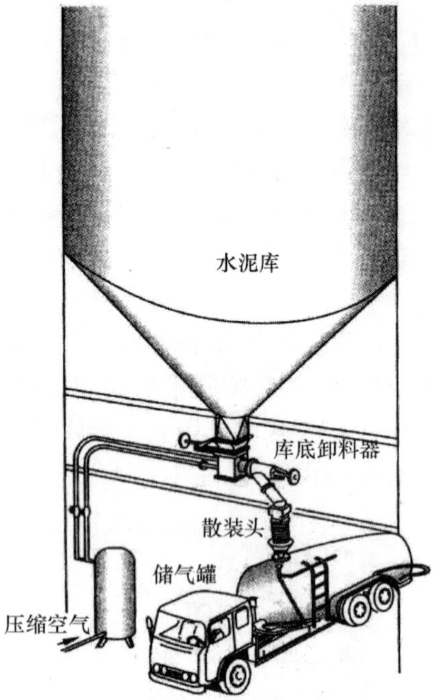

图 5-1-9　库底卸料直接装车

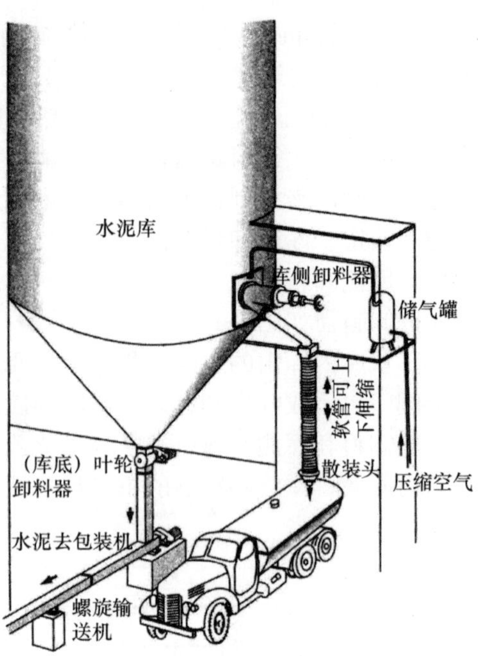

图 5-1-10　库侧卸料直接装车

③库侧卸料移动装车

在水泥库壁上安装库侧卸料器，用压缩空气进行卸料，通过移动式散装机将水泥装车。装料口可在水平方向做直线运动，适用于散装火车、大型多料口散装汽车和散装船的装料。装料口最大水平移动距离可达 6.5 mm。库侧卸料移动装车工艺布置如图 5-1-11 所示。

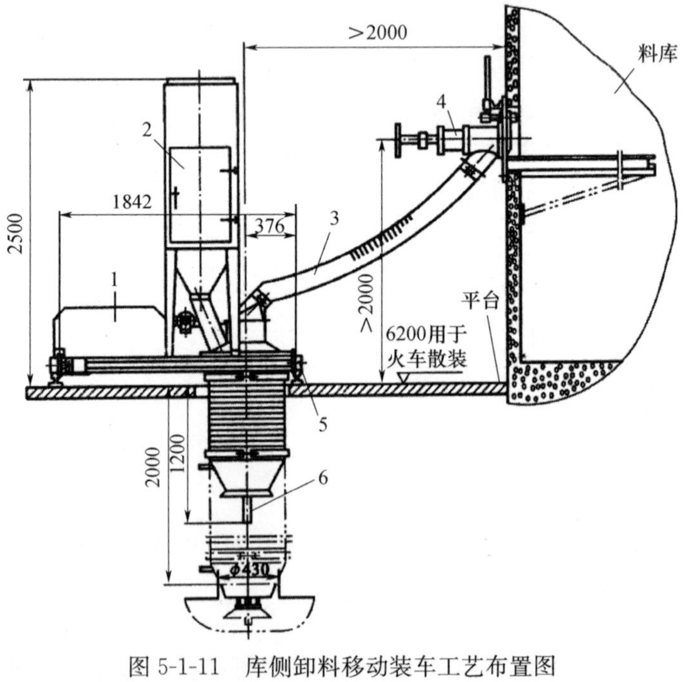

图 5-1-11　库侧卸料移动装车工艺布置图

1—装车机；2—除尘器；3—金属软管；4—闸门；5—行走装置；6—料位计探管

散装机主要规格及技术参数如表5-1-4所示。

表5-1-4 散装机主要规格及技术参数

参数名称	单位	产品型号					
		库底固定式散装机		库侧固定式散装机		移动式散装机	
		ZSG150-KD	ZSG250-KD	ZSG150-KC	ZSG250-KC	ZSY150-KC	ZSY250-KC
散装能力	t/h	150	250	150	250	150	250
空气输送斜槽宽度	mm	—	—	315	400	315	400
伸缩落料管升降高度	m	1.5～5					
伸缩落料管升降速度	m/s	0.19					
行走机移动行程	m	—		—		0.6	
行走机移动速度	m/s	—		—		0.17	
料仓出料口至落料管中心距离	m	根据用户需要制造					
整机电功率（不包括配套设备功率）	kW	1.5		1.5		3	
整机质量（不包括配套设备质量）	kg	450	450	450	450	1800	1800

（2）计量

散装水泥的计量方法如下：

①采用微机计量装置，实现自动控制，定量给料装车。

②采用轨道衡或地中衡。

火车运输：采用100～200t的轨道衡。

汽车运输：视汽车载重量而定，一般采用20～30t地中衡。

③散装仓下面设置冲量或流量计，用于控制和计量散装水泥装车量。

④采用电子秤，通过支承料仓的感应元件所承受压力的变化，从指示仪表反映仓内水泥的减少量，即装入车、船的水泥量。

5.1.3 水泥装运系统发展趋势

近年来，水泥装运系统主要有下列几方面的发展。

1）发展水泥散装工艺

据国家统计局公布的数据显示，2017年，全国水泥总产量231624.88万吨，2016年232090.64万吨。2017年全国水泥平均散装率62.68%，2016年58.05%。散装水泥供应量增长率高于水泥产量增长率，致使水泥散装率上升。2017年，全国三个地区水泥产量除东部地区为正增长外，中部和西部地区均出现负增长。散装水泥供应量东部地区由负增长转为正增长，中部和西部地区保持正增长态势。三个地区的水泥平均散装率均有所提高。

目前，发达国家的水泥散装率均已达90%以上，而且随着水泥产量的不断增加，水泥散装率也在继续增长，我国水泥散装率还有很大的提高空间。

发展水泥散装与袋装比较具有以下优点。

(1) 改善劳动条件、提高劳动生产率。散装水泥不需包装，便于实现水泥装卸、运输和储存机械化；若设施密封，粉尘飞扬少。

(2) 节约包装费用、降低水泥成本。水泥包装费用（特别是纸袋费用）在整个水泥成本中占有较大的比率，约占20%，而水泥散装费用要低得多。

(3) 减少水泥损失。袋装水泥由出厂到使用，一般要倒运多次，纸袋破损率高；用过的纸袋中又残存少量水泥，使水泥损失量大，一般达3%～5%。散装水泥的损失则少得多。

(4) 保持水泥质量。散装水泥用散装罐或散装袋运输，储存于中转库内，不易受潮、受湿、结块变质。

(5) 发展散装水泥有利于节约资源、能源。根据国家有关部门统计，每使用1万吨散装水泥，可节约优质木材330m^3，煤炭78t，电力7.2kW·h，烧碱22t、棉纱4t。

2) 发展水泥中转站及粉磨站

随着散装水泥的发展，许多国家在城市中设置了散装水泥中转站。出厂散装水泥运至中转站，用气力输送设备卸到中转库中，然后供给各个用户。

目前，部分大、中型水泥厂主要为熟料生产基地，其生产的熟料用运输工具运到合理分布的水泥熟料粉磨站，粉磨成水泥，然后供应给附近用户，可降低运输成本，方便用户。

3) 发展散装水泥集装箱

散装水泥一般用火车、汽车、船舶等专用运输工具运输。近年来国外发展了用弹性集装箱来散装水泥。弹性集装箱由橡皮或塑料制成，卸空后的体积仅为装满时的1/10，使用次数可达几百次到2000次。它可用通用运输工具运输，而当水泥卸完后，车船还可装运其他货物，避免了专用车船的空程，从而提高了运输工具的利用率，降低了运费。

4) 发展水泥库库底散装装车

大型水泥厂设置散装水泥库。将火车、汽车等专用运输工具直接开到水泥库库底，通过库底卸料器装车。

5) 发展自动化包装机

操作全盘自动化的包装机，能自动插袋、装包和卸包。

6) 加大发运能力，缩减或不设成品库

有些现代化大型水泥厂，将水泥的发运能力（包装及散装）加大到工厂生产能力的3倍。由于包装能力大，水泥包装后，通过装运设备直接送入运输车船，从而可缩减或不设占地面积很大的成品库，并减免了袋装水泥的堆垛和卸堆，提高了装卸劳动生产率。

任务 5.2　包装系统操作与维护

5.2.1　固定式包装机操作与维护

1. 固定式包装机操作

1）普通包装机操作

（1）启动出灰口电动机，然后启动给料机电动机（无给料机无此程序）。

（2）将包装袋插到出灰嘴上，袋身基本垂直，推动闸板自动开启手柄，闸板自动打开后，卡块和卡轮结合牢固，装袋开始。

（3）装袋时，包装袋应在托袋架中间位置，调整感应片到合适位置。

（4）当水泥装到标定质量时，闸板自动关闭，同时自动落袋，一个完整包装结束。然后插上空包装袋，第二次装袋开始。

（5）电动机是常开的，但给料电动机可根据实际情况随时掌握开停时间。

注意：暂时不装袋时或工作完毕，应先关闭包装机上自带的手动闸板阀，然后关闭出灰电动机，尽量将出灰斗内物料装干净再停机，以免再生产时，发生堵嘴现象。不工作时，切断电源。

2）自动包装机操作顺序

（1）清除秤体周围异物，检查各机构正常后，设备送电。

（2）触摸程序开关，即可等待装包，中央控制器显示“0.0”。

（3）将空袋插入料嘴，触摸程序开关，装包机开始自动计量装包。装包过程：开闸→压袋→自动计量→落袋。

（4）如在装包过程中出现喷料现象，可操作中央控制器上“选择”“＋”“－”中任一键，装包机紧急关闸。

（5）装包过程中不能拍打包装袋或将异物放在秤体上，以免影响袋重。

（6）装包机在使用期间应定时检查，主轴箱中的轴承应每半年维护一次。

（7）中央控制器的使用方法：

①开机前检查电路及设备是否正常，以防止烧毁或损坏设备。

②送电后显示器五个数码管及小数点全部显示，同时蜂鸣器发出“吱”的叫声，然后闪烁有关参数，停留在时间状态。

③触摸程序开关，显示器自动显示有关参数后等待装包，显示“0.0”。

④继续触摸程序开关，强电装置自动工作，装包机开始装包，由中央控制器检测，达到标称值时，装包机自动关闸、落袋，一个完整装包程序结束。若再插入空袋，触摸程序开关，装包机继续下一装包程序。

⑤按钮功能如下：

“选择”——选择需要调整的数据。

“＋”“－”——对被选择的数据进行增或减的修改。

“复位”——整机复原。

⑥袋重的调整

首先触摸“复位”键，然后触摸“选择”键，直到显示标称值时，利用“＋”“－”键调整显示值达到所需的袋重（可多次调整，确保袋重准确），触摸“复位”键，调整结束。

⑦校准方法：显示“J0.0”时，触摸“＋”或“－”，显示“50.0”，这时放上50kg物品（砝码），触摸“＋”或“－”确认，显示一个四位十六进制数，伴有一声长鸣，从头运行，校准过程完毕。

3）使用注意事项

（1）了解将要包装的水泥品种、强度等级、库号及出厂编号，并与供料系统联系供料。

（2）了解中间储料仓的存料量，进料至规定的料位高度。

（3）观察周围环境，排除一切障碍物。

（4）检查包装机的灌装机构，固定式包装机必须检查机器内部和电气线路连接，同时用手转动或合、离一下电动机，使其缓慢转动一周，观察其运动状态。

（5）包装工人应穿戴好工作服、防尘口罩等，装包时不允许戴手套，以防发生意外伤害事故。

（6）包装机身力求稳固，如晃动太大，应检查地脚螺栓和给料机上接口螺母紧固情况。

（7）包装袋的尺寸规格要符合国家标准要求，与标定质量相适应，否则影响装袋质量。

（8）出灰口螺旋或叶轮如被异物卡住，应先停机，打开出料筒下部的积渣槽下面的横拉门，或拆下动力头进行清理。

（9）每天应检查1～2次计算机秤，并清理擦拭，每班每嘴至少抽查20～40袋质量，单袋质量不少于49kg，20袋总质量大于1000kg，发现问题及时调整秤和有关部位。

（10）每班都应观察给料机（无给料机无此程序）、出灰机构和电动机滚动轴承工作是否正常，发现问题应马上更换滚动轴承。

（11）检修时间：一个月内小修一次，6个月内中修一次，12个月大修一次，可根据实际生产情况决定检修周期。

2. 固定式包装机维护

（1）减速机使用前必须加油，使用时经常检查减速机油位，当油位低于2/3时及时加油。使用30～50号齿轮油。

（2）输灰动力头主轴使用黄油润滑，每半个月至少加油一次。

（3）每班（天）应检查各种螺栓及限位器并及时紧固。

（4）如发现出灰嘴与出灰嘴座间的胶管漏灰，拆下拨簧，拿下销轴，取下出灰嘴，然后更换胶管。新胶管一定要和原胶管长度一致。

（5）装袋机构的卡销与卡垫磨损严重时会使闸板手柄不能处于开启状态。更换时只要松开螺栓即可。

（6）压袋器上的胶轮磨损严重时，开启闸板会使袋子冲脱出去。这时将胶轮转一个角度使用即可。多次转动后应更换胶轮。

（7）闸板如已磨损，会出现闸板关闭以后，出灰嘴漏灰现象，此时应更换闸板。

（8）当有异物进入料仓时，会将出灰螺旋或出灰叶轮损坏。打开侧面端盖，取出杂物。

（9）及时检查各种弹簧，发现失效应更换。包括出灰嘴拨簧、胶管卡簧、闸板压簧、手柄拉簧以及小拉簧。

5.2.2　回转式包装机操作与维护

1. 回转式包装机操作

1）开、停机顺序

（1）开机顺序

启动振动筛→空气输送斜槽→斗式提升机→库底空气输送斜槽→库底胶带机→库底卸料→回灰螺旋输送机→启动胶带机→启动给料机→插袋→灌装计量→掉袋。

（2）停机顺序

关闭库底卸料→胶带机→库底空气输送斜槽→斗式提升机→空气输送斜槽→回灰螺旋输送机→振动筛→关闭给料机→放空包装机中的水泥→关掉总电源。

2）操作规程

（1）包装机操作者要注意自身的安全防护，应身穿工作服，口戴防尘罩，头戴安全帽，脚穿高腰胶底绝缘靴，禁止戴手套。

（2）要观察工作场地及包装机周围，清除影响工作的障碍物。包装机顶部不准留有异物，开机时除插袋工外，围板内严禁站人，插袋时人体不能距机器过近，以防刮伤、碰伤。

（3）插袋时要精力集中，对于回转式包装机要迅速而准确地向转过来的出料嘴插上纸袋，不要漏插，万一漏插时，要迅速关闭出料机构，以免跑灰。

（4）工作中不准用手按、脚踢包装袋及称量机构，以免造成袋重不准。为确保出厂袋装水泥质量合乎要求，应按规定时间对水泥包做抽样检查称量工作，如果质量超出允许的偏差范围，要及时找出原因加以解决。

（5）固定式包装机正常操作时，应确保轴承运转无声，滚珠轴承温度最高不得超过80℃，温升不超过40℃，滑动轴承最高温度不超过70℃，温升不超过35℃。

（6）开机前观察变频调速装置的变频数值，并缓慢开机。包装机旋转方向必须按规定方向旋转，一般为俯视顺时针。工作中发现异常，应立即停车检查。停车排除故障时必须切断电源，并挂牌警告或由专人监护，以防机器突然转动，发生人身事故。故障排除后在通电运转前，所有人员必须远离传动部位后，才能通电，以防误动伤人。

（7）在交接班时应检查每个出料口的动力系统、控制机构是否有异常情况，如有问题必须及时维修，禁止在异常情况下运行。

（8）电气接地线保护要安全可靠，经常用兆欧表检查电气绝缘情况，发现异常及时处理。

（9）包装机每次停电或断电停机时，必须将调整器的旋钮旋回零位，以防供电时，造成失速飞车，损坏设备，刮伤人员。每班工作结束后，必须将电源和气源同时关闭。每个润滑部位，要及时加入润滑剂。

（10）运转过程中岗位工人要做好日常维护工作，应每隔一定的时间对包装机及附属设备做巡回检查，发现问题及时处理。

2. 回转式包装机维护

（1）经常检查称量机构，如有称量精度误差，应及时调整。

（2）经常清扫装袋机构，不应有擦、靠、托、卡等现象。每班下班后应将电动机及其他部位的落灰清除干净。

（3）灌装系统的油杯应经常检查，并加满润滑脂。主轴叶轮的内侧如采用聚四氟乙烯石棉盘则要密封，不需加任何润滑油，如发现漏料，应及时调整或更换盘根。

（4）拆装一次袋架上的弹簧片，必须重新进行静态、动态称量标定。

（5）闸板密封填料，不要压得过紧，以免影响闸板开关的灵活性。如发现闸板有卡紧现象，要及时调整或更换新填料。

（6）每班在开车工作以前，必须对有润滑脂油杯和油孔的部位，用黄油枪加注润滑脂。

（7）新投入使用的包装机在运转一周后应清洗减速器并更换新油。每运转 1000h，更换一次。在日常生产中应随时观察油位高低，及时补充加注新油，加油量不应低于或高于油标孔基线。

（8）各油封或密封若有渗漏，应及时检修。包装机正常工作 18～24 个月应大修保养一次。

（9）出料机构动力头主轴用钙基润滑脂润滑，每周至少加润滑脂两次。

（10）主传动装置两端的滚动轴承座在中修、大修时要换一次润滑脂。

（11）主传动装置所采用的减速器应按厂家说明书润滑。

（12）润滑部位、润滑油种类及润滑周期按厂家说明书设备润滑表确定。

5.2.3 散装机的操作与维护

1. 散装机的操作

1）定位

散装车开至固定式水泥散装机下方，使储料罐进料口位于散装头的正下方，开启升降装置，使与双层伸缩软管相连的散装头下落到储料罐进料口后，由行程控制机构自动切断电源，完成定位。若散装头不在贮料灌进料口内，即不是灌装位置时，按动其他装料按钮不起作用，停止灌装卸料。移动式水泥散装机有水平行程，可通过水泥散装机的移动进行定位。

2）卸料

散装头降至灌装位置后，按顺序启动散装机全部设备，如库内取料的罗茨鼓风机、空气输送斜槽风机、气动开关阀、除尘器和料满控制系统，然后开始灌装。

库内给料器向库内充气后，水泥在库中以流态化卸出，使卸料流量稳定，并兼有库内混料和破拱的综合作用。

松动流化的水泥物料经螺旋闸门、气动开关阀、空气输送斜槽、连接接头进入散装机，通过散装头流入散装车储料罐（库底卸料直通式无空气输送斜槽）。

3）料位控制

当贮料罐内的水泥物料达到灌装高度时，与压力控制器相连并安装在散装头顶端的风管被水泥埋入，风压增加，压力控制器动作，同时发出料满控制信号，关闭气动开关阀切断料源，停止供料，使灌装过程立即停止。与此同时，延时继电器和除尘器继续工作。

4）伸缩袋的提升

当延时时间结束，控制柜内的电铃接通，表示已完成一次灌装循环，提升伸缩袋，让散装车开走。

2. 散装机的维护

1）散装机的调试、运转

（1）调试工作应在库内无料时进行。

（2）进行通电、通气试验，各设备应运转正常，如发现局部漏气，应及时修整。

（3）手动螺旋闸门应正常开、闭，不得有卡死现象。

（4）充气阀、气动开关阀及汽缸应工作正常，并保证阀门正常开、闭。

（5）如安装电动流量控制阀，通电试验应保证正常开、闭和流量调节。如有问题，应按其使用说明书规定，调整角行程位置，使之达到使用要求。

（6）散装机通电试验，驱动装置工作正常；升降装置满足规定的高度；行程控制机构能在满足升降位置时，及时断电停机；否则应及时调整。

（7）检查料位控制机构能否及时切断供料系统；如不能，应检查线路及压力控制器。

（8）在上述检查调试完成之后，可进行有物料的运行试验。打开手动螺旋闸门，按顺序启动各设备，进行放料运行试验。检查各部分运行是否正常。

（9）待全部设备调试合格正常运行后，进行灌装。灌装中检查设备能否满足生产要求，如装卸能力、装卸高度调整范围、升降速度等主要技术参数是否达到规定要求。

（10）机组外壳应牢固接地，其接地线截面面积不应小于 $4mm^2$。

（11）机组工作时，电动机风机等部位应正常工作，轴承温升不应超过 25℃，各部分应与基础紧固，防止松动。

2）使用注意事项

（1）使用前必须给减速器加油至规定位置，运行一个月后更换新油，以后每年换油一次。

（2）压力控制器的风量、风压出厂前均已调节好，其动作值设定在 1500Pa 左右。

（3）松绳开关装置、上限限位装置的行程开关应常检查，一旦失灵时要及时更换，以免造成设备损坏。

（4）对滑轮装置及钢丝绳应注意定期检查，若有损坏要马上更换。

（5）伸缩套管会因老化或尖锐物品的碰挂而损坏，需定期更换，破损处应及时补牢以免影响收尘效果。

（6）散装系统在装料过程中应处于负压状态工作，故应保证除尘设备的正常运转和维护。

（7）空气输送斜槽内要定期检查，清除槽内残留的异物，透气层两年左右更换一次。装料完毕后切勿使槽内残留水泥，以免因潮解板结而影响输送能力。

（8）对气动开关阀和气路控制电磁阀应注意防尘。

任务 5.3　包装机及散装设备常见故障诊断与处理

5.3.1　固定式包装机常见故障及处理

固定式包装机常见故障主要表现为螺旋轴卡住不动、装不满袋、装满袋电磁铁无动作等。固定式包装机常见故障、故障原因及处理方法见表 5-3-1。

表 5-3-1　固定式包装机常见故障、故障原因及处理

故障现象	故障原因	故障处理
螺旋轴（叶轮轴）卡住不动	（1）有异物卡住螺旋轴（叶轮轴）； （2）电动机皮带过松； （3）电气故障	（1）打开料斗侧盖或拆下动力头取出异物； （2）调整电动机，拉紧皮带； （3）检查修理
装不满袋	（1）闸板开启不完全； （2）料仓无物料； （3）胶管损坏； （4）螺旋轴叶片（叶轮）及出灰斗磨损	（1）调整； （2）给料仓供料； （3）更换； （4）更换
装满袋电磁铁无动作	（1）电磁铁衔铁及杠杆部分卡死； （2）主秤尺不能抬起； （3）电气故障	（1）修复； （2）调整； （3）查看电气
装袋时抛袋	（1）压袋器调整不当； （2）压袋器胶轮磨损； （3）电气故障	（1）调整； （2）更换； （3）检查修理
电磁铁常吸不释放	（1）接近开关与感应距离不合适； （2）接近开关损坏； （3）电磁铁衔铁卡住或有油污粘住	（1）调整感应片； （2）更换接近开关； （3）用锉刀清除衔铁前部毛刺，清除油污

5.3.2　回转式包装机常见故障及处理

回转式包装机常见故障主要是出料机构、掉袋机构、打袋器等部分出现的故障。回转式包装机常见故障、故障原因及处理方法见表 5-3-2。

表 5-3-2 回转式包装机常见故障、故障原因及处理

部位	故障现象	故障原因	故障处理
出料机构	橡胶软管开闭不灵	(1) 橡胶软管失去弹性； (2) 橡胶软管压板螺钉松脱	(1) 更换橡胶软管； (2) 紧固松脱的螺钉
	滚轮自由进出	定位弹簧变软或折断	更换弹簧
	爪臂轴倾斜	爪臂轴两端的顶针螺钉松脱	调整、固定顶针螺钉
	爪臂头和销扣扣不牢	爪臂头和销扣严重磨损	修理或更换
	销扣不灵活	润滑不良或灰尘粘附过多	加注润滑油或消除灰尘
	销头升降不灵	销头下边的弹簧变软或折断	更换弹簧
	出料不畅通	(1) 异物堵塞出料口或出料管； (2) 停机时间较长，水泥堵塞出料口； (3) 充气压力低，流态化状态不好	(1) 用竹条或压缩空气疏通； (2) 用竹条或压缩空气疏通； (3) 加大充气压力，调整到适当的压力
掉袋机构	掉袋不灵	(1) 掉袋控制机构的掉袋导轨下沉； (2) 出料弯管吻合面过紧	(1) 调整掉袋导轨的位置； (2) 调整吻合面间隙
	跑袋	(1) 夹袋器的位置过高； (2) 销头位置不当，掉袋机构失去定位； (3) 插袋过浅； (4) 出料嘴上有油	(1) 调整夹袋器位置； (2) 调整销头位置； (3) 改进插袋操作； (4) 消除油渍
打袋器	破袋	(1) 打袋的位置和打袋的时间不正确； (2) 打袋器臂转动不灵活； (3) 纸袋纸的强度不够或缝制质量不好	(1) 调整打袋器臂的位置； (2) 检查、更换打袋器臂弹簧； (3) 改进纸袋质量
转筒	筒满溢灰	(1) 转筒的料位控制器失灵； (2) 回路滑阀失灵； (3) 出料气动阀门的工作缸动作失灵； (4) 供气压力不足或管路严重漏气，造成出料气阀门动作不灵	(1) 检查、修理； (2) 修理或更换阀杆； (3) 修理或更换活塞环； (4) 检查、修理
气路	气源突然长时间中断供气	气源不工作或管路破损	立即放出筒内的全部水泥，停机检查修理
其他	装包质量不稳	(1) 称量机构配重不当； (2) 出料机构失灵	(1) 根据检验结果调整称量机构平衡锤砝码； (2) 检查和调整出料机构；检查有无异物堵塞出料口或出料嘴，进行疏通
	轻包和灌装不下	(1) 包装机转速不当； (2) 纸袋规格选择不当； (3) 流态化状态不好	(1) 调整转速至适当； (2) 改用较大规格纸袋； (3) 加大充气压力

5.3.3 散装机常见故障及处理

散装机常见故障主要表现为卷扬电动机不动作、压力控制器开机后马上报警、料满时不报警等。散装机常见故障、故障原因及处理方法见表 5-3-3。

表 5-3-3 散装机常见故障、故障原因及处理方法

故障现象	故障原因	故障处理
卷扬电动机不动作	线路故障	排除线路故障
下料锥斗到位后，装料操作不能进行	(1) 线路故障； (2) 松绳开关装置凸轮位置不正确	(1) 排除线路及行程开关内部故障； (2) 调整凸轮位置
电动机工作正常，下料锥斗无法上升、下降	钢丝绳绕轴或卡死在滑轮之间	重新调整钢丝绳位置
压力控制器开机后马上报警	风嘴堵死	清除堵塞管路和风嘴的异物、粉尘
料未满时报警	除尘系统负压不足或处理风量偏小	检修或更换除尘设备
料满时不报警	(1) 管路漏气； (2) 微压风机损坏； (3) 气电转换元件损坏	从风机的风嘴处堵住风口，若报警正常则表明是管路漏气，应予重新处理；若仍无报警声，则需更换风机或电气元件
斜槽送料能力不足或不能送料	(1) 除尘系统故障； (2) 离心风机故障； (3) 斜槽透气布破损； (4) 斜槽内块状物堆积过多	(1) 检查除尘风机和振打装置； (2) 检查离心风机； (3) 检查斜槽内堆积块状物和透气状况

情境小结

水泥在运输时必须采用封闭装运，一般采用袋装和散装两种形式。袋装水泥是用包装机将水泥装袋，水泥散装是使用散装设备将水泥装运出厂。

袋装水泥体积小，便于装运、堆放和计量，对分散的、小批量用户使用方便。但生产成本高，储运时包装袋容易破损，水泥损失高，污染环境，储运过程中会受潮，降低水泥质量。

散装水泥的装卸程序简单，生产成本低，便于机械化，劳动生产率高，水泥损失量少，储运过程中不易受潮，确保水泥质量，保护环境。但需要专门的运输及储存设备，不适应小批量用户使用。

水泥包装系统，一般由供料设备、筛分设备、包装设备、叠包机、码包机及装车机等设备组成。固定式包装机分叶轮式与螺旋式两类。固定叶轮式适用于大、中、小各类水泥厂。螺旋式包装机适用于小型水泥厂。回转式包装机是以嘴数区分，目前我国设计制造的回转式包装机，定型的有 6 嘴、8 嘴、10 嘴、12 嘴、14 嘴。它们的机构和工作原理基本类似。

水泥散装系统的主要设备有卸料器（库底卸料器和库侧卸料器两种）、散装机［固定式散装机（包括库底散装机、库侧散装机）］和移动式散装机。

水泥装运系统的操作要严格按照包装机和散装机的操作规程和日常维护要求进行，故障处理应根据故障现象，分析原因，找到正确的处理方法。

习 题

一、填空题

1. 袋装水泥是用包装机将水泥装袋，每袋水泥质量规定为__________，每20袋水泥质量要大于__________。

2. 水泥包装机分__________与__________两种。

3. 水泥散装系统主要设备有__________、__________。

4. 散装水泥装车方式有________、________、________。

5. 固定式包装机分为__________和__________两种。

二、单项选择题

1. 在固定式包装机操作中，每班至少抽查（　　）。

A. 5～20袋　　B. 10～30袋　　C. 20～40袋　　D. 15～30袋

2. （　　）适合于大、中型水泥厂采用。

A. 回转式包装机　　B. 叶轮式固定式包装机

C. 螺旋式固定包装机　　D. 叠包机

3. 固定包装机装不满袋的原因是（　　）。

A. 有异物卡住螺旋轴　　B. 闸板开启不完全

C. 电气故障　　D. 电动机皮带过松

4. 散装设备出料满时不报警故障的原因是（　　）。

A. 除尘系统故障　　B. 斜槽透气布破损

C. 斜槽内块状物堆积过多　　D. 微压风机损坏

5. 回转式包装机出现破袋，一般是（　　）部分出现了故障。

A. 出料机构　　B. 掉袋机构　　C. 打袋器　　D. 转筒

三、多项选择题

1. 水泥散装系统中装车方式有（　　）。

A. 库底卸料移动装车　　B. 库底卸料直接装车　　C. 库底、库侧同时卸料装车

D. 库侧卸料直接装车　　E. 库侧卸料移动装车

2. 散装水泥的计量方法有（　　）。

A. 采用微机计量装置　　B. 采用轨道衡　　C. 散装仓下面设置冲量或流量计

D. 采用电子秤　　E. 采用地中衡

3. 自动包装机检修时间：（　　）内小修一次，（　　）内中修一次，（　　）大修一次，可根据实际生产情况决定检修周期。

A. 1个月　　B. 3个月　　C. 6个月　　D. 8个月　　E. 12个月

4. 目前我国设计制造的回转式包装机，定型的有（　　）。

A. 6嘴　　B. 8嘴　　C. 10嘴　　D. 12嘴　　E. 14嘴

5. 袋装水泥的优点是（　　）。

A. 体积小　　B. 便于储存、运输　　C. 适用于小批量用户

D. 成本低　　E. 水泥质量好

四、判断题

1. 散装水泥适应于小批量用户使用。（　　）
2. 水泥散装出厂与包装出厂相比，可减少水泥损失。（　　）
3. 包装工人应穿戴好工作服、防尘口罩等，装包时应戴上手套。（　　）
4. 包装机旋转方向必须按规定方向旋转，一般为俯视顺时针。（　　）
5. 移动式水泥散装机有水平行程，可通过水泥散装机的移动进行定位。（　　）

五、问答题

1. 简述回转式包装机的开机顺序。
2. 简述散装水泥的优缺点。
3. 简述袋装水泥的优缺点。

参考文献

[1] 戴丽玲，赵金萍，王永骥，等．球磨机发展应用概述及轴承选用分析［J］．企业技术开发，2011，30（4）：30-31.

[2] 王继生，张光宇，王素玲．辊压机技术及其发展［J］．水泥工程，2011（2）：44-49.

[3] 高建荣．水泥生料制备工艺及操作［M］．武汉：武汉理工大学出版社，2015.

[4] 纪明香，刘世贵．水泥生料制备与水泥制成中控操作［M］．北京：中国建材工业出版社，2017.

[5] 贾华平．水泥生产技术与实践［M］．北京：中国建材工业出版社，2018.

[6] 王燕谋．中国水泥发展史［M］．2 版．北京：中国建材工业出版社，2017.

[7]［德］Friedrich W. Locher. 水泥的制造与使用［M］．汪渊，崔源声，杨久俊，译．北京：中国建材工业出版社，2017.

[8] 彭宝利，朱晓丽，王仲军，等．现代水泥制造技术［M］．北京：中国建材工业出版社，2015.

[9] 张宝光，李德江．粉磨生产技术［M］．北京：北京理工大学出版社，2012.

[10] 芮君渭，彭宝利．水泥粉磨工艺及设备［M］．北京：化学工业出版社，2009.

[11] 李坚利，周惠群．水泥生产工艺［M］．武汉：武汉理工大学出版社，2008.

[12] 陈玉平，严峻．水泥粉磨设备操作与维护［M］．武汉：武汉理工大学出版社，2012.

[13] 韩长菊，张育才．生料制备与水泥制成操作［M］．武汉：武汉理工大学出版社，2010.

[14] 方景光．粉磨工艺及设备［M］．武汉：武汉理工大学出版社，2002.

[15] 刘建寿，赵红霞．水泥生产粉碎过程设备［M］．武汉：武汉理工大学出版社，2005.

[16] 李海涛．新型干法水泥生产技术与设备［M］．2 版．北京：化学工业出版社，2013.

[17] 中国散协秘书处．2017 年全国水泥、散装水泥发展情况简析［J］．散装水泥，2018（2）：11-13.

[18] 肖争鸣，李坚利．水泥工艺技术［M］．北京：化学工业出版社，2015.

[19] 彭宝利，孙素贞．水泥生料制备与水泥制成［M］．北京：化学工业出版社，2012.

[20] 杨晓杰，李强．中央控制室操作［M］．武汉：武汉理工大学出版社，2010.